西北工业大学精品学术著作
培育项目资助出版

# 绳系拖曳飞行控制技术

孟中杰　贾　程　王秉亨　李政远　著

科 学 出 版 社
北　京

# 内 容 简 介

近年来，微小卫星、星座、星群等快速发展，越来越多的卫星发射进入太空。大量的失效卫星、空间碎片充斥在太空轨道上。利用空间系绳移除失效卫星的策略，具有抓捕距离远、操作灵活、安全性高等优势。然而，在目标捕获后的拖曳飞行阶段，由于系绳的柔性与半弹性，系统呈现复杂的动力学现象，同时也产生一系列的控制挑战。本书重点针对拖曳飞行控制问题展开研究，系统总结近年来的研究进展，重点关注并解决拖曳飞行过程中的防碰撞、防尾摆、防摆动等关键控制难题，并介绍旋转拖曳的变轨设计思路，为绳系系统的应用奠定基础。

本书适合空间绳系系统、航天器姿轨控制、空间轨道设计等相关专业的工程技术人员参考，也可作为高等院校航天应用类、航天器控制类相关专业的研究生和高年级本科生的辅助教学用书。

**图书在版编目（CIP）数据**

绳系拖曳飞行控制技术 / 孟中杰等著. -- 北京 : 科学出版社, 2025. 4.

ISBN 978-7-03-079506-9

Ⅰ. V474

中国国家版本馆 CIP 数据核字第 2024BG3683 号

责任编辑：宋无汗 / 责任校对：崔向琳

责任印制：徐晓晨 / 封面设计：陈 敬

科 学 出 版 社 出版

北京东黄城根北街 16 号

邮政编码：100717

http://www.sciencep.com

北京中石油彩色印刷有限责任公司印刷

科学出版社发行 各地新华书店经销

*

2025 年 4 月第 一 版 开本：720×1000 1/16

2025 年 4 月第一次印刷 印张：14 3/4

字数：297 000

**定价：168.00 元**

（如有印装质量问题，我社负责调换）

# 前　言

从1957年发射第一颗人造卫星开始，人类探索太空的步伐不断加快。尤其近年来，微小卫星、星座、星群等快速发展，越来越多的卫星发射进入太空。故障或失效的航天器造成的轨道拥堵现象，时有发生。为避免上述问题，大质量、大碰撞概率和轨道高度较高的失效卫星为轨道移除的首选目标。相较传统的移除方式，利用空间系绳移除失效卫星的策略，具有抓捕距离远、操作灵活、安全性高等优势，近年来得到了国内外学者、研究机构等的广泛关注。

从移除任务流程上看，利用空间系绳的失效卫星移除任务流程主要包括变轨/接近机动段、逼近段、抓捕及稳定段、拖曳变轨段。前三个阶段的研究已取得了相当可观的成果，但拖曳变轨段的研究相对较少。实际上，在拖曳变轨段，系绳作为拖曳载体，扮演着至关重要的角色。然而，由于系绳具有柔性与半弹性特点，拖曳过程的动力学现象十分独特，如绳缆大幅摆动、平台鞭打效应、卫星尾摆效应、张力反弹现象等，这给拖曳变轨任务带来了“碰撞”、“缠绕”和“平台扰动”三大威胁，并与单端推力变轨特点结合，产生了一系列的控制难题。本书重点针对拖曳飞行控制难题展开研究，主要解决拖曳飞行过程中，由于系绳存在产生的几大关键控制难题，并给出了新型的绳系拖曳变轨策略，为未来空间绳系系统的全面应用提供支撑。

全书共7章。第1章介绍绳系拖曳飞行控制的发展现状。第2章对绳系拖曳飞行系统的动力学进行建模和特性分析。第3～5章依次介绍绳系拖曳飞行的防碰撞控制技术、防尾摆控制技术、防摆动控制技术。第6章介绍新型的绳系拖曳旋转飞行变轨方案及其控制技术。第7章介绍绳系编队飞行控制技术。希望本书的出版对推动空间绳系系统的深入研究和全面应用起到促进作用。

本书是集体智慧的结晶，除署名作者外，毛睿、白宇彤、陈志亮、郭新程、李勤雯等同志在相关研究中也做了大量的工作，在此一并表示感谢。此外，特别感谢西北工业大学精品学术著作培育项目对本书的资助。

本书内容是作者多年研究工作的总结，内容丰富全面，具有很强的理论性和实用性。囿于作者时间和水平，书中难免有疏漏和不妥之处，敬请广大读者批评指正，不吝赐教。

作　者

2024年8月

# 目　录

# 第1章 绪　　论

## 1.1 绳系拖曳飞行器

人类1957年发射第一颗人造卫星开始，探索太空的步伐不断加快。随着人类对太空探索的日益深入，太空任务呈现日常化趋势，人类向太空发射了超万颗各种类型的航天器。尤其是近年来，微小卫星、星座、星群等快速发展，越来越多的卫星发射进入太空。人类大量、快速探索宇宙，导致空间轨道被在轨卫星、失效卫星、空间碎片所充斥。在不久的将来，这将会影响人类正常的宇宙探索活动。

实际上，故障或失效航天器造成的轨道拥堵现象，已经威胁到其他正常运行的航天器。美国卫星 Iridium-33 和俄罗斯失效卫星 Cosmos-2251 于 2009 年 2 月在西伯利亚上空约 800km 处相撞，产生了约 1400 个可追踪空间目标（尺寸在 10cm 以上的碎片），撞击产生的碎片区域对许多卫星造成威胁[1]。表 1-1 给出了部分典型的太空事故，可以看出，失效卫星和空间碎片的威胁不是杞人忧天，其滞留太空极易与空间碎片等发生碰撞，产生大量的新碎片，而新碎片的产生又会引起新的碰撞或威胁现有卫星的安全，形成恶性循环并最终导致整个轨道带都无法发射新的卫星，即凯斯勒效应[2]。此外，从站位资源来看，特殊的轨道资源十分紧缺，以十分重要的地球同步轨道（geosynchronous orbit, GEO）为例，按照当前测控水平，该轨道存在卫星数目上限，站位资源十分紧缺。目前，该轨道站位存在大量失效卫星、大型碎片等，已经开始影响正常的发射活动。虽然目前，机构间空间碎片协调委员会（Inter-Agency Space Debris Coordination Committee，IADC）等国际机构已出台相应寿命末期卫星离轨要求[3,4]，但仍无法缓解当前空间碎片剧增带来的各种压力。

**表 1-1　部分典型的太空事故**

| 事故时间 | 事故简介 |
|---|---|
| 1996.7 | 法国 Cerise 卫星被 Ariane-1 火箭残骸撞击，重力梯度稳定装置被撞断 |
| 2005.1 | 美国雷神火箭推进器废弃物与我国 CZ-4 火箭碎片相撞 |
| 2006.3 | 俄罗斯 Express-AM11 卫星的太阳能帆板被空间碎片撞击 |
| 2009.2 | 美国 Iridium-33 卫星与俄罗斯 Cosmos-2251 卫星相撞 |

续表

| 事故时间 | 事故简介 |
| --- | --- |
| 2012.3 | 国际空间站遭受俄罗斯火箭残骸威胁，6名宇航员进入应急逃生舱避难 |
| 2013.1 | 俄罗斯BLITS卫星遭到空间碎片撞击，并受损 |
| 2013.5 | 厄瓜多尔Pegaso卫星与苏联火箭残骸相撞，导致卫星失灵，高速翻转 |
| 2021.3 | 我国云海一号02星被空间碎片撞击致单侧太阳能帆板损坏 |

针对空间环境问题，2016年以来，欧洲航天局（European Space Agency, ESA）空间碎片办公室持续发布年度“空间环境报告”（Space Environment Report），以透明的方式概述全球空间活动，报告重点分析了近年来不同太空活动时期，避碰风险解决方案的演变历程。2023年10月8日，ESA发布“ESA空间环境报告2023”（ESA’s Space Environment Report 2023），通过统计不同轨道区域的不同质量、面积和空间物体计数，重点关注太空环境变化的主要趋势，以估计全球太空活动对空间环境影响[5]。截至2019年5月，已发现大于10cm的空间碎片3万余块，其中一半以上散落在2000km以下的近地轨道[6]。根据模型预测，地球轨道上尺寸大于1cm的物体总数可能超过一百万个，且仍在不断扩大。2023年6月22日，ESA发起了《零碎片宪章》（*The Zero Debris Charter*）倡议，旨在防止空间碎片的急剧产生，就实现安全和可持续性太空运营的技术解决方案等问题达成全球共识[7]。

对于数量如此庞大的空间碎片，是否需要将其逐一清除？答案是否定的。研究表明，每年只需清除5～10个大型失效卫星类空间碎片就可以保证空间环境的稳定，且碎片清除应重点面向大质量、大碰撞概率和轨道高度较高的目标[8,9]，即空间失效卫星应是维修或移除的主要对象。在《零碎片宪章》的实施方案中，也建议为发生在轨故障的大型卫星，尤其是累积碰撞概率大于千分之一的所有中大型目标体提供强制性主动碎片清除服务。

在大型失效卫星的主动移除方式方面，利用空间系绳移除失效卫星的策略由Forward[10]于1996年提出。相较于刚性机械臂，柔软的系绳能避免平台与失效卫星的直接接触，同时也扩展了操作空间，具有抓捕距离远、操作灵活、安全性高等优势[11-24]。从移除任务流程上看，当空间平台进入预定轨道后，为实现空间碎片的主动清理，绳系主动拖曳移除系统的任务流程可分为如下四个阶段[25-37]：

（1）变轨/接近机动段。空间平台通过一系列变轨/接近机动逼近至距目标星一定距离处，为绳系拖曳飞行器的释放做准备。

（2）逼近段。平台释放绳系拖曳飞行器，飞行器控制系统根据自主测量的目标星的位置、姿态等信息，利用自带的推力器和系绳协调控制相对位置和姿态，确保以最佳抓捕状态靠近目标。

（3）抓捕及稳定段。绳系拖曳飞行器抓捕目标星的帆板支架、星箭对接环等特定部位，机器人大包络捕获手爪快速合拢，锁紧装置闭合，完成目标捕获。在目标捕获完成后，机器人与目标星组成一个动力学参数未知的组合体。机器人利用自带的推力器和空间平台上的系绳张力调节装置共同作用，实现捕获后组合体的快速稳定。

（4）拖曳变轨段。在完成组合体稳定后，利用空间平台上的变轨推力器对组合体系统实施单端推力拖曳变轨。同时，利用系绳收放、张力控制等实现组合体的姿态稳定和目标星的姿态稳定，在到达期望轨道时，机器人释放目标星，并将其回收至空间平台。

近年来，对于拖曳移除前三个阶段的研究，如轨迹规划、逼近协调控制和抓捕碰撞动力学建模等已取得相当可观的成果，但是拖曳变轨段却未得到足够的重视。事实上，在前三个阶段中，虽然系绳能给逼近与抓捕带来诸多益处，如减少抓捕对平台造成的扰动、抓捕失败可进行回收预备二次抓捕等，但从本质上看，研究的重点是抓捕器本身，而系绳在此过程当中只起到一个辅助作用，充当了一个“配角”。

在拖曳变轨段，系绳却扮演着一个至关重要的角色。正是由于系绳的柔性与弹性，绳系系统在拖曳移除中才会展现出系绳特有的动力学现象[38]和与之相关的一些控制挑战，如绳缆大幅摆动[39]、平台鞭打效应[40]、卫星尾摆效应[40-44]、张力反弹现象[45]等。因此，虽然逼近与抓捕仍有许多待解决的技术难题，但本书将研究重点放在更能体现系绳特色的拖曳变轨段，重点针对拖曳飞行控制问题展开研究，主要解决拖曳飞行过程中，由于系绳存在产生的几大关键控制难题，为绳系系统的应用奠定基础，并为未来空间绳系系统的全面应用提供支撑。

## 1.2 绳系拖曳飞行控制发展

### 1.2.1 空间绳系系统发展

空间绳系技术的应用最早起因于空间救生、微重力实验[46-52]、外太空辐射测量[53]等方面的需求。1965 年 3 月，苏联宇航员在太空行走时利用一根绳子与Voskhod-2 飞船相连，是系绳在太空应用中的首次试验。此后，作为安全措施，系绳在太空行走等空间任务中长期应用。1966 年 9 月，在美国“双子座-11 号”任务中，“双子座”飞船和“阿金纳”飞船通过系绳相连，并通过旋转首次产生了$10^{-4}g$的人工重力加速度，验证了用系绳旋转产生人工重力的可行性[47]。同年 11 月，在“双子座-12 号”任务中，首次开展利用系绳的重力稳定试验[48]。这两次试验表明，空间系绳的动力学特性十分复杂，因此，在“阿波罗”登月计划中未利用空间系绳，这也是导致空间系绳试验停滞十多年的主要原因。

20 世纪 80 年代后，研究人员对空间系绳试验重燃兴趣。美国、日本、加拿大等多个国家和地区的研究机构对绳系系统的性态及实验进行研究，并进行了大量试验，如系绳载荷试验、合作高空火箭炮试验、电离层等离子体电场分布测量试验等[54-57]。1992 年 7 月，意大利空间局（Agenzia Spaziale Italiana, ASI）与美国国家航空航天局（National Aeronautics and Space Administration, NASA）合作开展了绳系卫星系统 1（tethered satellite system-1, TSS-1）试验，对系绳动力学、基于法拉第效应的电能产生等进行试验研究。在 TSS-1 试验中，子卫星垂直向下释放，在释放 268m 后系绳释放装置发生故障，无法继续展开。在 TSS-1 试验失败后，绳系卫星系统 1R（TSS-1 reflight, TSS-1R）试验于 1996 年启动。在这次试验中，系绳展开了 19.7km，两端产生 0.5A 的电流和 3500V 的电压，证明了导电系绳在电能产生方面的巨大潜力。

1993 年 3 月，美国开展了小型可扩展展开系统 1（small expendable deployer system-1, SEDS-1）试验，用于验证利用系绳不消耗燃料实现载荷返回的能力。系绳展开过程比预想中快且顺利，展开结束时相对速度达到 7m/s，导致了一系列的振荡。系绳在预定时间切断，载荷坠落到墨西哥海岸附近。1994 年，同一个试验小组进行了 SEDS-2 试验，验证反馈控制下系绳展开机构的效率。该试验实现了系绳沿当地铅垂方向的展开，展开后相对运动速度小于 0.02m/s，摆动幅度小于 4°。1996 年，美国进行了系绳物理学与生存能力（tether physics and survivability, TiPS）试验，主要目的是研究空间系绳的可靠性和长期使用问题。该试验利用 4km 的系绳释放了两颗小卫星，在轨飞行近 10 年，成功验证了系绳在空间恶劣环境下的生存能力以及系绳的动力学稳定性。在 TiPS 试验成功的基础上，1998 年，先进系绳试验（advanced tether experiment, ATEx）系统被送入轨道，主要验证利用航天器上推力器抑制系绳振荡的方法，并考察多芯扁平系绳的可靠性。2003 年 NASA 计划进行推进式 SEDS（propulsive SEDS, ProSEDS）电动力系绳试验，用于研究电动力系绳特性，但该试验因可能对国际空间站产生潜在威胁而取消。

1997 年 ESA 设计并计划了青年工程师卫星（young engineers' satellite, YES）试验，验证绳系卫星在地球同步轨道上展开阶段的动力学特性以及系绳的动量交换，但由于系绳损坏风险大，未展开试验。2007 年，俄罗斯和欧洲联合进行了 YES-2 试验，验证利用系绳动态释放方法实现在轨载荷返回的可行性。系绳顺利展开至 29km，返回舱成功离轨，试验卫星轨道高度抬升了 1.3km。2002 年，ESA 提出了地球同步轨道清理机器人（Robotic Geostationary Orbit Restorer, ROGER）计划，计划通过系绳连接的手爪和网对失效卫星进行捕获并移除。该计划于 2003 年完成方案设计评审后即被终止，但其提出了新的系绳应用方式，启发并引领了二十几年来的空间系绳研究。2014年，ESA在巴黎又发布了一份声明，称其在“空间清理倡议”（clean space initiative）中正在研究的“脱轨”任务（de-orbit mission）将致力于清除和收集轨道垃圾，以减少航天产业给地球和太空带来的环境冲击，对诸如抛射网、夹紧机构和鱼叉等在内的多种捕获装置进行研究，此项目可看作是ROGER计划的延续，主要目标一是开发抓捕、控制大型空间碎片的技术，二是太空碎片清理的商业化。2015年，ESA在猎鹰20（Falcon-20）抛物线飞机模拟的失重环境中进行了绳网捕获系统的缩比试验，该试验主要验证所设计的仿真工具的有效性，为将来设计真实尺寸的绳网捕获系统奠定基础。随后，ESA在一个新的轨道垃圾主动移除计划中，于2018年9月在轨验证了利用绳网捕获模拟目标的可行性，并在2019年2月向一块人造卫星的嵌板发射鱼叉工具并且准确击中目标，验证了利用鱼叉捕获目标的可行性。

2006年，日本国家航空航天发展局（National Aerospace Development Agency, NASDA）成功发射H-2货运飞船（H-Ⅱ transfer vehicle, HTV），主要用于释放电动力系绳进行在轨碎片清除测试，但是释放阶段出现问题，任务被迫终止。2009年，日本宇宙航空研究开发机构（Japan Aerospace Exploration Agency, JAXA）利用H-2A火箭发射并试验了空间绳系自主机器人卫星（space tethered autonomous robotic satellite, STARS）系统，验证利用系绳和摆杆控制子星姿态的可行性。由于故障，系绳仅展开几厘米，试验失败。2010年，JAXA和NASA联合完成了绳系卫星系统电推进试验（tethered satellite system for electric propulsion experiments, T-REX），首次成功验证绝缘电动力绳收集空间电子的可行性，并验证了预测小尺度空间系绳收集电子效率的相关理论。近十年来，日本开展了“白鹳号集成绳系实验”（KOUNOTORI integrated tether experiment, KITE）等多次电动绳系实验，验证了多项关键技术。

### 1.2.2 系绳建模方法发展

建立合适的动力学模型是研究绳系拖曳飞行系统动力学及控制的基础[58-62]。影响绳系系统动力学模型精度的主要因素是系绳模型。空间系绳的概念被提出后，为了更加真实地描述系绳，系绳模型经历了由无质量刚性模型到柔性连续绳索模型的转变。根据复杂度的不同，目前有杆模型、珠点模型和多体模型三个层次的系绳模型。最简单的是刚性杆模型，这种模型忽略了系绳的弹性和柔性，而将其假设成一根不可拉压的刚性杆。实际上，系绳会随所受外力的变化而产生形变，从而产生系绳内应力，因此弹性杆模型相较于刚性杆模型更贴近实际情况。考虑系绳弹性，但是为了便于分析，忽略柔性，将系绳视为不能弯曲的直杆，可以承受内应力，是应用最广泛的模型[63-67]。其次是质量弹簧模型，该模型由 Kim 等[68]提出，可精确反映系绳柔性及编队形成过程中系绳参数的变化，Tragesser 等[69,70]将这种模型扩展到了环形多体绳系卫星的系绳建模中。质量弹簧模型重点考虑系绳的半弹簧特性，而忽略了系绳的柔性特性。该建模方式思路清晰，建模方便，能更加全面深入地研究绳系卫星系统运动形态及动力学响应问题，且所得到的方程为常微分方程组。刘壮壮等[71]考虑系绳的黏弹性、分布质量和空间位形的影响，对珠点模型加以改进，从而精确描述了系绳的纵向振动。余本嵩[72]建立了一种时变的珠点模型，这种模型中，珠点的数目会随着编队形成过程中系绳的展开而逐渐增加，从而具有很好的精度，但缺点是计算耗时过多。最复杂的是系绳多体模型[73-78]，这种模型利用有限元或集中质量法，并充分考虑系绳的弹性和柔性，该模型最能体现系绳的特点，其建模方式能够非常精确地描述 TSS 的动力学特性，但计算量非常庞大，且不易对动力学方程进行理论层面的分析，所有的规律与结论都依赖于仿真计算的结果。在此基础上，Li 等[79]提出了一种基于节点位置有限元法的全局稳定建模方法，消除了数值计算过程中的累积误差效应。Meng 等[80]充分考虑两端卫星的多刚体构型和系绳收放因素，提出一种通用的空间绳系机器人的建模方法，为其动力学特性的分析及后续的控制研究奠定了基础。

从仅为了研究系绳面内外摆动的简单刚性杆模型到对一维连续系绳进行准确动力学描述的多体模型，空间绳系卫星系统的动力学模型一直在不断改进、更新，尽可能贴合实际情况。对于不同的问题，系绳模型的选择也不尽相同，多体模型虽然描述精确，但是动力学方程繁琐，对系统进行分析有一定的难度，同时也不易设计简单有效的控制律对系统进行控制；杆模型则相对简单，控制设计相对容易，但是误差较大，所以需要对不同的绳系系统进行论证分析，以此来确定研究过程中所采用的系绳模型。大量的研究围绕空间系绳在释放/回收阶段的动力学影响因素展开[81-100]。Yu 等[101,102]研究了 $J_2$ 摄动和热效应作用下系统的动力学行为，同时还分析了 $J_2$ 摄动、热效应、大气阻力、太阳光压、碎片撞击和轨道偏心率等复杂外部环境下的系统非线性动力学特性。He 等[103]在推导空间绳系系统动力学模型的基础上，计算了系绳展开和回收时的平衡状态条件。Liang 等[104]分析了卫星展开过程中的展开角度、展开速度和摩擦力之间的关系，指出摩擦力的动态特性会影响系绳的展开性能。Liu 等[105]分析了带有短系绳的太空拖船在离轨阶段的动力学特性。Aslanov 等[106-110]也深入研究了利用空间拖船进行碎片清理时的动力学特性，考虑了太空拖船的推力作用、大气扰动、重力梯度、空间碎片的动力学特性以及系绳振动和碎片振动的耦合关系等诸多因素。Soltani 等[111]研究了一类空间绳系机器人系统的动力学特性及其轨迹跟踪效果。随后，空间绳系编队系统逐渐向直链式、平面三角形、双金字塔构型等多星构型发展，并取得了一定成果[112-131]。此外，在质量和长度相同的情况下，带状系绳的生存能力优于单股系绳，且该能力随厚宽比的减小而增加，因此带状系绳近年来也引起了广泛关注[132-135]。另外，系绳动力学模型的实验验证[136]、系绳张力的测量[137]与控制[138-140]等也是空间系绳研究的要点。

### 1.2.3　绳系系统拖曳飞行控制发展

绳系系统拖曳飞行控制的研究内容主要包括绳系系统拖曳转移轨道设计、系绳摆动抑制和两端卫星姿态控制三个方面。下面将从这三个方面展开介绍国内外研究现状。

#### 1.2.3.1　绳系系统拖曳转移轨道设计

与传统刚性系统变轨类似，绳系耦合体的转移轨道设计主要有连续小推力变轨[141-145]和脉冲推力变轨[146-149]两种方法。使用连续小推力变轨时，平台星主发动机持续点火，反弹效应和鞭打效应较弱，但考虑到发动机点火时间限制，连续小推力变轨只适用于低地球轨道（low earth orbit, LEO）目标，并且耗时较长（接近于轨道周期），能耗也较大。相比之下，脉冲推力变轨由于节省燃料而备受关注。然而，由于系绳的反弹效应，在推力关闭后两端卫星容易发生碰撞，并且系绳松弛时张力为零，目标星处于失控状态，易与系绳发生缠绕。因此在主发动机关机后，如何控制两端间距并保持目标星的姿态稳定是该转移策略的最大难点。

针对上述问题，Jasper 等[150-152]采用陷波滤波器使推力平滑变化，滤除结构振动频率，从而避免两端卫星的碰撞。针对初始松弛的系绳，Sabatini 等[45]提出先利用平台星推力器（如姿控推力器）使系绳近似张紧，然后采用输入成形技术避免碰撞。Benvenuto 等[153]以相对距离为反馈量设计比例-微分推力控制律。Linskens 等[154,155]针对推力施加阶段和推力关闭阶段分别设计不同的相对距离制导律，并基于滑模控制理论设计推力控制律，这些方法对平台星上的相对导航系统提出了较高要求。Benvenuto 等[156]和刘新建等[149]提出通过调整平台姿态来维持相对距离的策略，对平台星的机动精度提出了较高要求。Cleary 等[157]提出一种波控制，同样通过改变平台星推力避免碰撞。这些研究全都忽略系绳影响，采用常规刚体假设设计转移轨道，并假设系绳与主发动机推力方向一致。

由于系绳的存在，绳系耦合体可以通过动量交换将两端卫星甩入新的轨道[158-161]。该方法使用系绳连接两端航天器，使得耦合体质心绕地球转动，然后剪断系绳将角动量转换为速度增量，使位于质心上方的航天器加速进入更高的轨道，同时使位于质心下方的航天器减速。该方法也适用于星际飞行[162-164]，如对于火星探测任务，可以在耦合体运行到月球附近时，根据近旁转向原理，通过剪断系绳使母星获得较大的速度增量进入火星轨道，同时使得子星绕月飞行[164]。需要指出的是，旋转角速度由航天器轨道高度唯一确定，为了在剪绳后获得较大的速度增量，势必要求系绳长度增加，较长的系绳会增加系统复杂性，限制了其应用。

#### 1.2.3.2　系绳摆动抑制

对于由三个或三个以上的航天器所组成的绳系卫星编队系统，可以通过自旋保持编队系统自身的稳定性，但是两星的绳系卫星系统不能通过自旋保持稳定，因此要通过施加控制使系统稳定，即对系绳的摆动进行抑制[165-172]。

在推力作用段，平台推力和变轨方式有关，而系绳摆动主要由推力方向与系绳不共线引起。当推力关闭后绳系系统处于自由飞行段时，系绳摆动则主要由空间科氏力引起。图 1-1 给出了系绳的面内、面外摆角示意图。根据相关研究结果，系绳的面内、面外摆动运动是解耦的，且原点是面外摆角的平衡位置[173,174]，因此，面外摆角可通过平台法向推力进行控制。面内摆动抑制的基本方式有两种：①调整平台姿态改变推力方向；②由于系绳的横向摆动（垂直于系绳方向的摆动）与纵向摆动（沿系绳方向的摆动）互相耦合，可以通过收放系绳来抑制摆动。下面分别介绍。

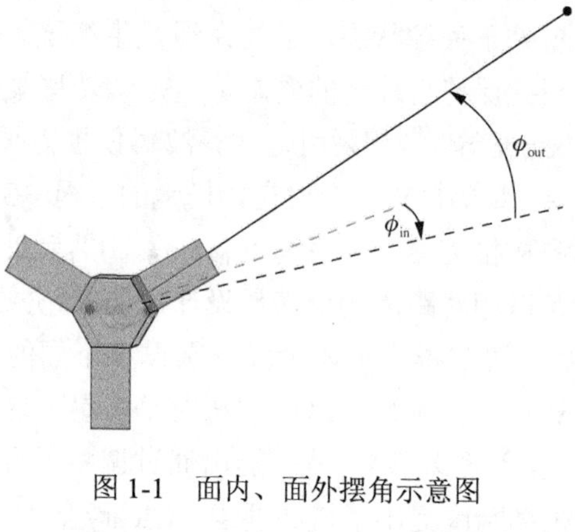


图 1-1　面内、面外摆角示意图

Davis 等[175]、王班等[176]的研究表明，在每个摆动周期的最大摆角处快速回收系绳、平衡位置处快速释放系绳可以有效抑制系绳摆动，如图 1-2 所示。为了避免在特定时刻快速收放系绳，刘海涛等[177]选择连续有界的三角函数作为期望绳长收放速率，并使绳长收放速率与面内摆动角速率相等以实现摆动抑制。但是，反复收放系绳会改变面内摆动角速率，并导致系绳张力突变，不利于目标星的姿态接管控制。相比之下，Zhao 等[39]和 Wang 等[178,179]通过改变系绳长度调节张力实现面内摆角的阻尼。Liu 等[180]首先设计了抑制摆动的期望绳长速率，然后根据小增益理论设计了滑模张力控制律，实现绳长和速率的跟踪控制。在他们研究的基础上，Sun 等[143]取最优性能指标为绳长变化率及面内角摆动速率的复合泛函，以系绳张力和推力方向角为控制量，实现了系绳摆动抑制和转移轨道跟踪。钟睿等[148]考虑系绳张力下界约束，基于直接配点法设计了绳长加速度控制律。Wen 等[181]采用势能成型技术和阻尼注入理论，提出了仅需绳长输出反馈的张力控制律，并考虑了张力需满足正向有界的约束条件。Lu 等[182]和郭新程等[183]基于能量法设计了抗张力饱和控制方法，以实现绳系系统的稳定控制。上述研究在利用系绳收放实现摆动抑制时，全都假设绳系耦合体的质心轨道运动不受系绳摆动的影响，限制了其应用范围。

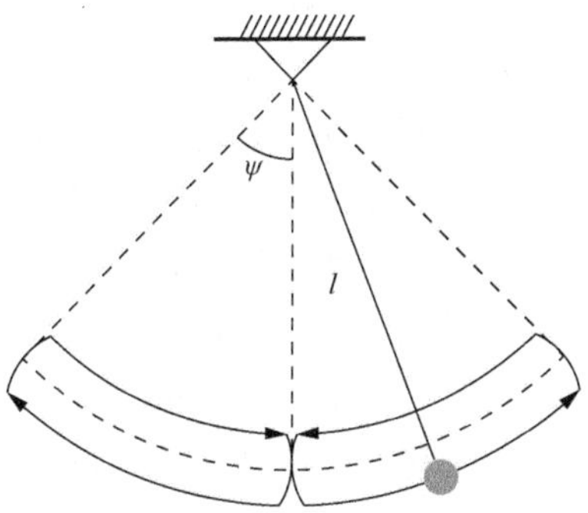


图 1-2　系绳快速收放示意图

Yousefian 等[184,185]基于平台姿态与系绳摆动之间的耦合特性，设计了利用平台姿态机动的摆动抑制方法，所提方法耗时长达多个轨道周期且未考虑平台星推力。Cho 等[145]通过调整平台推力方向同时实现系绳摆动抑制和轨道跟踪。考虑系绳摆动对平台星轨道的干扰，Meng 等[186,187]采用双环控制实现了系绳摆动抑制和组合体轨道跟踪控制。他们首先采用分层滑模算法计算得到平台星期望姿态，内环采用模型预测算法跟踪外环输出的平台期望姿态角，摆动抑制完成后，平台星姿态需要在轨道切向线附近来回摆动以维持摆动抑制，这对平台姿态能力提出了较高要求。

#### 1.2.3.3　平台星姿态控制

姿态控制过程中，平台星有效载荷的运动、太阳能帆板的展开及转动、工质消耗等因素都会使得平台星转动惯量发生变化，并且通常不能精确获知。任何物理执行器都会受到饱和约束，如果不考虑饱和因素的影响而设计控制器，闭环系统的渐近稳定性难以保障。此外，平台星在轨飞行时会受到各种不确定的干扰力矩的影响，导致姿控系统的性能指标降低。

Sun 等[188]针对平台星逼近目标星过程中的参数不确定性和未知外界干扰，采用自适应反步法设计了相对位置和相对姿态控制器，保证了闭环系统的渐近稳定性。Pukdeboon[189]设计了二阶滑模有限时间控制律，使系统状态有限时间收敛并具有较高的跟踪精度。Song 等[190]基于快速终端滑模控制设计了有限时间收敛的姿态串级控制方案。在此基础上，Pukdeboon 等[191]提出了一种有限时间收敛的扰动观测器用于实时估计扰动，使得内外环的跟踪误差在规定的有限时间内均收敛到零。Jin 等[192]给出了一种新的基于时变滑模面的刚体航天器姿态跟踪控制策略，该时变滑模面的参数根据系统状态的初始值来设定，使得闭环系统状态始终处于滑模面上，解决了传统滑模控制在到达阶段对参数摄动和外部干扰鲁棒性差的问题。王翔宇等[193]针对带有挠性附件的航天器，构造挠性模态观测器对挠性模态量进行观测，用反步法设计非线性控制器实现姿态镇定。刘旺魁[194]设计的自适应反步控制方法使航天器完成大角度机动，且对参数不确定性和外部扰动有很好鲁棒性。Cui 等[195]利用李雅普诺夫（Lyapunov）稳定性理论，首先在不考虑扰动情况下设计了抗饱和时变滑模控制器，然后结合抗饱和时变滑模控制器和抗干扰时不变滑模控制器的优点，提出了在两个控制器之间进行切换的控制策略来解决存在有界扰动和控制输入饱和的姿态机动问题。Boskovic 等[196]为了解决存在控制输入饱和、参数不确定性和外部干扰的航天器姿态跟踪控制问题，设计了时变滑模控制律，并基于 Lyapunov 理论对闭环系统的全局渐近稳定性进行了分析。Liang 等[197]提出了一种基于行为控制方法的分散协调姿态控制律，并研究了协调连接对控制性能的影响。

考虑到平台星的姿态执行机构多采用冗余配置的结构，以提高系统可靠性，因此在姿态控制律设计完成后，需设计相应的控制分配算法将控制律计算得到的虚拟控制输入量分配到实际的执行机构上。传统的控制分配算法大多根据执行机构的配置进行离线设计，无法实时分配，如伪逆法。现代控制分配算法多结合优化理论，使推力器输出尽可能接近控制指令。针对执行机构安装误差和输出幅值约束，Hu 等[198]提出了一种鲁棒最小二乘分配算法使得实际输出力矩尽可能接近虚拟控制输入。针对执行机构故障，Shen 等[199]提出了一种最小-最大的博弈优化算法，将虚拟控制输入重新分配给剩余的执行器。考虑能量消耗，Li 等[200]提出了一种基于零空间的最优控制重分配算法，将虚拟控制输入映射到冗余执行器。

综合来看，尽管现有姿态机动控制算法很多，但很少同时考虑模型不确定性、外部扰动以及控制输入约束，且现有的分配算法多是针对具体问题进行分析，缺少对不确定性的统一描述。

#### 1.2.3.4 目标星姿态接管控制

目标星姿态接管控制可分为消旋和姿态定向两部分，前者是通过对目标星施加外力矩吸收其角动量，以抑制尾摆和缠绕；后者是使目标星姿态机动到期望位置，以便于拖曳。与传统的航天器姿态控制不同，目标星的姿态接管控制具有如下特点：①目标星的姿态运动与系绳运动互相耦合[41,201,202]；②目标星自身不具备姿控能力，只能依靠末端机械爪（或机械臂）和系绳来施加姿态控制力矩。

机械臂抓捕后，目标星与平台星形成刚性连接，可通过平台星的飞轮等执行机构对刚性组合体进行消旋。针对非合作目标惯性参数（质量、质心位置、转动惯量等）不可能精确已知的特点，Satoko 等[203]根据平台星与机械臂之间的作用力和组合体之间的耦合作用，设计了惯性参数自适应律。Zhang 等[204]考虑控制输入约束设计了动态逆控制律，并采用递推最小二乘算法对惯性参数进行了辨识。Huang 等[205]基于指令滤波设计了自适应反步控制律，并采用零空间修正法将控制力矩分配到组合体的推力器上，随后，分别考虑了输入受限[206]、输入状态均受限[207]、存在传感器测量误差[208]等多种情况下的组合体稳定控制。Luo 等[209]通过预先设计组合体姿态的瞬态和稳态性能，设计了一种无惯性参数的鲁棒姿态控制方法，降低了系统复杂性且具有极强的鲁棒性。Wei 等[210]通过预先设计组合体姿态的瞬态和稳态性能，设计了一种无需辨识未知惯性特性的基于学习的自适应动态规划策略。Zhang 等[211]提出了一种改进的自适应滑模控制算法，并将其用于目标星的消旋，设计了新的符号函数和时延估计算法，使得系统快速收敛且抖振较小。

依靠机械爪的推力，Lu 等[212]设计的末端滑模控制器完成了目标星姿态的有限时间稳定控制，并采用基于零空间修正的伪逆法将控制力矩分配到机械爪的推力器上。Huang 等[213]设计了自适应动态逆控制律对目标星进行接管控制，并对控制力矩进行了分配。上述研究将系绳张力当作扰动力，需要消耗额外的燃料来抵消系绳张力所产生的姿态干扰力矩。同时考虑系绳张力和抓捕器推力，Jia 等[214,215]考虑了非刚性连接抓捕导致的执行机构安装矩阵变化，设计了自适应反演控制律并采用基于内点法的鲁棒分配算法对控制力矩进行分配。Li 等[216,217]基于模糊控制理论和逆最优原理设计了燃料消耗最优的卫星姿态接管控制方法。Huang 等[218,219]利用多自由度机械臂改变系绳方向，通过系绳张力力矩实现两轴姿态稳定，并用推力器稳定沿系绳方向的姿态。与纯推力控制相比，推力-张力协调控制可以在一定程度上节省燃料消耗。

仅利用系绳张力力矩进行目标星姿态接管控制时，目前的方法有多系绳结构和系绳偏置两种。Qi 等[220]提出了双系绳结构，如图 1-3（a）所示，通过改变绳长可以稳定目标星的姿态。为了避免两根系绳之间的缠绕，Hovell 等[221,222]设计了一种新型的子系绳结构，即“Y”形系绳结构，如图 1-3（b）所示。在此基础上，Zhang 等[100]进一步提出了由四根子系绳组成的多系绳结构。这种结构比单系绳抓捕具有更高的稳定性，并可以实现对高速自旋目标（>30(°)/s）的消旋，但同时又增加了系统的复杂性，如何将这些系绳准确地连接在卫星的相应位置也给实际操作带来困难。

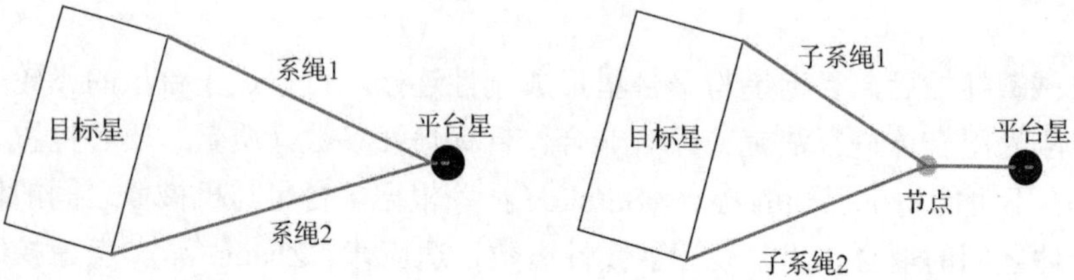


（a）双系绳结构示意图　　（b）“Y”形系绳结构示意图

图 1-3　多系绳结构示意图

Misra 等[223,224]提出了系绳偏置的概念，并将其用于机动平台的姿态稳定，其工作原理如图 1-4（a）所示，即使用一根机械臂通过移动系绳在航天器上的连接点来改变力臂从而调节张力力矩。已有研究将系绳偏置策略应用于目标星的消旋控制[225-232]，如图 1-4（b）所示。

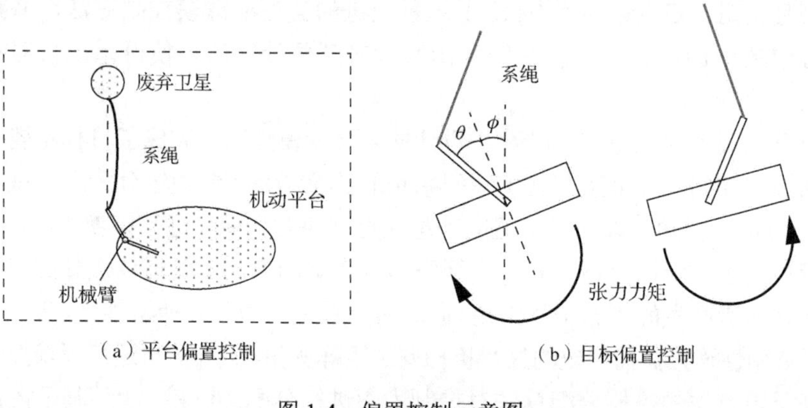


（a）平台偏置控制　　（b）目标偏置控制

图 1-4　偏置控制示意图

由于系绳无法提供沿绳方向的控制力矩，上述偏置控制最多可以实现两轴姿态控制（无法对绕系绳方向自旋的目标星进行消旋）。考虑到空间非合作目标没有预先设计的抓捕点位置，在实际中偏离目标星质心的抓捕方式更为普遍也更易实现，图 1-5 所示的抓捕点位于目标星一侧的太阳能帆板支架上。偏心抓捕导致目标星的三轴姿态互相耦合，需同时进行三轴姿态稳定。Wang 等分别用三自由度机械臂[233,234]和线性伸缩杆[235-237]改变系绳连接点调整张力力矩，设计了三轴姿态接管控制算法。

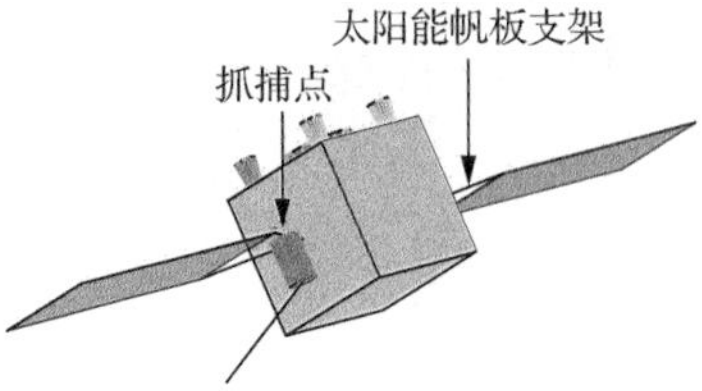


图 1-5 偏心抓捕示意图

从以上结果可以看出，虽然绳系系统拖曳飞行控制方面已有大量研究成果，也基本解决了摆动抑制、反弹抑制等问题，但均是针对特定简化模型的考虑，缺乏对各种动力学现象的全面考虑。此外，最为困难的是置信度高，缺乏具备天地一致性的地面试验验证手段，这也是制约当前空间绳系机器人研究及应用中的一个极大难题，需要广大国内外学者迎接挑战。

## 1.3 绳系拖曳飞行控制难点分析

以传统的拖曳飞行过程为例。首先，当平台准备施加变轨推力时，由于不同的变轨策略，如多脉冲变轨或持续推力变轨，推力方向不一定与系绳共线。即使初始时刻推力与系绳共线，也难保证在后续的轨道机动中，推力的方向一直保持不变。因此，系绳会产生如图 1-6（a）所示的摆动（sway）。

其次，这种摆动现象还会引发对机动平台的鞭打效应（whiplash effect）。由图 1-6（b）可知，当摆动现象刚发生时，系绳会由于柔性而弯曲；当其再次绷直时，会突然对平台施加一个干扰力矩，如同鞭打一般迫使平台的姿态发生改变。如此反复地鞭打，会严重影响平台推力的正常施加，进而影响变轨机动，使整个绳系系统偏离预定轨道。

再次，目标星还会发生“尾摆”（tail wagging）现象。尾摆是指卫星相对于系绳发生旋转。产生尾摆的原因有很多，最主要的是由失效卫星残余角速度所造成的姿态翻滚。次之，偏离卫星质心的抓捕方式也会在拖曳中产生一个张力力矩，使卫星旋转。再者，若卫星带有挠性的太阳能帆板，帆板的振动也会引发卫星姿态的失稳。如图 1-6（c）所示，尾摆所带来的最恶劣的后果便是卫星与系绳的缠绕。

最后，系绳只可拉伸不可压缩的单向弹性会产生反弹效应（bounce effect）。

上述的缠绕会使系绳张力急剧增加并将卫星拉向平台，造成系绳松弛，随后在平台推力下系绳又会重新张紧，这种松紧交替的现象称为反弹，如图 1-6（d）所示。这会带来两大危害：①从系绳结构的角度讲，张力的不稳定会损害系绳的使用寿命；②两端间距会因张力的不稳定而发生振荡，且当推力下降或关闭时，残余张力会将两端拉向彼此，增加碰撞的可能性。

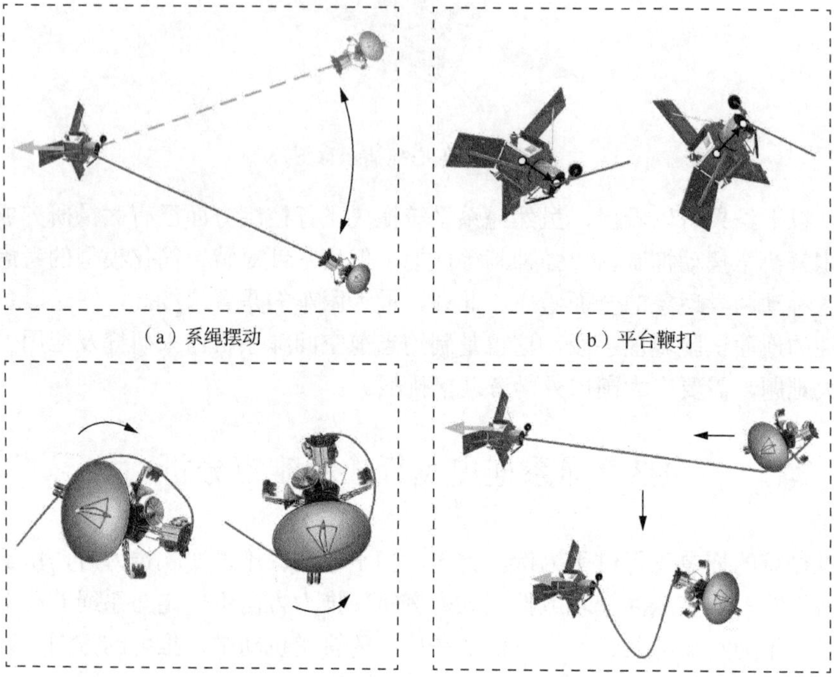

（a）系绳摆动　（b）平台鞭打

（c）卫星尾摆　（d）张力反弹

图 1-6　绳系拖曳过程遇到的问题

综上所述，摆动、鞭打、尾摆和反弹这四个动力学特性是造成缠绕、碰撞和平台扰动的主要原因。它们之间的相互关系如图 1-7 所示。可见，各特性间存在强烈的耦合关系，有些甚至形成了恶性循环，如平台扰动造成推力-系绳不共线，进而导致鞭打又加剧平台的扰动。这些关系给绳系飞行器的制导、导航与控制（guidance, navigation and control, GNC）系统的设计带来巨大的挑战。

基于以上分析，系绳摆动、平台鞭打、卫星尾摆、张力反弹四种效应会带来至少碰撞、缠绕和平台扰动这三大威胁，在拖曳飞行过程中必须充分研究，并针对性设计控制策略，本书即围绕解决上述难题展开。在此基础上，本书还介绍了旋转拖曳变轨和多星编队两种新型的绳系飞行模式。

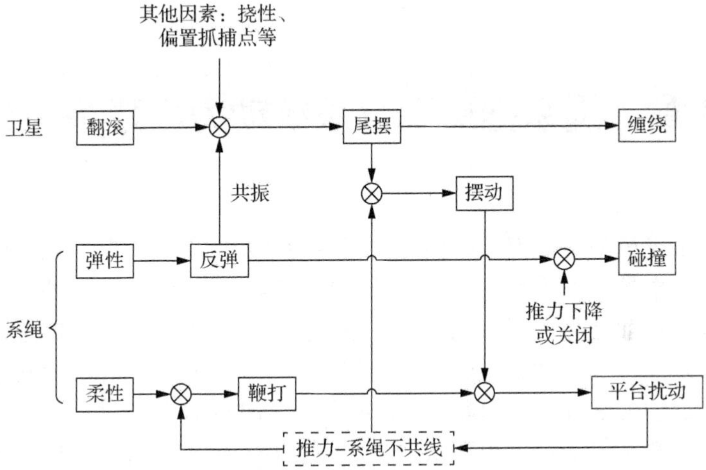


图 1-7 绳系系统动力学特性的相互关系图

本书核心内容包括：绳系拖曳飞行系统动力学建模与分析、绳系拖曳飞行防碰撞控制技术、绳系拖曳飞行防尾摆控制技术、绳系拖曳飞行防摆动控制技术、绳系拖曳旋转飞行控制技术、绳系编队飞行控制技术六部分。

# 第 2 章 绳系拖曳飞行系统动力学建模与分析

精确的系统模型是研究绳系拖曳飞行控制技术的前提。在绳系拖曳飞行系统中，如何对一根柔软的系绳建立模型是最具挑战性的，也是衡量整个系统模型合理性的关键。目前已有许多研究致力于系绳的建模，基于有限元的连续系绳模型是最能反映系绳真实运动状况的理想模型。然而，该模型却存在求解复杂、计算量大和不易于动力学分析等问题。与之相反，Linskens 等[154,155]的研究表明，将系绳离散成一定数量的珠点，也能较为准确地反映系绳的特性。因此，本章采用珠点模型对系绳进行建模，如图 2-1 所示。本章首先建立绳系拖曳数学模型，包括平台的轨道和姿态模型、系绳珠点模型、目标星的相对运动和姿态模型，然后对绳系拖曳飞行动力学进行详细分析。

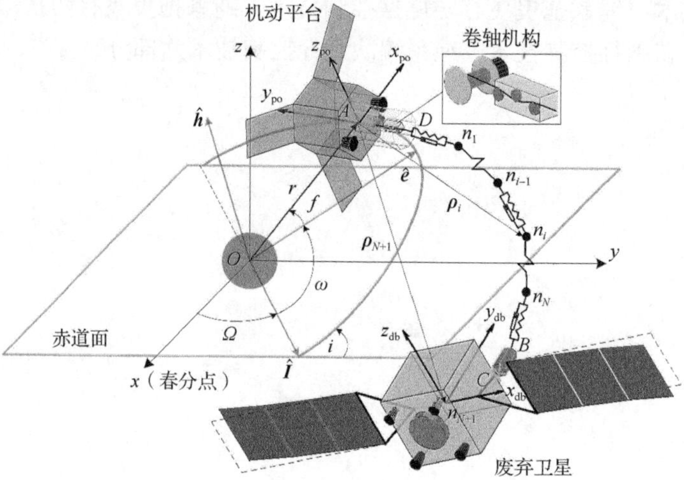


图 2-1 绳系拖曳飞行系统模型几何示意图

## 2.1 拖曳平台/目标星模型

物体的运动都是基于其本体坐标系和空间参考坐标系的相对关系而言的。为描述轨道机动和相对运动以及姿态转动，介绍本章中所用到的参考坐标系如下。

1）地心惯性坐标系 $Oxyz$

地心惯性（earth-centered inertial, ECI）坐标系原点位于地球质心 $O$， $x$ 轴指

向春分点，$z$ 轴沿地球自转轴指向北极，$y$ 轴位于赤道面内且与前两轴构成右手正交系。

2）平台质心轨道坐标系 $Ax_{po}y_{po}z_{po}$

平台质心轨道（local-vertical, local-horizontal, LVLH）坐标系原点位于平台质心 $A$，$x_{po}$ 轴由平台质心沿轨道径向背离地心向外，$z_{po}$ 轴垂直于轨道面且与轨道角速度矢量同向，$y_{po}$ 轴位于轨道面内且与前两轴构成右手正交系。

3）平台本体坐标系 $Ax_{pb}y_{pb}z_{pb}$

平台本体坐标（platform body frame, PBF）系原点位于平台质心 $A$，三轴均沿平台最大惯量主轴，如图 2-2 所示。定义当平台姿态为零时，PBF 系与 LVLH 坐标系重合。

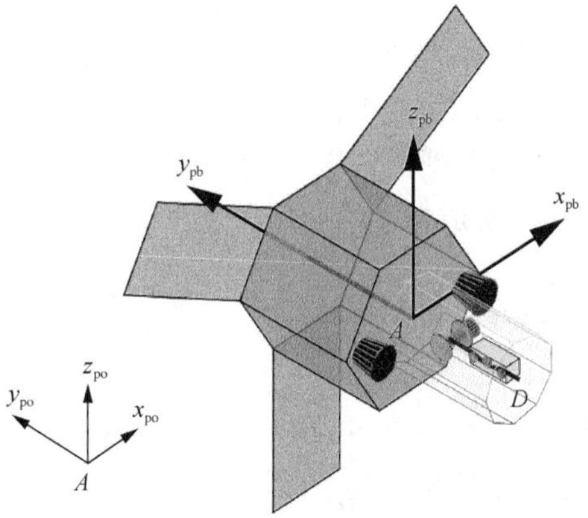


图 2-2　平台本体坐标系示意图

4）目标星本体坐标系 $n_{N+1}x_{db}y_{db}z_{db}$

目标星本体坐标（satellite body frame, SBF）系原点位于目标星质心 $n_{N+1}$，三轴均沿目标星最大惯量主轴，如图 2-3 所示。定义当目标姿态为零时，SBF 系与 LVLH 坐标系重合。

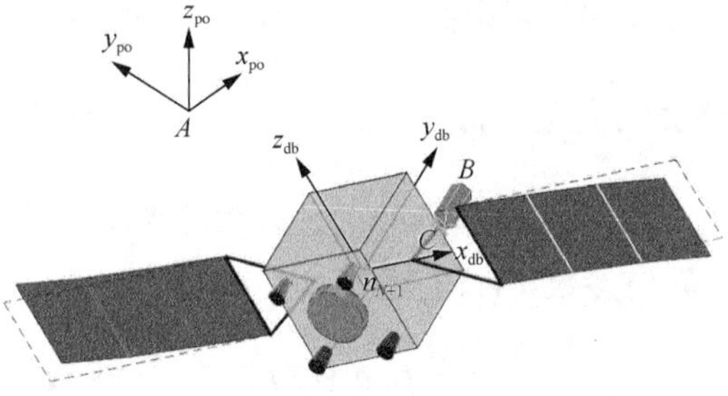


图 2-3　目标星本体坐标系示意图

### 2.1.1 拖曳平台模型

#### 2.1.1.1 平台轨道模型

平台轨道模型用于表示平台质心相对于 ECI 坐标系的实时位置和速度。为此，选用如下经典轨道参数 $\boldsymbol{o}_{\mathrm{e}}$ 来描述质心轨道随时间的变化：

$$\boldsymbol{o}_{\mathrm{e}}=\{a,e,i_o,\varOmega,\omega,M_0\} \tag{2-1}$$

式中，$a$ 为轨道半长轴；$e$ 为轨道偏心率；$i_o$ 为轨道倾斜角；$\varOmega$ 为轨道升交点赤经；$\omega$ 为轨道近地点幅角；$M_0$ 为初始时刻的轨道平近点角。

在拖曳移除中，平台质心除受到地球引力外，还将受到变轨推力和系绳张力的扰动。这里未考虑其他外界摄动力，如引力场二阶带谐项 $J_2$ 摄动、太阳辐射压摄动和太阳引力摄动。这是因为它们的量级大约为 $10^{-6}$，与推力和张力带来的扰动相比可忽略不计。对于这类受扰轨道，通常用高斯摄动方程（Gauss' variational equations, GVE）来描述其轨道参数的变化。GVE 可通过链式求导法则获得：

$$\dot{\boldsymbol{o}}_{\mathrm{e}}=\frac{\partial \boldsymbol{o}_{\mathrm{e}}}{\partial t}+\frac{\partial \boldsymbol{o}_{\mathrm{e}}}{\partial \boldsymbol{r}}\left(\frac{\partial \boldsymbol{r}}{\partial t}+\frac{\partial \boldsymbol{r}}{\partial \boldsymbol{o}_{\mathrm{e}}}\dot{\boldsymbol{o}}_{\mathrm{e}}\right)+\frac{\partial \boldsymbol{o}_{\mathrm{e}}}{\partial \boldsymbol{v}}\left(\frac{\partial \boldsymbol{v}}{\partial t}+\frac{\partial \boldsymbol{v}}{\partial \boldsymbol{o}_{\mathrm{e}}}\dot{\boldsymbol{o}}_{\mathrm{e}}\right) \tag{2-2}$$

式中，$\boldsymbol{r}\in\mathbb{R}^{3\times1}$，为平台质心位置在 ECI 坐标系中的坐标向量；$\boldsymbol{v}=\dot{\boldsymbol{r}}\in\mathbb{R}^{3\times1}$，为平台质心速度在 ECI 坐标系中的坐标向量。

速度矢量满足以下动力学方程：

$$\dot{\boldsymbol{v}}=-\frac{\mu\boldsymbol{r}}{r^3}+\boldsymbol{d} \tag{2-3}$$

式中，$\mu=3.986\times10^{14}$，为地球引力常数；$r=\|\boldsymbol{r}\|$，为轨道半径，$\|\bullet\|$ 为欧拉范数；$\boldsymbol{d}=\dfrac{\boldsymbol{F}+\boldsymbol{T}_{\mathrm{p}}}{m_{\mathrm{p}}}\in\mathbb{R}^{3\times1}$，为推力与张力的合力在 ECI 坐标系中产生的加速度向量，$\boldsymbol{F}\in\mathbb{R}^{3\times1}$，为平台在 ECI 坐标系中的变轨推力向量，$\boldsymbol{T}_{\mathrm{p}}\in\mathbb{R}^{3\times1}$，为平台在 ECI 坐标系中所受到的系绳张力向量，$m_{\mathrm{p}}=m_{\mathrm{p}0}-\int_0^t\dfrac{\|\boldsymbol{F}\|}{I_{\mathrm{sp}}g_{\mathrm{e}}}\mathrm{d}\tau$，为平台质量，$m_{\mathrm{p}0}$ 为初始时刻的平台质量，$I_{\mathrm{sp}}$ 为轨道发动机比冲，$g_{\mathrm{e}}$ 为地球表面重力加速度。

将 $\boldsymbol{r}$ 表示成关于轨道参数 $\boldsymbol{o}_{\mathrm{e}}(t)$ 的函数：

$$\boldsymbol{r}=\boldsymbol{f}\left[\boldsymbol{o}_{\mathrm{e}}(t),t\right] \tag{2-4}$$

式中，函数 $\boldsymbol{f}$ 满足拉格朗日（Lagrange）约束：

$$\frac{\partial \boldsymbol{f}}{\partial \boldsymbol{o}_{\mathrm{e}}}\dot{\boldsymbol{o}}_{\mathrm{e}}=0 \tag{2-5}$$

将式（2-5）代入式（2-2）并考虑在无扰动情况下轨道参数满足的约束：

$$\frac{\partial \boldsymbol{o}_{\mathrm{e}}}{\partial \boldsymbol{r}}\frac{\partial \boldsymbol{r}}{\partial t}+\frac{\partial \boldsymbol{o}_{\mathrm{e}}}{\partial \boldsymbol{v}}\frac{\partial \boldsymbol{v}}{\partial t}=0 \tag{2-6}$$

可得

$$\dot{\boldsymbol{o}}_{\mathrm{e}}=\frac{\partial \boldsymbol{o}_{\mathrm{e}}}{\partial \boldsymbol{v}}\boldsymbol{d} \tag{2-7}$$

将平台质心位置和速度以及所受加速度向 LVLH 坐标系投影即可得到 GVE：

$$\begin{cases}\dfrac{\mathrm{d}a}{\mathrm{d}t}=2\dfrac{d_r a^2 e\sin f}{h}+2\dfrac{d_\theta a^2 p}{hr}\\[2mm]\dfrac{\mathrm{d}e}{\mathrm{d}t}=\dfrac{d_r p\sin f}{h}+\dfrac{d_\theta\left[(p+r)\cos f+re\right]}{h}\\[2mm]\dfrac{\mathrm{d}i_o}{\mathrm{d}t}=\dfrac{d_h r\cos(f+\omega)}{h}\\[2mm]\dfrac{\mathrm{d}\Omega}{\mathrm{d}t}=\dfrac{d_h r\sin(f+\omega)}{h\sin i_o}\\[2mm]\dfrac{\mathrm{d}\omega}{\mathrm{d}t}=-\dfrac{d_r p\cos f}{he}+\dfrac{d_\theta(p+r)\sin f}{he}-\dfrac{d_h r\sin(f+\omega)\cos i_o}{h\sin i}\\[2mm]\dfrac{\mathrm{d}M_0}{\mathrm{d}t}=d_r\left[\dfrac{\left(-2e+\cos f+e\cos^2 f\right)\left(1-e^2\right)}{e(1+e\cos f)\bar{n}a}\right]\\[2mm]\qquad\qquad+d_\theta\left[\dfrac{\left(e^2-1\right)(e\cos f+2)\sin f}{e(1+e\cos f)\bar{n}a}\right]\end{cases} \tag{2-8}$$

式中，$d_r$、$d_\theta$、$d_h$ 为合力加速度在 LVLH 坐标系下的三轴分量；$p=a\left(1-e^2\right)$，为轨道半正焦弦；$h=\sqrt{\mu p}$，为轨道角动量；$\bar{n}=\sqrt{\dfrac{\mu}{a^3}}$，为平均轨道角速度；$f$ 为轨道真近点角，其变分方程为

$$\frac{\mathrm{d}f}{\mathrm{d}t}=\frac{h}{r^2}+\frac{1}{eh}\left[d_r p\cos f-d_\theta(p+r)\sin f\right] \tag{2-9}$$

2.1.1.2 平台姿态模型

如图 2-2 所示，平台姿态定义为 PBF 系与 LVLH 坐标系间的相对旋转关系。描述坐标系间旋转关系的物理量称为姿态参数。现有多种姿态参数，如欧拉角、四元数、罗德里格斯参数和修正罗德里格斯参数（modified Rodrigues parameters, MRPs）等[73]。其中，欧拉角具有明显的物理意义且能由姿态传感器直接测量得到，但在 90°就会发生奇异，往往用于小角度旋转的场合；四元数将三次欧拉转动等效为一个矢量绕空间中某一轴的转动，拓展了姿态描述空间，不涉及三角函数运算且不具备明确的物理意义，但存在参数冗余问题，多用于旋转编队卫星的姿态描述；罗德里格斯参数由四元数向三维超平面投影得到，它的优点和四元数类似，且不存在冗余，但引入了新的奇异点，为消除奇异需要进行两组参数之间的转换，增加了运算复杂度；MRPs 虽然不具有明显的物理意义，却是一种全局无奇异的三维姿态参数，因此本书前六章采用 MRPs 来描述航天器的姿态运动，在第 7 章采用四元数描述绳系编队航天器的姿态运动。

令 $\boldsymbol{\sigma}_{\mathrm{p}}=\left[\sigma_{\mathrm{p}x},\sigma_{\mathrm{p}y},\sigma_{\mathrm{p}z}\right]^{\mathrm{T}}$ 为平台姿态 MRPs 在 PBF 系中的向量，则从 LVLH 坐标系到 PBF 系的方向余弦矩阵为

$$\boldsymbol{R}\left(\boldsymbol{\sigma}_{\mathrm{p}}\right)=\boldsymbol{I}_3-\frac{4\left(1-\boldsymbol{\sigma}_{\mathrm{p}}^2\right)}{\left(1+\boldsymbol{\sigma}_{\mathrm{p}}^2\right)^2}\left[\boldsymbol{\sigma}_{\mathrm{p}}^{\times}\right]+\frac{8}{\left(1+\boldsymbol{\sigma}_{\mathrm{p}}^2\right)^2}\left[\boldsymbol{\sigma}_{\mathrm{p}}^{\times}\right]^2 \tag{2-10}$$

式中，$\boldsymbol{I}_3\in\mathbb{R}^{3\times3}$，为三阶单位向量；$\boldsymbol{\sigma}_{\mathrm{p}}^{\times}\in\mathbb{R}^{3\times3}$，为平台姿态 MRPs 向量的反对称矩阵，定义如下：

$$\boldsymbol{\sigma}_{\mathrm{p}}^{\times}=\begin{bmatrix}0 & -\sigma_{\mathrm{p}z} & \sigma_{\mathrm{p}y}\\ \sigma_{\mathrm{p}z} & 0 & -\sigma_{\mathrm{p}x}\\ -\sigma_{\mathrm{p}y} & \sigma_{\mathrm{p}x} & 0\end{bmatrix} \tag{2-11}$$

基于 MRPs 向量的平台姿态运动学方程为

$$\dot{\boldsymbol{\sigma}}_{\mathrm{p}}=\boldsymbol{G}\left(\boldsymbol{\sigma}_{\mathrm{p}}\right)\boldsymbol{\Omega}_{\mathrm{p}} \tag{2-12}$$

式中，$\boldsymbol{\Omega}_{\mathrm{p}}=\left[\Omega_{\mathrm{p}x},\Omega_{\mathrm{p}y},\Omega_{\mathrm{p}z}\right]^{\mathrm{T}}$，为平台姿态在 PBF 系中的角速度向量；$\boldsymbol{G}\left(\boldsymbol{\sigma}_{\mathrm{p}}\right)=\frac{1}{4}\left[\left(1-\boldsymbol{\sigma}_{\mathrm{p}}^{\mathrm{T}}\boldsymbol{\sigma}_{\mathrm{p}}\right)\boldsymbol{I}_3+2\boldsymbol{\sigma}_{\mathrm{p}}^{\times}+2\boldsymbol{\sigma}_{\mathrm{p}}\boldsymbol{\sigma}_{\mathrm{p}}^{\mathrm{T}}\right]$。

考虑到平台自带较为完备的控制系统，本章选用五棱锥构型安装的控制力矩陀螺（control moment gyro, CMG）作为平台的姿态执行机构。考虑 CMG 的角动量 $\boldsymbol{h}_{\mathrm{CMG}}$，并忽略平台燃料晃动及挠性部件，则姿态动力学方程为[73]

$$\dot{\boldsymbol{\Omega}}_{\mathrm{p}}=-\boldsymbol{J}_{\mathrm{p}}^{-1}\boldsymbol{\Omega}_{\mathrm{p}}^{\times}(\boldsymbol{J}_{\mathrm{p}}\boldsymbol{\Omega}_{\mathrm{p}}+\boldsymbol{h}_{\mathrm{CMG}})+\boldsymbol{J}_{\mathrm{p}}^{-1}\left(\boldsymbol{u}_{\mathrm{p}}+\boldsymbol{\tau}_F+\boldsymbol{\tau}_T+\boldsymbol{d}_o\right) \tag{2-13}$$

式中，$\boldsymbol{J}_{\mathrm{p}}\in\mathbb{R}^{3\times3}$，为平台在 PBF 系中的主轴转动惯量；$\boldsymbol{u}_{\mathrm{p}}=-\boldsymbol{h}_{\mathrm{CMG}}\in\mathbb{R}^{3\times1}$，为平

台三轴姿态控制力矩；$\boldsymbol{\tau}_F = \boldsymbol{AD}\big|_{\text{PBF}} \times \boldsymbol{F}\big|_{\text{PBF}} \in \mathbb{R}^{3\times1}$，为平台所受推力力矩，$\boldsymbol{AD}\big|_{\text{PBF}} \in \mathbb{R}^{3\times1}$，为系绳释放点在 PBF 系下的位置向量，$\boldsymbol{F}\big|_{\text{PBF}} \in \mathbb{R}^{3\times1}$，为平台所受推力在 PBF 系下的向量；$\boldsymbol{\tau}_T = \boldsymbol{AD}\big|_{\text{PBF}} \times \boldsymbol{T}_{\text{p}}\big|_{\text{PBF}} \in \mathbb{R}^{3\times1}$，为平台所受张力力矩，$\boldsymbol{T}_{\text{p}}\big|_{\text{PBF}} \in \mathbb{R}^{3\times1}$，为平台所受张力在 PBF 系下的向量；$\boldsymbol{d}_o = -\left(\boldsymbol{\Omega}_{\text{p}}^{\times}\boldsymbol{J}_{\text{p}}\boldsymbol{\omega}_{\text{p}} + \boldsymbol{\omega}_{\text{p}}^{\times}\boldsymbol{J}_{\text{p}}\boldsymbol{\Omega}_{\text{p}} + \boldsymbol{\omega}_{\text{p}}^{\times}\boldsymbol{J}_{\text{p}}\boldsymbol{\omega}_{\text{p}} + \boldsymbol{J}_{\text{p}}\dot{\boldsymbol{\omega}}_{\text{p}}\right)$，为轨道角速度引起的扰动力矩。

$\boldsymbol{\omega}_{\text{p}} \in \mathbb{R}^{3\times1}$，为轨道角速度在 PBF 系中的向量（rad/ s），定义如下：

$$\boldsymbol{\omega}_{\text{p}} \triangleq \boldsymbol{R}\left(\boldsymbol{\sigma}_{\text{p}}\right)\boldsymbol{\omega}_{\text{p}}\big|_{\text{LVLH}} = \boldsymbol{R}\left(\boldsymbol{\sigma}_{\text{p}}\right)\begin{bmatrix} \dot{\Omega}\sin i_o \sin\left(\omega + f\right) + \dot{i}_o \cos\left(\omega + f\right) \\ \dot{\Omega}\sin i_o \cos\left(\omega + f\right) - \dot{i}_o \sin\left(\omega + f\right) \\ \dot{\Omega}\cos i_o + \dot{\omega} + \dot{f} \end{bmatrix} \tag{2-14}$$

对式（2-12）求导有

$$\ddot{\boldsymbol{\sigma}}_{\text{p}} = \dot{\boldsymbol{G}}\left(\boldsymbol{\sigma}_{\text{p}}\right)\boldsymbol{\Omega}_{\text{p}} + \boldsymbol{G}\left(\boldsymbol{\sigma}_{\text{p}}\right)\dot{\boldsymbol{\Omega}}_{\text{p}} \tag{2-15}$$

将式（2-13）代入式（2-15），经整理可得姿态二阶动力学模型为

$$\ddot{\boldsymbol{\sigma}}_{\text{p}} = \boldsymbol{f}_{\text{p}} + \boldsymbol{g}_{\text{p}}\boldsymbol{u}_{\text{p}} \tag{2-16}$$

式中，$\boldsymbol{f}_{\text{p}} = \left[\dot{\boldsymbol{G}}\left(\boldsymbol{\sigma}_{\text{p}}\right) - \boldsymbol{G}\left(\boldsymbol{\sigma}_{\text{p}}\right)\boldsymbol{J}_{\text{p}}^{-1}\boldsymbol{\Omega}_{\text{p}}^{\times}\boldsymbol{J}_{\text{p}}\right]\boldsymbol{\Omega}_{\text{p}} - \boldsymbol{G}\left(\boldsymbol{\sigma}_{\text{p}}\right)\boldsymbol{J}_{\text{p}}^{-1}\boldsymbol{\Omega}_{\text{p}}^{\times}\boldsymbol{J}_{\text{CMG}} + \boldsymbol{G}\left(\boldsymbol{\sigma}_{\text{p}}\right)\boldsymbol{J}_{\text{p}}^{-1}\left(\boldsymbol{\tau}_F + \boldsymbol{\tau}_T + \boldsymbol{d}_o\right)$；$\boldsymbol{g}_{\text{p}} = \boldsymbol{G}\left(\boldsymbol{\sigma}_{\text{p}}\right)\boldsymbol{J}_{\text{p}}^{-1}$。

## 2.1.2 目标星模型

### 2.1.2.1 目标星质心相对运动方程

设目标星质心相对于平台质心的位置矢量在 LVLH 坐标系下的投影为 $\boldsymbol{\rho}_{N+1}\big|_{\text{LVLH}} = \left[x_{N+1}, y_{N+1}, z_{N+1}\right]^{\text{T}}$，则目标星质心在 LVLH 坐标系中的相对运动方程为

$$\begin{cases} \ddot{x}_{N+1} - 2\dot{\theta}\dot{y}_{N+1} - \ddot{\theta}y_{N+1} - \dot{\theta}^2 x_{N+1} = -\dfrac{\mu(r + x_{N+1})}{\left[(r + x_{N+1})^2 + y_{N+1}^2 + z_{N+1}^2\right]^{\frac{3}{2}}} + \dfrac{\mu}{r^2} + d_{xN+1} \\ \ddot{y}_{N+1} + 2\dot{\theta}\dot{x}_{N+1} + \ddot{\theta}x_{N+1} - \dot{\theta}^2 y_{N+1} = -\dfrac{\mu y_{N+1}}{\left[(r + x_{N+1})^2 + y_{N+1}^2 + z_{N+1}^2\right]^{\frac{3}{2}}} + d_{yN+1} \\ \ddot{z}_{N+1} = -\dfrac{\mu z_{N+1}}{\left[(r + x_{N+1})^2 + y_{N+1}^2 + z_{N+1}^2\right]^{\frac{3}{2}}} + d_{zN+1} \end{cases} \tag{2-17}$$

式中，$\boldsymbol{d}_{N+1}\big|_{\text{LVLH}} \triangleq \left[d_{xN+1}, d_{yN+1}, d_{zN+1}\right]^{\text{T}}$，为目标星在 LVLH 坐标系中的非引力加速

度向量，且$\boldsymbol{d}_{N+1}\big|_{\text{LVLH}}=\dfrac{\boldsymbol{T}_{N+1}\big|_{\text{LVLH}}}{m_{\text{d}}}-{}^{\text{E}}\boldsymbol{R}_{\text{L}}^{-1}\boldsymbol{d}$，$m_{\text{d}}$为目标星质量，$\boldsymbol{T}_{N+1}\big|_{\text{LVLH}}$为目标星在LVLH坐标系中所受张力，可通过下式计算：

$$\boldsymbol{T}_{N+1}\big|_{\text{LVLH}}=T_{N+1}\frac{\boldsymbol{\rho}_N\big|_{\text{LVLH}}-\left[\boldsymbol{\rho}_{N+1}\big|_{\text{LVLH}}+\boldsymbol{R}^{-1}(\boldsymbol{\sigma})\boldsymbol{n}_{N+1}\boldsymbol{B}\big|_{\text{SBF}}\right]}{\left\|\boldsymbol{\rho}_N\big|_{\text{LVLH}}-\left[\boldsymbol{\rho}_{N+1}\big|_{\text{LVLH}}+\boldsymbol{R}^{-1}(\boldsymbol{\sigma})\boldsymbol{n}_{N+1}\boldsymbol{B}\big|_{\text{SBF}}\right]\right\|} \tag{2-18}$$

式中，$\boldsymbol{\rho}_N$为系绳第$N$个珠点的位置。系绳珠点模型与相对运动方程（2-17）的详细推导将在2.2节给出。

2.1.2.2 目标星姿态模型

如图2-3所示，目标星姿态定义为目标星SBF系$n_{N+1}x_{\text{db}}y_{\text{db}}z_{\text{db}}$与LVLH坐标系间的相对旋转关系。

令$\boldsymbol{\sigma}=\left[\sigma_x,\sigma_y,\sigma_z\right]^{\text{T}}$为目标星姿态MRPs在SBF系中的向量，则由式（2-10）可知，目标星姿态从LVLH坐标系到SBF系的方向余弦矩阵为

$$\boldsymbol{R}(\boldsymbol{\sigma})=\boldsymbol{I}_3-\frac{4\left(1-\boldsymbol{\sigma}^2\right)}{\left(1+\boldsymbol{\sigma}^2\right)^2}\left[\boldsymbol{\sigma}^{\times}\right]+\frac{8}{\left(1+\boldsymbol{\sigma}^2\right)^2}\left[\boldsymbol{\sigma}^{\times}\right]^2 \tag{2-19}$$

式中，$\boldsymbol{\sigma}^{\times}\in\mathbb{R}^{3\times3}$，为目标星姿态MRPs向量的反对称矩阵。

基于MRPs向量的目标星姿态运动学方程为

$$\dot{\boldsymbol{\sigma}}=\boldsymbol{G}(\boldsymbol{\sigma})\boldsymbol{\Omega}_t \tag{2-20}$$

式中，$\boldsymbol{\Omega}_t=\left[\Omega_{tx},\Omega_{ty},\Omega_{tz}\right]^{\text{T}}$，为目标星姿态在SBF系中的角速度向量；$\boldsymbol{G}(\boldsymbol{\sigma})=\dfrac{1}{4}\left[\left(1-\boldsymbol{\sigma}^{\text{T}}\boldsymbol{\sigma}\right)\boldsymbol{I}_3+2\boldsymbol{\sigma}^{\times}+2\boldsymbol{\sigma}\boldsymbol{\sigma}^{\text{T}}\right]$。

目标星多为失效卫星或空间碎片，并不具备姿态控制能力。忽略目标星残余燃料的晃动且假设挠性部件只发生小幅度振动，则目标星姿态动力学模型可采用以下形式：

$$\begin{cases}\dot{\boldsymbol{\Omega}}_t=-\boldsymbol{J}^{-1}\boldsymbol{\Omega}_t^{\times}\left(\boldsymbol{J}\boldsymbol{\Omega}_t+\boldsymbol{\delta}^{\text{T}}\dot{\boldsymbol{\chi}}\right)-\boldsymbol{J}^{-1}\boldsymbol{\delta}^{\text{T}}\ddot{\boldsymbol{\chi}}+\boldsymbol{J}^{-1}\left(\boldsymbol{\tau}+\boldsymbol{d}_{to}\right)\\ \ddot{\boldsymbol{\chi}}=-\boldsymbol{C}\dot{\boldsymbol{\chi}}-\boldsymbol{K}\boldsymbol{\chi}-\boldsymbol{\delta}\dot{\boldsymbol{\Omega}}_t\end{cases} \tag{2-21}$$

式中，$\boldsymbol{J}\in\mathbb{R}^{3\times3}$，为目标星在SBF系中的主轴转动惯量；$\boldsymbol{\tau}=\boldsymbol{n}_{N+1}\boldsymbol{B}\big|_{\text{SBF}}\times\left[\boldsymbol{R}(\boldsymbol{\sigma})\boldsymbol{T}_{N+1}\big|_{\text{LVLH}}\right]\in\mathbb{R}^{3\times1}$，为目标星在SBF系中的张力力矩；$\boldsymbol{\chi}\in\mathbb{R}^{n_{\text{f}}}$，为挠性部件无量纲振动位移坐标，$n_{\text{f}}\in\mathbb{Z}^{+}$，为挠性模态离散个数；$\boldsymbol{\delta}\in\mathbb{R}^{n_{\text{f}}\times3}$，为挠性部

件与目标星刚体间的耦合矩阵；$\boldsymbol{C}=\mathrm{diag}\left\{2\zeta_j\varLambda_j, j=1,2,\cdots,n_\mathrm{f}\right\}\in\mathbb{R}^{n_\mathrm{f}\times n_\mathrm{f}}$，为挠性部件阻尼矩阵，$\zeta_j$ 为挠性部件阻尼系数，$\varLambda_j$ 为挠性部件自然频率；$\boldsymbol{K}=\mathrm{diag}\left\{\varLambda_j^2, j=1,2,\cdots,n_\mathrm{f}\right\}\in\mathbb{R}^{n_\mathrm{f}\times n_\mathrm{f}}$，为挠性部件刚度矩阵；$\boldsymbol{d}_{to}=-\left(\boldsymbol{\varOmega}_t^\times\boldsymbol{J}\boldsymbol{\omega}_\mathrm{pt}+\boldsymbol{\omega}_\mathrm{pt}^\times\boldsymbol{J}\boldsymbol{\varOmega}_t+\boldsymbol{\omega}_\mathrm{pt}^\times\boldsymbol{J}\boldsymbol{\omega}_\mathrm{pt}+\boldsymbol{J}\dot{\boldsymbol{\omega}}_\mathrm{pt}\right)$，为轨道角速度引起的扰动力矩，$\boldsymbol{\omega}_\mathrm{pt}\in\mathbb{R}^{3\times1}$，为轨道角速度在 SBF 系中的向量，定义如下：

$$\boldsymbol{\omega}_\mathrm{pt}\triangleq\boldsymbol{R}(\boldsymbol{\sigma})\boldsymbol{\omega}_\mathrm{p}\big|_\mathrm{LVLH}=\boldsymbol{R}(\boldsymbol{\sigma})\begin{bmatrix}\dot{\varOmega}\sin i_o\sin(\omega+f)+\dot{i}_o\cos(\omega+f)\\ \dot{\varOmega}\sin i_o\cos(\omega+f)-\dot{i}_o\sin(\omega+f)\\ \dot{\varOmega}\cos i_o+\dot{\omega}+\dot{f}\end{bmatrix}\tag{2-22}$$

为进一步表示目标星与系绳的相对姿态，以探究目标星在姿态运动中与系绳发生缠绕的可能性，定义系绳向量 $\boldsymbol{T}_{N+1}\big|_\mathrm{SBF}$ 与目标星体轴向量 $\boldsymbol{n}_{N+1}\boldsymbol{y}_\mathrm{db}\big|_\mathrm{SBF}$ 间的夹角为对准角，如图 2-4 所示。

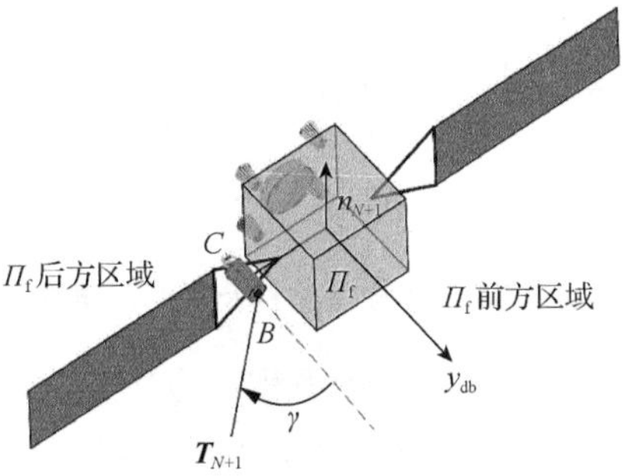


图 2-4　对准角定义示意图

根据空间向量的内积定义，可得对准角为

$$\gamma=\arccos\left(\frac{\boldsymbol{n}_{N+1}\boldsymbol{y}_\mathrm{db}\big|_\mathrm{SBF}\left[\boldsymbol{R}(\boldsymbol{\sigma})\boldsymbol{T}_{N+1}\big|_\mathrm{LVLH}\right]}{\left\|\boldsymbol{n}_{N+1}\boldsymbol{y}_\mathrm{db}\big|_\mathrm{SBF}\right\|\left\|\boldsymbol{R}(\boldsymbol{\sigma})\boldsymbol{T}_{N+1}\big|_\mathrm{LVLH}\right\|}\right)\tag{2-23}$$

由图 2-4 可见，为使系绳与目标星间不发生缠绕，对准角 $\gamma$ 的允许范围将与抓捕机构的抓捕姿态以及抓捕机构和目标星本体间的相对大小有关。当系绳连接点 $B$ 位于卫星前表面 $\varPi_\mathrm{f}$ 前方区域时，只要 $\gamma\in(-\pi/2,\pi/2)$，即可认为目标星与系绳没有发生缠绕。但若是卫星尺寸较大，或者抓捕机构在抓捕后与体轴向量 $\boldsymbol{n}_{N+1}\boldsymbol{y}_\mathrm{db}\big|_\mathrm{SBF}$ 间存在较大的夹角，使得 $B$ 点位于 $\varPi_\mathrm{f}$ 后方区域，则 $\gamma$ 的允许范围会被压缩。因此，不失一般性，定义 $\gamma$ 的允许范围如下：

$$\gamma\in\left(\gamma_\mathrm{min},\frac{\pi}{2}\right)\tag{2-24}$$

式中，$\gamma_\mathrm{min}$ 为对准角的下确界，由具体的抓捕机构尺寸和抓捕姿态确定。

## 2.2 系绳珠点模型

如图 2-5 所示，珠点模型将系绳离散成 $N$ 个珠点（$N \in \mathbb{Z}^+$），由 $N+1$ 段子系绳相连。每两个珠点间的子系绳等效为一个弹簧阻尼系统，因此每个珠点均受到三个力的共同作用，即引力（虚线箭头）和周围珠点对其产生的张力（实线箭头）。

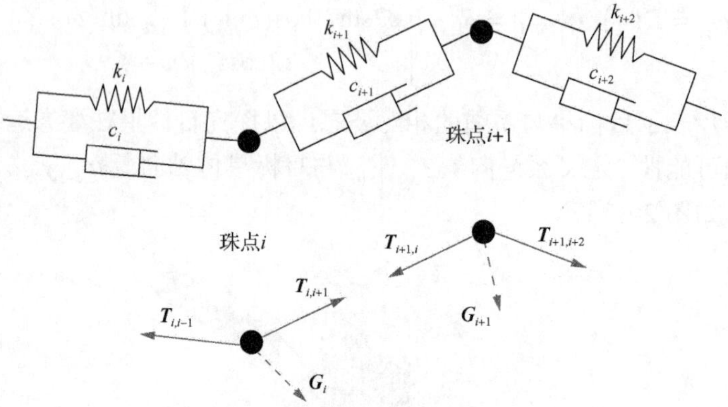


图 2-5　珠点模型结构及受力示意图

为推导珠点相对于平台质心的运动方程，令第 $i$（$1 \leqslant i \leqslant N$）个珠点在 ECI 坐标系下的矢径为 $\boldsymbol{r}_i$，则该珠点与平台质心间的相对距离矢量 $\boldsymbol{\rho}_i$ 在 ECI 坐标系中可表示为

$$\boldsymbol{\rho}_i = \boldsymbol{r}_i - \boldsymbol{r} \tag{2-25}$$

令 $\boldsymbol{\rho}_i$ 在 LVLH 坐标系下的投影为 $\boldsymbol{\rho}_i\big|_{\text{LVLH}} = \left[x_i, y_i, z_i\right]^{\text{T}}$，则对式（2-25）求二阶导可得

$$\ddot{\boldsymbol{\rho}}_i = \frac{\mu \boldsymbol{r}}{r^3} - \frac{\mu\left(\boldsymbol{r} + \boldsymbol{\rho}_i\right)}{\left[\left(r + x_i\right)^2 + y_i^2 + z_i^2\right]^{\frac{3}{2}}} + \frac{\boldsymbol{T}_i}{m_i} - \boldsymbol{d} \tag{2-26}$$

式中，$\boldsymbol{T}_i = \boldsymbol{T}_{i,i-1} + \boldsymbol{T}_{i,i+1} \in \mathbb{R}^{3\times1}$，为周围珠点对第 $i$ 个珠点在 ECI 坐标系中的张力合力向量，$\boldsymbol{T}_{i,i-1} \in \mathbb{R}^{3\times1}$，为由第 $i$ 个珠点指向第 $i-1$ 个珠点在 ECI 坐标系中的张力向量，$\boldsymbol{T}_{i,i+1} \in \mathbb{R}^{3\times1}$，为由第 $i$ 个珠点指向第 $i+1$ 个珠点在 ECI 坐标系中的张力向量；$m_i = \dfrac{\varsigma}{N}\sum\limits_{i=1}^{N+1} l_{0i}$，为第 $i$ 个珠点的质量，$\varsigma$ 为系绳线密度，$l_{0i}$ 为第 $i$ 段系绳未变形绳长。

$\boldsymbol{\rho}_i$ 与 $\boldsymbol{\rho}_i\big|_{\mathrm{LVLH}}$ 间存在如下转换关系：

$$\boldsymbol{\rho}_i = {}^{\mathrm{E}}\boldsymbol{R}_{\mathrm{L}}\boldsymbol{\rho}_i\big|_{\mathrm{LVLH}} \tag{2-27}$$

式中，${}^{\mathrm{E}}\boldsymbol{R}_{\mathrm{L}} \in \mathbb{R}^{3\times 3}$，为 LVLH 坐标系到 ECI 坐标系的转换矩阵，其关于时间的一阶导满足以下关系：

$$ {}^{\mathrm{E}}\dot{\boldsymbol{R}}_{\mathrm{L}} \triangleq {}^{\mathrm{E}}\boldsymbol{R}_{\mathrm{L}}\left(\boldsymbol{\omega}_{\mathrm{p}}\big|_{\mathrm{LVLH}}\right)^{\times} \tag{2-28}$$

其中轨道角速度的反对称矩阵具有以下性质：

$$\left(\boldsymbol{\omega}_{\mathrm{p}}\big|_{\mathrm{LVLH}}\right)^{\times}\cdot \triangleq \boldsymbol{\omega}_{\mathrm{p}}\big|_{\mathrm{LVLH}}\times\cdot \tag{2-29}$$

对式（2-27）求二阶导，并利用式（2-29），整理可得相对加速度在 LVLH 坐标系中的表达式：

$$\begin{aligned}\ddot{\boldsymbol{\rho}}_i\big|_{\mathrm{LVLH}} = {}&{}^{\mathrm{E}}\boldsymbol{R}_{\mathrm{L}}^{-1}\ddot{\boldsymbol{\rho}}_i - \dot{\boldsymbol{\omega}}_{\mathrm{p}}\big|_{\mathrm{LVLH}}\times\boldsymbol{\rho}_i\big|_{\mathrm{LVLH}} - \boldsymbol{\omega}_{\mathrm{p}}\big|_{\mathrm{LVLH}}\times\left(\boldsymbol{\omega}_{\mathrm{p}}\big|_{\mathrm{LVLH}}\times\boldsymbol{\rho}_i\big|_{\mathrm{LVLH}}\right)\\ &- 2\boldsymbol{\omega}_{\mathrm{p}}\big|_{\mathrm{LVLH}}\times\dot{\boldsymbol{\rho}}_i\big|_{\mathrm{LVLH}}\end{aligned} \tag{2-30}$$

考虑到目标星拖曳移除属于轨道面内转移，因此机动过程中的平台外力对升交点赤经和轨道倾角的扰动很小，即 $\dot{\Omega}\approx 0$ 且 $\dot{i}_o \approx 0$，故轨道角速度可简化为

$$\boldsymbol{\omega}_{\mathrm{p}}\big|_{\mathrm{LVLH}} \approx \begin{bmatrix}0\\0\\\dot{\omega}+\dot{f}\end{bmatrix} \tag{2-31}$$

联立式（2-26）、式（2-29）和式（2-30）可得第 $i$ 个珠点在 LVLH 坐标系中的相对运动方程：

$$\begin{cases}\ddot{x}_i - 2\dot{\theta}\dot{y}_i - \ddot{\theta}y_i - \dot{\theta}^2 x_i = -\dfrac{\mu(r+x_i)}{\left[(r+x_i)^2+y_i^2+z_i^2\right]^{\frac{3}{2}}} + \dfrac{\mu}{r^2} + d_{xi}\\ \ddot{y}_i + 2\dot{\theta}\dot{x}_i + \ddot{\theta}x_i - \dot{\theta}^2 y_i = -\dfrac{\mu y_i}{\left[(r+x_i)^2+y_i^2+z_i^2\right]^{\frac{3}{2}}} + d_{yi}\\ \ddot{z}_i = -\dfrac{\mu z_i}{\left[(r+x_i)^2+y_i^2+z_i^2\right]^{\frac{3}{2}}} + d_{zi}\end{cases} \tag{2-32}$$

式中，$\theta = \omega + f$，为轨道极角；$\boldsymbol{d}_i\big|_{\mathrm{LVLH}} \triangleq \left[d_{xi}, d_{yi}, d_{zi}\right]^{\mathrm{T}}$，为第 $i$ 个珠点在 LVLH 坐标系中的非引力加速度向量，且 $\boldsymbol{d}_i\big|_{\mathrm{LVLH}} = {}^{\mathrm{E}}\boldsymbol{R}_{\mathrm{L}}^{-1}\left(\dfrac{\boldsymbol{T}_i}{m_i} - \boldsymbol{d}\right)$。

由于“半弹簧”特性，即只可拉伸不可压缩，且忽略系绳的横向扭转力矩，因此第$i$段系绳（位于第$i-1$个珠点和第$i$个珠点间）的张力可用如下分段函数表示：

$$T_i=\begin{cases}0, & d_i \leqslant l_{0i} \\ \dfrac{EA\left(d_i-l_{0i}\right)}{l_{0i}}+\dfrac{c_t EA\left(\dot{d}_i-\dot{l}_{0i}\right)}{l_{0i}}, & d_i > l_{0i}\end{cases} \tag{2-33}$$

式中，$EA$为系绳刚度系数；$c_t$为系绳阻尼系数；$d_i=\left\|\boldsymbol{\rho}_i\big|_{\mathrm{LVLH}}-\boldsymbol{\rho}_{i-1}\big|_{\mathrm{LVLH}}\right\|$ $(i=2,3,\cdots,N)$，为第$i$段系绳的实际长度。

由此可得，第$i$个珠点和机动平台在LVLH坐标系中所受张力分别为

$$\boldsymbol{T}_{i,i-1}\big|_{\mathrm{LVLH}}=T_i\frac{\boldsymbol{\rho}_{i-1}\big|_{\mathrm{LVLH}}-\boldsymbol{\rho}_i\big|_{\mathrm{LVLH}}}{d_i} \tag{2-34}$$

$$\boldsymbol{T}_{i,i+1}\big|_{\mathrm{LVLH}}=T_{i+1}\frac{\boldsymbol{\rho}_{i+1}\big|_{\mathrm{LVLH}}-\boldsymbol{\rho}_i\big|_{\mathrm{LVLH}}}{d_{i+1}} \tag{2-35}$$

$$\boldsymbol{T}_{\mathrm{p}}\big|_{\mathrm{LVLH}}=T_1\frac{\boldsymbol{\rho}_1\big|_{\mathrm{LVLH}}-\boldsymbol{R}\left(\boldsymbol{\sigma}_{\mathrm{p}}\right)^{-1}\boldsymbol{AD}\big|_{\mathrm{PBF}}}{\left\|\boldsymbol{\rho}_1\big|_{\mathrm{LVLH}}-\boldsymbol{R}\left(\boldsymbol{\sigma}_{\mathrm{p}}\right)^{-1}\boldsymbol{AD}\big|_{\mathrm{PBF}}\right\|} \tag{2-36}$$

## 2.3　绳系拖曳飞行动力学仿真分析

根据已建立的系统数学模型，仿真的目的在于展示绳系拖曳飞行系统所特有的四个动力学现象，即摆动、鞭打、尾摆和反弹。此外，本节还通过仿真分析，探究系统参数对稳定性的影响及各现象之间的耦合关系，如图 2-6 所示。

鉴于 Zhao 等[39]已对两端质量对系绳摆动特性的影响做了大量的研究，且 Jaworski 等[238]基于系绳参数的拖曳目标旋转特性研究已得出系绳刚度对尾摆有显著影响的结论，本节的仿真将关注平台推力和目标星挠性振动对拖曳系统的影响。

为避免平台姿态因鞭打效应而失稳，假设平台姿态控制力矩可无限大，则设计如下姿态控制律：

$$\boldsymbol{u}_{\mathrm{p}}=\boldsymbol{g}_{\mathrm{p}}^{-1}\left(-\boldsymbol{f}_{\mathrm{p}}-\boldsymbol{k}_{\mathrm{d}}\dot{\boldsymbol{\sigma}}_{\mathrm{p}}-\boldsymbol{k}_{\mathrm{p}}\boldsymbol{\sigma}_{\mathrm{p}}\right) \tag{2-37}$$

式中，$\boldsymbol{k}_{\mathrm{d}},\boldsymbol{k}_{\mathrm{p}}\in\mathbb{R}^{3\times 3}$，为控制器对角正定参数矩阵。

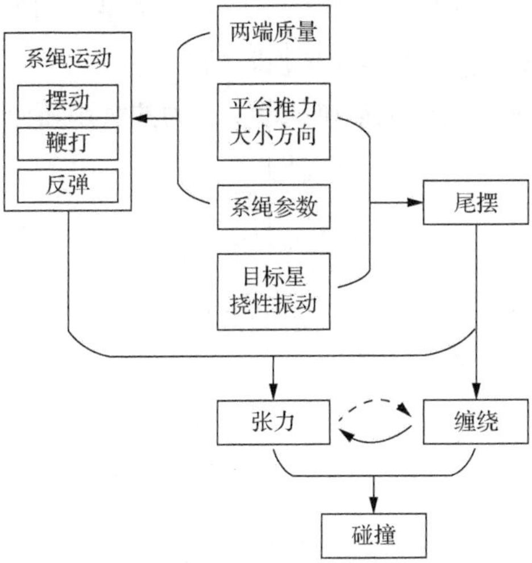


图 2-6　系统参数与动力学特性关系图

将式（2-37）代入平台姿态模型（2-16）中可得闭环系统为

$$\ddot{\boldsymbol{\sigma}}_{\mathrm{p}}+\boldsymbol{k}_{\mathrm{d}}\dot{\boldsymbol{\sigma}}_{\mathrm{p}}+\boldsymbol{k}_{\mathrm{p}}\boldsymbol{\sigma}_{\mathrm{p}}=\mathbf{0} \tag{2-38}$$

显然，式（2-38）是渐近稳定的，即平台姿态可以保持在 $\boldsymbol{\sigma}_{\mathrm{p}}=\left[0,0,0\right]^{\mathrm{T}}$。

这里不考虑平台姿态控制系统设计的具体细节，是因为平台自带较为完备的控制系统，其姿态控制相较于系绳控制和目标星接管控制而言容易实现，且已得到较多关注和研究，不是本节重点。之所以要稳定平台的姿态，主要是因为失稳的平台会造成整个绳系系统的混沌现象，不利于分析其他关键因素对系统的影响。

由绪论可知，完成抓捕后的目标星将在平台推力牵引下，经共面轨道转移，被拖曳至高于 GEO 400km 以上的坟墓轨道。为体现平台推力对系统动力学的影响，假设平台是矢量推进的，则推力在 PBF 系中的坐标可表示为

$$\boldsymbol{F}\big|_{\mathrm{PBF}}=\left[\|\boldsymbol{F}\|\sin\delta_F,\|\boldsymbol{F}\|\cos\delta_F,0\right]^{\mathrm{T}} \tag{2-39}$$

式中，$\delta_F$ 为平台推力角，定义为推力向量与 $\boldsymbol{Ay}_{\mathrm{pb}}$ 间的夹角。

令推力与推力角随时间的变化规律如下：

$$\|\boldsymbol{F}\|=\begin{cases}F_1, & 0\leqslant t<t_{F\mathrm{sw}}\\ F_2, & t\geqslant t_{F\mathrm{sw}}\end{cases} \tag{2-40}$$

$$\delta_F=\begin{cases}\delta_{F1}, & 0\leqslant t<t_{\delta\mathrm{sw}}\\ \delta_{F2}, & t\geqslant t_{\delta\mathrm{sw}}\end{cases} \tag{2-41}$$

式中，$F_k\left(k=1,2\right)$ 为两个时间段的推力大小；$t_{F\mathrm{sw}}$ 为推力切换时刻；$\delta_{Fk}\left(k=1,2\right)$ 为两个时间段的推力角；$t_{\delta\mathrm{sw}}$ 为推力角切换时刻。

同时，为避免系绳摆动出现混沌现象，推力的大小还应满足如下关系：

$$\frac{\left\|\boldsymbol{F}\right\|}{m_{\mathrm{p}}\sum_{i=1}^{N+1}l_{0i}\left\|\boldsymbol{\omega}_{\mathrm{p}}\right\|^2}>6 \tag{2-42}$$

系绳在空间中的指向由图 2-7 所示的摆角来描述。其中，系绳的轨道面内摆角 $\phi_{\mathrm{in}}$ 和面外摆角 $\phi_{\mathrm{out}}$ 定义如下：

$$\phi_{\mathrm{in}}=\arctan\frac{x_1}{y_1} \tag{2-43}$$

$$\phi_{\mathrm{out}}=\arctan\frac{z_1}{\sqrt{x_1^2+y_1^2}} \tag{2-44}$$

由于 MRPs 没有具体的物理含义，因此采用图 2-8 所示的基于 1-2-3 旋转顺序的欧拉角来直观地显示目标星的姿态。

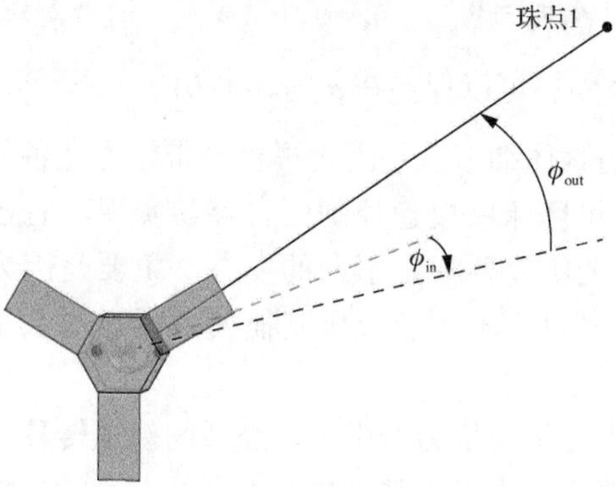


图 2-7　系绳面内/面外摆角示意图

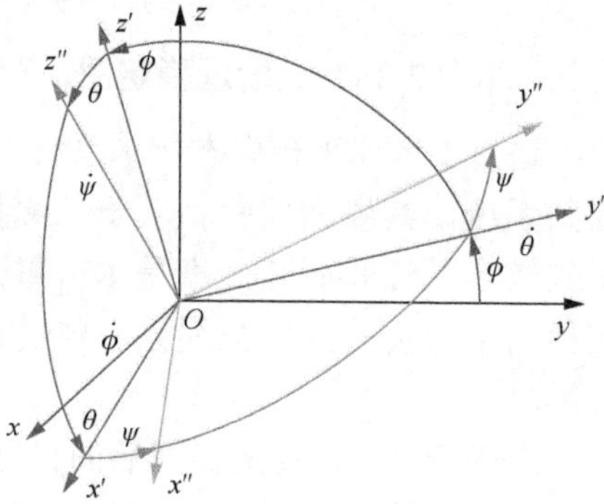


图 2-8　1-2-3 旋转欧拉角示意图

图 2-8 中，$\phi$ 为绕 $x$ 轴的偏航角，$\theta$ 为绕 $y'$ 轴的滚转角，$\psi$ 为绕 $z''$ 轴的俯仰角。它们可由 MRPs 经以下方程转换得到：

$$\begin{cases}\phi=\arctan\left[-\dfrac{\boldsymbol{R}(\boldsymbol{\sigma})(3,2)}{\boldsymbol{R}(\boldsymbol{\sigma})(3,3)}\right]\\ \theta=\arcsin\left[\boldsymbol{R}(\boldsymbol{\sigma})(3,1)\right]\\ \psi=\arctan\left[-\dfrac{\boldsymbol{R}(\boldsymbol{\sigma})(2,1)}{\boldsymbol{R}(\boldsymbol{\sigma})(1,1)}\right]\end{cases} \tag{2-45}$$

式中，$\boldsymbol{R}(\boldsymbol{\sigma})(i,j)(i=1,2,3,\ j=1,2,3)$ 为 $\boldsymbol{R}(\boldsymbol{\sigma})$ 矩阵中的第 $i$ 行第 $j$ 列元素。

由式（2-21）可知，在目标星姿态运动中，系绳张力力矩占主导因素。因此根据控制理论中平衡点的定义，目标星在拖曳过程中的姿态平衡点出现在系绳通过目标星质心时，即平衡姿态 $\boldsymbol{\sigma}_{\text{eq}}$ 可通过令张力力矩为零来获得：

$$\boldsymbol{n}_{N+1}\boldsymbol{B}\big|_{\text{SBF}}\times\left[\boldsymbol{R}\left(\boldsymbol{\sigma}_{\text{eq}}\right)\boldsymbol{T}_{N+1}\big|_{\text{LVLH}}\right]=\boldsymbol{0} \tag{2-46}$$

在仿真过程中，让目标星的初始姿态处于平衡状态并令初始角速度为零，这样更能体现系绳的运动对姿态的影响。

对于系绳珠点模型，合理的珠点个数是仿真的关键，这是因为它关乎系绳的弹性与柔性。Sabatini 等[45]指出珠点模型的张力特性只有在珠点个数足够多的时候才能和无珠点的连杆模型完全等价，但这得消耗非常长的仿真时间作为代价。此外，Linskens 等[154,155]的研究表明，当珠点个数超过 2 个以后，个数的增加对于系绳横向振动特性和系统的性能没有明显的贡献。因此本节将采用 2 个珠点进行仿真。

绳系拖曳飞行系统参数如表 2-1 所示。

**表 2-1　绳系拖曳飞行系统参数**

| 平台和系绳参数 | 参数值 | 目标星参数 | 参数值 |
|---|---|---|---|
| $m_{\text{p0}}$ | 1000kg | $m_{\text{d}}$ | 3000kg |
| $F_1$、$F_2$ | 100N、10N | $\boldsymbol{n}_{N+1}\boldsymbol{B}\big\|_{\text{SBF}}$ | $[2,0.7,0.577]^{\text{T}}$ m |
| $\delta_{F1}$、$\delta_{F2}$ | 0、π/9 | $\boldsymbol{J}$ | $\text{diag}(1500,2000,3000)\,\text{kg}\cdot\text{m}^2$ |
| $t_{F\text{sw}}$、$t_{\delta\text{sw}}$ | 1500s、200s | $n_{\text{f}}$ | 4 |
| $I_{\text{sp}}$ | 325s | $\boldsymbol{\Lambda}$ | $[0.7681,1.1038,1.8733,2.5496]^{\text{T}}$ rad/s |
| $\boldsymbol{AD}\big\|_{\text{PBF}}$ | $[0,-1,0]^{\text{T}}$ m | $\boldsymbol{\zeta}$ | $[0.0056,0.0086,0.013,0.025]^{\text{T}}$ |
| $\boldsymbol{J}_{\text{p}}$ | $\text{diag}(1000,1000,1000)\,\text{kg}\cdot\text{m}^2$ | $\boldsymbol{\delta}$ | $\begin{bmatrix}6.45637 & 1.27814 & 2.15629\\-1.25819 & 0.91756 & -1.67264\\1.11687 & 2.48901 & -0.83674\\1.23637 & -2.6581 & -1.12503\end{bmatrix}$ $\sqrt{\text{kg}}\cdot\text{m}/\text{s}^2$ |
| $l_0$ | 150m | | |
| $\varsigma$ | 0.0045kg/m | | |
| $EA$ | 100000Pa·m² | | |
| $c_t$ | 0.01 | $\boldsymbol{\sigma}_{\text{eq}}$ | $[-16.4,21.75,76.95]^{\text{T}}$ |

绳系拖曳飞行系统仿真初值如表 2-2 所示。

**表 2-2　绳系拖曳飞行系统仿真初值**

| 平台状态 | 初始值 | 相对运动状态 | 初始值 |
|---|---|---|---|
| $a$ | 42164.868km | $\boldsymbol{\rho}_1$ | $[0.6512,-50.0329,0.189]^{\mathrm{T}}$ m |
| $e$ | 0.0003806 | $\dot{\boldsymbol{\rho}}_1$ | $[0,0,0]^{\mathrm{T}}$ m/s |
| $[i_o,\Omega,\omega]$ | $[1.26,81.092,124.896]^\circ$ | $\boldsymbol{\rho}_2$ | $[1.3025,-100.0659,0.378]^{\mathrm{T}}$ m |
| $M$ | 0° | $\dot{\boldsymbol{\rho}}_2$ | $[0,0,0]^{\mathrm{T}}$ m/s |
| $f$ | 0° | $\boldsymbol{\rho}_3$ | $[0,-151.855,0]^{\mathrm{T}}$ m |
| $\boldsymbol{\sigma}_{\mathrm{p}}$ | $[0,0,0]^{\mathrm{T}}$ | $\dot{\boldsymbol{\rho}}_3$ | $[0,0,0]^{\mathrm{T}}$ m/s |

此外，挠性部件初值 $\boldsymbol{\chi}_0=\dot{\boldsymbol{\chi}}_0=\mathbf{0}$。设置平台姿态控制器参数为 $\boldsymbol{k}_{\mathrm{d}}=\boldsymbol{k}_{\mathrm{p}}=\mathrm{diag}(2,2,2)$。

本节仿真在 Matlab/Simulink 中进行。对于微分方程求解器的选用，尽管基于变步长的 ode113 有着更高的求解精度，但代价是 CPU 计算时间过长，因此本节选用基于定步长的 ode8 进行系统模型的求解。仿真时长为 2000s，步长为 0.001s。

图 2-9～图 2-11 分别给出了机动平台在拖曳中所受到的张力力矩和系绳的空间摆角。可见，当推力角在 200s 时发生切变后，平台在俯仰通道受到了较大的、周期性的张力力矩，意味着平台正遭受系绳的“鞭打”。同时系绳也在轨道面内进行周期性的“摆动”。然而由于共面变轨，系绳的面外摆动十分微弱，充分说明系绳面内面外摆动动力学的耦合十分微小，这与 Sun 等[174]的研究相符。因此，平台的偏航通道只受到了轻微的扰动，而且对称的转动惯量使得滚转通道没有任何张力力矩。在 1500s 推力发生切变后，系绳“摆动”振幅在增大，而鞭打效应在减弱。

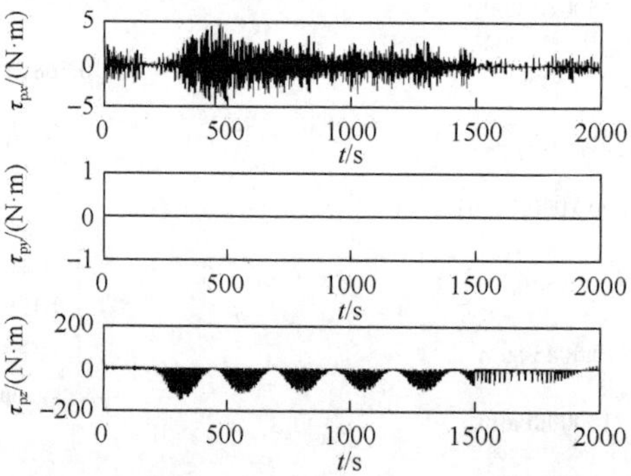


图 2-9　机动平台三轴所受张力力矩

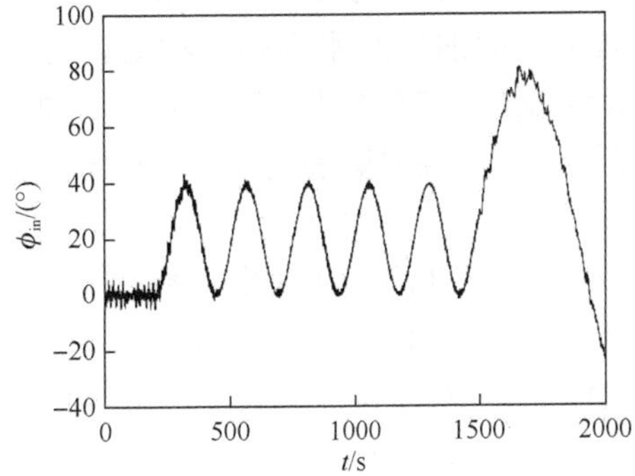


图 2-10　系绳轨道面内摆角

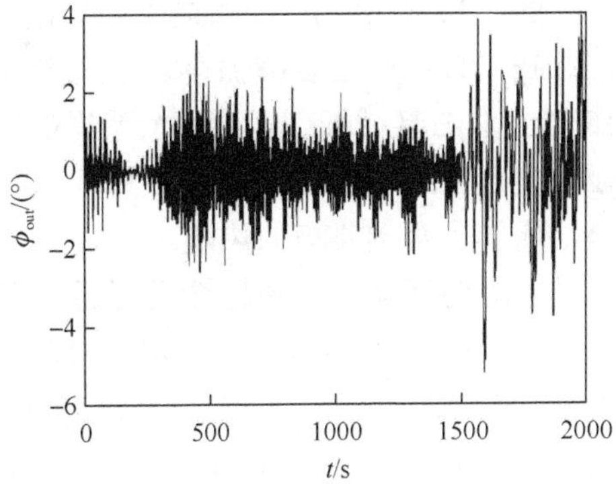


图 2-11　系绳轨道面外摆角

三段系绳张力和目标星质心与平台质心间的距离如图 2-12 和图 2-13 所示。

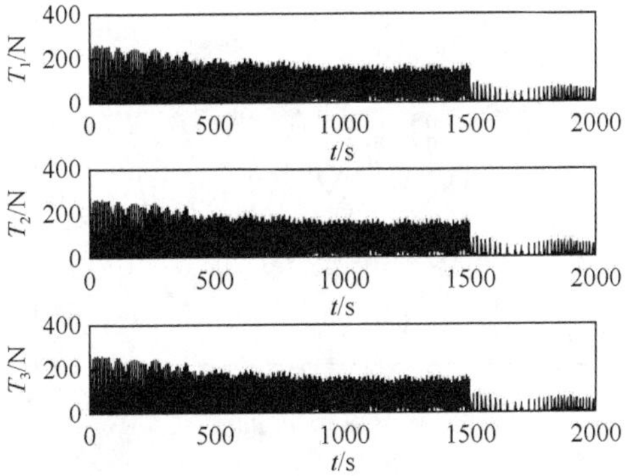


图 2-12　三段系绳张力

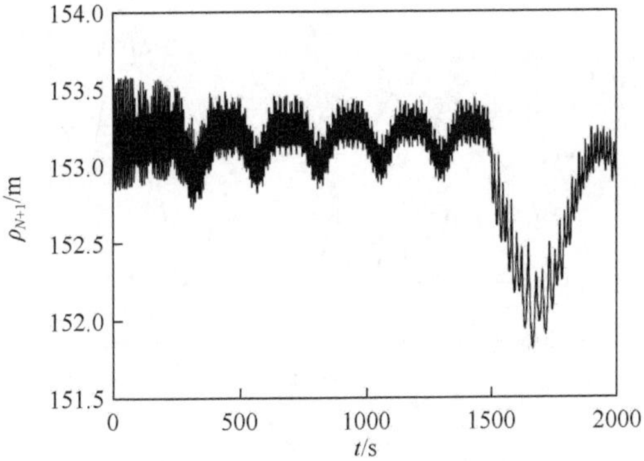


图 2-13　目标星质心与平台质心间的距离

图 2-12 显示，三段系绳张力如出一辙，同时可见，在 1500s 前，张力趋于稳定并在 75N 附近衰减振荡。这使得两端航天器间的质心距也趋于稳定，并在 153.3m 左右衰减振荡，显示了系绳的反弹效应。该效应在推力切变后变得更加明显，使得系绳松弛现象变得频繁，这导致了两端质心距振幅增大且有不稳定的趋势，增加了两端碰撞的风险。

系绳的摆动与反弹特性又可通过珠点的横向振动（沿 LVLH 坐标系 $x$ 轴，如图 2-14 所示）和纵向振动（沿 LVLH 坐标系 $y$ 轴，如图 2-15 所示）反映。其中，当推力角未切变时，珠点几乎没有横向振动，说明系绳与推力共线，且纵向振动幅度极小。然而，在 200s 后，推力角发生了切变，珠点在两个方向上的运动均为等幅振荡，且保持同步，这意味着系绳始终绷直。但当推力在 1500s 后发生了切变，珠点的横向振动却不再同步，结合图 2-12 可知，系绳的松弛将会导致系绳的弯曲。

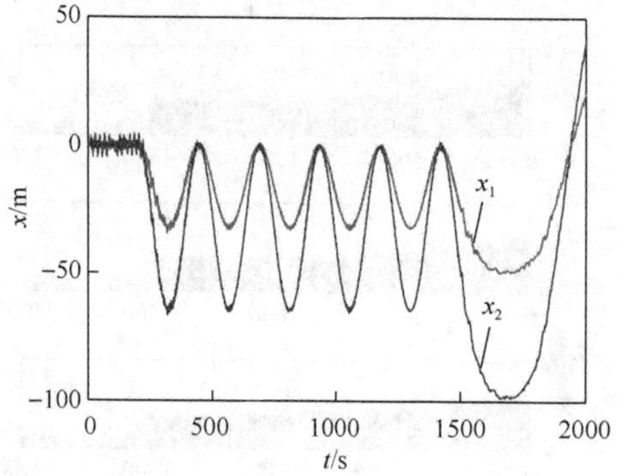


图 2-14　两珠点在 LVLH 坐标系 $x$ 轴方向的位移

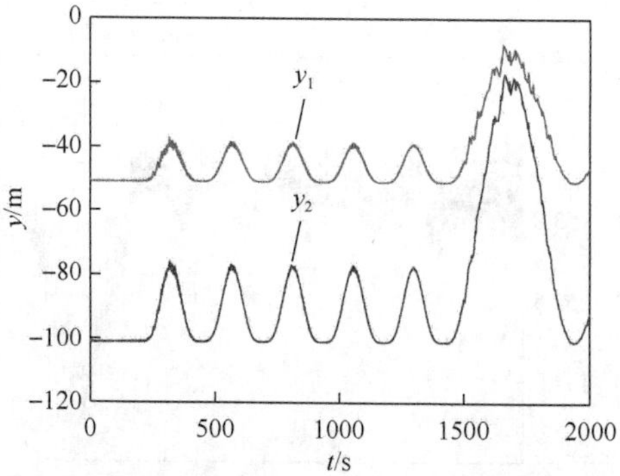


图 2-15　两珠点在 LVLH 坐标系 $y$ 轴方向的位移

如图 2-16 所示，目标星在系绳未发生“摆动”的情况下能保持在平衡姿态。然而在 200s 后，系绳的“摆动”激发了目标星的“尾摆”，使其在平衡姿态附近作往复振荡，总体而言仍处于稳定状态。但是在 1500s 推力切变后，姿态振幅增大，其中俯仰角甚至发生了奇异，增加了目标星与系绳缠绕的风险。

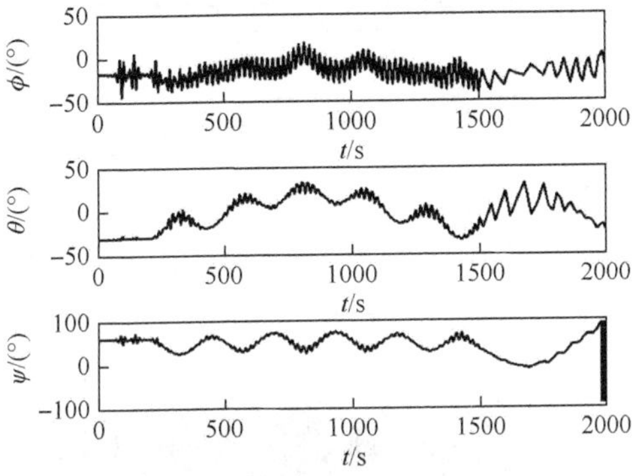


图 2-16　目标星三轴姿态欧拉角

目标星三轴姿态角速度如图 2-17 所示，当系绳开始“摆动”后，角速度被激发并在零附近等幅振荡。1500s 后，增强的“摆动”使角速度失稳。图 2-18 显示，挠性部件对系绳运动不敏感。图 2-19 显示，对准角在 1500s 后振幅增大，但始终未超过 90°。

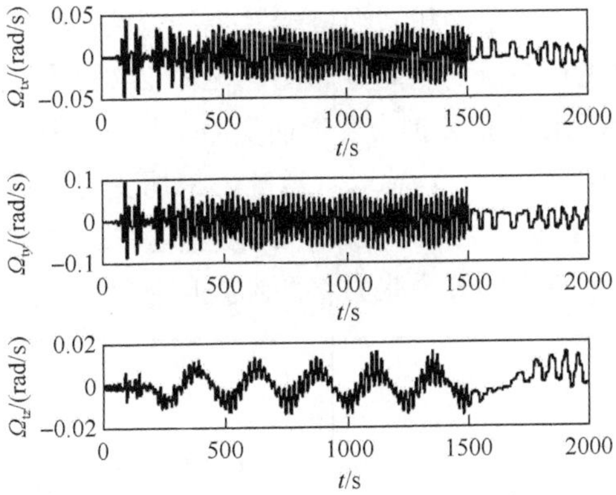


图 2-17　目标星三轴姿态角速度

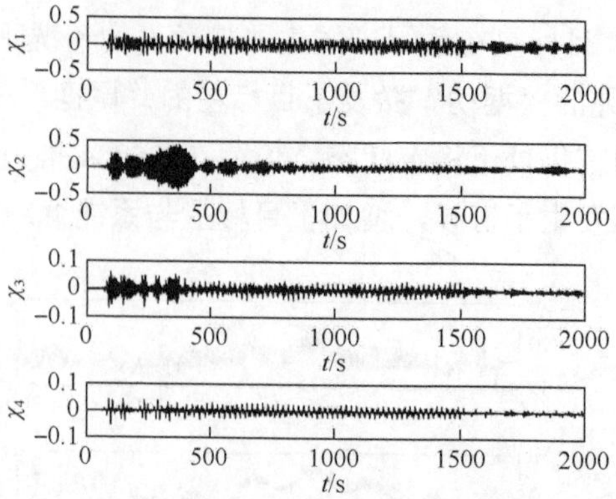


图 2-18　目标星挠性部件无量纲振动位移

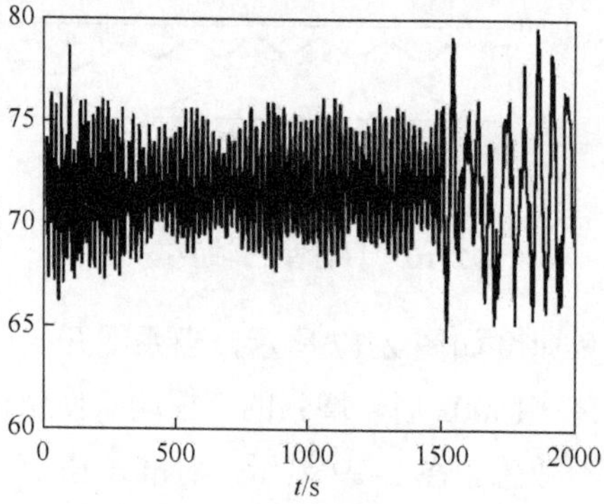


图 2-19　目标星对准角

为更直观地展现尾摆、摆动和系绳可能发生的弯曲，绘制了不同时刻的目标星三维姿态和绳系拖曳飞行系统的空间分布图，见图 2-20。图 2-20（a）、（b）、（d）和（e）四个子图显示在推力角和推力发生切变后，目标星存在较大的姿态机动，但始终没有发生缠绕。图 2-20（c）显示，当推力未切变时，系绳珠点与两端航天器共线，系绳绷直。当 1500s 推力切变后，系绳发生弯曲。由图 2-12 和图 2-13 可知，这是推力骤然减小导致系绳的残余张力将两端拉向彼此，使系绳松弛，从而弯曲。

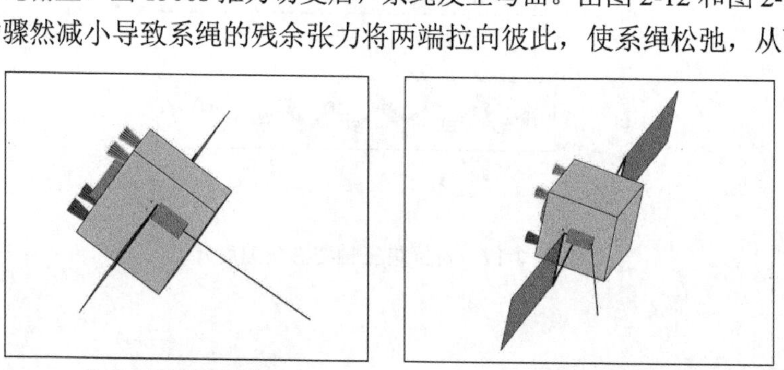

（a）5s时的目标星姿态　　（b）495s时的目标星姿态

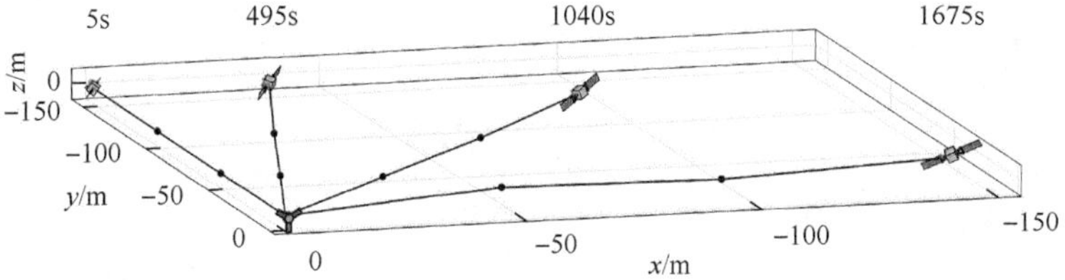


（c）不同时刻的绳系拖曳飞行系统空间分布图

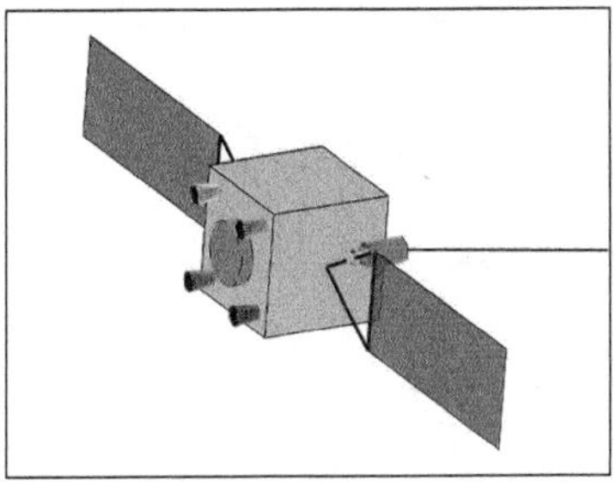

（d）1040s时的目标星姿态

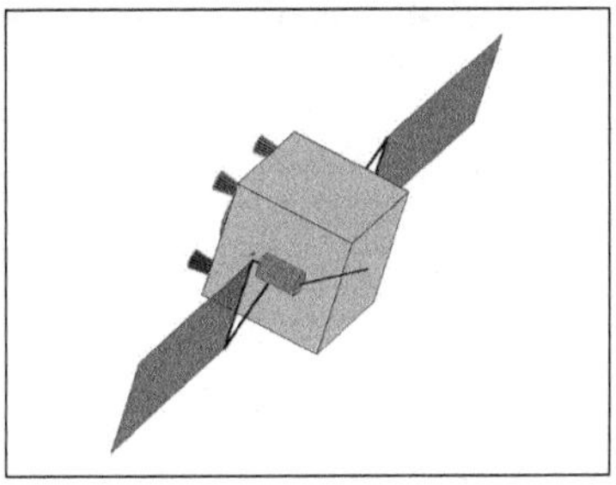

（e）1675s时的目标星姿态

图 2-20　不同时刻的目标星三维姿态和绳系拖曳飞行系统的空间分布图

为进一步探究绳系拖曳飞行系统各部分间的动力学耦合特性，以及摆动、尾摆和反弹之间的相互影响，对以上部分仿真结果作快速傅里叶变换（fast Fourier transform，FFT）分析，如图 2-21 所示。由四个子图可知，系统存在四个共振现象。按共振频率由低到高分别为：①当频率为$4\times10^{-3}$ Hz 时，珠点轨道面内振动位移与目标星姿态欧拉角间存在共振；②当频率为$8.5\times10^{-3}$ Hz 时，珠点轨道面内振动位移与张力在轨道面内的分量间存在共振；③当频率为 0.048Hz 时，目标星挠性部件振动位移与姿态欧拉角间存在共振；④当频率为 0.103Hz 时，目标星挠性部件振动位移与张力纵向分量间存在共振。这些共振现象说明，系绳的“反弹”和“摆动”与目标星的“尾摆”及挠性振动处于互相激发的状态。因此在后续的控制中，应当对它们全部予以镇定。

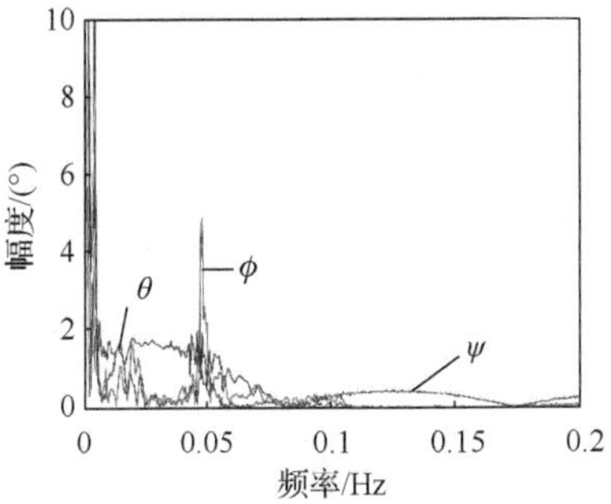


（a）目标星姿态欧拉角FFT

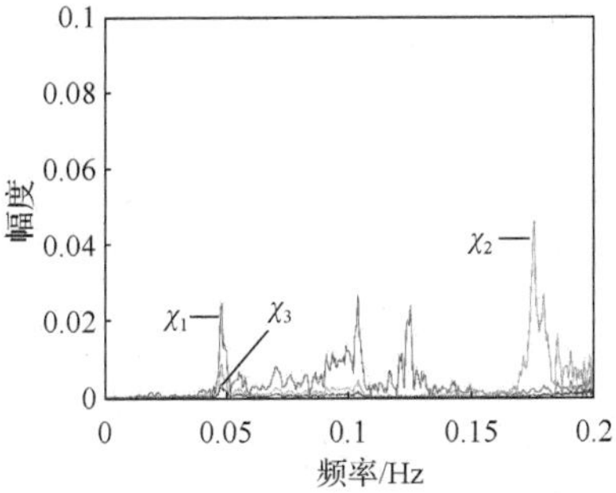


（b）目标星挠性部件振动位移FFT

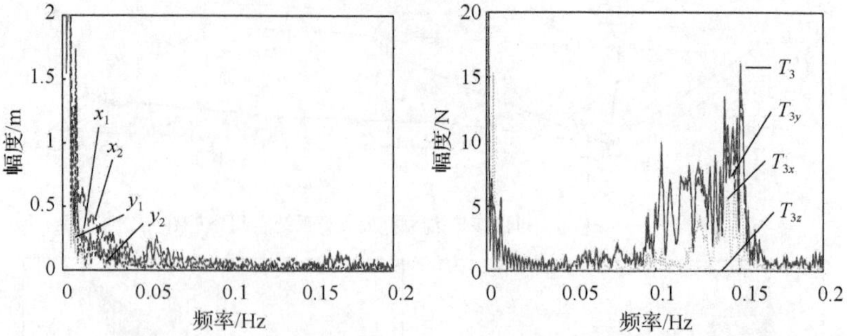


（c）珠点轨道面内振动位移FFT　（d）第三段系绳张力及其三轴分量FFT

图 2-21　绳系拖曳飞行系统动力学响应快速傅里叶变换

## 2.4 本 章 小 结

本章首先推导了绳系拖曳飞行系统数学模型，包含平台轨道模型和平台姿态模型、系绳珠点模型、目标星质心相对运动模型和目标星姿态模型三部分。然后通过仿真分析了平台推力对系统动力学特性的影响。仿真结果表明，推力的大小和方向的切变都会激发系绳的摆动和反弹以及目标星的尾摆效应，并且它们之间还存在着耦合现象，会互相激发。本章的建模与分析为后续章节的设计提供了动力学理论依据。

# 第 3 章　绳系拖曳飞行防碰撞控制技术

前文的动力学分析表明，不稳定的系绳张力是引起两端质心距振荡和卫星姿态失稳的关键因素。现有的张力控制策略都将系绳未变形绳长设为定值，意味着张力只可由平台机动等方式被动地调整。要实现较为精确的张力控制，就必须对平台机动精度与速度提出苛刻的要求，这在目前的工程中较难实现。因此，本章提出利用安装在平台尾部的卷轴机构主动地实施张力控制。卷轴机构模型一般由系绳释放机构（电机、驱动器、控制器和卷轴）和张力测量机构（张力传感器和数字变送器）组成。基于实时测量的张力信号，卷轴机构能通过适当地收放系绳，从而调节张力，使其到达预期值。

本章首先研究基于阻抗控制理论的张力稳定策略。然后，针对控制受限、目标星质量未知和部分状态量不可测等问题，提出基于递推最小二乘法的张力模型预测控制方案。

## 3.1　基于张力阻抗控制的防碰撞控制技术

### 3.1.1　绳系拖曳系统模型建立

由第 2 章的动力学分析可知，当只执行轨道面内转移时，系绳的面内和面外动力学耦合十分微小，且面外摆动可忽略不计。因此，为更易分析由“反弹”和“尾摆”导致的两端碰撞和系绳缠绕的机理，本小节将原三维模型简化为平面模型，如图 3-1 所示。图中 $OXY$ 为地心近焦点（earth-centered perifocal inertial, ECPI）坐标系，$XY$ 组成轨道平面，$X$ 轴指向初始轨道近地点，$Y$ 轴垂直于 $X$ 轴指向变轨方向，忽略轨道摄动时 ECPI 坐标系为惯性系。$Sx_Sy_S$ 为拖曳系统体坐标（towing system frame, TSF）系，其原点在系统质心 $S$，当系绳不发生摆动时，TSF 系与 LVLH 坐标系重合。此外，平台推力 $\boldsymbol{F}\big|_{\mathrm{PBF}}$ 始终沿平台本体系的 $y_{\mathrm{pb}}$ 轴正向。令平台轨道半径 $r_1$ 和真近点角 $\alpha_1$ 表示平台质心在 ECI 坐标系中的位置，PBF 系与 LVLH 坐标系间的夹角 $\theta_1$ 为平台俯仰姿态角，TSF 系与 LVLH 坐标系间的夹角 $\beta$ 为系绳面内摆角，两端质心距为 $d$，SBF 系与 TSF 系间的夹角为目标星俯仰角 $\theta_2$。

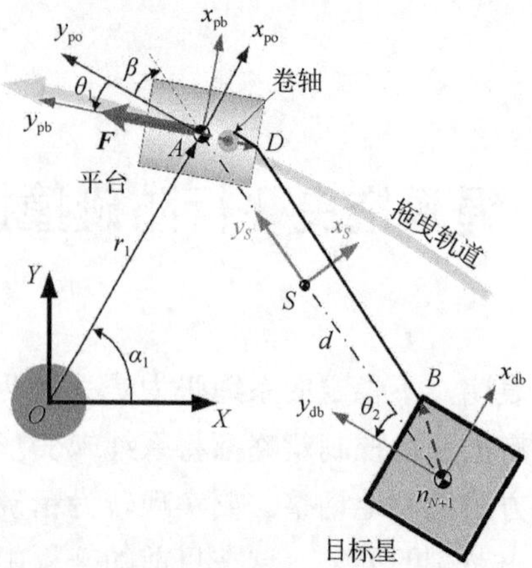


图 3-1　绳系拖曳系统平面模型示意图

该平面模型忽略系绳的质量，并将系绳处理成一根有弹性和阻尼的轻质连杆，这基于两点原因。首先，此前的动力学分析表明，系绳在推力恒定时会绷直；其次，百米量级的系绳质量相较于两端航天器质量而言可忽略。

为使模型能在系绳松弛时仍有效，以质心距 $d$ 来描述两端航天器间的相对运动。因此，对于采用 Lagrange 法的系统建模，取广义坐标：$\boldsymbol{q}=\left[r_1,\alpha_1,\theta_1,\beta,d,\theta_2\right]^{\mathrm{T}}$。

由于采用了无质量系绳，系统的总动能就只包含两端航天器的平移与转动动能：

$$
\begin{aligned}
K &= K_{\mathrm{pt}}+K_{\mathrm{pr}}+K_{\mathrm{dt}}+K_{\mathrm{dr}} \\
&= \frac{1}{2}m_{\mathrm{p}}\left(\dot{r}_1^2+r_1^2\dot{\alpha}_1^2\right)+\frac{1}{2}I_1\left(\dot{\alpha}_1+\dot{\theta}_1\right)^2 \\
&\quad +\frac{1}{2}m_{\mathrm{d}}\Big[d^2\left(\dot{\alpha}_1-\dot{\beta}\right)^2+2d\left(\dot{\alpha}_1\dot{r}_1\cos\beta-\dot{\alpha}_1^2 r_1\sin\beta-\dot{\beta}\dot{r}_1\cos\beta+\dot{\alpha}_1\dot{\beta}r_1\sin\beta\right) \\
&\quad +r_1^2\dot{\alpha}_1^2-2\dot{\alpha}_1\dot{d}r_1\cos\beta+\dot{r}_1^2-2\dot{r}_1\dot{d}\sin\beta+\dot{d}^2\Big]+\frac{1}{2}I_2\left(\dot{\alpha}_1-\dot{\beta}+\dot{\theta}_2\right)^2
\end{aligned}
\tag{3-1}
$$

式中，$K_{\mathrm{pt}}$ 为平台质心的平动动能；$K_{\mathrm{dt}}$ 为目标星质心的平动动能；$K_{\mathrm{pr}}$ 为平台俯仰转动动能；$K_{\mathrm{dr}}$ 为目标星俯仰转动动能；$I_1$ 为平台绕 $z_{\mathrm{pb}}$ 轴的俯仰转动惯量；$I_2$ 为目标星绕 $z_{\mathrm{db}}$ 轴的俯仰转动惯量。

系统的总势能 $W$ 由航天器的地球引力势能和系绳弹性形变所引起的弹性势能组成：

$$
W=-\frac{\mu\left(m_1+m_2\right)}{r_1}-\mu m_2 d\left[\frac{\sin\beta}{r_1^2}+\frac{d\left(3\sin^2\beta-1\right)}{2r_1^3}\right]+\frac{\lambda EA\left(l_{\mathrm{t}}-l_{\mathrm{rt}}\right)^2}{2l_{\mathrm{rt}}}
\tag{3-2}
$$

式中，$l_{\mathrm{t}}$ 为系绳实际长度；$l_{\mathrm{rt}}$ 为系绳扣除缠绕长度后的实际未变形绳长；$\lambda$ 为系绳松弛因子，若系绳张紧，则 $\lambda=1$，否则 $\lambda=0$。

实际绳长可由系绳在 TSF 系中的向量 $\boldsymbol{DB}|_{\mathrm{TSF}}$ 计算得到：

$$\begin{cases}\boldsymbol{DB}|_{\mathrm{TSF}x}=x_{\mathrm{b}}\cos\theta_2-y_{\mathrm{b}}\sin\theta_2-x_{\mathrm{d}}\cos(\theta_1+\beta)+y_{\mathrm{d}}\sin(\theta_1+\beta)\\ \boldsymbol{DB}|_{\mathrm{TSF}y}=x_{\mathrm{b}}\sin\theta_2+y_{\mathrm{b}}\cos\theta_2-x_{\mathrm{d}}\sin(\theta_1+\beta)-y_{\mathrm{d}}\cos(\theta_1+\beta)-d\\ l_{\mathrm{t}}=\sqrt{(\boldsymbol{DB}|_{\mathrm{TSF}x})^2+(\boldsymbol{DB}|_{\mathrm{TSF}y})^2}\end{cases} \tag{3-3}$$

式中，$(x_{\mathrm{d}}, y_{\mathrm{d}})$ 为系绳释放点在 PBF 系中的坐标；$(x_{\mathrm{b}}, y_{\mathrm{b}})$ 为系绳连接点在 SBF 系中的坐标。

定义由系绳阻尼引起的耗散能量为

$$E_{\mathrm{dis}}=\frac{c_{\mathrm{t}}\lambda EA}{2l_{\mathrm{rt}}}\left(\dot{l}_{\mathrm{t}}-\dot{l}_{\mathrm{r}}\right)^2 \tag{3-4}$$

因此，根据第二类 Lagrange 方程：

$$\frac{\mathrm{d}}{\mathrm{d}t}\left[\frac{\partial L}{\partial\dot{q}_j}\right]-\frac{\partial L}{\partial q_j}+\frac{\partial E_{\mathrm{dis}}}{\partial\dot{q}_j}=Q_j \tag{3-5}$$

式中，$L=K-W$，为系统 Lagrange 函数；$q_j\left(j=1,2,\cdots,6\right)$ 为广义坐标 $\boldsymbol{q}$ 的元素；$Q_j\left(j=1,2,\cdots,6\right)$ 为广义外力。

可得系统模型如下：

$$\ddot{r}_1=r_1\dot{\alpha}_1^2-\frac{\mu}{r_1^2}+\frac{m_{\mathrm{p}}\sin\beta\ddot{d}-m_{\mathrm{p}}d\cos\beta(\ddot{\alpha}_1-\ddot{\beta})}{m_{\mathrm{p}}+m_{\mathrm{d}}}+E_r+\frac{Q_{r1}}{m_{\mathrm{p}}+m_{\mathrm{d}}} \tag{3-6}$$

$$\ddot{\alpha}_1=\frac{-I_1\ddot{\theta}_1-I_2\ddot{\theta}_2+(I_2+m_{\mathrm{d}}d^2-m_{\mathrm{d}}r_1d\sin\beta)\ddot{\beta}+m_{\mathrm{d}}\cos\beta(r_1\ddot{d}-d\ddot{r}_1)}{I_\alpha}+E_\alpha+\frac{Q_{\alpha1}}{I_\alpha} \tag{3-7}$$

$$\ddot{\theta}_1=-\ddot{\alpha}_1+\frac{E_{\theta1}}{I_1}+\frac{Q_{\theta1}}{I_1} \tag{3-8}$$

$$\ddot{d}=\sin\beta\ddot{r}_1+r_1\cos\beta\ddot{\alpha}_1+E_d+\frac{Q_d}{m_{\mathrm{d}}} \tag{3-9}$$

$$\ddot{\beta}=\frac{I_2\ddot{\theta}_2+m_{\mathrm{d}}d\cos\beta\ddot{r}_1+(I_2+m_{\mathrm{d}}d^2-m_{\mathrm{d}}dr_1\sin\beta)\ddot{\alpha}_1+E_\beta}{I_\beta}+\frac{Q_\beta}{I_\beta} \tag{3-10}$$

$$\ddot{\theta}_2 = \ddot{\beta} - \ddot{\alpha}_1 + \frac{E_{\theta 2}}{I_2} + \frac{Q_{\theta 2}}{I_2} \tag{3-11}$$

式中，$I_\alpha = I_1 + I_2 + (m_{\rm p} + m_{\rm d})r_1^2 + m_{\rm d}(d^2 - 2dr_1 \sin\beta)$；$I_\beta = I_2 + m_{\rm d}d^2$；$E_r$、$E_\alpha$、$E_{\theta 1}$、$E_d$、$E_\beta$、$E_{\theta 2}$ 为系统动力学相关项，将在附录中呈现；$Q_{r1} = -\|\boldsymbol{F}\|\sin\theta_1$；$Q_{\alpha 1} = \|\boldsymbol{F}\| r_1 \cos\theta_1$；$Q_{\theta 1} = \tau_{\rm c}$，为平台俯仰轴姿态控制力矩；$Q_d = Q_\beta = Q_{\theta 2} = 0$。

### 3.1.2 系绳缠绕模型建立

一旦缠绕发生，两端航天器将会像卷轴一样通过收放系绳来改变绳长。如图 3-2 所示，与系绳发生缠绕的航天器将会从一个顶点旋转到另一个顶点，导致绳长的变化是不连续的。由于航天器的几何形状对于缠绕有着重要的影响，故标记两端航天器的各个顶点以查看这种形状究竟如何决定系绳被缠绕的长度。

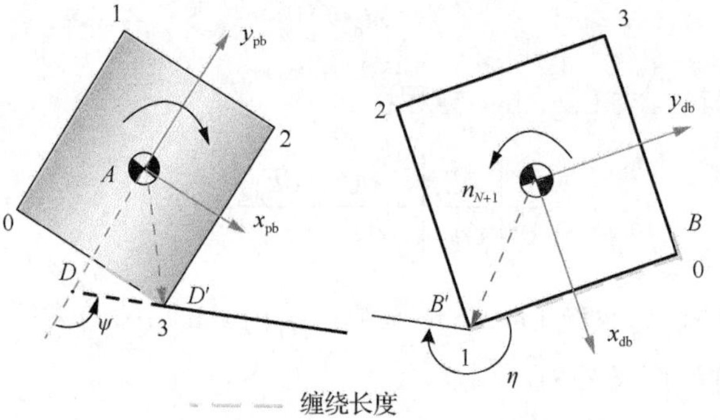


图 3-2 系绳缠绕示意图

假设平台和目标星分别是面积为$(a \times a)\,{\rm m}^2$和$(b \times b)\,{\rm m}^2$的正方形。设系绳与$y_{\rm pb}$轴间的夹角$\psi = \theta_1 + \beta - \phi$为平台的对准角，系绳与$y_{\rm db}$轴间的夹角$\eta = \theta_2 - \phi$为卫星的对准角，其中$\phi = \arcsin\left(\boldsymbol{DB}\big|_{\rm TSF\mathit{x}} / l_{\rm t}\right)$是系绳与$y_S$轴的夹角。

当以上两个对准角满足以下关系时，则对应以下三种缠绕情况。

情况 1：无缠绕，$-\pi/2 < \psi < \pi/2$ 且 $-\pi/2 < \eta < \pi/2$；

情况 2：顺时针缠绕，$\psi \leqslant -\pi/2$ 且 $\eta \leqslant -\pi/2$；

情况 3：逆时针缠绕，$\psi \geqslant \pi/2$ 且 $\eta \geqslant \pi/2$。

在缠绕中，系绳释放点$D = (x_{\rm d}, y_{\rm d})$和系绳连接点$B = (x_{\rm b}, y_{\rm b})$将会跳变到不同的顶点上，因此这些坐标也是不连续的。

$$x_{\rm d} = \begin{cases} -a/2, & n_{\rm vd} = 0,1 \\ a/2, & n_{\rm vd} = 2,3 \end{cases};\quad y_{\rm d} = \begin{cases} -a/2, & n_{\rm vd} = 0,3 \\ a/2, & n_{\rm vd} = 1,2 \end{cases} \tag{3-12}$$

$$x_{\rm b}=\begin{cases}b/2, & n_{\rm vb}=0,1\\ -b/2, & n_{\rm vb}=2,3\end{cases};\quad y_{\rm b}=\begin{cases}b/2, & n_{\rm vb}=0,3\\ -b/2, & n_{\rm vb}=1,2\end{cases} \tag{3-13}$$

式中，$n_{\rm vd}$ 和 $n_{\rm vb}$ 为平台和目标星的顶点序数，其定义为

$$n_{\rm vd}=\begin{cases}3-t_{\rm wd}+4\left[t_{\rm wd}/4\right]_r, & \text{情况1}\\ t_{\rm wd}-4\left[t_{\rm wd}/4\right]_r, & \text{情况2}\end{cases};\quad t_{\rm wd}=\begin{cases}\left[\dfrac{\psi+\pi/2}{-\pi/2}\right]_r, & \text{情况1}\\ \left[\dfrac{\psi-\pi/2}{\pi/2}\right]_r, & \text{情况2}\end{cases} \tag{3-14}$$

$$n_{\rm vb}=\begin{cases}3-t_{\rm wp}+4\left[t_{\rm wb}/4\right]_r, & \text{情况1}\\ t_{\rm wp}-4\left[t_{\rm wb}/4\right]_r, & \text{情况2}\end{cases};\quad t_{\rm wb}=\begin{cases}\left[\dfrac{\eta+\pi/2}{-\pi/2}\right]_r, & \text{情况1}\\ \left[\dfrac{\eta-\pi/2}{\pi/2}\right]_r, & \text{情况2}\end{cases} \tag{3-15}$$

式中，$[\cdot]_r$ 为取整运算符。

由以上结果可得平台和目标星的各自缠绕长度（对应下标 d 和 b ）为

$$l_{\rm wd}=\begin{cases}4ac_n+(3.5-n_{\rm v})a-x_{\rm d0}, & \text{情况1}\\ 4ac_n+(0.5+n_{\rm v})a+x_{\rm d0}, & \text{情况2}\end{cases} \tag{3-16}$$

$$l_{\rm wb}=\begin{cases}4bc_n+(3.5-n_{\rm v})b+x_{\rm b0}, & \text{情况1}\\ 4bc_n+(0.5+n_{\rm v})b-x_{\rm b0}, & \text{情况2}\end{cases} \tag{3-17}$$

式中，$(x_{\rm d0},-a/2)$ 为初始系绳释放点在 PBF 系中的坐标；$(x_{\rm b0},b/2)$ 为初始系绳连接点在 SBF 系中的坐标。

式（3-16）和式（3-17）表示系绳形变后的实际缠绕长度，系绳一旦缠绕即可认为其缠绕部分不再伸缩，则该部分的未变形绳长为

$$l_{\rm w0}=\frac{l_{\rm w}}{1+\dfrac{T_{\rm w}}{EA}} \tag{3-18}$$

式中，$T_{\rm w}$ 为系绳缠绕部分的张力。

由于 $T_{\rm w}\ll EA$，因此当缠绕发生时，系绳的实际未变形绳长便减小为

$$l_{\rm rt}=l_{\rm r}-l_{\rm wb}-l_{\rm wd} \tag{3-19}$$

式中，$l_{\rm r}$ 为卷轴机构释放的未变形绳长。

式（3-12）、式（3-13）和式（3-19）构成了整个系绳缠绕模型，在缠绕时该模型将会影响式（3-6）～式（3-11）中的$E_{\theta1}$、$E_{\rm d}$、$E_{\beta}$和$E_{\theta2}$。

### 3.1.3 基于阻抗的防碰撞控制设计

在绳系拖曳中，轨道元素可以由平台推力根据轨道广义力$Q_{r1}$和$Q_{\alpha1}$来控制。对于恒定的推力，保持推力的方向在整个系统的动力学稳定中起着关键作用，同时对防止系绳缠绕也有贡献。因此，有必要对平台施加一个姿态控制力矩$\tau_{\rm c}$来阻止鞭打效应。为抑制系绳与目标星的缠绕，采用张力阻抗控制来稳定目标星的姿态角$\theta_2$。在该张力控制下，通过有限地改变系绳的未变形绳长，可以保持住间距$d$以防止两端航天器的碰撞。因此，在推力与系绳在初始时刻就已经共线的情况下，该策略可以稳定系绳面内摆角$\beta$，并且仅仅造成轻微的系绳摆动。

#### 3.1.3.1 平台姿态控制器

假设两端航天器的姿态和相对运动皆可测量，则设计如下状态反馈线性化控制力矩：

$$\tau_{\rm c}=I_1\left(k_{\rm p}e+k_{\rm d}\dot{e}\right)-E_{\theta1} \tag{3-20}$$

式中，$e=\theta_{\rm d}-\theta_1$，为平台姿态跟踪偏差；$k_{\rm p}$和$k_{\rm d}$为非负控制器参数。

将式（3-20）代入平台俯仰姿态模型中，所得闭环动力学如下：

$$\ddot{e}+k_{\rm d}\dot{e}+k_{\rm p}e=\delta \tag{3-21}$$

式中，$\delta=\ddot{\alpha}_1+\varDelta$，为由轨道角加速度和测量误差引起的有界动力学不确定项，并认为其边界为$|\delta|_{\max}$。

根据终值定理，可得平台俯仰姿态闭环系统的稳态误差$E_{\rm ss}$为

$$\lim_{t\to\infty}E_{\rm ss}=\lim_{s\to0}sE_{\rm ss}\left(s\right)=\lim_{s\to0}s\frac{|\delta|_{\max}}{s\left(s^2+k_{\rm d}s+k_{\rm p}\right)}=\frac{|\delta|_{\max}}{k_{\rm p}} \tag{3-22}$$

这意味着平台俯仰姿态是Lyapunov意义下的稳定，且可通过增大$k_{\rm p}$来减小$E_{\rm ss}$。

#### 3.1.3.2 张力阻抗控制器

对于固定的系绳连接点，系绳张力就成了唯一能用来稳定目标星姿态和抑制缠绕的变量。同时，系绳张力也负责防止两端航天器的碰撞。若基于目标星的姿态信息来设计期望的系绳张力，则这样的张力难以由卷轴机构实现且也很难保持

两端航天器的间距。实际上，将张力控制在稳态值就已经能起到防缠绕和防碰撞的效果了。这是因为由恒定张力所产生的姿态控制力矩本身即是目标星姿态角的函数，这等效于一个反馈控制系统。因此，受控的目标星是 Lyapunov 意义下的稳定。另外一个原因是，稳定的系绳张力可以使目标星与平台保持同步。为稳定系绳张力，卷轴机构必须能根据实际系绳长度来收放系绳。因此，选用阻抗控制器来将张力转化为绳长。

由张力的定义式可知，期望张力 $T_{\mathrm{d}}$ 可表示为

$$T_{\mathrm{d}}=\frac{EA}{l_{\mathrm{rd}}}\left(l-l_{\mathrm{rd}}\right)+\frac{c_{\mathrm{t}}EA}{l_{\mathrm{rd}}}\left(\dot{l}-\dot{l}_{\mathrm{rd}}\right) \tag{3-23}$$

式中，$l_{\mathrm{rd}}$ 为期望的系绳未变形绳长；$l$ 为包含系绳实际长度 $l_{\mathrm{t}}$ 和缠绕长度 $l_{\mathrm{tw}}=l_{\mathrm{wd}}+l_{\mathrm{wb}}$ 的绳长。

为保持两端同步以防止碰撞，根据质量分布原则，期望张力，即稳态值 $T_{\mathrm{ss}}$ 定义为

$$T_{\mathrm{ss}}=\|\boldsymbol{F}\|\frac{m_{\mathrm{d}}}{m_{\mathrm{p}}+m_{\mathrm{d}}} \tag{3-24}$$

假设缠绕可以被如愿地抑制住，则 $l_{\mathrm{rd}}$ 可以近似于 $l$，并用 $l$ 代替式（3-23）分母中的 $l_{\mathrm{rd}}$ 以获得 $T_{\mathrm{d}}$ 与 $l_{\mathrm{rd}}$ 间的传递函数。因此，式（3-23）可以被改写为

$$l+c_{\mathrm{t}}\dot{l}-\frac{T_{\mathrm{d}}l}{EA}=l_{\mathrm{rd}}+c_{\mathrm{t}}\dot{l}_{\mathrm{rd}} \tag{3-25}$$

对式（3-25）两边取拉普拉斯（Laplace）变换可得阻抗控制器如下：

$$l_{\mathrm{rd}}=\frac{1}{c_{\mathrm{t}}s+1}\left(l+c_{\mathrm{t}}sl-\frac{T_{\mathrm{d}}l}{EA}\right) \tag{3-26}$$

式中，$s$ 为 Laplace 算子。

在获得 $l_{\mathrm{rd}}$ 后，利用卷轴控制器来完成系绳未变形绳长的跟踪控制。因此，设计闭环二阶绳长控制器如下：

$$\frac{l_{\mathrm{r}}(s)}{l_{\mathrm{rd}}(s)}=\frac{\omega_{\mathrm{n}}^{2}}{s^{2}+2\omega_{\mathrm{n}}\xi s+\omega_{\mathrm{n}}^{2}} \tag{3-27}$$

式中，$\omega_{\mathrm{n}}$ 为卷轴控制器自然频率；$\xi$ 为卷轴控制器阻尼系数。

所设计的防碰撞防缠绕控制器的结构如图 3-3 所示。

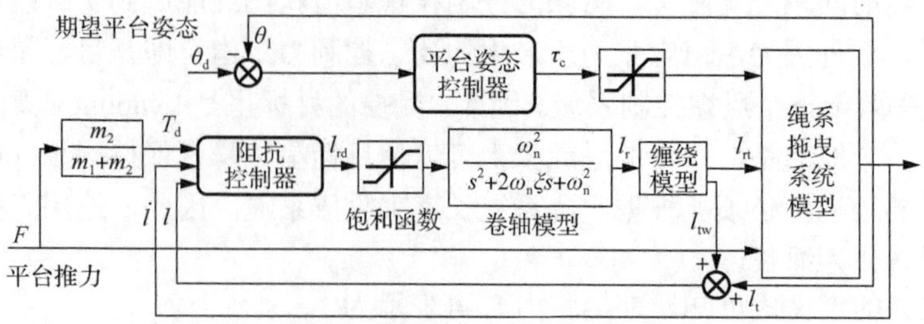


图 3-3　防碰撞防缠绕控制器结构图

图 3-3 中的饱和函数定义为

$$\operatorname{sat}(l_{rd})=\begin{cases}l_{up}, & l_{rd}\geqslant l_{up}\\ l_{rd}, & l_{low}<l_{rd}<l_{up}\\ l_{low}, & l_{rd}\leqslant l_{low}\end{cases} \tag{3-28}$$

$$\operatorname{sat}(\tau_c)=\begin{cases}\tau_{max}, & \tau_c\geqslant \tau_{max}\\ \tau_c, & -\tau_{max}<\tau_c<\tau_{max}\\ -\tau_{max}, & \tau_c\leqslant -\tau_{max}\end{cases} \tag{3-29}$$

式中，$l_{up}$ 和 $l_{low}$ 为释放绳长的上下边界；$\tau_{max}$ 为最大平台姿态控制力矩。

### 3.1.4　仿真验证与分析

针对使用连续平台推力的 GEO 目标星绳系拖曳系统，考虑三种推力情况：1N、2N 和 5N，以考察所提方法在不同推力下的有效性。推力方向和系绳初始条件对系统动力学有着重要的影响，因此在初始时刻让推力与质心距向量共线并且让系绳轻微张紧。

令平台质量 $m_p=1500\text{kg}$，目标星质量 $m_d=2500\text{kg}$，平台俯仰转动惯量 $I_1=1500\text{kg}\cdot\text{m}^2$，目标星俯仰转动惯量 $I_2=3000\text{kg}\cdot\text{m}^2$，平台边长 $a=3\text{m}$，目标星边长 $b=4\text{m}$。

绳系拖曳系统状态初值如表 3-1 所示。通过计算可知，平台和目标星的初始系绳对准角分别为-0.0093rad 和 0.2525rad，因此在初始时刻没有缠绕发生。为保持推力方向沿当地水平线，设置期望的平台姿态角 $\theta_d$ 为 0°，设置平台姿态控制参数分别为 $k_p=25$ 和 $k_d=20$。假设传感器和执行器的噪声为高斯（Gauss）白噪声，其幅值如表 3-2 所示。

**表 3-1　绳系拖曳系统状态初值**

| 状态量 | 初始值 |
| --- | --- |
| $[r_1, \dot{r}_1]$，km，m/s | $[42164, 0]$ |
| $[\alpha_1, \dot{\alpha}_1]$，rad，rad/s | $[0, 7.29216\times 10^{-5}]$ |
| $[\theta_1, \dot{\theta}_1]$，rad，rad/s | $[0, 0]$ |
| $[\beta, \dot{\beta}]$，rad，rad/s | $[0, 0]$ |
| $[d, \dot{d}]$，m，m/s | $[103.816, 0.005]$ |
| $[\theta_2, \dot{\theta}_2]$，rad，rad/s | $[15, 3]$ |
| $[l_r, \dot{l}_r]$，m，m/s | $[100, 0]$ |

**表 3-2　噪声幅值**

| 噪声类型 | 幅值 |
| --- | --- |
| 卷轴收放噪声 | 0.001m |
| 实际绳长测量噪声 | 0.01m |
| 实际绳长速率测量噪声 | 0.01m/s |
| 缠绕长度测量噪声 | 0.01m |

张力阻抗控制器和平台姿态控制器的控制频率为 10Hz。释放绳长的上下界分别为 102m 和 98m。设置最大平台姿态控制力矩为 2N·m。

#### 3.1.4.1　$\|\boldsymbol{F}\| = 2\text{N}$

情况 A：系绳张力不受控

图 3-4 显示了系绳张力不受控时两端航天器质心距 $d$、系绳张力 $T$、目标星对准角 $\eta$ 和缠绕长度 $l_{\text{wd}}$ 随时间的变化。其中质心距边振荡边减小，且振荡幅度不断增大。这是由松紧交替的不稳定张力引起的。此外，目标星对准角不断振荡且经常超出边界。这意味着目标星在剧烈地“尾摆”并且频繁地与系绳发生缠绕。因此，系绳缠绕长度在大部分时间内均不为零，且有时甚至高达 4.5m。

情况 B：系绳张力受控

图 3-5 展现了所提控制策略的良好控制性能。其中，质心距在 102～104m 变化，并在 2000s 后稳定在 103.2m。系绳张力呈现出了减幅振荡，并最终稳定在了 1.25N，这与稳态张力计算值 $T_{\text{ss}}$ 相符。未变形绳长 $l_{\text{r}}$ 曲线显示，系绳首先被回收 1m 左右，随后经历了小幅收放，并收敛到 99.1m。与张力不受控的情况相比，目标星对准角仅在 200s 前超出了缠绕边界，随后一直保持在边界内变化。这说明缠绕已被有效地抑制住。因此，系绳只在初期有 0.5m 的缠绕，在 200s 后缠绕长度便一直为零。

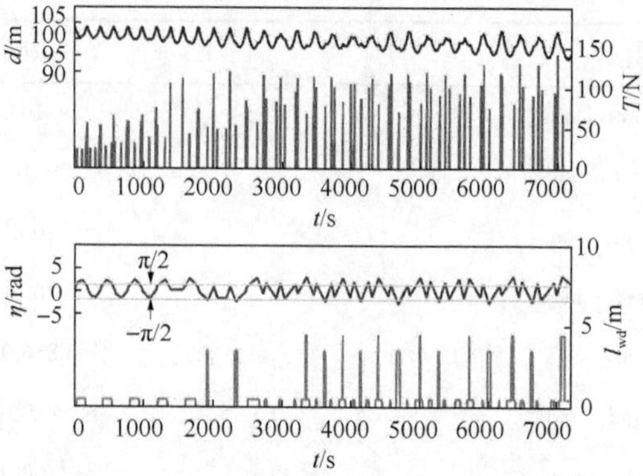


图 3-4　系绳张力不受控时的系统响应

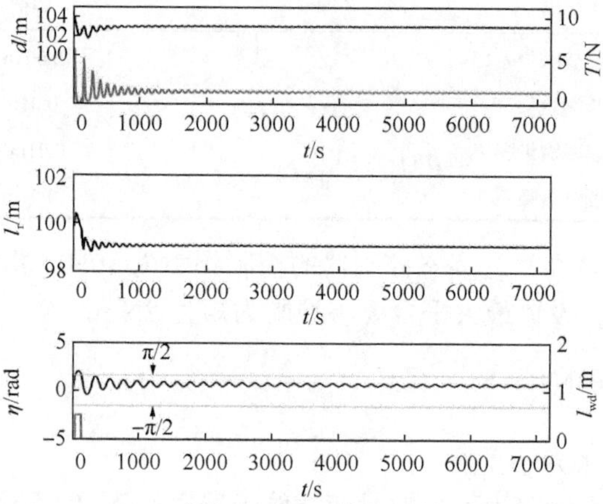


图 3-5　系绳张力受控时的系统响应

情况 C：系绳张力受控且考虑噪声

系绳张力受控且考虑噪声时的系统响应如图 3-6 所示。与无噪声的情况相比，质心距的稳态值下降到了 102m，并在此周围振荡。与图 3-5 中的平滑张力跟踪效果不同，这次的系绳张力保持在 1.25N 附近振荡。中间的未变形绳长曲线显示，当控制开始后，系绳旋即被快速回收到释放绳长的下边界，并随后一直在边界处小幅振荡。除刚开始的 100s 以外，目标星对准角始终在缠绕边界内变化，并且系绳缠绕长度保持在零。这有效地说明了所设计的控制器对噪声具有良好的鲁棒性。

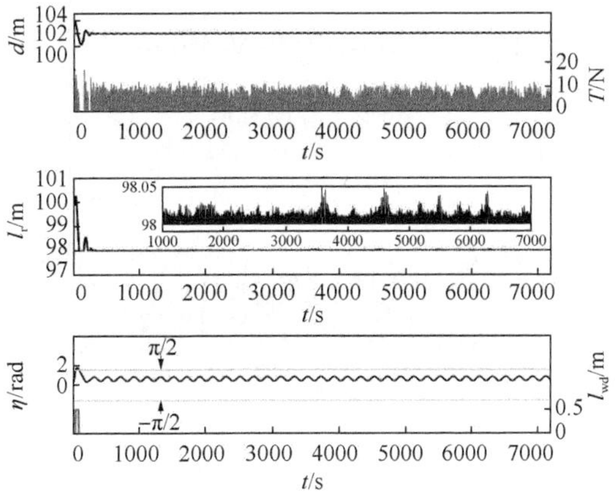


图 3-6　系绳张力受控且考虑噪声时的系统响应

噪声导致了系绳张力的振荡，平台俯仰姿态便受到了持续变化的干扰。因此，图 3-7 所示的平台俯仰角在零附近振荡，但其幅值被控制在$1\times10^{-6}$ rad 内。图 3-7 还显示姿态控制力矩在$-1\sim1$N·m 范围内变化，这符合实际的工程应用。

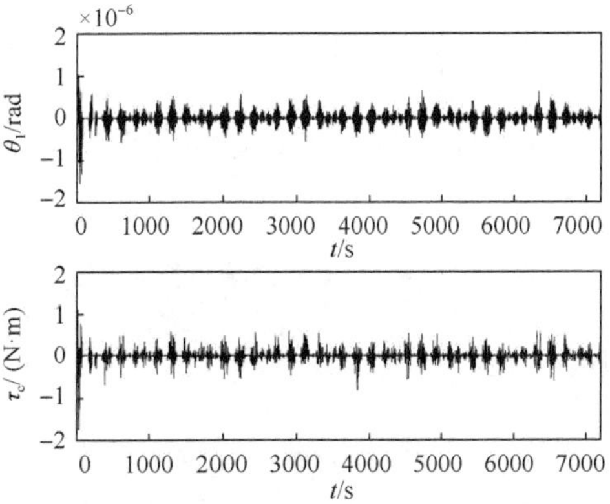


图 3-7　考虑噪声的平台姿态响应

#### 3.1.4.2　$\|\boldsymbol{F}\|=1$N

与图 3-6 的控制效果相比，图 3-8 显示两端质心距的振幅增加了，并且质心距最终在 100～102m 的范围变化。系绳在 100～200s 发生松弛，随后其张力不断振荡并逐渐减少到 10N 之内。图 3-9 比较了在无控制和有控制两种情况下的系绳缠绕长度。尽管在张力控制下系绳仍然有 0.5m 的缠绕，但相较于无控制而言，缠绕情况已得到大幅改善，这也反映了控制器的有效性。

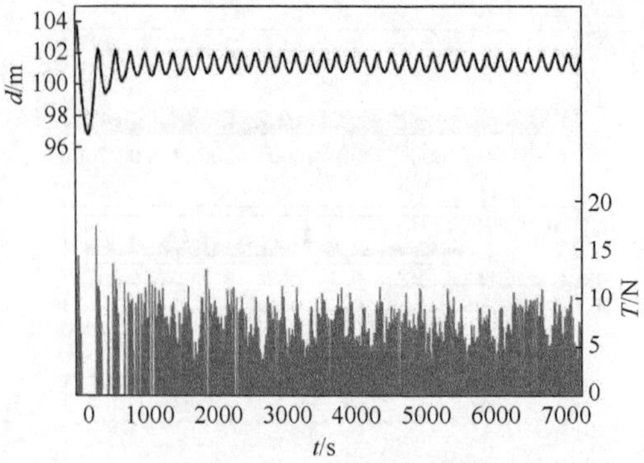


图 3-8　$\|\boldsymbol{F}\| = 1\text{N}$ 时的质心距与张力

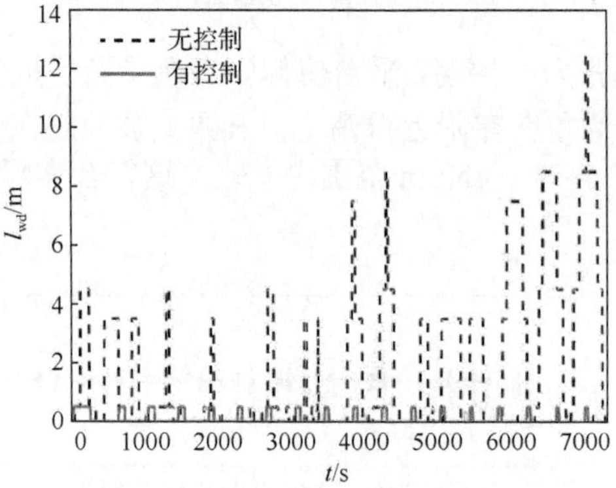


图 3-9　$\|\boldsymbol{F}\| = 1\text{N}$ 时的缠绕长度比较

### 3.1.4.3　$\|\boldsymbol{F}\| = 5\text{N}$

图 3-10 表明质心距快速下降到 102m，随后便保持在此并伴有轻微的减幅振荡。系绳始终张紧并在 15N 内变化。图 3-11 显示了缠绕长度在张力控制下被完全消除，展现了防缠绕的良好性能。

由图 3-4～图 3-11 的结果可知，在张力不受控制的情况下，拖曳一个旋转的目标星是十分具有挑战性的，这是因为不稳定的张力会增加缠绕与碰撞的风险，同时，缠绕又加剧了张力的失稳，形成恶性循环。然而，采用阻抗控制技术不但能使张力稳定在期望值，而且也能让缠绕长度大幅下降，这保障了拖曳移除的安全性。这些仿真结果又说明了所提控制策略能应对不同的推力，并且推力越大，效果越好。

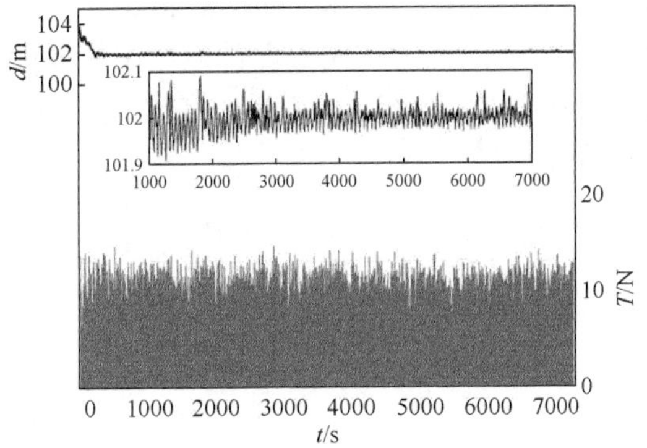


图 3-10　$\|\boldsymbol{F}\|=5\text{N}$ 时的质心距与张力

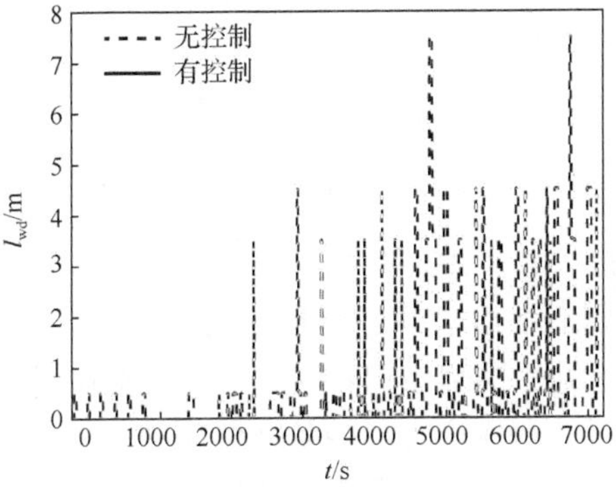


图 3-11　$\|\boldsymbol{F}\|=5\text{N}$ 时的缠绕长度比较

## 3.2　基于张力模型预测控制的防碰撞控制技术

3.1 节的张力阻抗控制能有效地抑制缠绕和防止碰撞。但是在有噪声的情况下，释放绳长很容易饱和，导致张力振荡，使控制性能下降。再者，阻抗控制需要实际绳长反馈，这在工程中不易实现。此外，计算期望张力所需的目标星质量通常不可预知。针对这些问题，本节提出基于卡尔曼滤波和递推最小二乘法的张力模型预测控制。

### 3.2.1　模型预测控制策略设计

约束，是控制系统中最常见的现象，如执行机构输出约束、被控对象的状态约束。如果在控制系统的设计中忽略这些约束，则可能会导致控制性能下降，甚至不稳定。尽管目前也存在一些约束处理方法，如障碍 Lyapunov 函数（barrier

Lyapunov function, BLF）法和抗饱和（anti-windup）方法，但这些方法只适用于某种特殊的系统或约束。为更好地处理普遍存在的多种约束，模型预测控制（model predictive control, MPC）便应运而生。MPC 是一种反馈最优控制策略，其工作原理如图 3-12 所示。

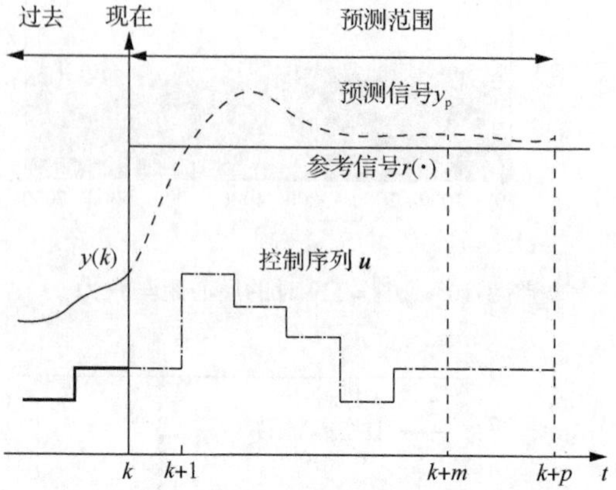


图 3-12　模型预测控制工作原理图

由图 3-12 可知，MPC 在 $k$ 时刻，通过测量或者估计来获取当前的系统信息 $y(k)$ 作为反馈量，随后在线求解一个开环优化问题，其中控制时域为 $m$，预测时域为 $p$，并将优化得到的控制序列 $\boldsymbol{u}$ 的第一个元素作用于系统。到了 $k+1$ 时刻，MPC 以新得到的信息 $y(k+1)$ 为起始条件重新向前（时间增加为向前）预测系统未来输出并计算最优控制序列，预测时域仍为 $p$，这样预测时域会随着“当前时间”向前推移至无穷（$k \to \infty$）。可见，MPC 通过在线滚动优化机制获得最优控制的一个闭环解，这是 MPC 有别于传统控制方法的最主要的特征，这是因为传统控制方法通常是离线求解一个反馈控制律，并将其一直作用于系统。模型预测控制器结构如图 3-13 所示。

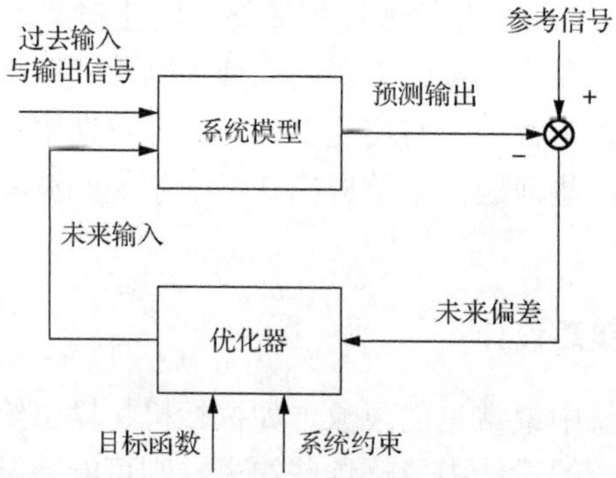


图 3-13　模型预测控制器结构图

系统模型在整个预测控制中扮演极其重要的角色。所选模型应当能精确地反映系统特性且易于实施和计算。根据预测模型的性质，可将 MPC 划分为线性和非线性两大类。早期的研究多以线性 MPC 为主，但随着非线性规划（nonlinear programming, NLP）算法的开发，如序贯二次规划（sequential quadratic programming, SQP）法和遗传算法（genetic algorithm, GA）等，非线性 MPC 受到越来越多的关注，并已经应用于诸多领域，如过程控制和机器人系统。因此，下面介绍非线性 MPC 的一般设计步骤。

不失一般性，考虑如下无扰动名义离散非仿射非线性系统：

$$\boldsymbol{x}_n(k+1)=\boldsymbol{f}\left(\boldsymbol{x}_n(k),\boldsymbol{u}_n(k)\right),\ \boldsymbol{x}_n(0)=\boldsymbol{x}_{n0} \tag{3-30}$$

式中，$\boldsymbol{x}_n(k)\in\mathbb{R}^n$ 和 $\boldsymbol{u}_n(k)\in\mathbb{R}^m$ 为 $k$ 时刻的名义状态和输入，函数 $\boldsymbol{f}:\mathbb{R}^n\times\mathbb{R}^m\to\mathbb{R}^n\times\mathbb{R}^m$ 是连续的，且 $\boldsymbol{f}\left(\boldsymbol{x}_{\text{eq}},\boldsymbol{0}\right)=\boldsymbol{0}$，即 $\boldsymbol{x}_{\text{eq}}\in\mathbb{R}^n$ 是系统的平衡点。

定义系统受到的状态和输入约束分别为

$$\boldsymbol{x}_n(k)\in X,\quad k\geqslant 0 \tag{3-31}$$

$$\boldsymbol{u}_n(k)\in U,\quad k\geqslant 0 \tag{3-32}$$

对于无限时域最优控制（$m=p\to\infty$），通常要求解以下最小化问题：

$$\min_{\boldsymbol{u}(\cdot)} J^{\infty}\left(\boldsymbol{x}_{n0},\boldsymbol{u}_n(\cdot)\right) \tag{3-33}$$

式中，$J^{\infty}\left(\boldsymbol{x}_{n0},\boldsymbol{u}_n(\cdot)\right)=\sum_{i=0}^{\infty}F\left(\boldsymbol{x}_n(i),\boldsymbol{u}_n(i)\right)$，为系统目标函数，其中 $F\left(\boldsymbol{x}_n,\boldsymbol{u}_n\right):\boldsymbol{X}\times\boldsymbol{U}\to\mathbb{R}$ 关于 $\boldsymbol{x}_n$、$\boldsymbol{u}_n$ 均连续，且满足 $F\left(\boldsymbol{x}_{\text{eq}},\boldsymbol{0}\right)=\boldsymbol{0}$ 和对任意的 $\left(\boldsymbol{x}_n,\boldsymbol{u}_n\right)\in\boldsymbol{X}\times\boldsymbol{U}\setminus\left\{\boldsymbol{x}_{\text{eq}},\boldsymbol{0}\right\}$ 有 $F\left(\boldsymbol{x}_n,\boldsymbol{u}_n\right)>0$。

事实上，无限维优化问题几乎无法实现。因此，采用准无限时域预测控制，将式（3-33）改写为如下形式：

$$J^{\infty}\left(\boldsymbol{x}_{n0},\boldsymbol{u}_n(\cdot)\right)=\sum_{i=0}^{N-1}F\left(\boldsymbol{x}_n(i),\boldsymbol{u}_n(i)\right)+\sum_{i=N}^{\infty}F\left(\boldsymbol{x}_n(i),\boldsymbol{u}_n(i)\right) \tag{3-34}$$

定义 $\boldsymbol{\Omega}$ 是平衡点的某一个邻域：

$$\boldsymbol{\Omega}\triangleq\left\{\boldsymbol{x}_n\in\mathbb{R}^n\,\middle|\,E\left(\boldsymbol{x}_n\right)\leqslant\alpha,\alpha>0\right\} \tag{3-35}$$

式中，正定函数$E\left(\boldsymbol{x}_n\right)$满足$E\left(\boldsymbol{x}_{\mathrm{eq}}\right)=0$且$E\left(\boldsymbol{x}_n\right)>0,\forall\boldsymbol{x}_n\neq\boldsymbol{x}_{\mathrm{eq}}$。

假设在$\boldsymbol{\Omega}$内存在一个局部渐近稳定控制器$\boldsymbol{u}_n=\kappa\left(\boldsymbol{x}_n\right)$使得正定函数$E\left(\boldsymbol{x}_n\right)$满足如下哈密顿-雅可比-贝尔曼（Hamilton-Jacobi-Bellman，HJB）不等式：

$$E\left(\boldsymbol{x}_n(s)\right)-E\left(\boldsymbol{x}_n(j)\right)\leqslant-\sum_{i=j}^{s}F\left(\boldsymbol{x}_n(i),\boldsymbol{u}_n(i)\right),\quad N\geqslant s\geqslant j\geqslant 0 \tag{3-36}$$

则认为$\boldsymbol{\Omega}(\alpha)$是非线性系统（3-30）的一个终端域。因系统在$\boldsymbol{\Omega}$内渐近稳定，故$E\left(\boldsymbol{x}_n(\infty)\right)=0$，将$s=\infty,j=N$代入式（3-36）可得

$$\sum_{i=N}^{\infty}F\left(\boldsymbol{x}_n(i),\boldsymbol{u}_n(i)\right)\leqslant E\left(\boldsymbol{x}_n(N)\right) \tag{3-37}$$

将式（3-37）代入式（3-34）可得有限时域目标函数如下：

$$J\left(\boldsymbol{x}_{n0},\boldsymbol{u}_n(\cdot)\right)=\sum_{i=0}^{N-1}F\left(\boldsymbol{x}_n(i),\boldsymbol{u}_n(i)\right)+E\left(\boldsymbol{x}_n(N)\right) \tag{3-38}$$

测量噪声、建模误差和外界干扰等影响，直接将基于名义模型的 MPC 信号作用于真实系统会导致控制性能下降，甚至失稳。因此，MPC 需对各种扰动影响具有一定的鲁棒性。鲁棒 MPC 的研究已经引起了足够的重视并取得了可观的成果。管道 MPC（tube-based MPC）是目前应用较广的一种先进鲁棒 MPC 技术，由名义最优控制律和反馈控制律两部分构成[239]。它能通过反馈控制使实际系统状态进入名义状态的管道状邻域内，具有较高的鲁棒性和稳态性能，但却以牺牲最优性为代价，是一种次优控制。针对该问题，Sun 等[240]提出一种名义鲁棒 MPC（nominal robust MPC, NRMPC），以名义模型预测未来状态，但以实际系统状态作为名义模型在每次预测中的初值，因此作用于实际系统的控制相对于实际系统状态是最优的。NRMPC 与传统名义 MPC 一样拥有简洁的结构，易于实施。受此启发，本节将使用 NRMPC 处理受扰张力控制问题。

考虑如下受扰离散非仿射非线性系统：

$$\boldsymbol{x}(k+1)=\boldsymbol{f}\left(\boldsymbol{x}(k),\boldsymbol{u}(k)\right)+\boldsymbol{d}(k),\ \boldsymbol{x}(0)=\boldsymbol{x}_0 \tag{3-39}$$

式中，$\boldsymbol{d}(k)$为系统在$k$时刻所受的外界扰动。完整的 NRMPC 算法流程如表 3-3 所示。

**表 3-3　NRMPC 算法流程**

| 步骤 | 内容 |
| --- | --- |
| 1 | 在 $k$ 时刻，以实际状态初始化名义系统（3-30），$\boldsymbol{x}_n(k)=\boldsymbol{x}(k)$ |
| 2 | 基于名义模型和目标函数（3-38），得到最优控制序列 $\boldsymbol{u}_n^*(k)=\operatorname{argmin} J(\boldsymbol{x}_n,\boldsymbol{u}_n)$ |
| 3 | 在时间段 $[k,k+1]$，将控制序列的第一个部分作用于真实系统，$\boldsymbol{u}(k)=\boldsymbol{u}_n^*(k\|k)$ |
| 4 | 以状态 $\boldsymbol{x}(k+1)$ 更新真实系统（3-39） |
| 5 | 更新时刻到 $k+1$，并重新执行步骤 1 |

下面介绍张力控制机理与 MPC 策略。

由张力定义可知，张力控制的本质是调节未变形绳长与实际绳长的相对大小关系，而实际绳长又与两端航天器质心距密切相关。因此，考察质心距在张力作用下的运动特性有助于张力控制的设计。根据 3.1 节的结果，当平台受控时，系绳的面内小幅度摆动对张力影响甚微。其次，目标星在张力受控时处于 Lyapunov 意义下的稳定，不会与系绳缠绕，故对张力的影响也可忽略不计。因此这里将两端航天器视为质点，且令系绳空间摆角均为零，以突出质心距与张力的关系，则质心距满足以下方程：

$$\ddot{d}=-\frac{\left(m_{\mathrm{p}}+m_{\mathrm{d}}\right)T}{m_{\mathrm{d}}m_{\mathrm{p}}}+\frac{F}{m_{\mathrm{p}}} \tag{3-40}$$

式中，$F$ 与 $T$ 为平台推力与系绳张力。

假设系绳张紧且令系绳实际长度为质心距，将式（2-33）代入式（3-40）中可得

$$\ddot{d}=-\frac{\left(m_{\mathrm{p}}+m_{\mathrm{d}}\right)EA}{m_{\mathrm{d}}m_{\mathrm{p}}}\left(\frac{d+c_{\mathrm{t}}\dot{d}}{l_0}-1\right)+\frac{F}{m_{\mathrm{p}}} \tag{3-41}$$

式中，$l_0$ 为初始时刻系绳未变形绳长，则其开环特征根为 $\lambda_{1,2}=0.5\left(-c_{\mathrm{t}}t_{\mathrm{m}}\pm\sqrt{c_{\mathrm{t}}^2t_{\mathrm{m}}^2-4t_{\mathrm{m}}}\right)$，其中 $t_{\mathrm{m}}=\left(m_{\mathrm{p}}+m_{\mathrm{d}}\right)EA\left(m_{\mathrm{d}}m_{\mathrm{p}}l_0\right)^{-1}$。

当系绳阻尼系数 $c_{\mathrm{t}}=2t_{\mathrm{m}}^{-1/2}$ 时，式（3-41）是临界阻尼系统。为进一步研究系绳“单弹簧”特性及不同阻尼系数对质心距动力学的影响，令 $m_{\mathrm{p}}=1000\,\mathrm{kg}$，$m_{\mathrm{d}}=3000\,\mathrm{kg}$，$EA=10^5\,\mathrm{N}$，$l_0=100\,\mathrm{m}$，$F=100\,\mathrm{N}$，可得绳系拖曳系统质心距相轨迹如图 3-14 所示。

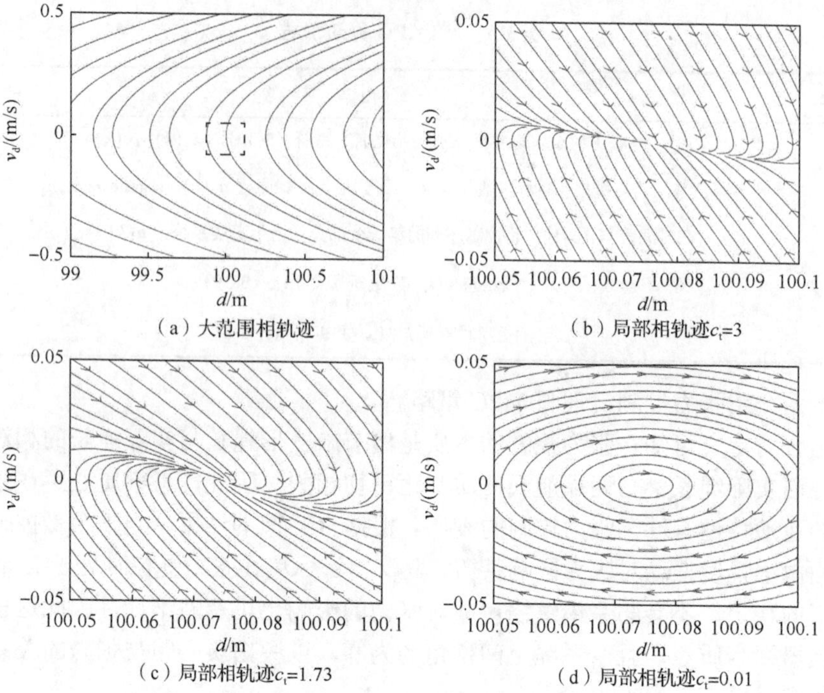


图 3-14　绳系拖曳系统质心距相轨迹图

由图 3-14（a）可见，在大范围内，系绳不时的松弛给系统稳定性的判定带来困难。然而，图 3-14（b）～（d）显示在 100.075m 的邻域内（质心距平衡位置附近），无论系绳阻尼系数为何值，质心距总是渐近稳定的。因此，可通过适当地收放系绳使质心距进入平衡位置的邻域内，这样即使不再施加绳长控制，在系绳阻尼作用下，质心距也能保持在该邻域内并逐渐趋向平衡位置，达到稳定质心距、防止碰撞的目的。

这种通过稳定实际绳长从而间接稳定系绳张力的策略，可以避免系绳指令的求解。由式（3-24）可知，系绳指令需要目标星质量信息。作为非合作目标，目标星质量不可预知或者预知不准确，再者即使采用辨识技术来估计质量，张力指令在辨识过程中一定会发生快速的变化，跟踪剧烈时变的张力是十分困难的。此外质量估计值稳定后的辨识误差也会进一步造成张力指令的不准确。

因此基于绳长跟踪的张力控制具有较强的实用性。但是实际绳长很难测得，而系绳张力则可以通过张力传感器较为精确地获得。为此，本节采用基于张力测量值的卡尔曼滤波器来估计实际绳长，并使用递推最小二乘法估计目标星质量，随后 NRMPC 器根据这些估计信息产生最优卷轴收放速率，经积分后变成最优收放绳长作用于系统。张力模型预测控制流程如图 3-15 所示。

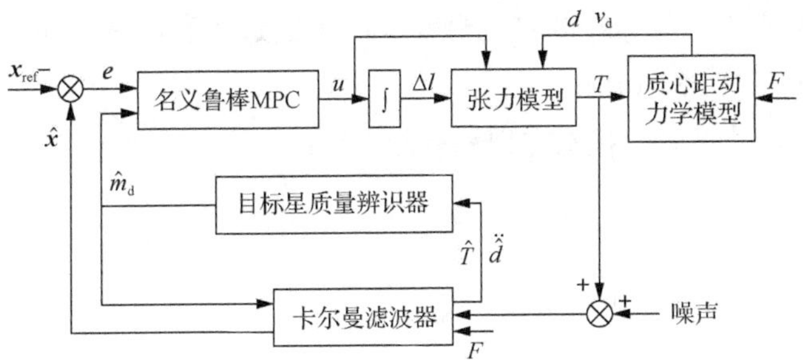


图 3-15　张力模型预测控制流程图

基于此控制策略，质心距动力学方程（3-41）可改写为

$$\ddot{d}=-\frac{\left(m_{\text{p}}+m_{\text{d}}\right)EA}{m_{\text{d}}m_{\text{p}}}\left[\frac{d+c_{\text{t}}\left(\dot{d}-u\right)}{l_0+\Delta l}-1\right]+\frac{F}{m_{\text{p}}} \tag{3-42}$$

式中，$u$ 为卷轴机构收放速率；$\Delta l=\int u\mathrm{d}t$，为系绳收放绳长，即卷轴收放一阶模型。

### 3.2.2　双星质心距及目标星质量估计

质心距 $d$ 不易直接测量，因此需要对其进行实时估计。在现有的多种状态估计方法中，卡尔曼滤波因其计算量和储存量小、易于满足实时计算的要求而在工程实践中受到广泛的青睐。卡尔曼滤波是一种线性、无偏、误差方差最小的最优递推算法，其本质可以概括为“反馈校正，加权平均”，即先使用状态方程预测系统未来输出，再将其与实际输出的差值，通过卡尔曼增益的加权，反馈给预测输出进行校正得到最优估计值。

因此，首先根据质心距动力学离散状态方程和观测方程：

$$\boldsymbol{x}_{k+1|k}=\boldsymbol{\Phi}_{k+1,k}\boldsymbol{x}_k+\boldsymbol{B}_{k+1,k}\boldsymbol{U}_k+\boldsymbol{W}_k \tag{3-43}$$

$$\boldsymbol{y}_k=\boldsymbol{D}_k\boldsymbol{U}_k+\boldsymbol{V}_k \tag{3-44}$$

式中，$\boldsymbol{x}_k=\left[d_k,\dot{d}_k\right]^{\mathrm{T}}$，为 $k$ 时刻的状态向量；$\boldsymbol{y}_k\in\mathbb{R}^{1\times1}$，为 $k$ 时刻系统的输出向量；$\boldsymbol{U}_k=\left[T_k\left(\boldsymbol{x}_k,\Delta l_k\right),F\right]^{\mathrm{T}}$，为 $k$ 时刻的输入；$\boldsymbol{\Phi}_{k+1,k}=\begin{bmatrix}1 & \Delta t\\ 0 & 1\end{bmatrix}$，为系统状态转移矩阵，$\Delta t$ 为采样时间；$\boldsymbol{B}_{k+1,k}=\begin{bmatrix}0 & 0\\ -\dfrac{\left(m_{\text{p}}+m_{\text{d}}\right)\Delta t}{m_{\text{p}}m_{\text{d}}} & \dfrac{\Delta t}{m_{\text{p}}}\end{bmatrix}$，为系统输入矩阵；$\boldsymbol{D}_k=[1,0]$，为

系统输入输出耦合矩阵；$\boldsymbol{W}_k$ 和 $\boldsymbol{V}_k$ 分别为 $k$ 时刻的过程和测量 Gauss 白噪声，其协方差分别为 $\boldsymbol{Q}\in\mathbb{R}^{2\times2}$ 和 $\boldsymbol{R}\in\mathbb{R}^{1\times1}$。

可得系统的最优估计状态方程和观测方程：

$$\hat{\boldsymbol{x}}_{k+1|k}=\boldsymbol{\Phi}_{k+1,k}\hat{\boldsymbol{x}}_k+\hat{\boldsymbol{B}}_{k+1,k}\hat{\boldsymbol{U}}_k \tag{3-45}$$

$$\hat{\boldsymbol{y}}_k=\boldsymbol{D}_k\hat{\boldsymbol{U}}_k \tag{3-46}$$

式中，$\hat{\boldsymbol{x}}_k=\left[\hat{d}_k,\hat{\dot{d}}_k\right]^{\mathrm{T}}$，为 $k$ 时刻的最优估计状态向量；$\hat{\boldsymbol{y}}_k\in\mathbb{R}^{1\times1}$，为 $k$ 时刻的最优估计输出；$\hat{\boldsymbol{U}}_k=\left[\hat{T}_k\left(\hat{\boldsymbol{x}}_k,\Delta l_k\right),F\right]^{\mathrm{T}}$，为 $k$ 时刻的最优估计输入；$\hat{\boldsymbol{B}}_{k+1,k}=\begin{bmatrix}0 & 0\\ -\dfrac{\left[m_{\mathrm{p}}+\hat{m}_{\mathrm{d}}(k)\right]\Delta t}{m_{\mathrm{p}}\hat{m}_{\mathrm{d}}(k)} & \dfrac{\Delta t}{m_{\mathrm{p}}}\end{bmatrix}$，为 $k$ 时刻的最优估计系统输入矩阵，$\hat{m}_{\mathrm{d}}(k)$ 为 $k$ 时刻的最优目标星质量辨识值。

其中，$k$ 时刻最优估计输出 $\boldsymbol{y}_k=\hat{T}_k\left(\hat{\boldsymbol{x}}_k,\Delta l_k\right)$ 的定义如下：

$$\hat{T}_k\left(\hat{\boldsymbol{x}}_k,\Delta l_k\right)=\begin{cases}0, & \hat{d}_k\leqslant l_0+\Delta l_k\\ \dfrac{EA\left[\hat{d}_k-\left(l_0+\Delta l_k\right)\right]}{l_0+\Delta l_k}+\dfrac{c_{\mathrm{t}}EA\left[\hat{\dot{d}}_k-u_k\right]}{l_0+\Delta l_k}, & \hat{d}_k>l_0+\Delta l_k\end{cases} \tag{3-47}$$

式中，$\Delta l_k$ 为 $k$ 时刻的系绳收放绳长。

因此，构造相应的离散卡尔曼滤波方程组如下。

（1）滤波方程：

$$\hat{\boldsymbol{x}}_{k+1}=\hat{\boldsymbol{x}}_{k+1|k}+\boldsymbol{K}_{k+1}\left[T(k+1)-\hat{T}(k+1)\right] \tag{3-48}$$

（2）预测方程：

$$\hat{\boldsymbol{x}}_{k+1|k}=\boldsymbol{\Phi}_{k+1,k}\hat{\boldsymbol{x}}_k+\hat{\boldsymbol{B}}_{k+1,k}\hat{\boldsymbol{U}}_k \tag{3-49}$$

（3）预测误差方差矩阵方程：

$$\boldsymbol{P}_{k+1|k}=\boldsymbol{\Phi}_{k+1,k}\boldsymbol{P}_k\boldsymbol{\Phi}_{k+1,k}^{\mathrm{T}}+\boldsymbol{Q}_k \tag{3-50}$$

（4）增益方程：

$$\boldsymbol{K}_{k+1}=\boldsymbol{P}_{k+1|k}\boldsymbol{H}_{k+1}^{\mathrm{T}}\left(\boldsymbol{H}_{k+1}\boldsymbol{P}_{k+1|k}\boldsymbol{H}_{k+1}^{\mathrm{T}}+\boldsymbol{R}_{k+1}\right)^{-1} \tag{3-51}$$

（5）估计误差方差矩阵方程：

$$\boldsymbol{P}_{k+1}=\left(\boldsymbol{I}_2-\boldsymbol{K}_{k+1}\boldsymbol{H}_{k+1}\right)\boldsymbol{P}_{k+1|k} \tag{3-52}$$

式中，$\boldsymbol{H}_{k+1}=\left[\dfrac{EA}{l_{k+1}},\dfrac{c_{\mathrm{t}}EA}{l_{k+1}}\right]$，为 $k+1$ 时刻的输出矩阵。

下面介绍目标星质量辨识器设计。

首先忽略过程噪声并将状态方程（3-45）改写为如下形式：

$$\varDelta_k=\varPhi_{\mathrm{RLS}}\left(k\right)\hat{\varTheta}_k \tag{3-53}$$

式中，$\varDelta_k=\dfrac{\hat{\dot{d}}_k-\hat{\dot{d}}_{k-1}}{\Delta t}+\dfrac{\hat{T}_k-F}{m_{\mathrm{p}}}$；$\varPhi_{\mathrm{RLS}}\left(k\right)=-\hat{T}_k$；$\hat{\varTheta}_k=\dfrac{1}{\hat{m}_{\mathrm{d}}\left(k\right)}$，为待辨识量。

采用递推最小二乘法进行辨识，则待辨识量具有以下递推形式：

$$\hat{\varTheta}_k=\hat{\varTheta}_{k-1}+N_k\left[\varDelta_k-\varPhi_{\mathrm{RLS}}\left(k\right)\hat{\varTheta}_{k-1}\right] \tag{3-54}$$

式中，$N_k=\dfrac{P_{k-1}\varPhi_{\mathrm{RLS}}\left(k\right)}{\lambda+\varPhi_{\mathrm{RLS}}\left(k\right)P_{k-1}\varPhi_{\mathrm{RLS}}\left(k\right)}$，$P_k=\dfrac{1}{\lambda}\left[P_{k-1}-\dfrac{P_{k-1}\varPhi_{\mathrm{RLS}}\left(k\right)\varPhi_{\mathrm{RLS}}^{\mathrm{T}}\left(k\right)P_{k-1}}{\lambda+\varPhi_{\mathrm{RLS}}^{\mathrm{T}}\left(k\right)P_{k-1}\varPhi_{\mathrm{RLS}}\left(k\right)}\right]$，$\lambda$ 为可遗忘因子，其取值应尽量接近 1 以保证算法的稳定性。

### 3.2.3　名义鲁棒 MPC 张力控制器设计

首先，令卡尔曼滤波误差 $\boldsymbol{e}_k=\boldsymbol{x}_k-\hat{\boldsymbol{x}}_k$，质量辨识误差 $e_{\mathrm{m}}\left(k\right)=m_{\mathrm{d}}-\hat{m}_{\mathrm{d}}\left(k\right)$，则由它们引起的输入误差和输入矩阵误差分别为 $\boldsymbol{e}_{B,k+1,k}=\boldsymbol{B}_{k+1,k}-\hat{\boldsymbol{B}}_{k+1,k}$ 和 $\boldsymbol{e}_{U,k}=\boldsymbol{U}_k-\hat{\boldsymbol{U}}_k$。因此，状态方程（3-43）可改为如下形式：

$$\hat{\boldsymbol{x}}_{k+1}=\boldsymbol{f}\left(\hat{\boldsymbol{x}}_k,F,\hat{T}_k\right)+\boldsymbol{D}_k \tag{3-55}$$

式中，$\boldsymbol{f}\left(\hat{\boldsymbol{x}}_k,F,\hat{T}_k\right)=\boldsymbol{\varPhi}_{k+1,k}\hat{\boldsymbol{x}}_k+\hat{\boldsymbol{B}}_{k+1,k}\hat{\boldsymbol{U}}_k$；$\boldsymbol{D}_k=\boldsymbol{f}\left(\boldsymbol{x}_k,F,T_k\right)-\boldsymbol{f}\left(\hat{\boldsymbol{x}}_k,F,\hat{T}_k\right)+\boldsymbol{W}_k-\boldsymbol{e}_{k+1}$，$\boldsymbol{f}\left(\boldsymbol{x}_k,F,T_k\right)-\boldsymbol{f}\left(\hat{\boldsymbol{x}}_k,F,\hat{T}_k\right)=\boldsymbol{\varPhi}_{k+1,k}\boldsymbol{e}_k+\hat{\boldsymbol{B}}_{k+1,k}\boldsymbol{e}_{U,k}+\boldsymbol{e}_{B,k+1,k}\hat{\boldsymbol{U}}_k+\boldsymbol{e}_{B,k+1,k}\boldsymbol{e}_{U,k}$。

取式（3-55）的名义模型部分和卷轴收放一阶模型，并令 MPC 采样时间为 $\Delta t_{\mathrm{MPC}}$（单位为 s），可得如下的名义模型用以在 MPC 中预测系统未来状态：

$$\hat{\boldsymbol{x}}_{nk+1}=\boldsymbol{f}_{\mathrm{MPC}}\left(\hat{\boldsymbol{x}}_{nk},F,\hat{T}_{nk}\right) \tag{3-56}$$

$$\Delta l_{k+1}=\Delta l_k+u_k\Delta t_{\mathrm{MPC}} \tag{3-57}$$

式中，$\boldsymbol{f}_{\mathrm{MPC}}\left(\hat{\boldsymbol{x}}_{nk},F,\hat{T}_{nk}\right)$ 为当 $\boldsymbol{f}\left(\hat{\boldsymbol{x}}_k,F,\Delta l_k\right)$ 中的采样时间为 $\Delta t_{\mathrm{MPC}}$ 时的函数；$\hat{\boldsymbol{x}}_{nk}$ 为式（3-55）的名义状态向量；$\hat{T}_{nk}$ 为由名义状态构成的名义张力。

其次，为避免两端航天器的碰撞、剧烈的“反弹”效应、系绳的松弛以及卷轴机构的大幅收放，定义质心距和收放绳长约束如下：

$$\boldsymbol{X}=\left\{\hat{\boldsymbol{x}}_{nk}\left|\begin{array}{l}l_0+\Delta l_k<\hat{d}_{nk}\leqslant d_{\max}\\-v_{d\max}\leqslant\hat{\dot{d}}_{nk}\leqslant v_{d\max}\end{array}\right.\right\} \tag{3-58}$$

$$\boldsymbol{L}=\left\{\Delta l_k\left|-\Delta l_{\max}\leqslant\Delta l_k\leqslant\Delta l_{\max}\right.\right\} \tag{3-59}$$

此外，作为控制量，卷轴机构收放速率满足以下约束：

$$\boldsymbol{U}=\left\{u_k\left|-u_{\max}\leqslant u_k\leqslant u_{\max}\right.\right\} \tag{3-60}$$

再次，根据质心距相轨迹图 3-14 可知，质心距在平衡位置 $\boldsymbol{x}_{\mathrm{eq}}=\left[d_{\mathrm{ref}},0\right]^{\mathrm{T}}$ 附近的小范围内是渐近稳定的，该邻域可认为是系统的吸引域。因此，定义 MPC 的终端域为

$$\boldsymbol{\Xi}=\left\{\hat{\boldsymbol{x}}_{nk+N|k}\left|\begin{array}{c}\left\|\hat{d}_{nk+N|k}-d_{\mathrm{ref}}\right\|\leqslant\varepsilon_d\\\left\|\hat{\dot{d}}_{nk+N|k}\right\|\leqslant\varepsilon_v\end{array}\right.\right\} \tag{3-61}$$

式中，$N$ 为预测时域；$\varepsilon_d$ 、$\varepsilon_v$ 为终端域半径。

当系统状态进入终端域时，可认为系绳的未变形绳长与其期望值接近，故作以下假设：

$$l_0+\Delta l_{k+N|k}=l_d \tag{3-62}$$

式中，$l_d=EAd_{\mathrm{ref}}\left[\dfrac{\hat{m}_{\mathrm{d}}(k)F}{\hat{m}_{\mathrm{d}}(k)+m_{\mathrm{p}}}+EA\right]^{-1}$ ，为期望系绳未变形绳长，由 $\ddot{d}=0$ 求得。

因系统在 $\boldsymbol{\Xi}$ 内开环渐近稳定，故令 $N$ 步预测以后的控制量均为零，即 $u_{k+n|k}=0,n\geqslant N$ ，将其代入式（3-56）并与系统在平衡位置处的动力学方程相减，可得偏差模型为

$$\boldsymbol{x}_{ek+1}=\boldsymbol{A}_k\boldsymbol{x}_{ek} \tag{3-63}$$

式中， $\boldsymbol{x}_{ek}=\hat{\boldsymbol{x}}_{nk}-\boldsymbol{x}_{\mathrm{eq}}$ ，为系统偏差状态； $\boldsymbol{A}_k=\begin{bmatrix}1 & \Delta t_{\mathrm{MPC}}\\-\dfrac{\left(m_{\mathrm{p}}+\hat{m}_{\mathrm{d}}(k)\right)EA}{m_{\mathrm{p}}\hat{m}_{\mathrm{d}}(k)l_d}\Delta t_{\mathrm{MPC}} & 1-\dfrac{c_{\mathrm{t}}\left(m_{\mathrm{p}}+\hat{m}_{\mathrm{d}}(k)\right)EA}{m_{\mathrm{p}}\hat{m}_{\mathrm{d}}(k)l_d}\Delta t_{\mathrm{MPC}}\end{bmatrix}$ 。

最后，根据控制目标 $\hat{\boldsymbol{x}}_{nk} \to \boldsymbol{x}_{\mathrm{eq}}$ 和偏差模型，设计带有终端惩罚项的目标函数为

$$J_k = \sum_{n=0}^{N-1}\left(\left\|\hat{\boldsymbol{x}}_{nk+n|k} - \boldsymbol{x}_{\mathrm{eq}}\right\|_{\boldsymbol{Q}_{\mathrm{MPC}}}^2 + \left\|u_{k+n|k}\right\|_{R_{\mathrm{MPC}}}^2\right) + \left\|\hat{\boldsymbol{x}}_{nk+N|k} - \boldsymbol{x}_{\mathrm{eq}}\right\|_{\boldsymbol{P}}^2 \tag{3-64}$$

式中，$\boldsymbol{Q}_{\mathrm{MPC}}$ 为状态向量正定权重系数矩阵；$R_{\mathrm{MPC}}$ 为控制量正权重系数；$\boldsymbol{P} \in \mathbb{R}^{2\times 2}$，为终端权重系数矩阵，是如下离散 Lyapunov 方程的解：

$$\boldsymbol{P} = \boldsymbol{A}_k^{\mathrm{T}} \boldsymbol{P} \boldsymbol{A}_k + \boldsymbol{Q}_{\mathrm{MPC}} \tag{3-65}$$

因此，名义模型（3-56）和名义模型（3-57）所设计的 NRMPC 用于解决以下优化问题：

$$J_k^* = \min_{u_{k+n|k}} J_k\left(\hat{\boldsymbol{x}}_{nk+n|k}, u_{k+n|k}\right)$$

$$\text{s.t.}\begin{cases} \hat{\boldsymbol{x}}_{nk|k} = \hat{\boldsymbol{x}}_{k|k} \\ \hat{\boldsymbol{x}}_{nk+n+1|k} = \boldsymbol{f}_{\mathrm{MPC}}\left(\hat{\boldsymbol{x}}_{nk+n|k}, F, \hat{T}_{nk+n|k}\right) \\ \Delta l_{k+n+1|k} = \Delta l_{k+n|k} + u_{k+n|k}\Delta t_{\mathrm{MPC}} \\ u_{k+n|k} \in \boldsymbol{U} \\ \hat{\boldsymbol{x}}_{nk+n|k} \in \boldsymbol{X} \\ \Delta l_{k+n|k} \in \boldsymbol{L} \\ \hat{\boldsymbol{x}}_{nk+N|k} \in \boldsymbol{\Xi} \end{cases} \tag{3-66}$$

注 3.1　在 MPC 优化过程中，目标星质量辨识值 $\hat{m}_{\mathrm{d}}(k)$ 在每个采样时刻更新，并在随后的预测时域内均保持不变。

### 3.2.4　稳定性分析

首先，证明名义模型（3-56）在控制律（3-66）作用下是闭环渐近稳定的。

在 $k+1$ 时刻，假设已经获得如下最优控制序列：

$$u_{k+n+1|k+1} = \begin{cases} u_{k+n+1|k}^*, & n = 0,1,\cdots,N-2 \\ 0, & n = N-1 \end{cases} \tag{3-67}$$

以及名义模型（3-56）的最优状态序列：

$$\hat{\boldsymbol{x}}_{nk+n+1|k+1} = \begin{cases} \hat{\boldsymbol{x}}_{nk+n+1|k}^*, & n = 0,1,\cdots,N-1 \\ \boldsymbol{A}_k \hat{\boldsymbol{x}}_{nk+N|k}^*, & n = N \end{cases} \tag{3-68}$$

基于这些序列，则$k+1$时刻的目标函数可写为

$$\begin{aligned}
J_{k+1} &= \sum_{n=0}^{N-1}\left(\left\|\hat{\boldsymbol{x}}_{nk+1+n|k+1}-\boldsymbol{x}_{\text{eq}}\right\|_{\boldsymbol{Q}_{\text{MPC}}}^2+\left\|\boldsymbol{u}_{k+1+n|k+1}\right\|_{\boldsymbol{R}_{\text{MPC}}}^2\right)+\left\|\hat{\boldsymbol{x}}_{nk+1+N|k+1}-\boldsymbol{x}_{\text{eq}}\right\|_{\boldsymbol{P}}^2 \\
&= \sum_{n=0}^{N-2}\left(\left\|\hat{\boldsymbol{x}}^*_{nk+1+n|k}-\boldsymbol{x}_{\text{eq}}\right\|_{\boldsymbol{Q}_{\text{MPC}}}^2+\left\|\boldsymbol{u}^*_{k+1+n|k}\right\|_{\boldsymbol{R}_{\text{MPC}}}^2\right) \\
&\quad+\left\|\hat{\boldsymbol{x}}_{nk+N|k+1}-\boldsymbol{x}_{\text{eq}}\right\|_{\boldsymbol{Q}_{\text{MPC}}}^2+\left\|\boldsymbol{u}_{k+N|k+1}\right\|_{\boldsymbol{R}_{\text{MPC}}}^2+\left\|\hat{\boldsymbol{x}}_{nk+1+N|k+1}-\boldsymbol{x}_{\text{eq}}\right\|_{\boldsymbol{P}}^2 \\
&= \sum_{n=0}^{N-1}\left(\left\|\hat{\boldsymbol{x}}^*_{nk+n|k}-\boldsymbol{x}_{\text{eq}}\right\|_{\boldsymbol{Q}_{\text{MPC}}}^2+\left\|\boldsymbol{u}^*_{k+n|k}\right\|_{\boldsymbol{R}_{\text{MPC}}}^2\right)+\left\|\hat{\boldsymbol{x}}^*_{nk+N|k}-\boldsymbol{x}_{\text{eq}}\right\|_{\boldsymbol{P}}^2 \\
&\quad-\left\|\hat{\boldsymbol{x}}^*_{nk|k}-\boldsymbol{x}_{\text{eq}}\right\|_{\boldsymbol{Q}_{\text{MPC}}}^2-\left\|\boldsymbol{u}^*_{k|k}\right\|_{\boldsymbol{R}_{\text{MPC}}}^2+\left\|\hat{\boldsymbol{x}}_{nk+N|k+1}-\boldsymbol{x}_{\text{eq}}\right\|_{\boldsymbol{Q}_{\text{MPC}}}^2+\left\|\boldsymbol{u}_{k+N|k+1}\right\|_{\boldsymbol{R}_{\text{MPC}}}^2 \\
&\quad+\left\|\hat{\boldsymbol{x}}_{nk+1+N|k+1}-\boldsymbol{x}_{\text{eq}}\right\|_{\boldsymbol{P}}^2-\left\|\hat{\boldsymbol{x}}^*_{nk+N|k}-\boldsymbol{x}_{\text{eq}}\right\|_{\boldsymbol{P}}^2
\end{aligned} \tag{3-69}$$

考虑到$k$时刻目标函数的优化值为

$$J_k^* = \sum_{n=0}^{N-1}\left(\left\|\hat{\boldsymbol{x}}^*_{nk+n|k}-\boldsymbol{x}_{\text{eq}}\right\|_{\boldsymbol{Q}_{\text{MPC}}}^2+\left\|\boldsymbol{u}^*_{k+n|k}\right\|_{\boldsymbol{R}_{\text{MPC}}}^2\right)+\left\|\hat{\boldsymbol{x}}^*_{nk+N|k}-\boldsymbol{x}_{\text{eq}}\right\|_{\boldsymbol{P}}^2 \tag{3-70}$$

根据式（3-70），式（3-69）可变为

$$\begin{aligned}
J_{k+1} = J_k^* &-\left\|\hat{\boldsymbol{x}}^*_{nk|k}-\boldsymbol{x}_{\text{eq}}\right\|_{\boldsymbol{Q}_{\text{MPC}}}^2-\left\|\boldsymbol{u}^*_{k|k}\right\|_{\boldsymbol{R}_{\text{MPC}}}^2+\left\|\hat{\boldsymbol{x}}_{nk+N|k+1}-\boldsymbol{x}_{\text{eq}}\right\|_{\boldsymbol{Q}_{\text{MPC}}}^2+\left\|\boldsymbol{u}_{k+N|k+1}\right\|_{\boldsymbol{R}_{\text{MPC}}}^2 \\
&+\left\|\hat{\boldsymbol{x}}_{nk+1+N|k+1}-\boldsymbol{x}_{\text{eq}}\right\|_{\boldsymbol{P}}^2-\left\|\hat{\boldsymbol{x}}^*_{nk+N|k}-\boldsymbol{x}_{\text{eq}}\right\|_{\boldsymbol{P}}^2
\end{aligned} \tag{3-71}$$

又根据序列（3-68），且由 HJB 不等式（3-36）可知：

$$\begin{aligned}
&\left\|\hat{\boldsymbol{x}}_{nk+N|k+1}-\boldsymbol{x}_{\text{eq}}\right\|_{\boldsymbol{Q}_{\text{MPC}}}^2+\left\|\boldsymbol{u}_{k+N|k+1}\right\|_{\boldsymbol{R}_{\text{MPC}}}^2 \\
&+\left\|\hat{\boldsymbol{x}}_{nk+1+N|k+1}-\boldsymbol{x}_{\text{eq}}\right\|_{\boldsymbol{P}}^2-\left\|\hat{\boldsymbol{x}}_{nk+N|k+1}-\boldsymbol{x}_{\text{eq}}\right\|_{\boldsymbol{P}}^2 \leqslant 0
\end{aligned} \tag{3-72}$$

因此，式（3-71）又变为

$$J_{k+1} \leqslant J_k^* -\left\|\hat{\boldsymbol{x}}^*_{nk|k}-\boldsymbol{x}_{\text{eq}}\right\|_{\boldsymbol{Q}_{\text{MPC}}}^2-\left\|\boldsymbol{u}^*_{k|k}\right\|_{\boldsymbol{R}_{\text{MPC}}}^2 \tag{3-73}$$

进一步，由于优化解不会大于可行解，式（3-73）再一次变为

$$J^*_{k+1} \leqslant J_k^* -\left\|\hat{\boldsymbol{x}}^*_{nk|k}-\boldsymbol{x}_{\text{eq}}\right\|_{\boldsymbol{Q}_{\text{MPC}}}^2-\left\|\boldsymbol{u}^*_{k|k}\right\|_{\boldsymbol{R}_{\text{MPC}}}^2 \tag{3-74}$$

易得 $J_k^* \geqslant 0$ 且是不增的。此外，由于单调不增有下界的序列必定存在极限，故当 $k \to \infty$ 时，$J_k^*$ 收敛，对式（3-74）不等号两边分别取极限可得

$$\lim_{k\to\infty}\left(\left\|\hat{\boldsymbol{x}}_{nk|k}^* - \boldsymbol{x}_{\text{eq}}\right\|_{\boldsymbol{Q}_{\text{MPC}}}^2 + \left\|u_{k|k}^*\right\|_{R_{\text{MPC}}}^2\right) \leqslant \lim_{k\to\infty} J_k^* - \lim_{k\to\infty} J_{k+1}^* = 0 \tag{3-75}$$

因此有 $\lim\limits_{k\to\infty}\hat{\boldsymbol{x}}_{nk} = \boldsymbol{x}_{\text{eq}}$ 和 $\lim\limits_{k\to\infty}u_k = 0$，名义模型（3-56）在控制律（3-66）作用下是渐近稳定的。

其次，应用 Roset 等[241]提出的方法证明 NRMPC 律对估计误差具有鲁棒性。在此之前，先介绍两个后续证明所需的定理。

**定理 3.1**　若函数 $f:\boldsymbol{X}\times\boldsymbol{S}\to\mathbb{R}^n$，其中 $\boldsymbol{X}\subseteq\mathbb{R}^{n_x}$ 且 $\boldsymbol{S}\subseteq\mathbb{R}^{n_s}$ 在 $\boldsymbol{X}\times\boldsymbol{S}$ 域内相对于 $x$ 是利普希茨（Lipschitz）连续，则存在一个正常数 $0\leqslant L_f<\infty$，使得对于任意 $x_1,x_2\in\boldsymbol{X}$ 且对于任意 $s\in\boldsymbol{S}$ 有

$$\left|f(x_1,s)-f(x_2,s)\right|\leqslant L_f\left|x_1-x_2\right| \tag{3-76}$$

式中，$L_f$ 为函数 $f$ 的 Lipschitz 常数。

**定理 3.2**　考虑如下离散系统：

$$x_{k+1}=F(x_k,v_k),\quad k\in Z^+ \tag{3-77}$$

令 $\mathcal{F}$ 是 $\mathbb{R}^n$ 的一个子集，其中 $0\in\operatorname{int}(\mathcal{F})$。若系统（3-77）是输入状态稳定（input-to-state stable, ISS）的，则存在一个 $\mathcal{KL}$ 类函数 $\beta_x$ 和一个 $\mathcal{K}$ 类函数 $\gamma_x^v$，使得系统状态对于每一个有界输入 $v$、每个初始条件 $x_0\in\mathcal{F}$ 和任意 $k\in Z^+$ 都满足以下条件：

$$\left|x(k,x_0,v)\right|\leqslant\beta_x\left(\left|x_0\right|,k\right)+\gamma_x^v\left(\|v\|\right) \tag{3-78}$$

定义名义状态与滤波状态间的偏差 $\hat{\boldsymbol{e}}_k=\hat{\boldsymbol{x}}_k-\hat{\boldsymbol{x}}_{nk}$，则式（3-55）中的 $\boldsymbol{D}_k$ 可改写为

$$\boldsymbol{D}_k=\boldsymbol{f}_{\text{MPC}}\left(\hat{\boldsymbol{x}}_{nk},F,\hat{T}_{nk}\right)-\boldsymbol{f}_{\text{MPC}}\left(\hat{\boldsymbol{x}}_k,F,\hat{T}_k\right)+\hat{\boldsymbol{e}}_{k+1} \tag{3-79}$$

利用函数 $\boldsymbol{f}_{\text{MPC}}(\cdot)$ 的 Lipschitz 性质，可得

$$\begin{aligned}\left|\boldsymbol{D}_k\right|&=\left|\boldsymbol{f}_{\text{MPC}}\left(\hat{\boldsymbol{x}}_{nk},F,\hat{T}_{nk}\right)-\boldsymbol{f}_{\text{MPC}}\left(\hat{\boldsymbol{x}}_k,F,\hat{T}_k\right)+\hat{\boldsymbol{e}}_{k+1}\right|\\&\leqslant\left|\boldsymbol{f}_{\text{MPC}}\left(\hat{\boldsymbol{x}}_{nk},F,\hat{T}_{nk}\right)-\boldsymbol{f}_{\text{MPC}}\left(\hat{\boldsymbol{x}}_k,F,\hat{T}_k\right)\right|+\left|\hat{\boldsymbol{e}}_{k+1}\right|\\&\leqslant\left(L_f+1\right)\left|\hat{\boldsymbol{e}}_x\right|\end{aligned} \tag{3-80}$$

由偏差 $\hat{\boldsymbol{e}}_k$ 定义可将名义模型（3-56）改写为

$$\begin{aligned}\hat{\boldsymbol{x}}_{nk+1} &= \hat{\boldsymbol{x}}_{k+1} - \hat{\boldsymbol{e}}_{k+1} \\ &= \boldsymbol{f}_{\mathrm{MPC}}\left(\hat{\boldsymbol{x}}_k, F, \hat{T}_k\right) + \boldsymbol{D}_k - \hat{\boldsymbol{e}}_{k+1} \\ &= \boldsymbol{f}_{\mathrm{MPC}}\left(\hat{\boldsymbol{x}}_{nk}, F, \hat{T}_{nk}\right) + \boldsymbol{f}_{\mathrm{MPC}}\left(\hat{\boldsymbol{x}}_k, F, \hat{T}_k\right) - \boldsymbol{f}_{\mathrm{MPC}}\left(\hat{\boldsymbol{x}}_{nk}, F, \hat{T}_{nk}\right) \\ &\quad + \boldsymbol{D}_k - \hat{\boldsymbol{e}}_{k+1}\end{aligned} \tag{3-81}$$

进一步有

$$\hat{\boldsymbol{x}}_{nk+1} = \boldsymbol{f}_{\mathrm{MPC}}\left(\hat{\boldsymbol{x}}_{nk}, F, \hat{T}_{nk}\right) + \overline{\boldsymbol{D}}_k \tag{3-82}$$

式中，$\overline{\boldsymbol{D}}_k = \boldsymbol{f}_{\mathrm{MPC}}\left(\hat{\boldsymbol{x}}_k, F, \hat{T}_k\right) - \boldsymbol{f}_{\mathrm{MPC}}\left(\hat{\boldsymbol{x}}_{nk}, F, \hat{T}_{nk}\right) + \boldsymbol{D}_k - \hat{\boldsymbol{e}}_{k+1}$。

事实上，根据式(3-79)可知 $\overline{\boldsymbol{D}}_k$ 应为 $\mathbf{0}$，此外，再根据式(3-80)和函数 $\boldsymbol{f}_{\mathrm{MPC}}(\cdot)$ 的 Lipschitz 性质，$\overline{\boldsymbol{D}}_k$ 又必定满足：

$$\begin{aligned}\left|\overline{\boldsymbol{D}}_k\right| &= \left|\boldsymbol{f}_{\mathrm{MPC}}\left(\hat{\boldsymbol{x}}_k, F, \hat{T}_k\right) - \boldsymbol{f}_{\mathrm{MPC}}\left(\hat{\boldsymbol{x}}_{nk}, F, \hat{T}_{nk}\right) + \boldsymbol{D}_k - \hat{\boldsymbol{e}}_{k+1}\right| \\ &\leqslant \left|\boldsymbol{f}_{\mathrm{MPC}}\left(\hat{\boldsymbol{x}}_k, F, \hat{T}_k\right) - \boldsymbol{f}_{\mathrm{MPC}}\left(\hat{\boldsymbol{x}}_{nk}, F, \hat{T}_{nk}\right)\right| + \left|\boldsymbol{D}_k\right| + \left|\hat{\boldsymbol{e}}_x\right| \\ &\leqslant 2\left(L_f + 1\right)\left|\hat{\boldsymbol{e}}_x\right|\end{aligned} \tag{3-83}$$

由式（3-75）可知，名义模型（3-56）对 $\overline{\boldsymbol{D}}_k$ 是 ISS 的，并且再根据式（3-83）可得，$\hat{\boldsymbol{x}}_{nk}$ 对 $\hat{\boldsymbol{e}}_k$ 是 ISS 的，即

$$\left|\hat{\boldsymbol{x}}_{nk}\right| \leqslant \beta_x\left(\left|\hat{\boldsymbol{x}}_{n0}\right|, k\right) + \gamma_x^{\hat{e}_x}\left(\left\|\boldsymbol{e}_x\right\|\right) \tag{3-84}$$

式中，$\beta_x\left(\left|\hat{\boldsymbol{x}}_{n0}\right|, k\right) \triangleq a^{-1}\left|2\zeta^k b\left|\hat{\boldsymbol{x}}_{n0}\right|^{\lambda}\right|^{-\lambda}$，$a$、$b$、$\lambda$、$\zeta$ 为正系数，且 $\zeta \in [0,1)$；$\gamma_x^{\hat{e}_x}\left(\left\|\boldsymbol{e}_x\right\|\right) \triangleq a^{-1}\left|2\Omega\left[2\left(L_f+1\right)\left\|\boldsymbol{e}_x\right\|\right]\dfrac{1}{1-\zeta}\right|^{-\lambda}$，$\Omega \in \mathcal{K}$，为 $\mathcal{K}$ 类函数。

利用偏差定义 $\hat{\boldsymbol{e}}_k = \hat{\boldsymbol{x}}_k - \hat{\boldsymbol{x}}_{nk}$ 和式（3-84）可得

$$\begin{aligned}\left|\hat{\boldsymbol{x}}_k\right| &= \left|\hat{\boldsymbol{x}}_{nk} + \hat{\boldsymbol{e}}_k\right| \\ &\leqslant \left|\hat{\boldsymbol{x}}_{nk}\right| + \left|\hat{\boldsymbol{e}}_k\right| \\ &\leqslant \beta_x\left(\left|\hat{\boldsymbol{x}}_{n0}\right|, k\right) + \gamma_x^{\hat{e}_x}\left(\left\|\boldsymbol{e}_x\right\|\right) + \left|\hat{\boldsymbol{e}}_k\right| \\ &\leqslant \beta_x\left(\left|\hat{\boldsymbol{x}}_0 - \hat{\boldsymbol{e}}_0\right|, k\right) + \gamma_x^{\hat{e}_x}\left(\left\|\boldsymbol{e}_x\right\|\right) + \left\|\hat{\boldsymbol{e}}_x\right\| \\ &\leqslant \beta_x\left(2\left|\hat{\boldsymbol{x}}_0\right|, k\right) + \beta_x\left(2\left|\hat{\boldsymbol{e}}_0\right|, k\right) + \gamma_x^{\hat{e}_x}\left(\left\|\boldsymbol{e}_x\right\|\right) + \left\|\hat{\boldsymbol{e}}_x\right\| \\ &\leqslant \beta_x\left(2\left|\hat{\boldsymbol{x}}_0\right|, k\right) + \beta_x\left(2\left\|\hat{\boldsymbol{e}}_0\right\|, 0\right) + \gamma_x^{\hat{e}_x}\left(\left\|\boldsymbol{e}_x\right\|\right) + \left\|\hat{\boldsymbol{e}}_x\right\| \\ &\leqslant \beta_{\hat{x}}\left(\left|\hat{\boldsymbol{x}}_0\right|, k\right) + \gamma_x^{\hat{e}_x}\left(\left\|\boldsymbol{e}_x\right\|\right)\end{aligned} \tag{3-85}$$

式中，$\beta_x\left(2|\hat{\boldsymbol{x}}_0|,k\right)=a^{-1}\left|2\zeta^k b|2\hat{\boldsymbol{x}}_0|^{\lambda}\right|^{-\lambda}$；$\gamma_x^{\hat{e}_x}\left(\|\boldsymbol{e}_x\|\right)\triangleq\beta_x\left(2\|\hat{\boldsymbol{e}}_0\|,0\right)+\gamma_x^{\hat{e}_x}\left(\|\boldsymbol{e}_x\|\right)+\|\hat{\boldsymbol{e}}_x\|=$ $a^{-1}\left|2b|2\|\boldsymbol{e}_x\||^{\lambda}\right|^{-\lambda}+\|\boldsymbol{e}_x\|+a^{-1}\left|2\Omega\left[2\left(L_f+1\right)\|\boldsymbol{e}_x\|\right]\dfrac{1}{1-\zeta}\right|^{-\lambda}$。

根据式(3-79)和式(3-85)可得滤波值 $\hat{\boldsymbol{x}}_k$ 对偏差 $\hat{\boldsymbol{e}}_k$ 和 $\boldsymbol{D}_k$ 是 ISS 的。由式(3-55)中 $\boldsymbol{D}_k$ 定义，易证 $\boldsymbol{D}_k$ 对滤波误差 $\boldsymbol{e}_k$ 满足 Lipschitz 条件，故 $\hat{\boldsymbol{x}}_k$ 对 $\boldsymbol{e}_k$ 也是 ISS 的。最后根据滤波误差定义 $\boldsymbol{e}_k=\boldsymbol{x}_k-\hat{\boldsymbol{x}}_k$，再次运用式（3-85）的方法可得原系统状态 $\boldsymbol{x}_k$ 对 $\boldsymbol{e}_k$ 是 ISS 的。因此，所设计的 NRMPC 律对估计误差具有鲁棒性。

### 3.2.5　仿真验证与分析

令平台质量 $m_{\mathrm{p}}=1000\mathrm{kg}$，目标星真实质量 $m_{\mathrm{d}}=3000\mathrm{kg}$，系绳刚度系数 $EA=10^5\,\mathrm{N}$，系绳阻尼系数 $c_{\mathrm{t}}=0.01$，系绳初始未变形绳长 $l_0=100\mathrm{m}$，目标星质量预测初值 $\hat{m}_{\mathrm{d0}}=2800\mathrm{kg}$。

为体现系绳张力的跟踪性能及控制器应对推力下降的防碰撞效果，令平台推力按如下规律进行阶跃变化：

$$F=\begin{cases}100\mathrm{N}, & t\leqslant 50\mathrm{s}\\ 50\mathrm{N}, & 50\mathrm{s}<t\leqslant 150\mathrm{s}\\ 10\mathrm{N}, & t>150\mathrm{s}\end{cases}\tag{3-86}$$

对于 GEO 而言，主要的轨道摄动来自太阳引力，其幅值约为$10^{-6}\,\mathrm{N}$，作用于平台产生的加速度约为$10^{-9}\,\mathrm{m/s^2}$，因此定义过程协方差矩阵 $\boldsymbol{Q}=\mathrm{diag}\left(0,10^{-18}\right)$。假设张力传感器精度为 0.1N，故定义量测协方差矩阵 $\boldsymbol{R}=0.01$。

如绪论所言，目前的防碰撞推力滤波技术对于初始时刻松弛的系绳会失效。针对该问题，为体现张力模型预测控制的优势，令系绳在初始时刻为松弛状态，即设置初始质心距和质心距速率分别为 $d_0=99.99\,\mathrm{m}$ 和 $\dot{d}_0=0\mathrm{m/s}$。

设置期望状态 $\boldsymbol{x}_{\mathrm{eq}}=\left[d_{\mathrm{ref}},0\right]^{\mathrm{T}}=\left[100,0\right]^{\mathrm{T}}$。

控制器及辨识器参数如表 3-4 所示。

**表 3-4　控制器及辨识器参数**

| 参数 | 参数值 | 参数 | 参数值 |
|---|---|---|---|
| $\boldsymbol{Q}_{\mathrm{MPC}}$ | $\mathrm{diag}(50,30)$ | $\varepsilon_d$ | $10^{-3}\,\mathrm{m}$ |
| $R_{\mathrm{MPC}}$ | 2 | $\varepsilon_v$ | $10^{-4}\,\mathrm{m/s}$ |
| $d_{\max}$ | 0.5m | $\lambda$ | 0.99435 |

续表

| 参数 | 参数值 | 参数 | 参数值 |
|---|---|---|---|
| $v_{d\max}$ | 0.2m/s | $N$ | 10 |
| $\Delta l_{\max}$ | 0.1m | $\Delta t$ | 0.01s |
| $u$ | 0.05m/s | $\Delta t_{\mathrm{MPC}}$ | 0.1s |

模型预测控制器作用下张力跟踪控制效果如图 3-16 所示。总体而言，系绳张力经过小幅衰减振荡后总能快速跟踪上期望值，且跟踪误差几乎为零，显示了良好的控制效果。其次，对比不同推力作用下的跟踪曲线，可见推力越大，张力稳定速度越快。

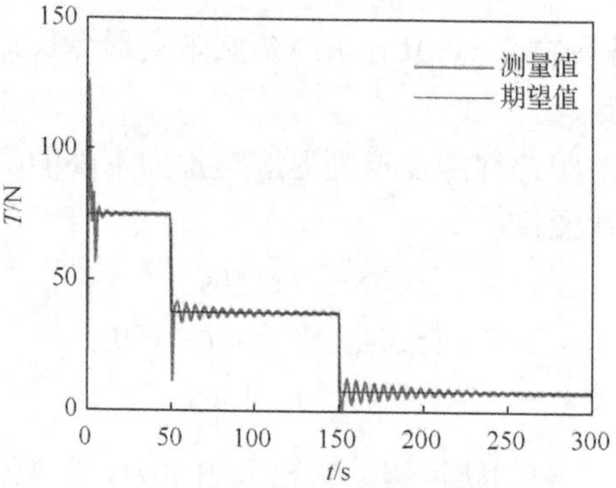


图 3-16 张力跟踪控制效果

作为对比，图 3-17 展现了张力阻抗控制效果。可见，阻抗控制能在推力较大时取得较好的效果，而当推力下降时，系绳出现了频繁的松弛并逐渐失稳。

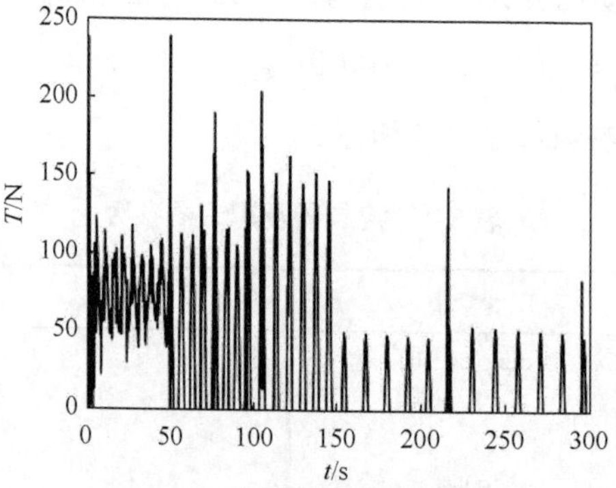


图 3-17 张力阻抗控制效果

两端航天器之间的质心距稳定效果如图 3-18 所示。在张力控制下，无论推力如何变化，质心距总能快速稳定在期望值的终端域内，体现了防碰撞效果。此外，对比三个不同推力阶段，推力越大，质心距在稳定过程中的振幅就越小。

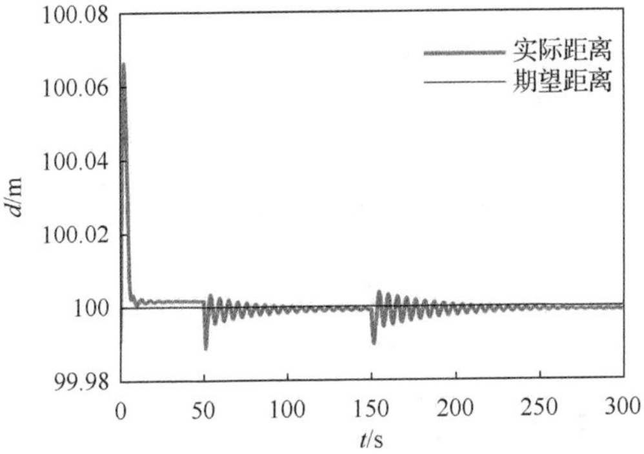


图 3-18　质心距稳定效果

如图 3-19 所示，质心距速率能在推力切变后快速镇定到零，抑制了“反弹”效应。

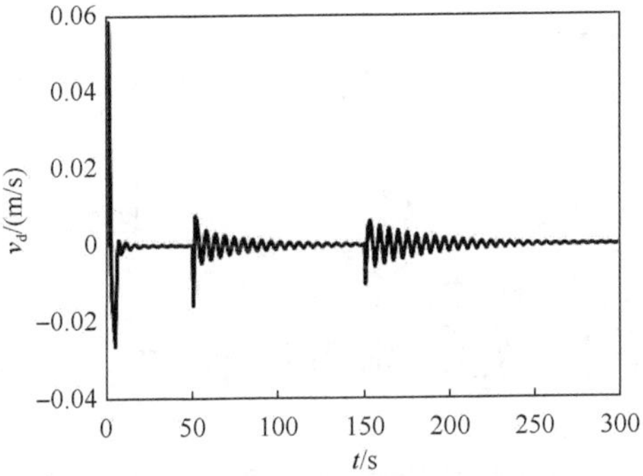


图 3-19　质心距速率

图 3-20 显示了目标星质量辨识值在最初 0.02s 内快速变化到 2920kg 左右，此后在每个推力阶段内均保持稳定，并在推力切变时呈阶跃状增加，在最后阶段到达 3000kg。

图 3-21 和图 3-22 显示了系绳收放长度和速率。如图 3-21 所示，系绳收放长度经历了最初的频繁振荡后稳定在−0.075m 左右，在随后两个推力阶段中，系绳呈阶跃状逐步回收，并只在推力切变时刻有小幅收放。相应地，图 3-22 显示系绳收放速率只在最初有频繁的大幅振荡，随后除在推力切变时有少许振荡外，均稳定在 0 左右。

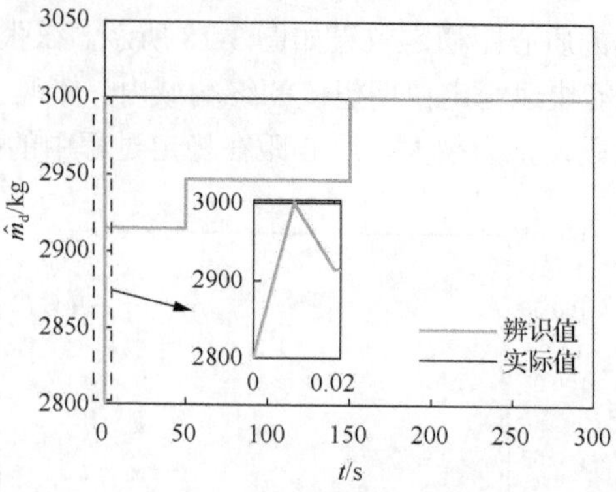


图 3-20　目标星辨识质量

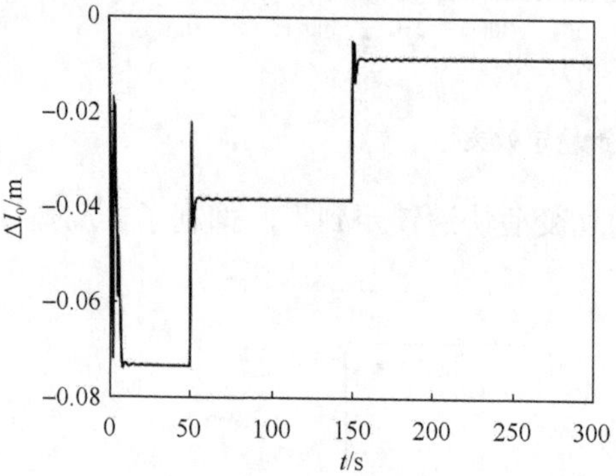


图 3-21　系绳收放长度

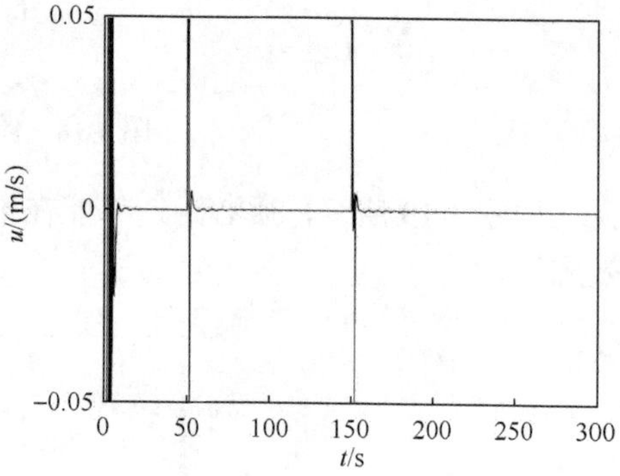


图 3-22　系绳收放速率

## 3.3　本 章 小 结

针对防碰撞问题，本章研究了两种张力控制策略。第一种是张力阻抗控制方案。通过缠绕模型的仿真分析可知，不稳定的系绳张力是引起缠绕与碰撞的主要原因。利用阻抗控制技术可以通过收放系绳有效地稳定张力并抑制缠绕，然而该技术存在系绳收放饱和、部分反馈量不可测的问题。第二种是张力模型预测控制方案。经质心距相轨迹图分析可知，由于张力的“半弹簧”特性，质心距只在平衡位置的小范围内是渐近稳定的。基于此，设计名义鲁棒 MPC 的终端域和终端惩罚项。此外，又采用卡尔曼滤波器和递推最小二乘法估计质心距和目标星质量。结果表明，与阻抗控制相比，模型预测控制能在系绳收放范围内实现张力的阶跃跟踪，并对估计误差具有良好的鲁棒性。

# 第 4 章　绳系拖曳飞行防尾摆控制技术

在绳系拖曳飞行中，系绳的“反弹”和挠性部件的振动都会激发目标星的“尾摆”，且目标星三轴耦合也会使得在偏置抓捕中任意一轴的旋转导致整体姿态的失稳。因此，有必要研究绳系拖曳飞行的目标星姿态稳定控制技术，即防尾摆控制技术。由于目标星为废弃卫星或空间碎片，无姿控能力，需要利用抓捕装置上的控制机构和系绳张力共同实现目标星姿态稳定控制。本章提出了两种目标星稳定策略，一种是利用抓捕装置的推力器和系绳张力协同实现目标星稳定；另一种是利用抓捕装置上的伸缩杆，通过调节张力力矩来控制目标星姿态。

## 4.1　利用推力器/张力协同的防尾摆控制技术

本节采用推力器和系绳张力协同实现目标星姿态稳定，因此目标星姿态控制力矩为

$$\boldsymbol{\tau} = \boldsymbol{\tau}_{\mathrm{F}} + \boldsymbol{\tau}_{\mathrm{T}} \tag{4-1}$$

式中，$\boldsymbol{\tau}_{\mathrm{F}} \in \mathbb{R}^{3\times1}$ 与 $\boldsymbol{\tau}_{\mathrm{T}} \in \mathbb{R}^{3\times1}$ 分别为推力力矩与张力力矩。

假定抓捕装置上的推力器配置如图 4-1 所示。可见，抓捕装置共有 12 个推力器，分为 4 组安装，其详细安装信息可参考文献[215]。此时，推力器作用在目标星上的推力力矩为

$$\boldsymbol{\tau}_{\mathrm{F}} = \sum_{i=1}^{5}(\boldsymbol{r}+\boldsymbol{X}_1)\times\boldsymbol{F}_i + \sum_{i=6}^{10}(\boldsymbol{r}+\boldsymbol{X}_2)\times\boldsymbol{F}_i + (\boldsymbol{r}+\boldsymbol{X}_3)\times\boldsymbol{F}_{11} + (\boldsymbol{r}+\boldsymbol{X}_4)\times\boldsymbol{F}_{12} \tag{4-2}$$

式中，$\boldsymbol{r} \in \mathbb{R}^{3\times1}$，为末端抓捕点位置矢量；$\boldsymbol{X}_i \in \mathbb{R}^{3\times1}\left(i=1,2,3,4\right)$，为各组推力器在末端抓捕器上的安装位置矢量。

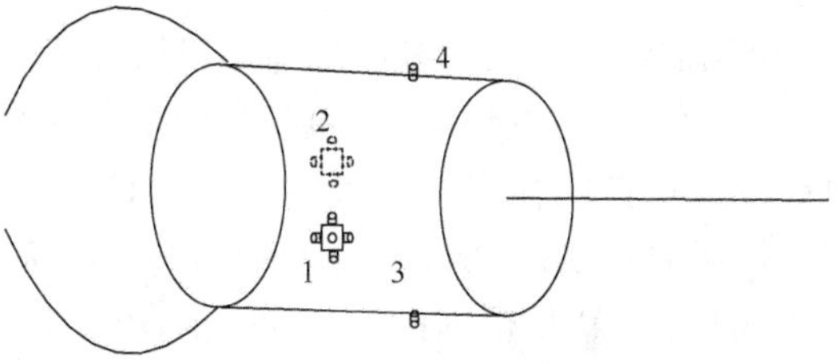


图 4-1　推力器配置示意图

为了方便，将式（4-2）改写为如下的矩阵形式：

$$\boldsymbol{\tau}_{\mathrm{F}} = \boldsymbol{DF} = \begin{pmatrix} 0 & r_3+z_1 & -(r_2+y_1) \\ 0 & -(r_3+z_1) & r_2+y_1 \\ r_3+z_1 & 0 & -(r_1+x_1) \\ r_2+y_1 & -(r_1+x_1) & 0 \\ -(r_2+y_1) & r_1+x_1 & 0 \\ 0 & r_3+z_2 & -(r_2+y_2) \\ 0 & -(r_3+z_2) & r_2+y_2 \\ -(r_3+z_2) & 0 & r_1+x_2 \\ r_2+y_2 & -(r_1+x_2) & 0 \\ -(r_2+y_2) & r_1+x_2 & 0 \\ -(r_3+y_3) & r_1+x_3 & 0 \\ r_3+y_3 & -(r_3+x_3) & 0 \end{pmatrix}^{\mathrm{T}} \begin{pmatrix} F_{1x} \\ F_{2x} \\ F_{3y} \\ F_{4z} \\ F_{5z} \\ F_{6x} \\ F_{7x} \\ F_{8y} \\ F_{9z} \\ F_{10z} \\ F_{11z} \\ F_{12z} \end{pmatrix} \tag{4-3}$$

与轨道周期相比，目标星姿态接管控制过程所需的时间较短，因此，假设在目标星姿态控制过程中，系绳方向始终沿目标星 $x$ 轴方向，则张力力矩可写为

$$\boldsymbol{\tau}_{\mathrm{T}} = \left(\boldsymbol{X}_5 + \boldsymbol{r}\right) \times \boldsymbol{T} \tag{4-4}$$

式中，$\boldsymbol{T} = \left(T,0,0\right)^{\mathrm{T}} \in \mathbb{R}^{3\times1}$，为系绳张力矢量；$\boldsymbol{X}_5 \in \mathbb{R}^{3\times1}$，为系绳连接点位置。

偏心抓捕时，为了使目标星消旋后系绳在目标星上产生的张力力矩为 0，定义姿态平衡位置为

$$\left(\boldsymbol{X}_5 + \boldsymbol{r}\right) \times \left[\boldsymbol{R}\left(\boldsymbol{\sigma}_{\mathrm{eq}}\right)\boldsymbol{T}\right] = 0 \tag{4-5}$$

式中，$\boldsymbol{\sigma}_{\mathrm{eq}} \in \mathbb{R}^{3\times1}$，为姿态平衡位置对应的目标星 MRPs。

目标星的姿态控制目标：考虑推力器输出饱和约束、转动惯量参数不确定、外部干扰作用，设计控制器使得目标星姿态角速度衰减到 0，同时姿态角机动到其平衡位置。

针对目标星姿态控制器设计，采用控制律与操纵律分开设计的思路，控制系统结构图如图 4-2 所示。可见，控制器主要包括基于反步法的扰动补偿控制律设计和推力器分配两部分。在控制律设计过程中，嵌入抗饱和模块以缓解控制输入饱和，并引入梯度投影算法实时估计外部扰动力矩。推力器分配即对力矩方程（4-3）求逆解，具体来说，就是根据控制律输出的期望力矩指令计算得到每个推力器的推力。

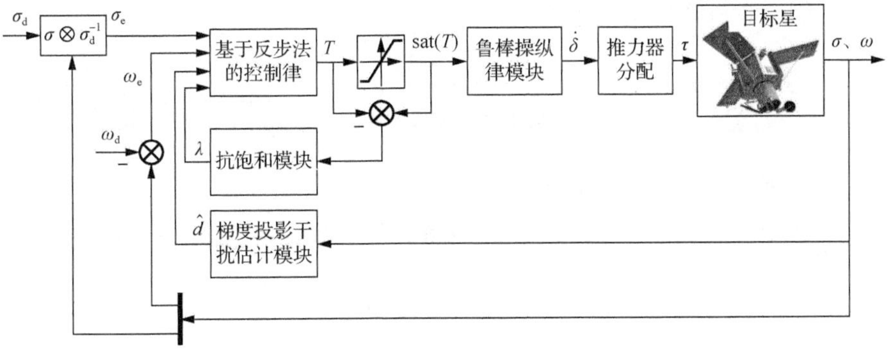


图 4-2　基于反步控制和鲁棒操纵算法的目标星姿态控制系统结构图

### 4.1.1　基于干扰补偿的姿态控制律设计

目标星姿态运动模型可转换为如下的级联标准型：

$$\ddot{\boldsymbol{\sigma}}_{\mathrm{de}} = \boldsymbol{f} + \boldsymbol{g}\boldsymbol{\tau}_{\mathrm{c}} + \boldsymbol{d} \tag{4-6}$$

式中，$\boldsymbol{f} = \dot{\boldsymbol{G}}(\boldsymbol{\sigma}_{\mathrm{e}})\boldsymbol{\omega}_{\mathrm{de}} - \boldsymbol{G}(\boldsymbol{\sigma}_{\mathrm{e}})\left[\boldsymbol{J}_{\mathrm{d0}}^{-1}\boldsymbol{\omega}_{\mathrm{d}}^{\times}\boldsymbol{J}_{\mathrm{d0}}\boldsymbol{\omega}_{\mathrm{d}} + \boldsymbol{R}(\boldsymbol{\sigma}_{\mathrm{de}})\dot{\boldsymbol{\omega}}_{\mathrm{dd}} - \boldsymbol{J}_{\mathrm{d0}}^{-1}\boldsymbol{\tau}_{T_{\mathrm{d}}}\right] \in \mathbb{R}^{3\times1}$，为系统非线性项；$\boldsymbol{g} = \boldsymbol{G}(\boldsymbol{\sigma}_{\mathrm{e}})\boldsymbol{J}_{\mathrm{d0}}^{-1} \in \mathbb{R}^{3\times3}$，为系统控制增益矩阵；$\boldsymbol{d} = \boldsymbol{G}(\boldsymbol{\sigma}_{\mathrm{e}})\boldsymbol{J}_{\mathrm{d0}}^{-1}\boldsymbol{d}_{\mathrm{tot}} \in \mathbb{R}^{3\times1}$，为系统扰动项。

为了缓解控制输入饱和，定义如下的抗饱和模块：

$$\begin{cases}\dot{\boldsymbol{\lambda}}_1 = -\boldsymbol{K}_1\boldsymbol{\lambda}_1 + \boldsymbol{\lambda}_2 \\ \dot{\boldsymbol{\lambda}}_2 = -\boldsymbol{K}_2\boldsymbol{\lambda}_2 + \boldsymbol{G}\Delta\boldsymbol{\tau}_{\mathrm{c}}\end{cases} \tag{4-7}$$

式中，$\boldsymbol{K}_1 \in \mathbb{R}^{3\times3}$、$\boldsymbol{K}_2 \in \mathbb{R}^{3\times3}$、$\boldsymbol{G} \in \mathbb{R}^{3\times3}$，为待定正定对角矩阵。

$\Delta\boldsymbol{\tau}_{\mathrm{c}} = \mathrm{sat}(\boldsymbol{\tau}_{\mathrm{c}}) - \boldsymbol{\tau}_{\mathrm{c}}$，为饱和误差项，饱和函数 $\mathrm{sat}(\boldsymbol{\tau}_{\mathrm{c}})$ 定义为

$$\mathrm{sat}(\boldsymbol{\tau}_{\mathrm{c}}) = \begin{cases}\boldsymbol{\tau}_{\mathrm{c}_{\max}}, & \boldsymbol{\tau}_{\mathrm{c}} \geqslant \boldsymbol{\tau}_{\mathrm{c}_{\max}} \\ \boldsymbol{\tau}_{\mathrm{c}}, & \boldsymbol{\tau}_{\mathrm{c}_{\min}} < \boldsymbol{\tau}_{\mathrm{c}} < \boldsymbol{\tau}_{\mathrm{c}_{\max}} \\ \boldsymbol{\tau}_{\mathrm{c}_{\min}}, & \boldsymbol{\tau}_{\mathrm{c}} \leqslant \boldsymbol{\tau}_{\mathrm{c}_{\min}}\end{cases} \tag{4-8}$$

式中，$\boldsymbol{\tau}_{\mathrm{c}_{\max}}$、$\boldsymbol{\tau}_{\mathrm{c}_{\min}}$ 分别为控制输入约束上下限值，与抓捕装置上的推力器的安装位置及各推力器的最大推力输出有关。

为了嵌入抗饱和模块（4-7），定义如下的状态变量：

$$\begin{cases}\boldsymbol{x}_1 = \boldsymbol{\sigma}_{\mathrm{e}} - \boldsymbol{\lambda}_1 \\ \boldsymbol{x}_2 = \dot{\boldsymbol{\sigma}}_{\mathrm{e}} + \boldsymbol{K}_1\boldsymbol{\lambda}_1 - \boldsymbol{\lambda}_2\end{cases} \tag{4-9}$$

则目标星的姿态运动模型可改写为

$$\begin{cases}\dot{\boldsymbol{x}}_1=\dot{\boldsymbol{x}}_2\\ \dot{\boldsymbol{x}}_2=\boldsymbol{f}+\boldsymbol{g}\boldsymbol{\tau}_{\mathrm{c}}+\boldsymbol{\lambda}+\boldsymbol{d}\end{cases} \tag{4-10}$$

式中，$\boldsymbol{\lambda}=-\boldsymbol{K}_1^2\boldsymbol{\lambda}_1+\left(\boldsymbol{K}_1+\boldsymbol{K}_2\right)\boldsymbol{\lambda}_2$。

为了使 $\boldsymbol{x}_1$ 渐近收敛于零，即 $\lim\limits_{t\to\infty}\boldsymbol{X}_1=\boldsymbol{0}$，设计虚拟控制输入 $\boldsymbol{\alpha}_1\in\mathbb{R}^{3\times1}$ 为

$$\boldsymbol{\alpha}_1=-\boldsymbol{K}_3\boldsymbol{X}_1-\boldsymbol{K}_4\int\boldsymbol{X}_1 \tag{4-11}$$

式中，$\boldsymbol{K}_3\in\mathbb{R}^{3\times3}$、$\boldsymbol{K}_4\in\mathbb{R}^{3\times3}$，为待定对角正定矩阵。

取 Lyapunov 函数为

$$V_1=\frac{1}{2}\boldsymbol{x}_1^{\mathrm{T}}\boldsymbol{x}_1+\frac{1}{2}\left(\int\boldsymbol{x}_1\right)^{\mathrm{T}}\boldsymbol{K}_4\left(\int\boldsymbol{x}_1\right) \tag{4-12}$$

对 $V_1$ 求导，并代入式（4-9），得

$$\begin{aligned}\dot{V}_1&=\boldsymbol{x}_1^{\mathrm{T}}\dot{\boldsymbol{x}}_1+\boldsymbol{x}_1^{\mathrm{T}}\boldsymbol{K}_4\int\boldsymbol{x}_1\\&=\boldsymbol{x}_1^{\mathrm{T}}\boldsymbol{\alpha}_1+\boldsymbol{x}_1^{\mathrm{T}}\boldsymbol{K}_4\int\boldsymbol{x}_1\\&=-\boldsymbol{x}_1^{\mathrm{T}}\boldsymbol{K}_3\boldsymbol{x}_1\leqslant0\end{aligned} \tag{4-13}$$

注意到当且仅当 $\boldsymbol{x}_1=\boldsymbol{0}$ 时有 $\dot{V}_1=0$，表明在虚拟控制输入 $\boldsymbol{\alpha}_1$ 作用下，状态 $\boldsymbol{x}_1$ 是渐近稳定的。

为了使 $\boldsymbol{x}_2$ 跟踪虚拟控制输入 $\boldsymbol{\alpha}_1$，定义跟踪误差 $\boldsymbol{\alpha}_2\in\mathbb{R}^{3\times1}$ 为

$$\begin{aligned}\boldsymbol{\alpha}_2&=\boldsymbol{x}_2-\boldsymbol{\alpha}_1\\&=\boldsymbol{x}_2+\boldsymbol{K}_3\boldsymbol{x}_1+\boldsymbol{K}_4\int\boldsymbol{x}_1\end{aligned} \tag{4-14}$$

将式（4-14）代入式（4-10），可得

$$\dot{\boldsymbol{\alpha}}_2=\boldsymbol{F}+\boldsymbol{g}\boldsymbol{\tau}_{\mathrm{c}}+\boldsymbol{d} \tag{4-15}$$

式中，$\boldsymbol{F}=\boldsymbol{f}+\boldsymbol{\lambda}+\boldsymbol{K}_3\boldsymbol{\alpha}_2+\left(\boldsymbol{K}_4-\boldsymbol{K}_3^2\right)\boldsymbol{X}_1-\boldsymbol{K}_3\boldsymbol{K}_4\int\boldsymbol{X}_1$。

为了使 $\boldsymbol{\alpha}_2$ 渐近收敛于零，可取：

$$\boldsymbol{g}\boldsymbol{\tau}_{\mathrm{c}}=-\boldsymbol{F}-\boldsymbol{d}-\boldsymbol{K}_5\boldsymbol{\alpha}_2-\boldsymbol{K}_6\int\boldsymbol{\alpha}_2 \tag{4-16}$$

式中，$\boldsymbol{K}_5 \in \mathbb{R}^{3\times3}$、$\boldsymbol{K}_6 \in \mathbb{R}^{3\times3}$，为待定正定对角矩阵。

需要指出的是，控制律（4-16）中，扰动项 $\boldsymbol{d}$ 是未知的，为了实时估计扰动项 $\boldsymbol{d}$，引入自适应梯度投影算法：

$$\dot{\hat{\boldsymbol{d}}} = \Gamma \cdot P_{\mathrm{roj}_d}\left(\boldsymbol{\alpha}_2, \hat{\boldsymbol{d}}\right) \tag{4-17}$$

式中，$\Gamma$ 为正常数；$\hat{\boldsymbol{d}}$ 为扰动项 $\boldsymbol{d}$ 的估计值；$P_{\mathrm{roj}_d}(\cdot)$ 为梯度投影算子，定义为

$$P_{\mathrm{roj}_d}\left(\mu, \hat{\boldsymbol{d}}\right) = \mu - \frac{\eta_1\eta_2}{4\left(\sigma^2 + 2\sigma d_0\right)^{m+1} d_0^{\ 2}} \nabla P_d\left(\hat{\boldsymbol{d}}\right) \tag{4-18}$$

式中，$\eta_1 = \begin{cases} P_d^{\ m+1}\left(\hat{\boldsymbol{d}}\right), & P_d\left(\hat{\boldsymbol{d}}\right) > 0 \\ 0, & P_d\left(\hat{\boldsymbol{d}}\right) \leqslant 0 \end{cases}$；$\eta_2 = \frac{1}{2}\nabla\left(P_d\left(\hat{\boldsymbol{d}}\right)\right)^{\mathrm{T}} \mu + \sqrt{\left(\frac{1}{2}\nabla\left(P_d\left(\hat{\boldsymbol{d}}\right)\right)^{\mathrm{T}} \mu\right)^2 + \delta^2}$；$P_d\left(\hat{\boldsymbol{d}}\right) = \hat{\boldsymbol{d}}^{\mathrm{T}}\hat{\boldsymbol{d}} - d_0^2$；$\nabla$ 为梯度算子；$m$ 为任意整数；$\sigma$、$\delta$、$d_0$ 为正常数。

对于梯度投影算法，有如下性质：

$$\begin{cases} \left\|\hat{\boldsymbol{d}}(t)\right\| \leqslant d_0 + \varpi, \quad \forall t > 0 \\ \tilde{\boldsymbol{d}}^{\mathrm{T}} P_{\mathrm{roj}_d}\left(\boldsymbol{\alpha}_2, \hat{\boldsymbol{d}}\right) \geqslant \tilde{\boldsymbol{d}}^{\mathrm{T}} \boldsymbol{\alpha}_2 \end{cases} \tag{4-19}$$

式中，$\varpi > 0$，为任意给定的数值；$\tilde{\boldsymbol{d}} = \boldsymbol{d} - \hat{\boldsymbol{d}}$，为估计误差。

引入干扰估值 $\hat{\boldsymbol{d}}$，控制律（4-16）可修正为

$$\boldsymbol{\tau}_{\mathrm{c}} = \boldsymbol{g}^{-1}\left(-\boldsymbol{F} - \hat{\boldsymbol{d}} - \boldsymbol{K}_5\boldsymbol{\alpha}_2 - \boldsymbol{K}_6\int\boldsymbol{\alpha}_2\right) \tag{4-20}$$

取新的 Lyapunov 函数为

$$V_2 = V_1 + \frac{1}{2}\boldsymbol{\alpha}_2^{\mathrm{T}}\boldsymbol{\alpha}_2 + \frac{1}{2}\left(\int\boldsymbol{\alpha}_2\right)^{\mathrm{T}} \boldsymbol{K}_6\left(\int\boldsymbol{\alpha}_2\right) + \frac{1}{2\boldsymbol{\Gamma}}\tilde{\boldsymbol{d}}^{\mathrm{T}}\tilde{\boldsymbol{d}} \tag{4-21}$$

代入式（4-14）、式（4-15）、式（4-17）和式（4-20），可得 $V_2$ 的导数为

$$\begin{aligned} \dot{V}_2 &= \dot{V}_1 + \boldsymbol{\alpha}_2^{\mathrm{T}}\dot{\boldsymbol{\alpha}}_2 + \boldsymbol{\alpha}_2^{\mathrm{T}}\boldsymbol{K}_6\int\boldsymbol{\alpha}_2 + \frac{1}{\boldsymbol{\Gamma}}\tilde{\boldsymbol{d}}^{\mathrm{T}}\dot{\hat{\boldsymbol{d}}} \\ &= \dot{V}_1 - \boldsymbol{\alpha}_2^{\mathrm{T}}\boldsymbol{K}_5\boldsymbol{\alpha}_2 + \boldsymbol{\alpha}_2^{\mathrm{T}}\tilde{\boldsymbol{d}} + \tilde{\boldsymbol{d}}^{\mathrm{T}}P_{\mathrm{roj}_d}\left(\boldsymbol{\alpha}_2, \hat{\boldsymbol{d}}\right) \\ &\leqslant -\boldsymbol{x}_1^{\mathrm{T}}\boldsymbol{K}_3\boldsymbol{x}_1 - \boldsymbol{\alpha}_2^{\mathrm{T}}\boldsymbol{K}_5\boldsymbol{\alpha}_2 \leqslant 0 \end{aligned} \tag{4-22}$$

注意到当且仅当 $\boldsymbol{x}_1=\boldsymbol{0}$ 且 $\boldsymbol{\alpha}_2=\boldsymbol{0}$ 时有 $\dot{V}_2=0$，故在式（4-20）的控制律作用下，目标星姿态运动模型（4-6）渐近稳定。

得到期望姿态控制力矩指令后，采用分配算法将虚拟控制输入分配到推力器上，控制分配问题可描述为

$$\begin{cases} J=\min\left[\boldsymbol{F}^{\mathrm{T}}\boldsymbol{W}_1\boldsymbol{F}+\left(\boldsymbol{\tau}_{\mathrm{c}_d}-\boldsymbol{\tau}_{\mathrm{F}}\right)^{\mathrm{T}}\boldsymbol{W}_2\left(\boldsymbol{\tau}_{\mathrm{c}_d}-\boldsymbol{\tau}_{\mathrm{F}}\right)\right] \\ \text{s.t. } \rho\left\|\boldsymbol{\Theta}_i\boldsymbol{F}\right\|-\bar{\boldsymbol{h}}_i\boldsymbol{F}\leqslant\boldsymbol{n}_i,\ \forall i=1,2,\cdots,6 \\ \boldsymbol{0}\leqslant\boldsymbol{F}\leqslant\boldsymbol{F}_{\max} \end{cases} \tag{4-23}$$

该优化问题可采用内点法进行求解。关于内点法的详细介绍可参考文献[242]，在此不再赘述。

### 4.1.2 仿真验证与分析

目标星参数和目标星姿态控制器参数如表 4-1 和表 4-2 所示，其中挠性部件参数与表 2-1 相同，仿真时长为 120s，步长为 0.01s。

**表 4-1 目标星参数**

| 参数 | 参数值 | 参数 | 参数值 |
|---|---|---|---|
| 初始 MRPs $\boldsymbol{\sigma}_{d0}$ | $(0,0,0)^{\mathrm{T}}$ | 惯量标称值 $\boldsymbol{J}_{d0}$ | $\mathrm{diag}(2500,1500,2000)$ |
| 转动惯量值 $\boldsymbol{J}_d$ | $\mathrm{diag}(2747,1361,2154)$ | 最大推力 $\boldsymbol{F}_{\max}$ | 20N |
| 初始角速度 $\boldsymbol{\omega}_{d0}$ | $(2,2,2)^{\mathrm{T}}$ | | |

**表 4-2 目标星姿态控制器参数**

| 参数 | | 参数值 | 参数 | | 参数值 |
|---|---|---|---|---|---|
| 抗饱和模块参数 | $\boldsymbol{K}_1$ | $\mathrm{diag}(0.1,0.1,0.1)$ | 自适应律参数 | $m$ | 1 |
| | $\boldsymbol{K}_2$ | $\mathrm{diag}(0.2,0.2,0.2)$ | | $\sigma$ | 1 |
| | $\boldsymbol{G}$ | $\mathrm{diag}(1,1,0.1)\times10^{-4}$ | | $\delta$ | 0.1 |
| 控制律参数 | $\boldsymbol{K}_3$ | $\mathrm{diag}(10,10,20)$ | | $d_0$ | 0.5 |
| | $\boldsymbol{K}_4$ | $\mathrm{diag}(1,1,1)$ | | $\varGamma$ | 1 |
| | $\boldsymbol{K}_5$ | $\mathrm{diag}(1,1,2)$ | 分配律参数 | $\boldsymbol{W}_1$ | $0.1\times\boldsymbol{I}_{12}$ |
| | $\boldsymbol{K}_6$ | $\mathrm{diag}(0.03,0.04,0.04)$ | | $\boldsymbol{W}_2$ | $\mathrm{diag}(10,10,10)$ |

目标星姿态控制仿真结果如图 4-3～图 4-7 所示。

图 4-3 给出了目标星姿态 MRPs 和欧拉角跟踪曲线。由图可见，目标星姿态在 100s 左右收敛到其平衡位置，且姿态平衡位置并不为 0，表明偏心抓捕时，目标星三轴姿态互相耦合。

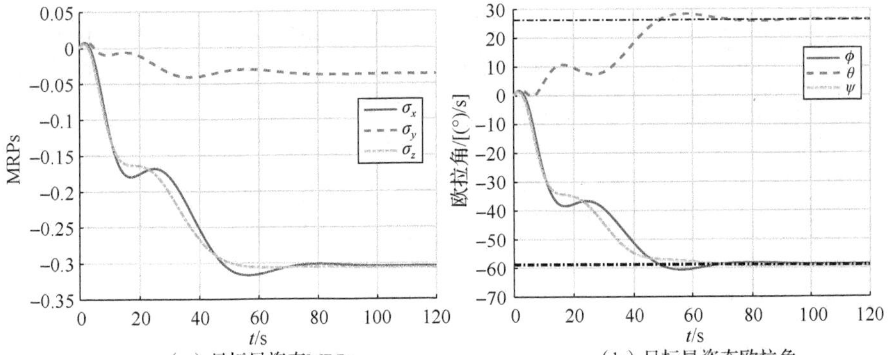


（a）目标星姿态MRPs　　（b）目标星姿态欧拉角

图 4-3　目标星姿态跟踪曲线

图 4-4 给出了目标星姿态角速度的跟踪曲线。该图表明，目标星姿态角速度逐渐振荡衰减到 0，且角速度的幅值最大可达到$5(°)/s$。

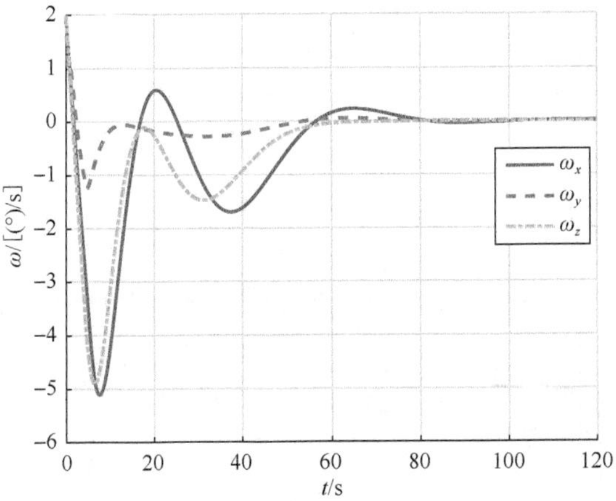


图 4-4　目标星姿态角速度跟踪曲线

由图 4-5 知，系绳张力力矩最大幅值可达 45N·m，并在目标星姿态运动到其平衡位置后逐渐衰减到 0。在目标星姿态角速度衰减到 0 后，仍有控制力矩作用在目标星上，以克服挠性帆板振动引起的目标星姿态运动。需要指出的是，由于张力力矩不受控，为了使目标星姿态机动到期望位置，相当一部分推力用于抵消张力力矩，因此，后续可研究只利用系绳张力力矩的目标星姿态接管控制算法。

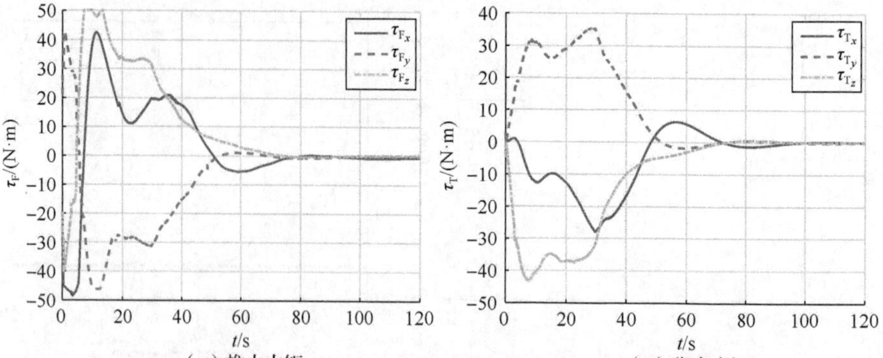


图 4-5　目标星姿态控制力矩

由图 4-6 知，挠性帆板振动幅值振荡衰减。结合图 4-4 可知，挠性帆板最大振幅发生在角速度达到其峰值时，表明帆板振动与姿态机动互相耦合。

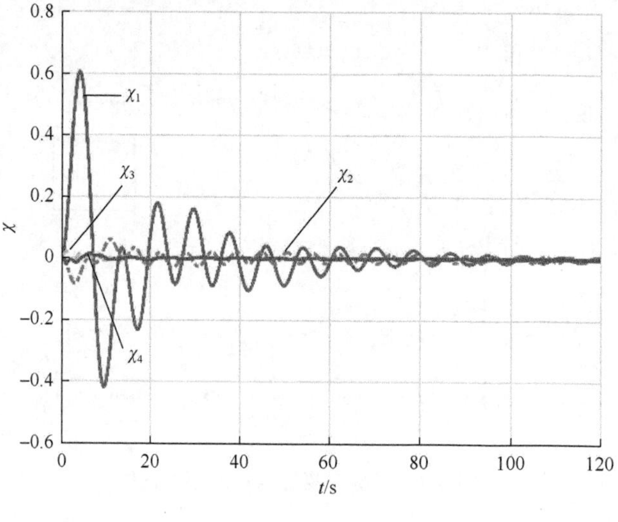


图 4-6　挠性帆板振动模态曲线

图 4-7 为抓捕装置各推力器输出曲线图。可见，各推力器严格满足输出幅值约束，验证了其有效性。

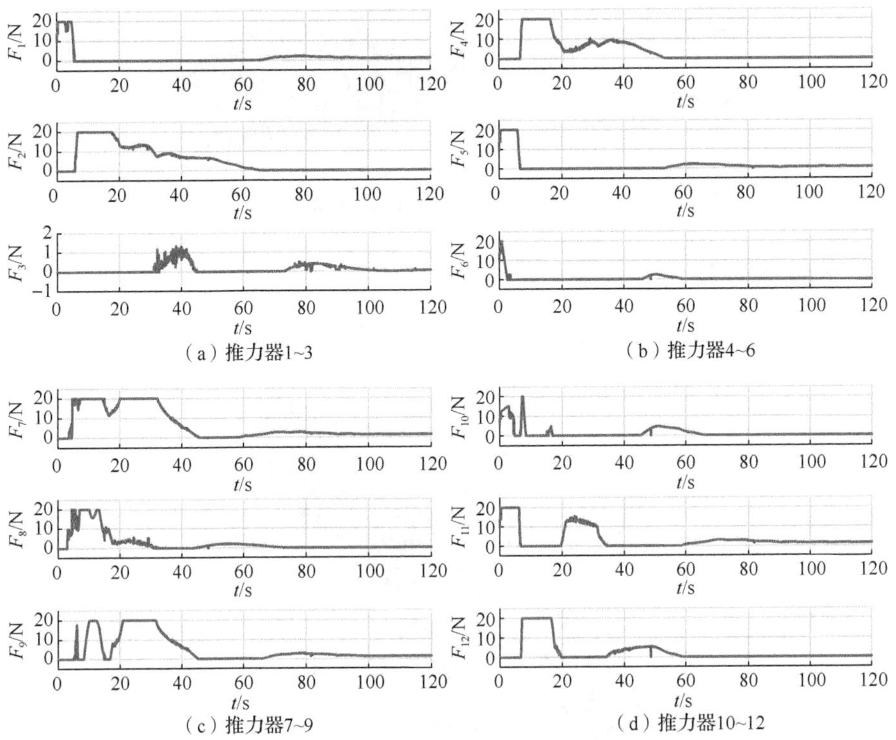


图 4-7　推力器输出曲线

## 4.2　基于伸缩杆仅用系绳的防尾摆控制技术

利用推力器的控制策略虽然能够有效地实现拖曳飞行中的目标星姿态稳定，抑制“尾摆”，但是该策略一方面加剧了抓捕装置（抓捕机构）的燃料消耗；另一方面也增加了抓捕装置的复杂性。因此，本节提出了一种以绳系线性执行器（tethered linear actuator, TLA）为核心组件的伸缩杆，如图 4-8 所示。伸缩杆安装于抓捕机构尾部，与系绳相连，并利用线性执行器可线性地移动系绳连接点，从而通过调节张力力矩来实现目标星姿态稳定。为体现 TLA 的响应特性，以伸缩速率为控制量，则该控制策略将导致一个输入和状态都受限的欠驱动控制问题。因此，本节首先分析系统的可控性条件。其次，设计分层滑模-模型预测控制器，使系统状态能以最优的方式到达最高层滑模面。最后，针对姿态未知扰动力矩，设计径向基函数神经网络（radial basis function neural network, RBFNN）扰动观测器。

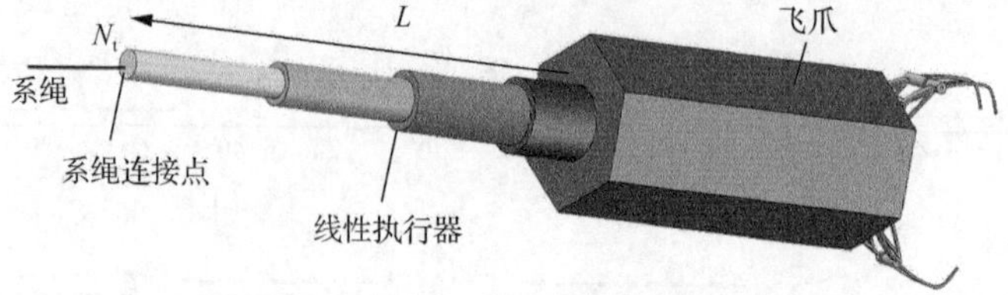


图 4-8　绳系伸缩杆示意图

### 4.2.1　平衡姿态定义与可控性分析

首先给出使用绳系伸缩杆的目标星姿态模型，如图 4-9 所示。

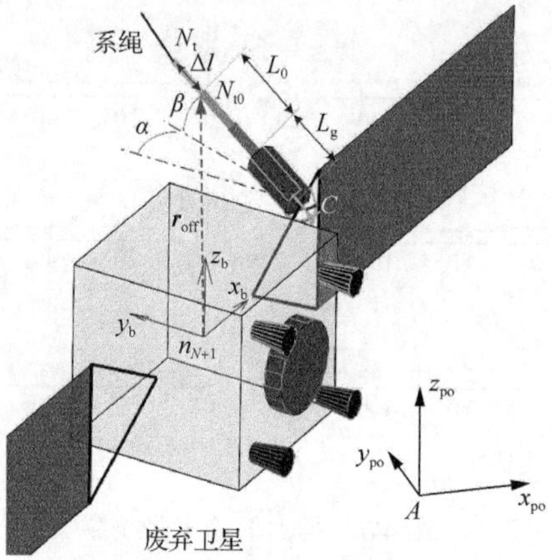


图 4-9　使用绳系伸缩杆的目标星姿态模型示意图

由图 4-9 可知，$N_{t0}$ 是初始时刻的系绳连接点，$N_t$ 则是由于 TLA 的移动在 $t$ 时刻的系绳连接点。这两点间距是 TLA 的伸缩距离 $\Delta l$，它可正可负。$L_g$ 是抓捕机构长度。$L_0$ 是线性执行器非零初始长度，目的在于获得较大的伸缩距离。因此，作用于目标星的张力力矩由两部分组成，一部分是由初始偏置矢量 $\boldsymbol{r}_{off}$ 引起的诱导力矩 $\boldsymbol{\tau}_{off}$；另一部分是由伸缩距离 $\Delta l$ 形成的控制力矩 $\boldsymbol{\tau}_c$：

$$\boldsymbol{\tau}_c = \boldsymbol{g}_c \Delta l = \begin{pmatrix} t_z \cos\beta\cos\alpha - t_y \sin\beta \\ t_x \sin\beta - t_z \cos\beta \sin\alpha \\ t_y \cos\beta \sin\alpha - t_x \cos\beta\cos\alpha \end{pmatrix} \Delta l \tag{4-24}$$

由以上定义，可得带有伸缩杆运动学的目标星姿态系统模型为

$$\begin{cases} \dot{\boldsymbol{\sigma}} = \boldsymbol{G}(\boldsymbol{\sigma})\boldsymbol{\Omega}_t \\ \dot{\boldsymbol{\Omega}}_t = -\boldsymbol{J}^{-1}\boldsymbol{\Omega}_t^{\times}\left(\boldsymbol{J}\boldsymbol{\Omega}_t + \boldsymbol{\delta}^{\mathrm{T}}\dot{\chi}\right) - \boldsymbol{J}^{-1}\boldsymbol{\delta}^{\mathrm{T}}\ddot{\chi} + \boldsymbol{J}^{-1}\left(\boldsymbol{\tau}_{off} + \boldsymbol{d}_{to} + \boldsymbol{g}_c \Delta l\right) \end{cases} \tag{4-25}$$

$$\Delta \dot{l} = u \tag{4-26}$$

式中，$u$ 为 TLA 伸缩速率；$\boldsymbol{g}_{\mathrm{c}} = \boldsymbol{g}_{\mathrm{c0}} + \Delta \boldsymbol{g}_{\mathrm{c}}$，为控制增益（抓捕）矩阵，$\boldsymbol{g}_{\mathrm{c0}} \in \mathbb{R}^{3\times 1}$，为理想抓捕角 $\alpha_0$、$\beta_0$ 对应的理想抓捕矩阵，$\Delta \boldsymbol{g}_{\mathrm{c}} \in \mathbb{R}^{3\times 1}$，为由实际抓捕角与理想抓捕角之间的差值 $\Delta\alpha$、$\Delta\beta$ 引起的扰动抓捕矩阵。

#### 4.2.1.1　平衡姿态定义

如图 4-10 所示，平衡姿态意味着系绳向量通过目标星质心以使姿态得到保持，此时没有张力力矩作用于目标星。然而，当系绳连接点在 TLA 上线性移动时，每个位置都会对应一个平衡姿态。

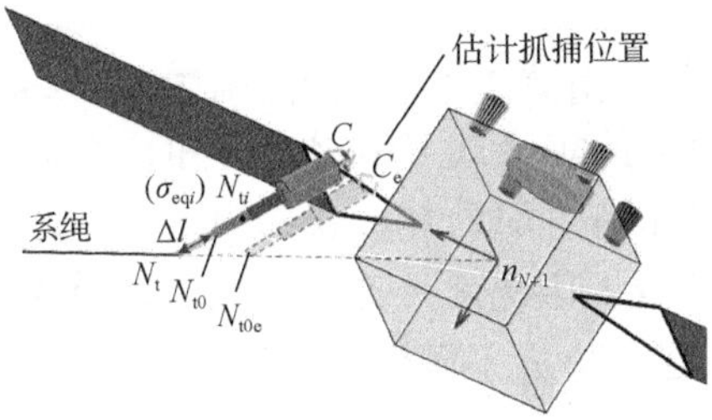


图 4-10　平衡姿态示意图

因此，所有可能的平衡姿态都位于以下集合内：

$$\boldsymbol{\Xi}_{\mathrm{eq}} = \left\{ \boldsymbol{\sigma}_{\mathrm{eq}} \middle| \boldsymbol{n}_{N+1}\boldsymbol{N}_{\mathrm{t}} \times \left[ \boldsymbol{R}\left(\boldsymbol{\sigma}_{\mathrm{eq}}\right) T_{N+1}\big|_{\mathrm{LVLH}} \right] = 0 \right\} \tag{4-27}$$

由于恒定的平衡姿态易于跟踪且抓捕是不确定的，因此用初始估计偏置抓捕向量 $\boldsymbol{n}_{N+1}\boldsymbol{N}_{\mathrm{t0e}}$ 来定义平衡姿态为

$$\boldsymbol{\sigma}_{\mathrm{eq}} = \left\{ \boldsymbol{\sigma}_{\mathrm{eq}} \middle| \boldsymbol{\tau}_{\mathrm{offe}} = \boldsymbol{n}_{N+1}\boldsymbol{N}_{\mathrm{t0e}} \times \left[ \boldsymbol{R}\left(\boldsymbol{\sigma}_{\mathrm{eq}}\right) T_{N+1}\big|_{\mathrm{LVLH}} \right] = 0 \right\} \tag{4-28}$$

**定义 4.1**　估计抓捕位置与 $\Delta \boldsymbol{g}_{\mathrm{c}} \Delta l$ 一起导致了由估计偏差向量 $\boldsymbol{N}_{t0\mathrm{e}}\boldsymbol{N}_{t0}$ 引起的残余张力力矩 $\boldsymbol{\tau}_{\mathrm{e}}$，这说明在平衡姿态处的伸缩距离 $\Delta l_{\mathrm{e}}$ 必须非零以抵消 $\boldsymbol{\tau}_{\mathrm{e}}$。

#### 4.2.1.2　可控性分析

本小节分析使用绳系伸缩杆的目标星姿态控制的可控性，并给出相应的可控性条件。

首先，令 $\boldsymbol{r}_1$、$\boldsymbol{r}_2$ 和 $\boldsymbol{r}_3$ 分别为目标星主轴惯量 $j_1$、$j_2$ 和 $j_3$ 的正交主轴向量。再令

$$\begin{cases} a_1 = (j_2 - j_3)/j_1 \\ a_2 = (j_3 - j_1)/j_2 \\ a_3 = (j_1 - j_2)/j_3 \\ p_i = \boldsymbol{r}_i \boldsymbol{g}_{c0}/j_i, \ i = 1,2,3 \end{cases} \tag{4-29}$$

当且仅当：

$$\begin{cases} a_3 p_1^2 \neq p_3^2 a_1 \\ a_3 p_2^2 \neq p_3^2 a_2 \\ a_1 p_2^2 \neq p_1^2 a_2 \end{cases} \tag{4-30}$$

则系统（4-25）是可控的。

在制订可控性条件前，由第 3 章的张力控制可知，不妨先假设系绳张力始终不为零。然后由抓捕矩阵的定义式（4-24）可知，令 $p_2 = 0$ 不失为一种满足以上条件的情况，即理想抓捕角均为零，$\alpha_0 = \beta_0 = 0$。这说明抓捕机构应该沿着目标星本体 $y_{db}$ 轴进行抓捕。因此，只要 $j_1 \neq j_3$，式（4-30）中的第二个和第三个条件就能成立。再者，若 $a_1$ 和 $a_3$ 不同号，则式（4-30）中的第一个条件也能永久成立。因此，可控性条件可总结为

$$\begin{cases} \alpha = \beta = 0 \\ j_2 > j_3 > j_1 \text{ 或 } j_2 > j_1 > j_3 \end{cases} \tag{4-31}$$

以上条件说明，除抓捕角要求外，目标星最大惯量轴应该沿 $y_{db}$ 轴且目标星对该轴不对称。

### 4.2.2　分层滑模-模型预测控制器设计

滑模控制（sliding mode control, SMC）虽然在非线性控制中具有独特的优势，但是不能处理约束，且在滑模趋近阶段，执行机构会因滑模面的高频抖动而损坏。将滑模控制与模型预测控制组合可以有效地处理这两个难题，由此形成滑模-模型预测控制。受此启发，本小节将设计分层滑模控制（hierarchical SMC, HSMC）和 MPC 处理受限欠驱动姿态控制问题。

由系统姿态模型（4-25）和伸缩杆运动模型（4-26）可知，当伸缩距离为零时姿态模型（4-25）不是渐近稳定的，故系统为非最小相位。又由于系统模型是严格反馈型，因此可借用反步法的思想来设计控制器。首先，针对 HSMC 的滑动模态设计期望伸缩距离。然后，使用 MPC 通过优化伸缩速率来跟踪该期望距离，并驱使 HSMC 的滑模变量为零。控制器结构如图 4-11 所示，其中姿态反馈信号可由抓捕机构姿态敏感器准确获得。

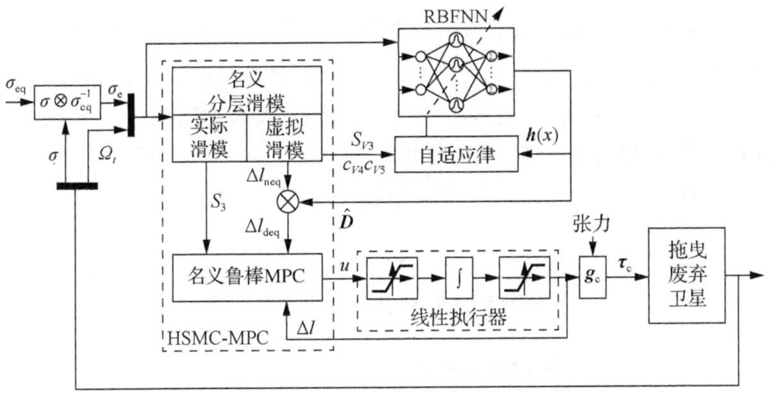


图 4-11　控制器结构图

#### 4.2.2.1　系统跟踪偏差模型

控制目标是将目标星姿态调整到平衡姿态，因此定义当前姿态与平衡姿态间的偏差为

$$\begin{cases}\boldsymbol{\sigma}_{\mathrm{e}}=\boldsymbol{\sigma}\otimes\boldsymbol{\sigma}_{\mathrm{d}}^{-1}\\ \boldsymbol{\Omega}_{\mathrm{e}}=\boldsymbol{\Omega}_{t}\end{cases}\tag{4-32}$$

基于以上偏差，将姿态运动学代入动力学中，并与线性执行器运动学模型一起构成如下姿态跟踪偏差模型：

$$\begin{cases}\dot{\boldsymbol{x}}_1=\boldsymbol{x}_2\\ \dot{\boldsymbol{x}}_2=\boldsymbol{f}+\boldsymbol{g}\Delta l+\boldsymbol{d}\\ \Delta\dot{l}=u\end{cases}\tag{4-33}$$

式中，$\boldsymbol{x}_1^{\mathrm{T}}=\left[\sigma_{\mathrm{ex}},\sigma_{\mathrm{ey}},\sigma_{\mathrm{ez}}\right]$；$\boldsymbol{x}_2^{\mathrm{T}}=\left[\dot{\sigma}_{\mathrm{ex}},\dot{\sigma}_{\mathrm{ey}},\dot{\sigma}_{\mathrm{ez}}\right]$；$\boldsymbol{f}=\left[\dot{\boldsymbol{G}}(\boldsymbol{\sigma}_{\mathrm{e}})-\boldsymbol{G}(\boldsymbol{\sigma}_{\mathrm{e}})\boldsymbol{J}_0^{-1}\boldsymbol{\Omega}_t^{\times}\boldsymbol{J}_0\right]\boldsymbol{\Omega}_t+\boldsymbol{G}(\boldsymbol{\sigma}_{\mathrm{e}})\boldsymbol{J}_0^{-1}\boldsymbol{\tau}_{\mathrm{off}}$；$\boldsymbol{g}=\boldsymbol{G}(\boldsymbol{\sigma}_{\mathrm{e}})\boldsymbol{J}_0^{-1}\boldsymbol{g}_{\mathrm{c}}$；$\boldsymbol{d}=\boldsymbol{G}(\boldsymbol{\sigma}_{\mathrm{e}})\boldsymbol{J}_0^{-1}\left[\left(\boldsymbol{\tau}_{\mathrm{e}}-\boldsymbol{\delta}^{\mathrm{T}}\ddot{\chi}-\boldsymbol{\Omega}_t^{\times}\boldsymbol{\delta}^{\mathrm{T}}\dot{\chi}-\boldsymbol{\Omega}_t^{\times}\Delta\boldsymbol{J}\boldsymbol{\Omega}_t-\Delta\boldsymbol{J}\dot{\boldsymbol{\Omega}}_t\right)+\boldsymbol{d}_{\mathrm{to}}\right]$。可见，式（4-33）是单输入 $u$ 多输出 $\boldsymbol{x}_1$、$\boldsymbol{x}_2$、$\Delta l$ 不确定欠驱动系统，且受到输入与状态约束。

#### 4.2.2.2　基于 HSMC 的期望伸缩距离设计

HSMC 通过加权形式将所有子系统组合为一个最高层滑模系统。不同的组合形式有不同的控制性能。Wang 等[243]给出了两种不同的 HSMC 分层结构，第一种是权重切变的增量型 HSMC，它的控制响应慢、所需控制能耗小，但层级多且结构复杂；第二种是权重固定的聚合型 HSMC，它的特点与第一种完全相反。因为考虑到伸缩距离是受限的且快速的姿态控制有利于拖曳移除系统的稳定，所以最好能基于两种结构的优点来设计新的 HSMC 组合。因此，采用如图 4-12 所示的新型聚合型结构来构造两种高层滑模变量（higher layer sliding-mode variable, HLSV），即权重固定的实际 HLSV 和权重切变的虚拟 HLSV。前者为实际反馈信号，而后者则用于设计期望伸缩距离并作为 MPC 的预测模型。此外，由图 4-11 可知，MPC 中的虚拟 HLSV 将由实际 HLSV 更新。

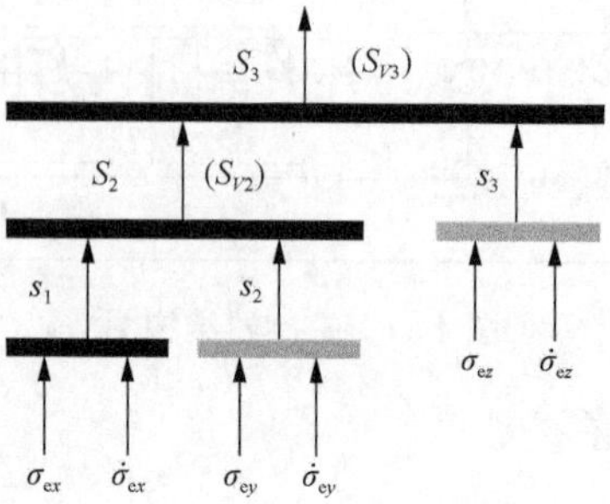


图 4-12　新型聚合型 HSMC 结构图

首先，将姿态跟踪偏差模型（4-33）分解为三个子系统$\left[\sigma_{ei},\dot{\sigma}_{ei}\right]^{\mathrm{T}}\left(i=x,y,z\right)$。设计三个子系统滑模变量$s_j\left(j=1,2,3\right)$，使得子系统在滑模面$s_j=0$时是渐近稳定的：

$$s_j=k_j\sigma_{ei}+k_{Ij}\int\sigma_{ei}+\dot{\sigma}_{ei} \tag{4-34}$$

式中，$k_j$、$k_{Ij}$为滑模变量的正常数。

通过$\dot{s}_j=0$可求得名义子系统的等效控制律$\Delta l_{\mathrm{deq}j}$，使系统维持滑动模态$s_j=0$。由于$\boldsymbol{g}$是姿态跟踪偏差的函数，且根据可控性条件（4-31），$g_2$在跟踪偏差消失时会等于零，因此为避免奇异性，且先不考虑约束，可定义等效控制律为切变形式：

$$\Delta l_{\mathrm{deq}j}=\begin{cases}-g_j^{-1}\left(f_j+k_j\dot{\sigma}_{ei}+k_{Ij}\sigma_{ei}\right), & g_j\neq 0\\ 0, & g_j=0\end{cases} \tag{4-35}$$

式中，$f_j$和$g_j$为向量矩阵$\boldsymbol{f}$和$\boldsymbol{g}$的分量。

其次，分别定义实际 HLSV 和虚拟 HLSV 为

$$S_2=k_4s_1+s_2,\ S_3=k_5S_2+s_3 \tag{4-36}$$

$$S_{V2}=k_{V4}s_1+s_2,\ S_{V3}=k_{V5}S_{V2}+s_3 \tag{4-37}$$

式中，$k_4$、$k_5$为正权重系数；$k_{V4}=k_4\,\mathrm{sgn}\left(s_1s_2\right)$，$k_{V5}=k_5\,\mathrm{sgn}\left(S_{V2}s_3\right)$，为切变权重系数，$\mathrm{sgn}(\cdot)$为符号函数。

**定义 4.2**　基于以上虚拟 HLSV 的定义，以下不等式成立：

$$\begin{cases} V_{v3}=\dfrac{1}{2}S_{V3}^2>V_3=\dfrac{1}{2}s_3^2 \\ V_{v2}=\dfrac{1}{2}S_{V2}^2>V_2=\dfrac{1}{2}s_2^2 \end{cases} \tag{4-38}$$

式中，$V_2$、$V_3$ 为第二层、第三层实际 HLSV 的 Lyapunov 函数；$V_{v2}$、$V_{v3}$ 为第二层、第三层虚拟 HLSV 的 Lyapunov 函数。

**定义 4.3**　由于权重系数都是有限的，因此实际 HLSV 与虚拟 HLSV 间的偏差也是有限的：

$$\begin{cases} \|S_3-S_{V3}\|\leqslant\varsigma_1 \\ \|S_2-S_{V2}\|\leqslant\varsigma_2 \end{cases} \tag{4-39}$$

式中，$\varsigma_1$、$\varsigma_2$ 为非负常数。

无论权重切变与否，式（4-39）均成立。若无切变，则偏差即为零。若有切变，则偏差为滑模变量的函数，然而在控制作用下，所有滑模变量将渐近稳定，因此该偏差也是稳定的。

对于姿态跟踪偏差模型（4-33），设计能使 $S_{V3}$ 保持在零的期望伸缩距离如下：

$$\Delta l_{\text{deq}}=\begin{cases} \Theta^{-1}\boldsymbol{K}\,\text{diag}(g_1,g_2,g_3)\Delta l_{\text{deq}j}+\hat{D}, & \Theta\neq 0 \\ 0, & \Theta=0 \end{cases} \tag{4-40}$$

式中，$\boldsymbol{K}=[k_{V4}k_{V5},1]$；$\Theta=\boldsymbol{Kg}$；$\hat{D}=\Theta^{-1}\boldsymbol{K}\hat{\boldsymbol{d}}$，$\hat{\boldsymbol{d}}\in\mathbb{R}^{3\times 1}$ 为扰动估计值。

然后，$\Delta l$ 可写成关于 $\Delta l_{\text{deq}}$ 的形式：

$$\Delta l=e+\Delta l_{\text{deq}} \tag{4-41}$$

式中，$e=\Delta l-\Delta l_{\text{deq}}$，为伸缩距离跟踪偏差（单位为 m）。

将式（4-40）和式（4-41）代入 $S_{V3}$ 的导数中，可将姿态跟踪偏差模型（4-33）降为一维受扰线性系统：

$$\dot{S}_{V3}=f_s(\Delta l)+\tilde{D} \tag{4-42}$$

式中，$f_s(\Delta l)=(k_{V4}k_{V5}g_1+k_{V5}g_2+g_3)(\Delta l-\Delta l_{\text{deq}})$；$\tilde{D}=k_{V4}k_{V5}\tilde{d}_1+k_{V5}\tilde{d}_2+\tilde{d}_3$，为扰动估计偏差的加权和。

在使 $S_{V3}$ 为零的滑模趋近阶段，定义滑模存在条件如下[244]：

$$S_{V3}\dot{S}_{V3}<0 \tag{4-43}$$

最后，满足上述条件的 $\Delta l$ 由 MPC 通过优化伸缩速率获得。此外，当系统状态到达滑模面上时，$\Delta l$ 应等于 $\Delta l_{\text{deq}}$，即 $\lim\limits_{S_{V3}\to 0}\Delta l=\Delta l_{\text{deq}}$。

4.2.2.3　RBFNN 干扰观测器设计

式（4-40）中的扰动估计值 $\hat{\boldsymbol{d}}^{\mathrm{T}}=\left[\hat{d}_1,\hat{d}_2,\hat{d}_3\right]$ 将由具有在线自适应网络权重的 RBFNN 辨识得到。RBFNN 的结构如图 4-11 所示，包含一个输入层、一个隐含层和一个输出层。这使得 RBFNN 只要有足够的隐含节点就能无限逼近任意光滑非线性函数。基于 RBFNN 的定义，不确定项可表示为如下形式：

$$\boldsymbol{d}=\boldsymbol{w}^{*\mathrm{T}}\boldsymbol{h}(\boldsymbol{x})+\boldsymbol{\varepsilon} \tag{4-44}$$

式中，$\boldsymbol{w}^*=\left[\boldsymbol{w}_1^*,\boldsymbol{w}_2^*,\boldsymbol{w}_3^*\right]\in\mathbb{R}^{l_n\times 3}$，为理想权重向量，$l_n$ 为神经网络节点数；$\boldsymbol{h}^{\mathrm{T}}(\boldsymbol{x})=\left[\boldsymbol{x}_1,\boldsymbol{\Omega}_t\right]\in\mathbb{R}^{6\times 1}$，为神经网络输入向量；$\boldsymbol{\varepsilon}$ 为辨识偏差向量；$\boldsymbol{w}^*$ 被定义为使 $\|\boldsymbol{\varepsilon}\|$ 最小：

$$\boldsymbol{w}^*\triangleq\arg\min_{\boldsymbol{w}\in\mathbb{R}^{l_n\times 3}}\left\{\sup_{\boldsymbol{x}\in\mathbb{R}^{6\times 1}}\left\|\boldsymbol{d}-\boldsymbol{w}^{\mathrm{T}}\boldsymbol{h}(\boldsymbol{x})\right\|\right\} \tag{4-45}$$

式中，$\boldsymbol{h}^{\mathrm{T}}(\boldsymbol{x})=\left[\boldsymbol{h}_1(\boldsymbol{x}),\boldsymbol{h}_2(\boldsymbol{x}),\cdots,\boldsymbol{h}_{l_n}(\boldsymbol{x})\right]$，为使用 Gauss 基函数向量，定义为

$$\boldsymbol{h}_k(\boldsymbol{x})=\exp\left(-\frac{\left\|\boldsymbol{x}-\boldsymbol{c}_k\right\|^2}{2b_k^2}\right),\quad k=1,2,\cdots,l_n \tag{4-46}$$

式中，$\boldsymbol{c}_k^{\mathrm{T}}=\left[c_{k1},c_{k2},\cdots,c_{k6}\right]\in\mathbb{R}^{1\times 6}$，为 Gauss 函数中心向量；$b_k$ 为 Gauss 函数宽度。

事实上，在 RBFNN 中，权重向量 $\boldsymbol{w}$ 是未知的且需要估计。因此，定义不确定项的扰动估计值 $\hat{\boldsymbol{d}}$ 为

$$\hat{\boldsymbol{d}}=\hat{\boldsymbol{w}}^{\mathrm{T}}\boldsymbol{h}(\boldsymbol{x}) \tag{4-47}$$

式中，$\boldsymbol{w}$ 的估计值 $\hat{\boldsymbol{w}}=\left[\hat{\boldsymbol{w}}_1,\hat{\boldsymbol{w}}_2,\hat{\boldsymbol{w}}_3\right]\in\mathbb{R}^{l_n\times 3}$，由以下自适应律更新：

$$\begin{cases}\dot{\hat{\boldsymbol{w}}}_1=\gamma_1 S_{V3}\boldsymbol{h}(\boldsymbol{x})k_{V4}k_{V5}\\ \dot{\hat{\boldsymbol{w}}}_2=\gamma_2 S_{V3}\boldsymbol{h}(\boldsymbol{x})k_{V5}\\ \dot{\hat{\boldsymbol{w}}}_3=\gamma_3 S_{V3}\boldsymbol{h}(\boldsymbol{x})\end{cases} \tag{4-48}$$

式中，$\gamma_j\,(j=1,2,3)$ 为正常数。

**定义 4.4**　令 $\tilde{\boldsymbol{w}}=\boldsymbol{w}^*-\hat{\boldsymbol{w}}$ 为权重向量的估计偏差向量，由 RBFNN 可得，扰动估计偏差 $\tilde{D}$ 以一个微小的正常数 $\eta$ 为边界，且满足以下条件：

$$\left\|\boldsymbol{K\varepsilon}\right\|\leqslant\left\|\tilde{D}\right\|=\left\|\boldsymbol{K}\tilde{\boldsymbol{d}}\right\|\leqslant\eta \tag{4-49}$$

式中，$\tilde{\boldsymbol{d}}=\tilde{\boldsymbol{w}}^{\mathrm{T}}\boldsymbol{h}(\boldsymbol{x})+\boldsymbol{\varepsilon}$。

#### 4.2.2.4　基于 MPC 的最优伸缩速率设计

由于估计偏差的存在，本小节使用名义鲁棒 MPC 来设计线性执行器的最优伸缩速率。

首先，将式（4-42）的名义部分和模型（4-33）组成 MPC 的预测模型。令采样时间为 $T_{\mathrm{s}}$，则相应的离散形式的名义模型可由一阶欧拉法得到：

$$\underbrace{\begin{pmatrix}\bar{S}_{V3(k+1)}\\ \Delta l_{k+1}\end{pmatrix}}_{\boldsymbol{X}_{k+1}}=\underbrace{\begin{pmatrix}\bar{S}_{V3(k)}+\Gamma_k\left[\Delta l_k-\Delta l_{\mathrm{deq}(k)}\right]\\ \Delta l_k+u_kT_{\mathrm{s}}\end{pmatrix}}_{\boldsymbol{F}(\boldsymbol{X}_k,u_k)} \tag{4-50}$$

式中，$\Gamma_k=\left[k_{V4}k_{V5}g_{1(k)}+k_{V5}g_{2(k)}+g_{3(k)}\right]T_{\mathrm{s}}$；$\Delta l_{\mathrm{deq}(k)}$ 在每个采样时刻更新并在预测时域内保持不变；$\bar{S}_{V3}$ 为 $S_{V3}$ 的名义值。

其次，根据离散滑模可达条件和伸缩距离约束，定义状态约束如下：

$$\boldsymbol{X}=\left\{\boldsymbol{X}_k\left|\begin{matrix}\left\|\bar{S}_{V3(k+n)}\right\|\leqslant\rho\left\|\bar{S}_{V3(k)}\right\|\\ \Delta l_{\min}\leqslant\Delta l_k\leqslant\Delta l_{\max}\end{matrix}\right.\right\} \tag{4-51}$$

式中，$n=1,2,\cdots,N$，$N$ 为预测时域；$\rho$ 为小于 1 的正常数；$\Delta l_{\min}$、$\Delta l_{\max}$ 为伸缩距离约束（单位为 m），$\Delta l_{\min}$ 为负，$\Delta l_{\max}$ 为正。

相应地，定义伸缩速率约束如下：

$$\boldsymbol{U}=\left\{u_k\left|u_{\min}\leqslant u_k\leqslant u_{\max}\right.\right\} \tag{4-52}$$

式中，$u_{\min}$、$u_{\max}$ 为输入约束（单位为 m/s），$u_{\min}$ 为负，$u_{\max}$ 为正，且满足 $\left\|u_{\min}\right\|<\left\|u_{\max}\right\|$。因为当线性执行器回收时需要抵抗系绳张力，故速率较慢。

然后，为稳定 $\bar{S}_{V3(k+n)}$，根据“准滑模原理”，终端滑模变量须进入滑模面的邻域 $\varepsilon_{\mathrm{s}}$ 内。同样地，终端伸缩距离也应进入 $\Delta l_{\mathrm{deq}(k)}$ 的邻域 $\varepsilon_{\mathrm{l}}$ 内。因此，定义终端约束为

$$\boldsymbol{X}_{\mathrm{f}}=\left\{\boldsymbol{X}_{k+N}\left|\begin{matrix}\left\|\bar{S}_{V3(k+N)}\right\|\leqslant\varepsilon_{\mathrm{s}}\\ \left\|\Delta l_{k+N}-\Delta l_{\mathrm{deq}(k)}\right\|\leqslant\varepsilon_{\mathrm{l}}\end{matrix}\right.\right\} \tag{4-53}$$

在时间段$(k+N,\infty)$，使用终端线性控制$u_{\mathrm{f}} \in \boldsymbol{U}$将状态保持在$\boldsymbol{X}_{\mathrm{f}}$内，并最终迫使它们到达期望值。为此，将式（4-50）改写为跟踪偏差形式：

$$\boldsymbol{E}_{k+1} = \underbrace{\begin{pmatrix} 1 & \Gamma_k \\ 0 & 1 \end{pmatrix}}_{\boldsymbol{A}_E} \boldsymbol{E}_k + \underbrace{\begin{pmatrix} 0 \\ T_{\mathrm{s}} \end{pmatrix}}_{\boldsymbol{B}_E} u_k \tag{4-54}$$

式中，$\boldsymbol{E}_k^{\mathrm{T}} = \left[\bar{S}_{V3(k)}, \Delta l_k - \Delta l_{\mathrm{deq}(k)}\right]$，为跟踪偏差向量。

定义新的滑模变量为

$$S_{k+N} = \boldsymbol{C}^{\mathrm{T}} \boldsymbol{E}_{k+N} \tag{4-55}$$

式中，$\boldsymbol{C}^{\mathrm{T}} = [c_{\mathrm{s}}, 1]$，为滑模权重系数矩阵。由离散系统稳定条件[75]可知，只要系数$c_{\mathrm{s}}$满足$\|1-\Gamma_k c_{\mathrm{s}}\| < 1$，滑模面就是渐近稳定的。

因此，令$S_{k+N+1} = 0$，可得$u_{\mathrm{f}}$为

$$u_{\mathrm{f}} = \boldsymbol{K}_{\mathrm{f}} \boldsymbol{E}_{k+N} \tag{4-56}$$

式中，$\boldsymbol{K}_{\mathrm{f}} = -\left(\boldsymbol{C}^{\mathrm{T}} \boldsymbol{B}_E\right)^{-1} \left(\boldsymbol{C}^{\mathrm{T}} \boldsymbol{A}_E\right) \boldsymbol{E}_{k+N} \in \mathbb{R}^{1\times 2}$，为反馈增益矩阵。

最后，采用如下二次型目标函数来惩罚$\boldsymbol{E}_{k+n|k}$、$u_{k+n|k}$和$\boldsymbol{E}_{k+N|k}$：

$$J_k = \sum_{n=0}^{N-1} \left( \left\|\boldsymbol{E}_{k+n|k}\right\|_{\boldsymbol{Q}}^2 + \left\|u_{k+n|k}\right\|_R^2 \right) + \left\|\boldsymbol{E}_{k+N|k}\right\|_{\boldsymbol{P}}^2 \tag{4-57}$$

式中，$\boldsymbol{Q} \in \mathbb{R}^{2\times 2}$、$R \in \mathbb{R}^{1\times 1}$，为正定权重系数；$\boldsymbol{P} \in \mathbb{R}^{2\times 2}$，为终端权重系数矩阵，为如下离散 Lyapunov 方程的解：

$$\boldsymbol{P} = \left(\boldsymbol{A}_E + \boldsymbol{B}_E \boldsymbol{K}_{\mathrm{f}}\right)^{\mathrm{T}} \boldsymbol{P} \left(\boldsymbol{A}_E + \boldsymbol{B}_E \boldsymbol{K}_{\mathrm{f}}\right) + \boldsymbol{Q} + \boldsymbol{K}_{\mathrm{f}}^{\mathrm{T}} R \boldsymbol{K}_{\mathrm{f}} \tag{4-58}$$

对于模型（4-50），所设计的基于 NRMPC 的伸缩速率可通过求解以下优化问题得到：

$$\begin{aligned} & J_k^* = \min_{u_{k+n|k}} J_k\left(\boldsymbol{E}_{k+n|k}, u_{k+n|k}\right) \\ & \text{s.t.} \begin{cases} \bar{S}_{V3(k|k)} = S_{3(k)} \\ \Delta l_{k|k} = \Delta l_k \\ \boldsymbol{X}_{k+n+1|k} = \boldsymbol{F}\left(X_{k+n|k}, u_{k+n|k}\right) \\ u_{k+n|k} \in \boldsymbol{U} \\ \boldsymbol{X}_{k+n|k} \in \boldsymbol{X} \\ \boldsymbol{X}_{k+N|k} \in \boldsymbol{X}_{\mathrm{f}} \end{cases} \end{aligned} \tag{4-59}$$

### 4.2.3 稳定性分析

本小节将从三个方面证明分层滑模-模型预测控制器的稳定性和鲁棒性。

（1）在控制律（4-59）作用下，名义模型（4-50）的稳定性；

（2）控制律（4-59）对扰动估计偏差 $\tilde{D}$ 的鲁棒性；

（3）欠驱动子系统（4-34）的稳定性。

#### 4.2.3.1 NRMPC 名义稳定性证明

在 $k+1$ 时刻，令已获得的最优控制序列为

$$u_{k+n+1|k+1}=\begin{cases}u^*_{k+n+1|k}, & n=0,1,\cdots,N-2\\ \boldsymbol{K}_{\mathrm{f}}\boldsymbol{E}^*_{k+N|k}, & n=N-1\end{cases} \tag{4-60}$$

和最优偏差状态序列为

$$\boldsymbol{E}_{k+n+1|k+1}=\begin{cases}\boldsymbol{E}^*_{k+n+1|k}, & n=0,1,\cdots,N-1\\ \left(\boldsymbol{A}_E+\boldsymbol{B}_E\boldsymbol{K}_{\mathrm{f}}\right)\boldsymbol{E}^*_{k+N|k}, & n=N\end{cases} \tag{4-61}$$

基于此，$k+1$ 时刻的目标函数可写为

$$\begin{aligned}
J_{k+1}&=\sum_{n=0}^{N-1}\left(\left\|\boldsymbol{E}_{k+n+1|k+1}\right\|_{\boldsymbol{Q}}^2+\left\|u_{k+n+1|k+1}\right\|_{\boldsymbol{R}}^2\right)+\left\|\boldsymbol{E}_{k+N+1|k+1}\right\|_{\boldsymbol{P}}^2\\
&=\sum_{n=0}^{N-2}\left(\left\|\boldsymbol{E}^*_{k+n+1|k}\right\|_{\boldsymbol{Q}}^2+\left\|u^*_{k+n+1|k}\right\|_{\boldsymbol{R}}^2\right)+\left\|\boldsymbol{E}^*_{k+N|k}\right\|_{\boldsymbol{Q}}^2+\left\|\boldsymbol{K}_{\mathrm{f}}\boldsymbol{E}^*_{k+N|k}\right\|_{\boldsymbol{R}}^2\\
&\quad+\left\|\left(\boldsymbol{A}_E+\boldsymbol{B}_E\boldsymbol{K}_{\mathrm{f}}\right)\boldsymbol{E}^*_{k+N|k}\right\|_{\boldsymbol{P}}^2\\
&=\sum_{n=0}^{N-2}\left(\left\|\boldsymbol{E}^*_{k+n+1|k}\right\|_{\boldsymbol{Q}}^2+\left\|u^*_{k+n+1|k}\right\|_{\boldsymbol{R}}^2\right)+\left\|\boldsymbol{E}^*_{k+N|k}\right\|_{\boldsymbol{Q}+\boldsymbol{K}_{\mathrm{f}}^{\mathrm{T}}\boldsymbol{R}\boldsymbol{K}_{\mathrm{f}}+\left(\boldsymbol{A}_E+\boldsymbol{B}_E\boldsymbol{K}_{\mathrm{f}}\right)^{\mathrm{T}}\boldsymbol{P}\left(\boldsymbol{A}_E+\boldsymbol{B}_E\boldsymbol{K}_{\mathrm{f}}\right)}^2\\
&=\sum_{n=1}^{N-2}\left(\left\|\boldsymbol{E}^*_{k+n|k}\right\|_{\boldsymbol{Q}}^2+\left\|u^*_{k+n|k}\right\|_{\boldsymbol{R}}^2\right)+\left\|\boldsymbol{E}^*_{k+N|k}\right\|_{\boldsymbol{P}}^2\\
&=\sum_{n=0}^{N-2}\left(\left\|\boldsymbol{E}^*_{k+n|k}\right\|_{\boldsymbol{Q}}^2+\left\|u^*_{k+n|k}\right\|_{\boldsymbol{R}}^2\right)-\left\|\boldsymbol{E}^*_{k|k}\right\|_{\boldsymbol{Q}}^2-\left\|u^*_{k|k}\right\|_{\boldsymbol{R}}^2+\left\|\boldsymbol{E}^*_{k+N|k}\right\|_{\boldsymbol{P}}^2\\
&=J^*_k-\left\|\boldsymbol{E}^*_{k|k}\right\|_{\boldsymbol{Q}}^2-\left\|u^*_{k|k}\right\|_{\boldsymbol{R}}^2
\end{aligned} \tag{4-62}$$

式中，$J^*_k$ 为 $k$ 时刻的最优目标函数。

由式（3-73）和式（3-74）可知，以下不等式成立：

$$J^*_{k+1}\leqslant J_{k+1}\leqslant J^*_k \tag{4-63}$$

这说明，$J^*_k$ 是单调递减的，且在 $\boldsymbol{E}_k=\boldsymbol{0}$ 处取最小值。

因此，名义虚拟 HLSV 是渐近稳定的。

4.2.3.2 NRMPC 对干扰估计偏差的鲁棒性证明

由 4.2.3.1 小节给出的 NRMPC 名义稳定性证明可知，对于系统（4-42）所给出的名义模型，在 $k$ 时刻存在一个最优伸缩距离序列 $\Delta l_k^*$ 使得 $\left\|\bar{S}_{V3(k+NT_s|k)}\right\| \leqslant \varepsilon_s$，且该序列第一个元素作用于受扰线性系统（4-42）。随后在 $k+1$ 时刻，若常数 $\bar{\eta}$ 和 $\bar{k}$ 满足以下条件：

$$\bar{\eta} \leqslant \frac{r-\varepsilon_s-\varsigma_1}{T_s}, \quad \bar{k}T_s \geqslant \ln\frac{r}{\varepsilon_s} \tag{4-64}$$

则存在一个最优伸缩距离序列 $\Delta l_{\text{deq}(k+1)}^*$ 使得 $\left\|\bar{S}_{V3(k+1+NT_s|k+1)}\right\| \leqslant \varepsilon_s$。

**证明**：将最优伸缩距离序列的第一个元素 $\Delta l_{k|k}^*$ 在时间段 $(k,k+1]$ 作用于受扰线性系统（4-42），并以真实 HLSV 为反馈，则会导致一个偏差。该偏差由两部分组成，第一部分为 $\bar{S}_{V3}$ 和 $S_{V3}$ 间的偏差；第二部分为 $S_{V3}$ 和 $S_3$ 间的偏差。

根据定义 4.2 和定义 4.3 可知，$k+1$ 时刻的总偏差应是有界的：

$$\begin{aligned}
\left\|S_{3(k+1)}-\bar{S}_{V3(k+1|k)}^*\right\| &\leqslant \left\|S_{3(k+1)}-S_{V3(k+1)}\right\|+\left\|S_{V3(k+1)}-\bar{S}_{V3(k+1|k)}^*\right\| \\
&\leqslant \varsigma_1+\left\|S_{V3(k)}+\int_{t_k}^{k+1}\left[f_s\left(\Delta l_{k|k}^*\right)+\tilde{D}\right]\mathrm{d}\tau\right. \\
&\quad \left.-\bar{S}_{V3(k|k)}^*-\int_k^{k+1}f_s\left(\Delta l_{k|k}^*\right)\mathrm{d}\tau\right\| \\
&\leqslant \varsigma_1+\left\|\int_k^{k+1}\tilde{D}\mathrm{d}\tau\right\| \\
&\leqslant \varsigma_1+\eta T_s
\end{aligned} \tag{4-65}$$

应用控制律（4-59），得到名义系统在 $k+1$ 时刻的一组伸缩距离序列：

$$\Delta l_{\tau|k+1}=\begin{cases}\Delta l_{\tau|k}^*, & \tau\in\left(k+1,k+NT_s\right] \\ \Delta l_{f(\tau|k)}, & \tau\in\left(k+NT_s,k+1+NT_s\right]\end{cases} \tag{4-66}$$

在时间段 $\tau\in\left(k+1,k+NT_s\right]$，由于名义虚拟 HLSV 由实际值更新 $\bar{S}_{V3(k+1|k+1)}=S_{3(k+1)}$，因此有

$$\begin{aligned}
\left\|\bar{S}_{V3(\tau|k+1)}-\bar{S}_{V3(\tau|k)}^*\right\| &= \left\|S_{3(k+1)}+\int_{k+1}^{\tau}f_s\left(\Delta l_{s|k}^*\right)\mathrm{d}s\right. \\
&\quad \left.-\bar{S}_{V3(t_{k+1}|t_k)}^*-\int_{t_{k+1}}^{\tau}f_s\left(\Delta l_{(s|t_k)}^*\right)\mathrm{d}s\right\| \\
&\leqslant \varsigma_1+\eta T_s
\end{aligned} \tag{4-67}$$

将 $\tau = k + NT_s$ 代入式（4-67）中可得

$$\left\| \bar{S}_{V3(k+NT_s|k+1)} \right\| \leqslant \left\| \bar{S}^*_{V3(k+NT_s|k)} \right\| + \varsigma_1 + \eta T_s \tag{4-68}$$

由于 $\left\| \bar{S}^*_{V3(k+NT_s|k)} \right\| \leqslant \varepsilon_s$，且由式（4-64）知 $\bar{\eta} \leqslant (r - \varepsilon_s - \varsigma_1) T_s^{-1}$，则有

$$\left\| \bar{S}_{V3(k+NT_s|k+1)} \right\| \leqslant r \tag{4-69}$$

这说明 $\left\| \bar{S}_{V3(k+NT_s|k+1)} \right\|$ 是有界的。

在 $\tau \in (k + NT_s, k+1+NT_s]$，将局部终端伸缩距离 $\Delta l_{f(\tau|k)}$ 作用于名义系统，则根据 4.2.3.1 小节的证明结果，以下不等式成立：

$$\frac{\mathrm{d}}{\mathrm{d}\tau} \left\| \bar{S}_{V3(k+1+NT_s|k+1)} \right\| \leqslant -\bar{k} \left\| \bar{S}_{V3(k+NT_s|k+1)} \right\| \tag{4-70}$$

使用格朗沃尔（Gronwall）不等式[240]可得

$$\begin{aligned} \left\| \bar{S}_{V3(k+1+NT_s|k+1)} \right\| &\leqslant \left\| \bar{S}_{V3(k+NT_s|k+1)} \right\| \exp\left( \int_{k+NT_s}^{k+1+NT_s} -\bar{k} \mathrm{d}\tau \right) \\ &= \left\| \bar{S}_{V3(k+NT_s|k+1)} \right\| \exp\left( -\bar{k} T_s \right) \end{aligned} \tag{4-71}$$

由 $\bar{k} T_s \geqslant \ln\left( r \varepsilon_s^{-1} \right)$ 可得

$$\left\| \bar{S}_{V3(k+1+NT_s|k+1)} \right\| \leqslant \varepsilon_s \tag{4-72}$$

这说明 $\left\| \bar{S}_{V3(k+1+NT_s|k+1)} \right\|$ 也能进入滑模面的终端约束内，且 NRMPC 对估计偏差和 $S_{V3}$ 与 $S_3$ 间的偏差具有鲁棒性。基于以上结果和式（4-41）、式（4-42），可得以下条件：

$$S_{V3} \left[ \left( k_{V4} k_{V5} g_1 + k_{V5} g_2 + g_3 \right) \left( \Delta l - \Delta l_{\mathrm{deq}} \right) + \left\| \tilde{D} \right\| \right] < 0 \tag{4-73}$$

#### 4.2.3.3　欠驱动子系统的稳定性证明

考虑如下 Lyapunov 函数：

$$V = \frac{1}{2} S_{V3}^2 + \frac{1}{2\gamma_1} \tilde{\boldsymbol{w}}_1^{\mathrm{T}} \tilde{\boldsymbol{w}}_1 + \frac{1}{2\gamma_2} \tilde{\boldsymbol{w}}_2^{\mathrm{T}} \tilde{\boldsymbol{w}}_2 + \frac{1}{2\gamma_3} \tilde{\boldsymbol{w}}_3^{\mathrm{T}} \tilde{\boldsymbol{w}}_3 \tag{4-74}$$

式中，$\tilde{\boldsymbol{w}}_j = \boldsymbol{w}_j^* - \hat{\boldsymbol{w}}_j \, (j = 1,2,3)$，为权重向量的估计偏差向量，其导数满足 $\dot{\tilde{\boldsymbol{w}}}_j = -\dot{\hat{\boldsymbol{w}}}_j$。

基于自适应律（4-48），可得式（4-74）的导数为

$$
\begin{aligned}
\dot{V} &= S_{V3}\left[\left(k_{V4}k_{V5}g_1 + k_{V5}g_2 + g_3\right)\left(\Delta l - \Delta l_{\text{deq}}\right) + \tilde{D}\right] \\
&\quad - \frac{1}{\gamma_1}\tilde{\boldsymbol{w}}_1^{\mathrm{T}}\dot{\hat{\boldsymbol{w}}}_1 - \frac{1}{\gamma_2}\tilde{\boldsymbol{w}}_2^{\mathrm{T}}\dot{\hat{\boldsymbol{w}}}_2 - \frac{1}{\gamma_3}\tilde{\boldsymbol{w}}_3^{\mathrm{T}}\dot{\hat{\boldsymbol{w}}}_3 \\
&= S_{V3}\left[\left(k_{V4}k_{V5}g_1 + k_{V5}g_2 + g_3\right)\left(\Delta l - \Delta l_{\text{deq}}\right) + \boldsymbol{K\varepsilon}\right] \\
&\leqslant S_{V3}\left[\left(k_{V4}k_{V5}g_1 + k_{V5}g_2 + g_3\right)\left(\Delta l - \Delta l_{\text{deq}}\right) + \left\|\boldsymbol{K\varepsilon}\right\|\right] \\
&\leqslant S_{V3}\left[\left(k_{V4}k_{V5}g_1 + k_{V5}g_2 + g_3\right)\left(\Delta l - \Delta l_{\text{deq}}\right) + \left\|\tilde{D}\right\|\right] \\
&< 0
\end{aligned} \tag{4-75}
$$

这说明 $S_{V3} \in \mathcal{L}_2 \cap \mathcal{L}_\infty$ 且 $\dot{S}_{V3} \in \mathcal{L}_\infty$，因此：

$$
\begin{aligned}
\int_0^\infty S_{V3}^2 \mathrm{d}\tau &= \int_0^\infty \left(k_{V5}S_{V2} + s_3\right)^2 \mathrm{d}\tau \\
&= \int_0^\infty \left(k_{V5}^2 S_{V2}^2 + 2k_{V5}S_{V2}s_3 + s_3^2\right)\mathrm{d}\tau < \infty
\end{aligned} \tag{4-76}
$$

根据 Wang 等[243]的证明，以下条件成立：

$$
\int_0^\infty 2k_{V5}S_{V2}s_3 \mathrm{d}\tau \leqslant \int_0^\infty \left(k_{V5}^2 S_{V2}^2 + s_3^2\right)\mathrm{d}\tau \tag{4-77}
$$

因此，可得

$$
\begin{aligned}
\int_0^\infty 4k_{V5}S_{V2}s_3 \mathrm{d}\tau &\leqslant \int_0^\infty \left(k_{V5}S_{V2} + s_3\right)^2 \mathrm{d}\tau \\
&\leqslant \int_0^\infty S_{V3}^2 \mathrm{d}\tau < \infty
\end{aligned} \tag{4-78}
$$

切变系数 $k_{V5} = k_5 \operatorname{sgn}\left(S_{V2}s_3\right)$，其中 $k_5 > 0$，能保证式（4-78）左半边永远是正的，则有

$$
\int_0^\infty S_{V2}^2 \mathrm{d}\tau < \infty, \ \int_0^\infty s_3^2 \mathrm{d}\tau < \infty \tag{4-79}
$$

因此，$S_{V2} \in \mathcal{L}_2$ 且 $s_3 \in \mathcal{L}_2$。因为 $k_{V5}$ 能保证 $S_{V2}$ 和 $s_3$ 同号，故可以推断 $S_{V2} \in \mathcal{L}_\infty$ 且 $s_3 \in \mathcal{L}_\infty$。再者，由 $\dot{S}_{V3} \in \mathcal{L}_\infty$ 可得 $\dot{S}_{V2} \in \mathcal{L}_\infty$ 且 $\dot{s}_3 \in \mathcal{L}_\infty$。重复以上证明过程并使用 Barbalat 引理和定义 4.2，可得以下结果：

$$
\begin{cases}
S_3 \in L_2 \cap L_\infty, \dot{S}_3 \in L_\infty & \lim\limits_{t\to\infty} S_3 = 0 \\
S_{V2} \in L_2 \cap L_\infty, \dot{S}_{V2} \in L_\infty & \lim\limits_{t\to\infty} S_{V2} = 0 \\
S_2 \in L_2 \cap L_\infty, \dot{S}_2 \in L_\infty & \lim\limits_{t\to\infty} S_2 = 0 \\
s_3 \in L_2 \cap L_\infty, \dot{s}_3 \in L_\infty & \lim\limits_{t\to\infty} s_3 = 0 \\
s_2 \in L_2 \cap L_\infty, \dot{s}_2 \in L_\infty & \lim\limits_{t\to\infty} s_2 = 0 \\
s_1 \in L_2 \cap L_\infty, \dot{s}_1 \in L_\infty & \lim\limits_{t\to\infty} s_1 = 0
\end{cases} \tag{4-80}
$$

这表明在控制律（4-59）作用下，所有滑模变量均是渐近稳定的。因此，从理论上说，使用分层滑模-模型预测控制的姿态接管控制是可行的。

### 4.2.4　仿真验证与分析

平台轨道及推力参数均与第 2 章相同，假设张力已受控且按如下规律变化：

$$T_{N+1}\big|_{\mathrm{LVLH}} = \left[\varDelta_{tx}, 75+\varDelta_{ty}, \varDelta_{tz}\right]\mathrm{N} \tag{4-81}$$

式中，$\varDelta_{tx} = \varDelta_{tz} = 0.1\sin t_{\mathrm{s}}$，$\varDelta_{ty} = \sin t_{\mathrm{s}}$，为张力控制稳态偏差（单位为 N），$t_{\mathrm{s}}$ 为时间（单位为 s）。

根据可控性条件（4-31），令目标星真实转动惯量为

$$\boldsymbol{J} = \mathrm{diag}(1000, 3000, 2000)\,\mathrm{kg}\cdot\mathrm{m}^2 \tag{4-82}$$

并令转动惯量辨识偏差为

$$\Delta\boldsymbol{J} = \mathrm{diag}(-10, -10, -10)\,\mathrm{kg}\cdot\mathrm{m}^2 \tag{4-83}$$

目标星挠性部件参数与表 2-1 相同。令抓捕机构长度 $L_{\mathrm{g}} = 0.7\,\mathrm{m}$，线性执行器初始长度 $L_0 = 1\,\mathrm{m}$。设置伸缩距离和速率约束如下：

$$\begin{cases} -1\mathrm{m} \leqslant \Delta l \leqslant 1\mathrm{m} \\ -0.6\mathrm{m/s} \leqslant u \leqslant 1\mathrm{m/s} \end{cases} \tag{4-84}$$

实际抓捕机构的抓捕姿态为 $\alpha = \beta = \pi/18\,\mathrm{rad}$。真实抓捕位置为 $\boldsymbol{n}_{N+1}\boldsymbol{C}^{\mathrm{T}} = [2.05, 0, 0.63]\,\mathrm{m}$，估计抓捕位置为 $\boldsymbol{n}_{N+1}\boldsymbol{C}_{\mathrm{e}}^{\mathrm{T}} = [2, 0, 0.577]\,\mathrm{m}$。由估计抓捕位置和平衡姿态定义式（4-28）可计算得到平衡姿态。

姿态接管控制器参数设置如表 4-3 所示。

**表 4-3　姿态接管控制器参数**

| 参数 | 参数值 | 参数 | 参数值 | 参数 | 参数值 | 参数 | 参数值 |
|---|---|---|---|---|---|---|---|
| $k_1$ | 0.01 | $\boldsymbol{Q}$ | $\mathrm{diag}(150,80)$ | $N$ | 10 | $c_1=-c_9$ | −0.0018 |
| $k_2$ | 0.01 | $R$ | 5 | $T_{\mathrm{s}}$ | 0.1 | $c_2=-c_8$ | −0.0014 |
| $k_3$ | 0.015 | $\rho$ | 0.1 | $\gamma_1$ | $2\times10^{-5}$ | $c_3=-c_7$ | −0.0009 |
| $k_4$ | 0.01 | $\varepsilon_{\mathrm{s}}$ | $10^{-4}$ | $\gamma_2$ | $1\times10^{-5}$ | $c_4=-c_6$ | −0.0004 |
| $k_5$ | 3.2 | $\varepsilon_1$ | $10^{-3}$ | $\gamma_3$ | $5\times10^{-5}$ | $c_5$ | 0 |
| $k_{ij}$ | 0.00015 | $c_{\mathrm{s}}$ | $1.01/\varGamma$ | $b_k$ | 0.12 | | |

目标星初始姿态为 $\boldsymbol{\sigma}_0 = 0.3\boldsymbol{\sigma}_{\mathrm{eq}}$，初始角速度为 $\boldsymbol{\varOmega}_{t0}^{\mathrm{T}} = [0.005, 0.005, 0.005](°)/\mathrm{s}$，挠性部件初始状态与第 2 章相同。

图 4-13 显示目标星三轴姿态能在 100s 后经减幅振荡到达平衡姿态。如图 4-14 所示，三轴角速度均先经历剧烈振荡，随后逐渐收敛到零。

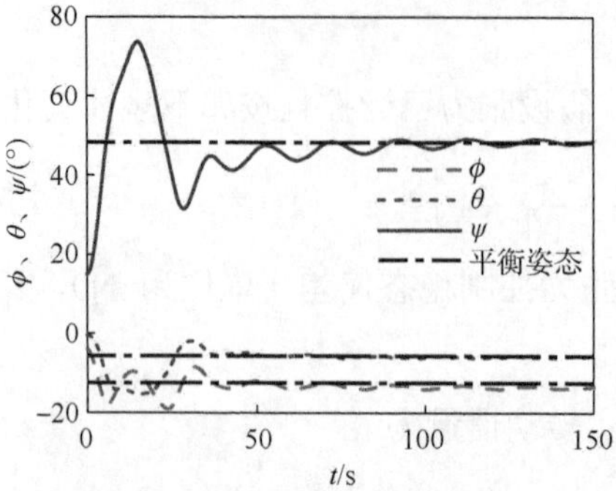


图 4-13　目标星三轴欧拉角

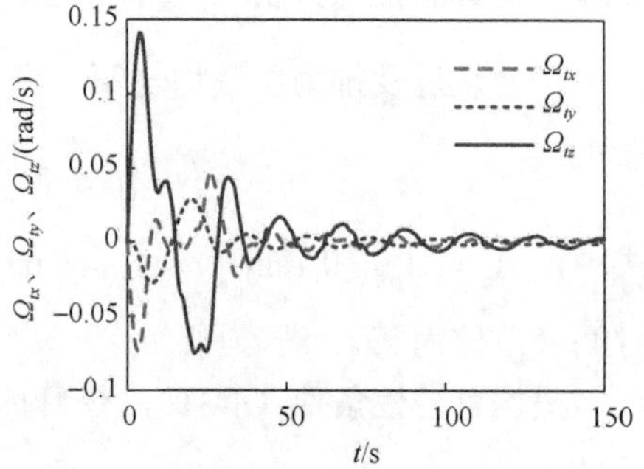


图 4-14　目标星三轴角速度

图 4-15 表明，系绳作用于目标星的张力力矩在目标星到达平衡姿态后减少到零，意味着系绳张力通过目标星质心。如图 4-16 所示，$\Delta l$ 在约束内变化并最终稳定在 0.1m 左右，这与定义 4.1 相符。图 4-16 又显示伸缩速率在约束内作低频振荡，并逐渐衰减到零。

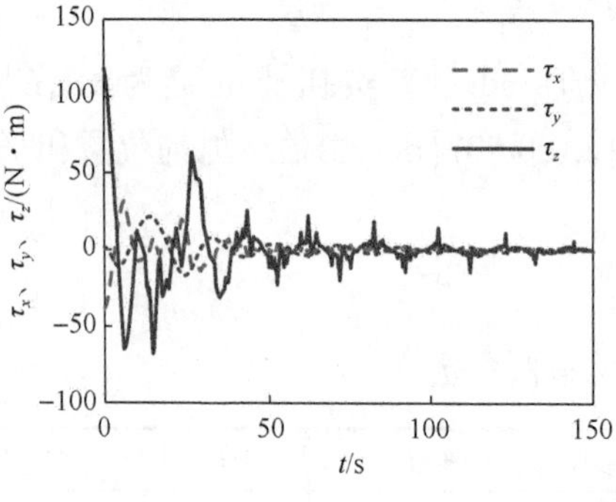


图 4-15　系绳张力力矩在 SBF 系中的三轴分量

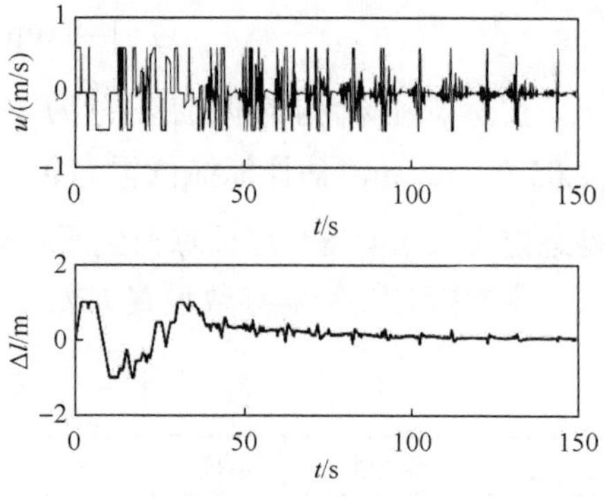


图 4-16　线性执行器伸缩速率与距离

图 4-17 显示，目标星挠性部件的弹性振动位移均以不同的阻尼速率衰减。系统的渐近稳定性可由图 4-18 和图 4-19 的滑模变量来显示。经对比可知，高层滑模变量有更快的收敛性。图 4-20 的目标星对准角展示了本章控制策略良好的防缠绕特性，这是因为对准角在 15°～80°变化，并最终稳定在 51°附近。

图 4-21 和图 4-22 显示了传统聚合型 HSMC 效果。可见，不稳定的子系统会导致已经稳定的高层滑模变量失稳，这反证了本章控制策略的有效性。

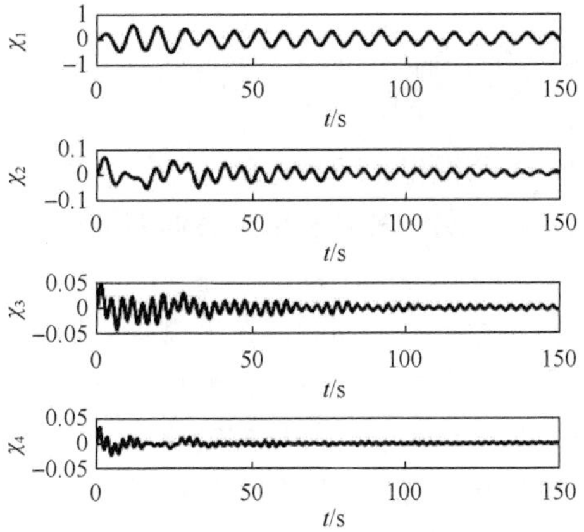


图 4-17　目标星挠性部件无量纲振动位移

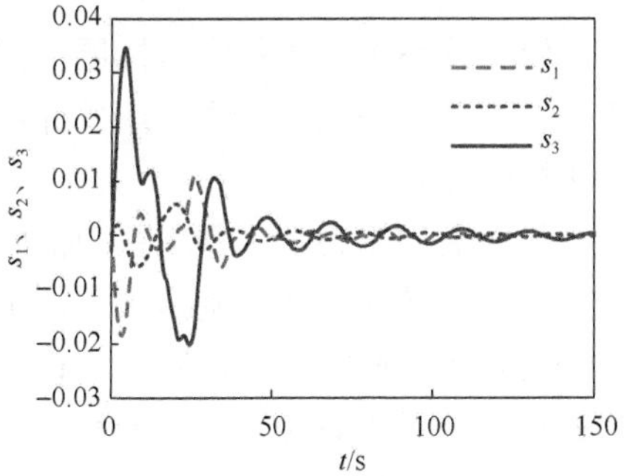


图 4-18　子系统滑模变量

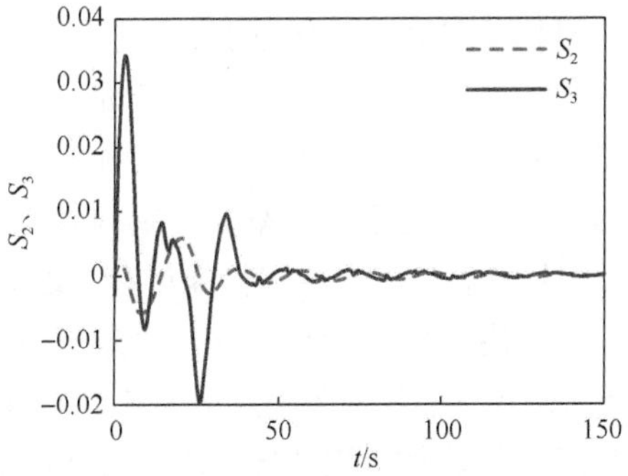


图 4-19　高层滑模变量

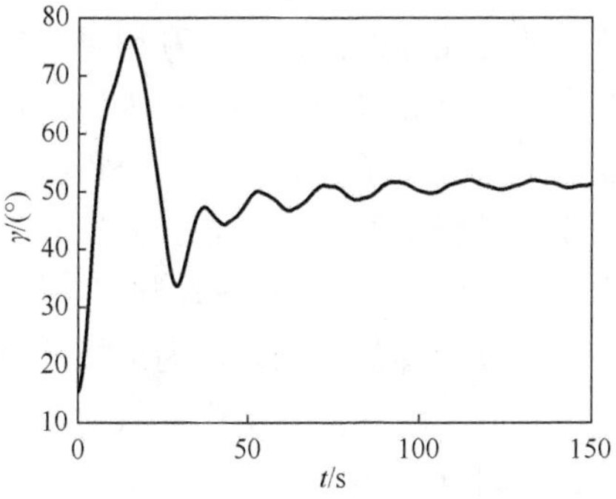


图 4-20　目标星对准角

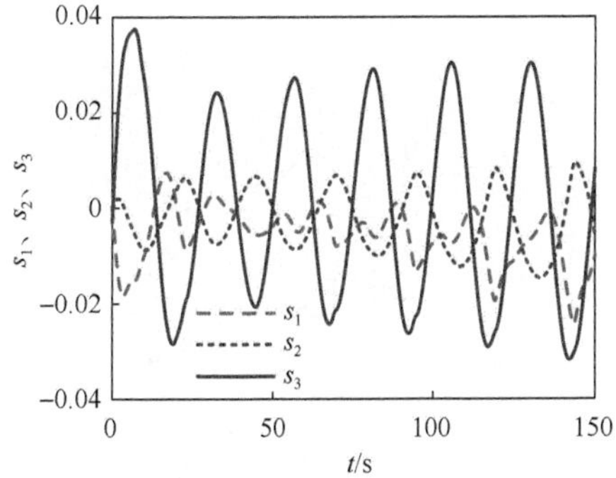


图 4-21　传统聚合型 HSMC 子系统滑模变量

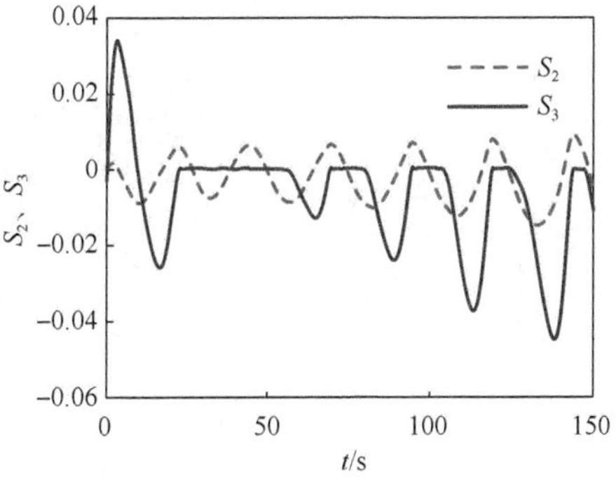


图 4-22　传统聚合型 HSMC 高层滑模变量

## 4.3 本 章 小 结

针对绳系拖曳飞行中目标星尾摆问题，本章提出了两种控制策略：一种是利用推力器和系绳张力协同实现目标星姿态稳定；另一种是利用绳系伸缩杆实现目标星姿态稳定。

针对利用推力器和系绳张力协同的目标星稳定控制问题，在考虑推力器输出饱和、转动惯量参数不确定、外部干扰作用下，首先，通过坐标变换将姿态运动模型转换为级联标准型。其次，设计了基于反步法的扰动补偿控制律，其中嵌入抗饱和模块以缓解控制输入饱和，并引入梯度投影算法实时估计外部扰动力矩。最后，通过求解二次型优化问题实现控制力矩分配。仿真结果表明，设计控制器可以在满足各种约束条件下，实现目标星的姿态控制。

利用推力器稳定的控制策略虽然有效，但会消耗空间任务中十分宝贵的推进剂。针对此问题，提出了利用绳系伸缩杆的目标星姿态稳定控制策略。该控制策略将导致目标星姿态稳定成为输入和状态都受限的欠驱动控制问题。因此，首先进行了可控性条件分析，该分析指出，除了卫星转动惯量须不对称外，抓捕机构还须满足特定的抓捕姿态。其次，针对输入和状态受约束的欠驱动控制问题，设计了分层滑模-模型预测控制器。该控制器使用虚拟滑模变量获得能维持 HSMC 滑动模态的等效控制律作为期望伸缩距离，再使用 MPC 通过优化伸缩速率来实现距离的跟踪和实际滑模变量的稳定。基于绳系伸缩杆的控制策略，除结构简单、节省燃料外，还有如下三个特点：节省控制能量且抑制滑模抖振，减少 MPC 的在线计算时间，对姿态动力学干扰更具鲁棒性。

# 第 5 章　绳系拖曳飞行防摆动控制技术

在拖曳飞行过程中，推力方向不一定与系绳共线，这将会导致绳系系统出现大幅摆动的现象，极大影响变轨过程，甚至导致变轨过程失败。此外，拖曳系统在受扰下，也极易出现摆动问题。为解决上述问题，需要研究拖曳飞行过程中的防摆动控制技术。本章提出利用平台小推力的摆动抑制和在大推力变轨过程中利用平台姿态机动的摆动抑制两种控制策略。

## 5.1　利用平台姿控推力的摆动抑制

在绳系拖曳变轨过程中，系绳并不能严格与推力方向保持一致，会导致系绳产生周期性的摆动现象。系绳摆动会产生张力力矩作用于平台星，干扰其姿态甚至影响整个拖曳系统的轨道运动。因此，系绳摆动的抑制问题得到了广泛关注。本节采用滑模控制算法，利用平台的姿控推力实现系绳的摆动抑制，并结合模型预测控制算法设计滑动模态的切换控制输入，以尽量降低抖振的影响。

### 5.1.1　绳系拖曳飞行动力学模型建立

绳系拖曳飞行双星系统模型如图 5-1 所示。其中 $r$ 为平台质心的轨道半径，$\alpha$ 为平台星纬度幅角，$d$ 为平台星与目标星之间的质心距，$\theta$ 为系绳面内摆角。

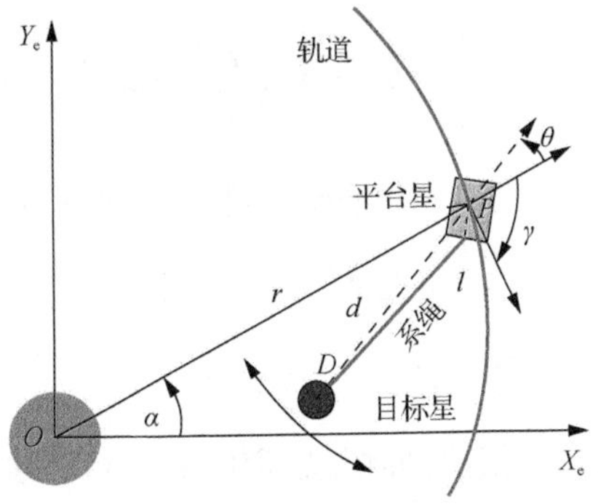


图 5-1　绳系拖曳飞行双星系统模型示意图

绳系双星编队系统的运动方程由平台星质心的轨道运动方程和目标星相对于平台星的运动方程两部分组成，分别如式（5-1）和式（5-2）所示：

$$\begin{cases} \ddot{r} = r\dot{\alpha}^2 - \dfrac{\mu}{r^2} + \dfrac{3m^*}{2m}\dfrac{\mu}{r^2}\dfrac{d^2}{r^2}\left(1-3\cos^2\theta\right) + \dfrac{Q_r}{m_p} \\ \ddot{\alpha} = -2\dfrac{\dot{r}\dot{\alpha}}{r} + \dfrac{3m^*}{2m}\dfrac{\mu}{r^3}\dfrac{d^2}{r^2}\sin 2\theta + \dfrac{Q_\alpha}{m_p r} \end{cases} \tag{5-1}$$

$$\begin{cases} \ddot{d} = \dfrac{m_d + m_t/2}{m_d + m_t} d\left[\left(\dot{\theta}+\dot{\alpha}\right)^2 + \dfrac{\mu}{r^3}\left(3\cos^2\theta - 1\right)\right] \\ \qquad -\dfrac{m_t\left(2m_p - m\right)}{2m_p\left(m_d + m_t\right)}\dfrac{\dot{d}^2}{d} + \dfrac{mQ_d}{m_p\left(m_d+m_t\right)} \\ \ddot{\theta} = -2\dfrac{m_p\left(m_d + m_t/2\right)}{mm^*}\dfrac{\dot{d}}{d}\left(\dot{\theta}+\dot{\alpha}\right) - \ddot{\alpha} - \dfrac{3\mu}{r^3}\sin\theta\cos\theta + \dfrac{Q_\theta}{m^* d^2} \end{cases} \tag{5-2}$$

式中，$m_p$、$m_d$和$m_t$依次为平台星、目标星和系绳质量；$m = m_p + m_d + m_t$，为耦合体系统总质量；$m^* = \left(m_p + m_t/2\right)\left(m_d + m_t/2\right)/m - m_t/6$，为系统约化质量。

使用卫星姿控推力抑制系绳摆动所需的时间较短，可认为平台星轨道保持不变，从而忽略轨道运动，只考虑绳系拖曳系统的摆动运动，对应的广义力矩$Q_d$、$Q_\theta$分别为

$$\begin{cases} Q_d = -T \\ Q_\theta = F_\theta d_\theta \end{cases} \tag{5-3}$$

考虑到第 3 章所提控制器已可以使系绳张力恒定且质心距得以保持，即$\ddot{d} = \dot{d} = 0$。因此，忽略系绳质量并假设张力已受控，得到张力值为

$$T = \frac{m_p m_d}{m}\left[d\left(\dot{\theta}+\dot{\alpha}\right)^2 + \frac{\mu d}{r^3}\left(3\cos^2\theta - 1\right)\right] \tag{5-4}$$

至此，式（5-1）～式（5-4）共同组成绳系拖曳系统的平面模型如下：

$$\dot{\boldsymbol{x}} = \boldsymbol{f}\left(\boldsymbol{x}, F, T, \gamma\right) \tag{5-5}$$

式中，$\boldsymbol{x} \triangleq \left(r, \dot{r}, \alpha, \dot{\alpha}, \theta, \dot{\theta}\right)^{\mathrm{T}}$，为系统状态向量。

由式（5-5）可以看出，摆动抑制与轨道跟踪都可通过姿态机动调整推力方向角来完成。考虑到平台星具有完备的姿态控制功能，且已有相当多的文献对其进行研究，本章并不涉及平台星姿态控制。此外，面内摆动系统共有 3 个自由度，

控制量却只有推力方向角 $\gamma$ 一个，又因为推力方向角 $\gamma$ 与状态矢量互相耦合，所以属于典型的非仿射欠驱动控制问题。

### 5.1.2 基于 SMC-MPC 的防摆动控制器设计

忽略轨道角加速度 $\ddot{\alpha}$，由系绳摆动方程（式（5-2））可得 $\left[\theta,\dot{\theta}\right]$ 的平衡位置为 $\left[0,0\right]$。由于系绳的开环摆动是 Lyapunov 意义下稳定的，即摆角可以稳定维持在平衡位置处。基于以上摆动平衡位置，可得如下控制目标：

$$\left[\theta,\dot{\theta}\right]^{\mathrm{T}} \to \left[0,0\right]^{\mathrm{T}} \tag{5-6}$$

为将系绳摆角维持在期望摆角处，本小节采用滑模控制设计等效控制输入，并结合模型预测控制算法给出趋近控制输入以克服滑模控制固有的抖振现象。

在控制器设计之初，首先进行滑模面设计。定义误差向量为

$$\boldsymbol{e} = \boldsymbol{x} - \boldsymbol{x}_{\mathrm{ref}} \tag{5-7}$$

式中，$\boldsymbol{x} \triangleq \left(\theta,\dot{\theta}\right)^{\mathrm{T}}$；$\boldsymbol{x}_{\mathrm{ref}}$ 为式（5-6）给出的期望摆角。对式（5-7）求导，并忽略系绳质量，得到：

$$\dot{\boldsymbol{e}} \triangleq \begin{bmatrix} \dot{e}_1 \\ \dot{e}_2 \end{bmatrix} = \begin{bmatrix} \dot{\theta} \\ \varPhi + m_{\mathrm{p}}^{-1} d^{-1} u \end{bmatrix} \tag{5-8}$$

式中，$\varPhi = -2\left(\dot{\theta}+\dot{\alpha}\right)\dfrac{\dot{d}}{d} - \ddot{\alpha} - \dfrac{3\mu}{r^3}\sin\theta\cos\theta$；$u = F_\theta$，为控制输入。

对误差系统（5-8）设计滑模面为

$$\sigma = k_1 e_1 + e_2 \tag{5-9}$$

式中，$k_1$ 为待定正系数。

令 $\dot{\sigma} = 0$，可得推力等效控制律：

$$u_{\mathrm{eq}} = -m_{\mathrm{p}} d\left(k_1 e_2 + \varPhi\right) \tag{5-10}$$

典型的滑模控制算法可分为趋近控制律和等效控制律两部分。其中等效控制律已由式（5-10）得到，接下来将结合 MPC 算法计算得到切换控制输入项，使得滑动模态以最优的方式趋近于滑模面，以克服抖振影响。

令采样时间为 $T_{\mathrm{s}}$，采用一阶欧拉法将滑模面（5-9）离散化为

$$\sigma\left(k+1\right) = \sigma\left(k\right) + T_{\mathrm{s}}\dot{\sigma}\left(k\right) \tag{5-11}$$

式中，$\dot{\sigma}\left(k\right)$ 可由滑模面（5-9）计算得到。

基于预测模型（5-11），可迭代计算得到预测时域 $N_{\mathrm{p}}$ 内的状态变量 $\sigma(k+i+1 \mid k)\left(i=0,1,\cdots,N_{\mathrm{p}}-1\right)$，定义二次型性能指标函数为

$$J_k=\sum_{i=0}^{N_{\mathrm{p}}-1}\left[\left\|\sigma(k+i \mid k)\right\|_{\boldsymbol{Q}}^2+\left\|u(k+i \mid k)\right\|_{\boldsymbol{R}}^2\right] \tag{5-12}$$

式中，$\boldsymbol{Q}$、$\boldsymbol{R}$ 为正定权重系数矩阵。

为保证有限预测时域内系统的渐近稳定性，常用的方法是在式（5-12）中增加末端约束函数 $\left\|\sigma\left(k+N_{\mathrm{p}} \mid k\right)\right\|_{\boldsymbol{P}}^2$，但矩阵 $\boldsymbol{P}$ 不易求解。本章采用伸缩项末端约束，定义如下：

$$\left\|\sigma\left(k+N_{\mathrm{p}} \mid k\right)\right\|_{\boldsymbol{P}}^2 \leqslant \rho\left\|\sigma(k \mid k)\right\|_{\boldsymbol{P}}^2, \quad \rho \in[0,1) \tag{5-13}$$

因此，在 $k$ 时刻，MPC 问题可描述为

$$\begin{aligned}
& J_k^*=\min_{u_k} J_k\left(\sigma, u_k\right) \\
& \text{s.t.}\begin{cases}
\sigma(k+1)=\sigma(k)+T_{\mathrm{s}} \dot{\sigma}(k) \\
\left\|\sigma\left(k+N_{\mathrm{p}} \mid k\right)\right\|_{\boldsymbol{P}}^2 \leqslant \rho\left\|\sigma(k \mid k)\right\|_{\boldsymbol{P}}^2, \quad \rho \in[0,1) \\
u_{k_{\min}} \leqslant u_k \leqslant u_{k_{\max}}
\end{cases}
\end{aligned} \tag{5-14}$$

求解上述优化问题，然后将优化解的第一个分量 $u_{k|k}$ 作用于系统，循环往复至 $k \rightarrow \infty$。

在控制律（5-14）作用下，被控系统是渐近稳定的。

**证明**：对于 $k \in\left[k_j, k_{j+1}\right](j=0,1,\cdots)$，存在常数 $\beta \in(0, \infty)$ 使跟踪误差满足 $\left\|\boldsymbol{e}(k)\right\|_{\boldsymbol{P}} \leqslant \beta\left\|\boldsymbol{e}\left(k_j\right)\right\|_{\boldsymbol{P}}$，故

$$\begin{cases}
\left\|\boldsymbol{e}\left(k_j\right)\right\|_{\boldsymbol{P}} \leqslant \rho\left\|\boldsymbol{e}\left(k_{j-1}\right)\right\|_{\boldsymbol{P}} \leqslant \cdots \leqslant \rho^j\left\|\boldsymbol{e}(0)\right\|_{\boldsymbol{P}} \\
\left\|\boldsymbol{e}(k)\right\|_{\boldsymbol{P}} \leqslant \beta\left\|\boldsymbol{e}\left(k_j\right)\right\|_{\boldsymbol{P}} \leqslant \beta \rho^j\left\|\boldsymbol{e}(0)\right\|_{\boldsymbol{P}}
\end{cases} \tag{5-15}$$

由 $\rho \in[0,1)$ 可得 $\mathrm{e}^{\rho-1}-\rho \geqslant 0$ 与 $\rho^k \leqslant \mathrm{e}^{-(1-\rho) k}$ 等价，因此可得

$$\begin{cases}
\left\|\boldsymbol{e}\left(k_j\right)\right\|_{\boldsymbol{P}} \leqslant\left\|\boldsymbol{e}(0)\right\|_{\boldsymbol{P}} \mathrm{e}^{-(1-\rho) j} \\
\left\|\boldsymbol{e}(k)\right\|_{\boldsymbol{P}} \leqslant \beta\left\|\boldsymbol{e}(0)\right\|_{\boldsymbol{P}} \mathrm{e}^{-(1-\rho) j}
\end{cases} \tag{5-16}$$

和

$$\left\|\boldsymbol{e}(k)\right\|_{\boldsymbol{P}} \leqslant \beta\left\|\boldsymbol{e}(0)\right\|_{\boldsymbol{P}} \mathrm{e}^{-(1-\rho)\times \mathrm{int}(k/N)} \tag{5-17}$$

注意到 $\mathrm{int}(k/N) \geqslant k/N - 1$，故

$$\beta \mathrm{e}^{-(1-\rho)\times \mathrm{int}(k/N)} \leqslant \beta \mathrm{e}^{-(1-\rho)(k/N-1)} \tag{5-18}$$

因此，对任意 $k \in \boldsymbol{Z}_+$ 都有

$$\left\|\boldsymbol{e}(k)\right\|_{\boldsymbol{P}} \leqslant \beta\left\|\boldsymbol{e}(0)\right\|_{\boldsymbol{P}} \mathrm{e}^{-(1-\rho)(k/N-1)} \tag{5-19}$$

即系统是稳定的。证毕。

### 5.1.3　仿真验证与分析

为验证控制策略的有效性，采用 MATLAB/Simulink 搭建仿真平台。拖曳系统参数与控制器参数如表 5-1 所示。同时，考虑到平台星推力幅值受限，推力幅值需满足 $F_\theta \leqslant 5\mathrm{N}$，且摆动控制力矩由对称安装的推力器给出。取仿真时长为 200s，步长为 0.1s，仿真结果如图 5-2～图 5-5 所示。

**表 5-1　拖曳系统参数与控制器参数**

| 参数 | 参数值 | 参数 | 参数值 |
| --- | --- | --- | --- |
| $m_\mathrm{p}$ | 1000kg | $m_\mathrm{d}$ | 3000kg |
| $r_0$ | 42154km | $\theta_0$ | 20° |
| $\alpha_0$ | 0° | $\dot{\alpha}_0$ | $1.0433\times10^{-3}$ rad/s |
| $d$ | 10m | $k_1$ | 0.65 |
| $N_\mathrm{p}$ | 20 | $\boldsymbol{Q}$ | 200 |
| $\boldsymbol{R}$ | 10 | $\boldsymbol{P}$ | 200 |
| $T_\mathrm{s}$ | 0.1s | $\rho$ | 0.9 |

图 5-2 和图 5-3 为系绳面内摆角和摆动角速度在轨道机动过程中的变化曲线。可以看出，面内摆角在 150s 后便能跟踪上平衡位置，且整个跟踪过程较为平稳，超调角度约为 16.1°，表明系绳“摆动”在所设计的控制算法作用下可以得到完全抑制。

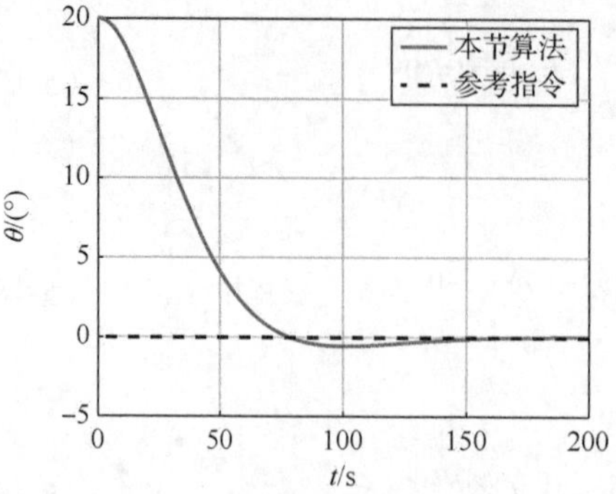


图 5-2　面内摆角跟踪轨迹

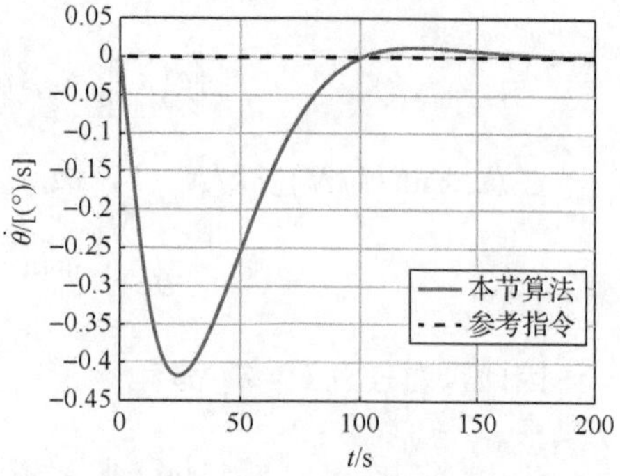


图 5-3　面内摆动角速度跟踪轨迹

图 5-4 给出了滑模面 $\sigma$ 的变化曲线，推力幅值的变化曲线绘制于图 5-5 中。在系绳摆角趋于稳定后，滑模面逐渐收敛到 0，与传统滑模控制中推力值在 0 附近来回波动不同，本节所设计的基于模型预测的滑模趋近律可以使角度平滑地收敛到 0 附近，且整个控制过程中大大地削弱了推力幅值的抖振现象，便于工程实现。此外，本节所提算法在整个控制周期内均没有违背推力幅值约束条件。考虑到姿控推力器的特性，在推力实现时，由 5N 推力器采用脉宽调制方法实际计算每一个控制周期的推力器作用时间，本小节不再赘述。

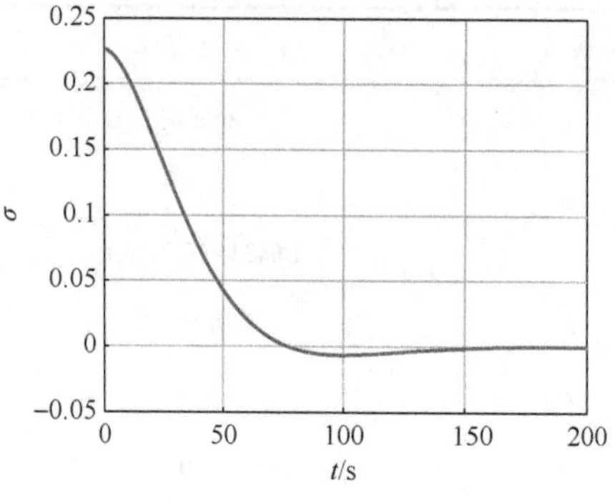


图 5-4　滑模面变化曲线

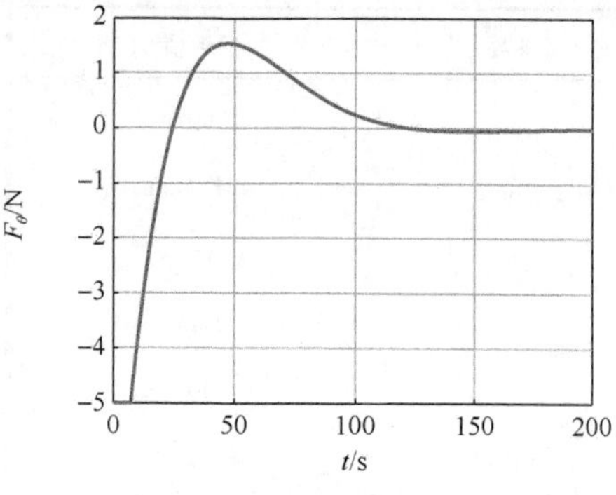


图 5-5　推力幅值变化曲线

需要指出的是，系绳“摆动”会影响整个绳系系统的拖曳轨道，随着在轨运行时间的增加，系统必将偏离其预定轨道。因此，如何在实现系绳摆动抑制的同时，使得平台星跟踪其期望轨道，是下一步将要解决的问题。

## 5.2　利用平台姿态机动的防摆动控制技术

系绳“摆动”不仅会造成对平台的鞭打，干扰平台的姿态，还会进一步影响整个绳系系统的拖曳轨道。摆动效应主要由推力与系绳不共线引起。因此，通过改变推力的方向来抑制摆动并使平台跟踪期望轨道，是一种直接并且可行的方案。但是改变推力方向会引起变轨效果的减弱，这也是一个必须关注的问题。此外，由于推力的方向可由平台姿态机动进行调整，故本节研究利用平台姿态机动的系绳摆动抑制控制。然而，该策略会导致非仿射受限欠驱动控制问题。尽管如此，系统仍然可以通过将姿态角速度视为虚拟控制量，转化为仿射型。这就需要一个双环控制结构，其中外部欠驱动环为内部姿态控制环提供期望角速度。

基于第 4 章的研究成果，本节首先将目标星视为质点，进一步简化平面拖曳模型。其次分析系统动力学特性和可控性条件。最后针对非仿射双环控制模式，设计高阶分层滑模-模型预测控制器。其中，高阶 HSMC 中的非线性项由基于超螺旋算法（super-twisting algorithm, STA）的控制观测器估计，并且为实现状态反馈，使用扩展卡尔曼滤波器估计系统状态以处理测量噪声和部分状态无法测量问题。

简化后的绳系拖曳系统平面简化模型如图 5-6 所示。其中，$Ax_\mathrm{d}y_\mathrm{d}$ 为质心距坐标（distance vector frame, DVF）系，由于平台尺寸相对于绳长较小，本节将系绳面内摆角近似为质心距 $\boldsymbol{d}$ 向量与当地垂线的夹角 $\phi$，因此当系绳指向地心时，DVF 系与 LVLH 坐标系重合。$\boldsymbol{r}$ 和 $\boldsymbol{r}_0$ 分别为平台质心和目标星质心的轨道半径向量，$\alpha$ 为平台轨道真近点角，$\theta$ 为平台俯仰姿态角，$\delta$ 为平台系绳对准角，$l$ 为实际绳长。

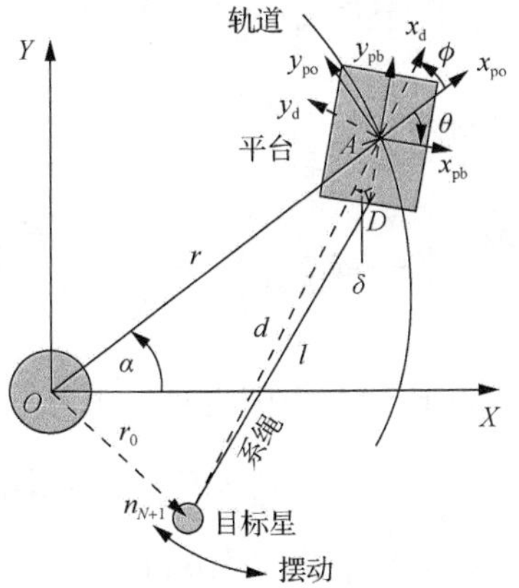


图 5-6　绳系拖曳系统平面简化模型示意图

平台质心的轨道平面机动可用如下经典的二体问题描述：

$$\begin{cases} \ddot{r} = r\dot{\alpha}^2 - \dfrac{\mu}{r^2} - \dfrac{F\sin\theta + T\cos\phi}{m_{\mathrm{p}}} \\ \ddot{\alpha} = -2\dfrac{\dot{r}\dot{\alpha}}{r} + \dfrac{F\cos\theta - T\sin\phi}{m_{\mathrm{p}} r} \end{cases} \tag{5-20}$$

式中，$F$ 为平台推力大小，推力方向始终沿 PBF 系的 $y_{\mathrm{pb}}$ 轴正向。

令目标星在 LVLH 坐标系中的坐标为$(x, y)$，则质心距加速度为

$$\begin{aligned} \ddot{\boldsymbol{d}}\big|_{\mathrm{ECPI}} &= \frac{\mu \boldsymbol{r}\big|_{\mathrm{ECPI}}}{r^3} - \frac{\mu\left(\boldsymbol{r}\big|_{\mathrm{ECPI}} + \boldsymbol{d}\big|_{\mathrm{ECPI}}\right)}{\left[r^2\left(1+\dfrac{x}{r}\right)^2 + y^2\right]^{\frac{3}{2}}} + \frac{\boldsymbol{T}_{\mathrm{p}}\big|_{\mathrm{ECPI}}}{m_{\mathrm{d}}} - \frac{\boldsymbol{F}\big|_{\mathrm{ECPI}} + \boldsymbol{T}_{\mathrm{p}}\big|_{\mathrm{ECPI}}}{m_{\mathrm{p}}} \\ &= \frac{\mu}{r^3}\left[\boldsymbol{r}\big|_{\mathrm{ECPI}} - \left(1 + \frac{2x}{r} + \frac{d^2}{r^2}\right)^{-\frac{3}{2}} \left(\boldsymbol{r}\big|_{\mathrm{ECPI}} + \boldsymbol{d}\big|_{\mathrm{ECPI}}\right)\right] \\ &\quad + \frac{\boldsymbol{T}_{\mathrm{p}}\big|_{\mathrm{ECPI}}}{m_{\mathrm{d}}} - \frac{\boldsymbol{F}\big|_{\mathrm{ECPI}} + \boldsymbol{T}_{\mathrm{p}}\big|_{\mathrm{ECPI}}}{\mathrm{m}_{\mathrm{p}}} \end{aligned} \tag{5-21}$$

式中，$r = \|\boldsymbol{r}\|$，为平台质心轨道半径大小；$d = \|\boldsymbol{d}\|$，为两端航天器质心距大小。

通常而言，质心距远小于轨道半径 $d \ll r$ 使得 $d^2/r^2 \approx 0$。因此，应用泰勒（Taylor）多项式：

$$\left(1 + \frac{2x}{r}\right)^{-\frac{3}{2}} = 1 - \frac{3}{2}\left(\frac{2x}{r}\right) + \frac{15}{8}\left(\frac{2x}{r}\right)^2 + \cdots \tag{5-22}$$

并忽略高阶项和 $3x\boldsymbol{d}\big|_{\mathrm{ECPI}} r^{-1}$ 可得

$$\ddot{\boldsymbol{d}}\big|_{\mathrm{ECPI}} = \frac{\mu}{r^3}\left(\frac{3x\boldsymbol{r}\big|_{\mathrm{ECPI}}}{r} - \boldsymbol{d}\big|_{\mathrm{ECPI}}\right) + \frac{\boldsymbol{T}_{\mathrm{p}}\big|_{\mathrm{ECPI}}}{m_{\mathrm{d}}} - \frac{\boldsymbol{F}\big|_{\mathrm{ECPI}} + \boldsymbol{T}_{\mathrm{p}}\big|_{\mathrm{ECPI}}}{m_{\mathrm{p}}} \tag{5-23}$$

质心距加速度矢量在 LVLH 坐标系中满足以下方程：

$$\begin{aligned} \ddot{\boldsymbol{d}}\big|_{\mathrm{LVLH}} = {}^{\mathrm{EP}}\boldsymbol{R}_{\mathrm{L}}^{-1}\ddot{\boldsymbol{d}}\big|_{\mathrm{ECPI}} - \ddot{\alpha}\big|_{\mathrm{LVLH}} \times \boldsymbol{d}\big|_{\mathrm{LVLH}} - 2\dot{\alpha}\big|_{\mathrm{LVLH}} \times \dot{\boldsymbol{d}}\big|_{\mathrm{LVLH}} \\ - \dot{\alpha}\big|_{\mathrm{LVLH}} \times \left(\dot{\alpha}\big|_{\mathrm{LVLH}} \times \boldsymbol{d}\big|_{\mathrm{LVLH}}\right) \end{aligned} \tag{5-24}$$

式中，${}^{\mathrm{EP}}\boldsymbol{R}_{\mathrm{L}} \in \mathbb{R}^{2\times 2}$，为 LVLH 坐标系到 ECPI 坐标系的转换矩阵。

将式（5-23）代入式（5-24），并使用以下坐标变换：

$$\begin{cases} x = -d\cos\phi \\ y = -d\sin\phi \end{cases} \tag{5-25}$$

经运算可得关于质心距和系绳面内摆角的摆动动力学方程：

$$\ddot{d} = d\left(\dot{\alpha}+\dot{\phi}\right)^2 + \frac{\mu d\left(3\cos^2\phi-1\right)}{r^3} - \frac{\left(m_{\mathrm{d}}+m_{\mathrm{p}}\right)T}{m_{\mathrm{d}}m_{\mathrm{p}}} - \frac{F\sin\left(\theta-\phi\right)}{m_{\mathrm{p}}} \tag{5-26}$$

$$\ddot{\phi} = -\frac{2\dot{d}}{d}\left(\dot{\phi}+\dot{\alpha}\right) - \ddot{\alpha} - \frac{3\mu\sin\phi\cos\phi}{r^3} + \frac{F\cos\left(\theta-\phi\right)}{dm_{\mathrm{p}}} \tag{5-27}$$

基于前文研究成果，可认为系绳张力已受控并且质心距得到保持，使得 $\ddot{d}=\dot{d}=0$。因此，张力在本章中仅为一个观测量，由以下方程获得

$$T = \frac{m_{\mathrm{d}}m_{\mathrm{p}}}{m_{\mathrm{d}}+m_{\mathrm{p}}}\left[d\left(\dot{\alpha}+\dot{\phi}\right)^2 + \frac{\mu d\left(3\cos^2\phi-1\right)}{r^3} - \frac{F\sin\left(\theta-\phi\right)}{m_{\mathrm{p}}}\right] \tag{5-28}$$

至此，式（5-20）、系绳摆动动力学方程（5-27）和平台俯仰姿态动力学方程共同组成绳系拖曳系统的面内模型如下：

$$\dot{\boldsymbol{x}} = \boldsymbol{f}\left(\boldsymbol{x},F,T,\theta\right) \tag{5-29}$$

$$\ddot{\theta} = -\ddot{\alpha} + I^{-1}\tau + I^{-1}T\,\overline{AD}\cos\left(\theta-\phi\right) \tag{5-30}$$

式中，$I$ 为平台俯仰转动惯量；$\tau$ 为平台俯仰姿态控制力矩；$\overline{AD}$ 为系绳释放点 $D$ 与平台质心 $A$ 的间距；$\boldsymbol{x} \triangleq \left\{x_i\right\}\left(i=1,2,\cdots,6\right) = \left[r,\dot{r},\alpha,\dot{\alpha},\phi,\dot{\phi}\right]^{\mathrm{T}}$，为系统状态向量；

$$\boldsymbol{f}\left(\boldsymbol{x},F,T,\theta\right) = \begin{bmatrix} \dot{r} \\ r\dot{\alpha}^2 - \mu r^{-2} - m_{\mathrm{p}}^{-1}\left(F\sin\theta + T\cos\phi\right) \\ \dot{\alpha} \\ -2r^{-1}\dot{r}\dot{\alpha} + m_{\mathrm{p}}^{-1}r^{-1}\left(F\cos\theta - T\sin\phi\right) \\ \dot{\phi} \\ -\ddot{\alpha} - 3r^{-3}\mu\sin\phi\cos\phi + d^{-1}m_{\mathrm{p}}^{-1}F\cos\left(\theta-\phi\right) \end{bmatrix}。$$

显而易见，平台俯仰角 $\theta$ 连接着以上两个子系统，这使得“摆动”抑制与轨道跟踪都可通过姿态机动来完成。又可见，当平台推力关闭时，摆动动力学与平台姿态解耦。此外，$\theta$ 在子系统（5-29）中与系统状态间是非线性的，因此子系统（5-29）是非仿射系统，同时也是欠驱动的，这是因为对于子系统（5-29），控制输入 $\theta$ 的维数少于系统自由度 3（$r$、$\alpha$、$\phi$ 的维数）。

### 5.2.1　平衡位置与可控性分析

本小节首先定义平台机动的参考轨迹和系绳摆动的平衡位置以明确控制目标，其次讨论子系统（5-29）的可控性。

#### 5.2.1.1　平衡位置和控制目标

在本小节中，期望的推力方向是沿当地水平线的，意味着期望平台俯仰角为 0。因此，令 $\theta = 0$ 并忽略轨道角加速度，可将摆动动力学方程改写如下：

$$\ddot{\phi} = -3r^{-3}\mu \sin\phi \cos\phi + d^{-1}m_{\mathrm{p}}^{-1}F\cos\phi \tag{5-31}$$

为展示以上摆动动力学方程的开环稳定性，考虑两种推力下的系绳摆动相轨迹，如图 5-7 所示。其中，$r = 42164\,\mathrm{km}$，$d = 100\,\mathrm{m}$，$m_{\mathrm{p}} = 1000\,\mathrm{kg}$，推力 $F$ 分别为 100N 和 500N。

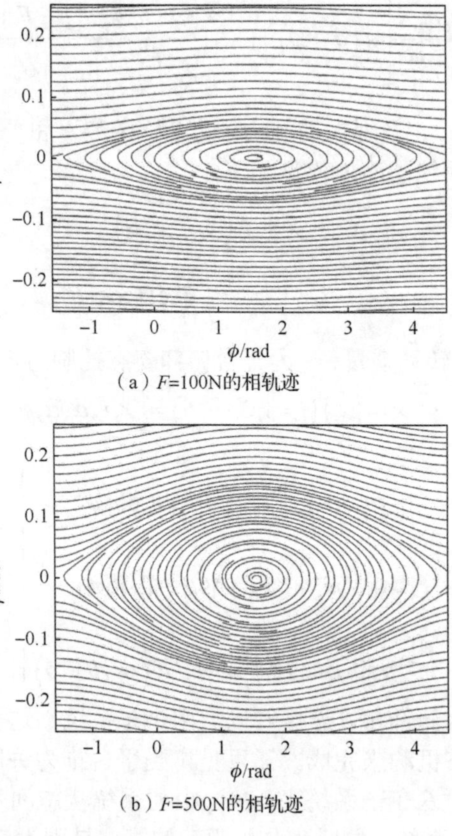


（a）$F$=100N的相轨迹

（b）$F$=500N的相轨迹

图 5-7　两种推力下的系绳摆动相轨迹图

由图 5-7 可知，当平台姿态维持在 0 时，摆动状态$\left[\phi,\dot{\phi}\right]$的平衡位置为$\left[\pi/2,0\right]$。系绳的开环“摆动”是 Lyapunov 意义下的稳定。此外，随着推力的增大，“摆动”稳定域也随之扩大。但是，这个特性并不意味着推力越大越好。这是因为大推力会加剧鞭打效应，甚至超出平台姿态力矩的控制能力。大推力势必导致更大的系绳张力，从而使得系绳“摆动”会更严重地干扰平台轨道。

将$\theta=0$和$\phi=\pi/2$代入式（5-20）可得期望平台质心轨道为

$$\begin{cases}\ddot{r}_{\text{ref}}=r_{\text{ref}}\dot{\alpha}_{\text{ref}}^{2}-\dfrac{\mu}{r_{\text{ref}}^{2}}\\ \ddot{\alpha}_{\text{ref}}=-2\dfrac{\dot{r}_{\text{ref}}\dot{\alpha}_{\text{ref}}}{r_{\text{ref}}}+\dfrac{F-T_{\text{ref}}}{m_{\text{p}}r_{\text{ref}}}\end{cases}\tag{5-32}$$

式中，$T_{\text{ref}}$为期望系绳张力，通过令式（5-28）中$\theta=0$，$\phi=\pi/2$和$\dot{\phi}=0$可得。

基于以上摆动平衡位置和参考平台轨迹，可得如下控制目标：

$$\begin{cases}\left[\phi,\dot{\phi}\right]^{\text{T}}\rightarrow\left[\dfrac{\pi}{2},0\right]^{\text{T}}\\ \boldsymbol{x}_{o}\rightarrow\boldsymbol{x}_{o\text{ref}}\end{cases}\tag{5-33}$$

式中，$\boldsymbol{x}_{o}=\left[r,\dot{r},\alpha,\dot{\alpha}\right]^{\text{T}}$，为平台轨道状态向量；$\boldsymbol{x}_{o\text{ref}}\in\mathbb{R}^{4\times1}$，为由式（5-32）所得的期望轨道状态向量。

为探究子系统（5-29）在$\theta=0$时的开环稳定性，考虑如下 Lyapunov 函数：

$$V_{1}=\frac{1}{2}\boldsymbol{E}_{x}^{\text{T}}\boldsymbol{E}_{x}\tag{5-34}$$

式中，$\boldsymbol{E}_{x}=\left[e_{\dot{r}},e_{\dot{\alpha}},e_{\dot{\phi}}\right]^{\text{T}}$，为跟踪偏差状态的导数向量，$e_{\dot{r}}=\dot{r}-\dot{r}_{\text{ref}}$，$e_{\dot{\alpha}}=\dot{\alpha}-\dot{\alpha}_{\text{ref}}$，$e_{\dot{\phi}}=\dot{\phi}-\dot{\phi}_{\text{ref}}$。

$V_{1}$的导数为

$$\begin{aligned}\dot{V}_{1}=&e_{\dot{r}}\left[\left(r_{\text{ref}}+e_{r}\right)\left(\dot{\alpha}_{\text{ref}}+e_{\dot{\alpha}}\right)^{2}-\frac{\mu}{\left(r_{\text{ref}}+e_{r}\right)^{2}}-\frac{T\cos\left(\phi_{\text{ref}}+e_{\phi}\right)}{m_{\text{p}}}-\ddot{r}_{\text{ref}}\right]\\&+e_{\dot{\alpha}}\left[-2\frac{\left(\dot{r}_{\text{ref}}+e_{\dot{r}}\right)\left(\dot{\alpha}_{\text{ref}}+e_{\dot{\alpha}}\right)}{r_{\text{ref}}+e_{r}}+\frac{F-T\sin\left(\phi_{\text{ref}}+e_{\phi}\right)}{\left(r_{\text{ref}}+e_{r}\right)m_{\text{p}}}-\ddot{\alpha}_{\text{ref}}\right]\\&+e_{\dot{\phi}}\left[-\ddot{\alpha}-\frac{3\mu\sin\left(2\phi_{\text{ref}}+2e_{\phi}\right)}{2\left(r_{\text{ref}}+e_{r}\right)^{3}}+\frac{F\cos\left(\phi_{\text{ref}}+e_{\phi}\right)}{dm_{\text{p}}}-\ddot{\phi}_{\text{ref}}\right]\end{aligned}\tag{5-35}$$

式中，$e_r = r - r_{\text{ref}}$，$e_\phi = \phi - \phi_{\text{ref}}$ 为跟踪偏差。

式（5-35）表明在没有姿态控制输入的情况下，很难保证 $\dot{V}_1$ 的负定。这意味着子系统（5-29）和子系统（5-30）是非最小相位的。因此，为稳定跟踪偏差，需要一个双环控制结构使得在外环中的子系统（5-29）为内环姿态控制提供期望的姿态。

5.2.1.2　可控性分析

欠驱动子系统（5-29）对于平台俯仰角 $\theta$ 并不一定都是可控的。由于针对航天器姿态控制系统的可控性条件不再适用，这里采用泊松稳定（Poisson stability）、李代数秩条件（Lie algebra rank condition, LARC）和小时域局部可达性（small time local accessibility, STLA）分析子系统（5-29）的可控性[245]。为此，将平台俯仰角速度 $\dot{\theta}$ 视为待设计的虚拟控制量，可将子系统（5-29）转化为如下仿射结构：

$$\dot{\boldsymbol{X}} = \boldsymbol{F}(\boldsymbol{X}, F, T) + \boldsymbol{G}(\boldsymbol{X})\dot{\theta} \tag{5-36}$$

式中，$\boldsymbol{X} = [\boldsymbol{x}, \theta]^{\mathrm{T}}$，为增广系统状态向量；$\boldsymbol{F}(\boldsymbol{X}, F, T) = \begin{bmatrix} \boldsymbol{f}(\boldsymbol{x}, F, T, \theta) \\ 0 \end{bmatrix}$；$\boldsymbol{G}(\boldsymbol{X}) = \begin{bmatrix} \boldsymbol{0}_{6\times1} \\ 1 \end{bmatrix}$。

第一步是判断增广系统（5-36）是否符合 LARC。因此，构造如下李（Lie）括号：

$$\begin{cases} \boldsymbol{G} \\ [\boldsymbol{F}, \boldsymbol{G}] \\ [\boldsymbol{G}, [\boldsymbol{F}, \boldsymbol{G}]] \\ [\boldsymbol{F}, [\boldsymbol{G}, [\boldsymbol{F}, \boldsymbol{G}]]] \\ [\boldsymbol{G}, [\boldsymbol{F}, [\boldsymbol{G}, [\boldsymbol{F}, \boldsymbol{G}]]]] \\ [\boldsymbol{F}, [\boldsymbol{G}, [\boldsymbol{F}, [\boldsymbol{G}, [\boldsymbol{F}, \boldsymbol{G}]]]]] \\ [\boldsymbol{G}, [\boldsymbol{F}, [\boldsymbol{G}, [\boldsymbol{F}, [\boldsymbol{G}, [\boldsymbol{F}, \boldsymbol{G}]]]]]] \end{cases} \tag{5-37}$$

式中，$[\boldsymbol{F}, \boldsymbol{G}] = \dfrac{\partial \boldsymbol{G}}{\partial \boldsymbol{X}}\boldsymbol{F} - \dfrac{\partial \boldsymbol{F}}{\partial \boldsymbol{X}}\boldsymbol{G}$，为标准 Lie 括号定义。

将式（5-37）写成矩阵形式可得

$$
\begin{bmatrix}
0 & 0 & 0 & \dfrac{F\mathrm{s}\theta}{m_{\mathrm{p}}} & \dfrac{F\mathrm{c}\theta}{m_{\mathrm{p}}} & \dfrac{2F\dot{\alpha}\mathrm{s}\theta}{m_{\mathrm{p}}} & \dfrac{2F\dot{\alpha}\mathrm{c}\theta}{m_{\mathrm{p}}} \\
0 & \dfrac{F\mathrm{c}\theta}{m_{\mathrm{p}}} & -\dfrac{F\mathrm{s}\theta}{m_{\mathrm{p}}} & -\dfrac{2F\dot{\alpha}\mathrm{c}\theta}{m_{\mathrm{p}}} & \dfrac{2F\dot{\alpha}\mathrm{s}\theta}{m_{\mathrm{p}}} & c_1 & c_4 \\
0 & 0 & 0 & -\dfrac{F\mathrm{c}\theta}{rm_{\mathrm{p}}} & \dfrac{F\mathrm{s}\theta}{rm_{\mathrm{p}}} & -\dfrac{2F\dot{\alpha}\mathrm{c}\theta}{rm_{\mathrm{p}}} & \dfrac{2F\dot{\alpha}\mathrm{s}\theta}{rm_{\mathrm{p}}} \\
0 & \dfrac{F\mathrm{s}\theta}{rm_{\mathrm{p}}} & \dfrac{F\mathrm{c}\theta}{rm_{\mathrm{p}}} & \dfrac{F\dot{r}\mathrm{c}\theta}{r^2 m_{\mathrm{p}}}+\dfrac{2F\dot{\alpha}\mathrm{s}\theta}{rm_{\mathrm{p}}} & -\dfrac{F\dot{r}\mathrm{s}\theta}{r^2 m_{\mathrm{p}}}+\dfrac{2F\dot{\alpha}\mathrm{c}\theta}{rm_{\mathrm{p}}} & c_2 & c_5 \\
0 & 0 & 0 & -\dfrac{F\mathrm{c}(\theta-\phi)}{dm_{\mathrm{p}}} & \dfrac{F\mathrm{s}(\theta-\phi)}{dm_{\mathrm{p}}} & -\dfrac{2F\dot{\phi}\mathrm{c}(\theta-\phi)}{dm_{\mathrm{p}}} & \dfrac{2F\dot{\phi}\mathrm{s}(\theta-\phi)}{dm_{\mathrm{p}}} \\
0 & \dfrac{F\mathrm{s}(\theta-\phi)}{dm_{\mathrm{p}}} & \dfrac{F\mathrm{c}(\theta-\phi)}{rm_{\mathrm{p}}} & \dfrac{F\dot{\phi}\mathrm{s}(\theta-\phi)}{dm_{\mathrm{p}}} & \dfrac{F\dot{\phi}\mathrm{c}(\theta-\phi)}{dm_{\mathrm{p}}} & c_3 & c_6 \\
1 & 0 & 0 & 0 & 0 & 0 & 0
\end{bmatrix}
\tag{5-38}
$$

式中，$\mathrm{c}\theta$ 和 $\mathrm{s}\theta$ 分别为 $\cos\theta$ 和 $\sin\theta$ 的简写；$c_k\left(k=1,2,\cdots,6\right)$ 为相关非线性项。

若式（5-38）为满秩，则增广系统（5-36）满足 LARC。因此可得如下定理。

**定理 5.1**　使增广系统（5-36）满足 LARC 的充分必要条件是 $F\neq 0$。

第二步是从两个方面说明漂移向量场 $\boldsymbol{F}\left(\boldsymbol{X},F,T\right)$ 是弱泊松稳定的。首先，由于没有约束保守力作用于系统，因此由 $\boldsymbol{F}\left(\boldsymbol{X},F,T\right)$ 产生的流量是体积守恒的。其次，通过证明系统能量是有界的来说明 $\boldsymbol{F}\left(\boldsymbol{X},F,T\right)$ 满足庞加莱（Poincare）递归原理。无论俯仰角 $\theta$ 是否保持为零，受扰的平台轨道和系绳摆角不可能在有限拖曳时间内变化到无穷。基于这个原因，可以推断由 Lyapunov 函数 $V_1$ 表示的系统能量应以 $V_{1\max}$ 为边界。因此，漂移向量场 $\boldsymbol{F}\left(\boldsymbol{X},F,T\right)$ 能产生一个体积守恒的流量且满足 Poincare 递归原理。根据定理 5.1，若平台推力不为零，则增广系统（5-36）可控。

### 5.2.2　基于分层滑模的欠驱动防摆动控制

在 5.2.1 小节分析的基础上，设计如图 5-8 所示的系绳摆动控制器。该控制器为双环结构。外环提供角速度信号给内环，在此角速度驱动下，平台能抑制系绳摆动且能跟踪期望轨迹。在外环设计中，利用扩展卡尔曼滤波器估计所有的系统状态，并以这些估计值为反馈信号，使用二阶分层滑模控制器和基于 STA 的控制观测器，来产生角速度在滑动模态的等效控制律。对于内环设计，根据前文的控制思路，继续采用名义鲁棒 MPC 来稳定滑模变量并驱使角速度跟踪等效控制律。

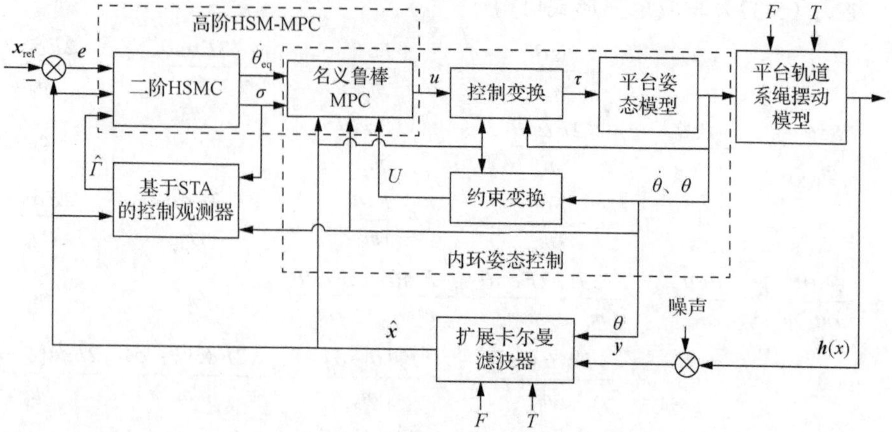


图 5-8　利用平台姿态机动的系绳摆动控制器结构

#### 5.2.2.1　外环控制器设计

由图 5-8 可知，外环控制器部分包括一个二阶 HSMC、一个基于 STA 的控制观测器和一个扩展卡尔曼滤波器（extended Kalman filter, EKF）。

1）状态观测器设计

令平台在 ECPI 坐标系中的轨道半径 $r$ 、真近点角 $\alpha$ 和系绳在 LVLH 坐标系中的面内摆角 $\phi$ 为系统三个可测状态量。其中，前两个状态量可由传统的天文导航系统（celestial navigation system, CNS）测得。系绳摆角可由安装在平台尾部的相机测得。

因此，定义子系统（5-29）的输出向量为

$$\boldsymbol{y}=\boldsymbol{h}(x)=[r,\alpha,\phi]^{\mathrm{T}} \tag{5-39}$$

EKF 是针对非线性系统的卡尔曼滤波器，能有效地处理由量测噪声引起的随机误差。因此，带有噪声的子系统（5-29）可写为如下形式：

$$\begin{cases}\dot{\boldsymbol{x}}=\boldsymbol{f}(\boldsymbol{x},F,T,\theta)+\boldsymbol{w}\\ \boldsymbol{y}=\boldsymbol{h}(\boldsymbol{x})+\boldsymbol{v}\\ \boldsymbol{w}\sim N(\boldsymbol{0},\boldsymbol{Q}_w)\\ \boldsymbol{v}\sim N(\boldsymbol{0},\boldsymbol{R}_v)\end{cases} \tag{5-40}$$

式中， $\boldsymbol{w}\in\mathbb{R}^{6\times1}$ 和 $\boldsymbol{v}\in\mathbb{R}^{3\times1}$ 分别为过程和测量 Gauss 白噪声矩阵； $\boldsymbol{Q}_w\in\mathbb{R}^{6\times6}$ 和 $\boldsymbol{R}_v\in\mathbb{R}^{3\times3}$ 分别为过程噪声和测量噪声协方差矩阵。

通常，连续 EKF 方程有如下形式：

$$\begin{cases}\dot{\hat{\boldsymbol{x}}} = \boldsymbol{f}\left(\hat{\boldsymbol{x}}, F, T, \theta\right) + \boldsymbol{K}\left[\boldsymbol{y} - \boldsymbol{h}\left(\hat{\boldsymbol{x}}\right)\right] \\ \dot{\boldsymbol{P}} = \boldsymbol{f}_{\text{EKF}}\boldsymbol{P} + \boldsymbol{P}\boldsymbol{f}_{\text{EKF}}^{\text{T}} - \boldsymbol{KHP} + \boldsymbol{Q}_w \\ \boldsymbol{K} = \boldsymbol{PH}^{\text{T}}\boldsymbol{R}_v^{-1}\end{cases} \tag{5-41}$$

式中，$\hat{\boldsymbol{x}}$ 为系统状态的估计向量；$\boldsymbol{f}_{\text{EKF}}$ 和 $\boldsymbol{H}$ 分别为 $\boldsymbol{f}\left(\boldsymbol{x}, F, T, \theta\right)$ 和 $\boldsymbol{h}\left(x\right)$ 在 $\hat{\boldsymbol{x}}$ 处的一阶 Taylor 展开：

$$\begin{cases}\boldsymbol{f}_{\text{EKF}} = \left.\dfrac{\partial \boldsymbol{f}\left(\boldsymbol{x}, F, T, \theta\right)}{\partial \boldsymbol{x}}\right|_{\boldsymbol{x}=\hat{\boldsymbol{x}}} \\ \boldsymbol{H} = \left.\dfrac{\partial \boldsymbol{h}\left(\boldsymbol{x}\right)}{\partial \boldsymbol{x}}\right|_{\boldsymbol{x}=\hat{\boldsymbol{x}}}\end{cases} \tag{5-42}$$

**定理 5.2**　当且仅当线性系统（5-42）在 $\hat{\boldsymbol{x}}$ 处可观，则所设计的 EKF 在 $\hat{\boldsymbol{x}}$ 处渐近稳定。

2）二阶 HSMC 设计

为处理跟踪问题，定义如下跟踪偏差向量：

$$\boldsymbol{e} = \hat{\boldsymbol{x}} - \boldsymbol{x}_{\text{ref}} \tag{5-43}$$

式中，$\boldsymbol{x}_{\text{ref}} = \left[\boldsymbol{x}_{o\text{ref}}, \dfrac{\pi}{2}, 0\right]^{\text{T}}$，为待跟踪的参考状态向量。

以上跟踪偏差又可写为关于估计偏差 $\tilde{\boldsymbol{x}} = \boldsymbol{x} - \hat{\boldsymbol{x}}$ 的函数形式：

$$\boldsymbol{e} = \boldsymbol{x} - \boldsymbol{x}_{\text{ref}} - \tilde{\boldsymbol{x}} \tag{5-44}$$

因此，式（5-44）的导数为

$$\dot{\boldsymbol{e}} = \begin{bmatrix} e_2 + \tilde{x}_2 - \dot{\tilde{x}}_1 \\ \varPhi_1 - \dfrac{F\sin\theta}{m_{\text{p}}} \\ e_4 + \tilde{x}_4 - \dot{\tilde{x}}_3 \\ \varPhi_2 + \dfrac{F\cos\theta}{\hat{x}_1 m_{\text{p}}} \\ e_6 + \tilde{x}_6 - \dot{\tilde{x}}_5 \\ \varPhi_3 + \dfrac{F\cos\left(\theta - \hat{x}_6\right)}{d m_{\text{p}}} \end{bmatrix} \tag{5-45}$$

式中，
$$\begin{cases}\Phi_1 = x_1 x_4^2 - \dfrac{\mu}{x_1^2} - \dot{\tilde{x}}_2 - \dot{x}_{\mathrm{ref}\,2} - \dfrac{T\cos x_5}{m_{\mathrm{p}}} \\ \Phi_2 = -2\dfrac{x_2 x_4}{x_1} - \dfrac{T\sin x_5}{x_1 m_{\mathrm{p}}} - \dot{\tilde{x}}_4 - \dot{x}_{\mathrm{ref}\,4} + \dfrac{F\cos\theta}{m_{\mathrm{p}}}\left(\dfrac{1}{x_1} - \dfrac{1}{\hat{x}_1}\right) \\ \Phi_3 = -\ddot{\alpha} - \dfrac{3\mu\sin(2x_5)}{2x_1^3} - \dot{\tilde{x}}_6 - \dot{x}_{\mathrm{ref}\,6} + \dfrac{F\left[\cos(\theta - x_5) - \cos(\theta - \hat{x}_5)\right]}{dm_{\mathrm{p}}}\end{cases}$$

偏差系统（5-45）进一步以$\left[e_{2i-1}, e_{2i}\right]^{\mathrm{T}}, i = 1,2,3$的形式划分为三个子系统。因此，设计三个对应的滑模变量为

$$s_i = k_i e_{2i-1} + e_{2i} + \eta_i \operatorname{sgn}(e_{2i-1}) \tag{5-46}$$

式中，$k_i$、$\eta_i$为待定正系数。

为探究系统在滑动模态时的动力学特性，考虑以下 Lyapunov 函数：

$$V_2 = \frac{1}{2}e_{2i-1}^2 \tag{5-47}$$

令$s_i = 0$，将所得的$e_{2i}$代入$\dot{V}_2$中，可得

$$\begin{aligned}\dot{V}_2 &= -k_i e_{2i-1}^2 - \eta_i\left|e_{2i-1}\right| + e_{2i-1}\left(\tilde{x}_{2i} - \dot{\tilde{x}}_{2i-1}\right) \\ &\leqslant -k_i e_{2i-1}^2 - \left|e_{2i-1}\right|\left(\eta_i - \left|\tilde{x}_{2i} - \dot{\tilde{x}}_{2i-1}\right|\right)\end{aligned} \tag{5-48}$$

一旦线性系统（5-42）满足定理 5.2，则偏差$\left|\tilde{x}_{2i} - \dot{\tilde{x}}_{2i-1}\right|$应以一个微小常数$\varepsilon_i$为边界。因此，若参数$\eta_i$满足$\eta_i > \varepsilon_i$，则滑模面是渐近稳定的。

定义聚合型分层滑模变量如下：

$$\begin{cases}S_2 = k_4 s_1 + s_2 \\ S = k_5 S_2 + s_3\end{cases} \tag{5-49}$$

式中，$k_4$、$k_5$为权重系数。

为提取角速度，对式（5-49）求二阶导数，这与$S$的一阶导数一起构成了$S$的动力学系统，其状态空间形式如下：

$$\begin{cases}\dot{S} = S_v \\ \dot{S}_v = g_{\mathrm{c}}\dot{\theta} + \Gamma_{\mathrm{s}}\end{cases} \tag{5-50}$$

式中，$g_{\mathrm{c}} = -\left[k_4 k_5 \dfrac{F\cos\theta}{m_{\mathrm{p}}} + k_5 \dfrac{F\sin\theta}{m_{\mathrm{p}}\hat{x}_1} + \dfrac{F\sin(\theta - \hat{x}_5)}{dm_{\mathrm{p}}}\right]$；$\Gamma_{\mathrm{s}} = k_4 k_5\left(k_1\ddot{e}_1 + \dot{\Phi}_1\right) +$

$k_5\left(k_2\ddot{e}_3+\dot{\Phi}_2-\dfrac{F\cos\theta\dot{\hat{x}}_1}{m_{\mathrm{p}}\hat{x}_1^2}\right)+k_3\ddot{e}_5+\dot{\Phi}_3+\dfrac{F\sin\left(\theta-\hat{x}_5\right)\dot{\hat{x}}_5}{dm_{\mathrm{p}}}$，为二阶 HSMC 的非线性项。

为使滑模系统（5-50）在原点渐近稳定，设计最高层滑模变量为

$$\sigma=k_6S+S_v \tag{5-51}$$

式中，$k_6$ 为滑模权重系数。

要让 $\left[S,S_v\right]^{\mathrm{T}}$ 保持在滑模面 $\sigma=0$ 上，令 $\dot{\sigma}=0$，可得角速度 $\dot{\theta}_{\mathrm{eq}}$ 等效控制律如下：

$$\dot{\theta}_{\mathrm{eq}}=\begin{cases}0, & g_{\mathrm{c}}=0\\ -g_{\mathrm{c}}^{-1}\hat{\Gamma}, & g_{\mathrm{c}}\neq 0\end{cases} \tag{5-52}$$

式中，$\hat{\Gamma}$ 为 $\Gamma=k_6\dot{S}+\Gamma_{\mathrm{s}}$ 的估计值。

3）基于 STA 的控制观测器设计

由于较难获得 $\Gamma$ 的解析解，因此 $\Gamma$ 将由一个基于 STA 的控制观测器估计得到。定义观测偏差为

$$\xi=\varpi-\sigma \tag{5-53}$$

式中，$\varpi$ 为观测器状态，其导数满足以下方程：

$$\dot{\varpi}=g_{\mathrm{c}}\dot{\theta}+\hat{\Gamma} \tag{5-54}$$

值得注意的是，目前 $\dot{\theta}$ 的准确值未知，需要通过后续的 MPC 优化得到。将式（5-54）代入式（5-53）的一阶导数中可得闭环系统为

$$\dot{\xi}=\hat{\Gamma}-\Gamma=\Delta\Gamma \tag{5-55}$$

式中，$\Delta\Gamma$ 为 $\Gamma$ 的估计偏差。

设计基于 STA 的估计律 $\hat{\Gamma}$ 为

$$\hat{\Gamma}=-k_7\sqrt{|\xi|}\operatorname{sgn}\left(\xi\right)-k_8\int\operatorname{sgn}\left(\xi\right) \tag{5-56}$$

式中，$k_7$、$k_8$ 为待定正系数。

#### 5.2.2.2　内环控制器设计

在内环中，平台俯仰姿态由名义鲁棒 MPC 算法进行控制。假设姿态信息可由平台姿态导航系统精确获得。

首先，实际俯仰角速度可写为等效控制律的形式：

$$\dot{\theta}=\left(\omega_\theta-\dot{\theta}_{\mathrm{eq}}\right)+\dot{\theta}_{\mathrm{eq}} \tag{5-57}$$

将式（5-52）和式（5-57）代入$\dot{\sigma}=0$中，并与平台姿态子系统（5-30）构成如下受扰系统：

$$\begin{cases}\dot{\sigma}=g_{\mathrm{c}}\left(\omega_{\theta}-\dot{\theta}_{\mathrm{eq}}\right)+\Delta\Gamma\\ \dot{\theta}=\omega_{\theta}\\ \dot{\omega}_{\theta}=u+\Delta d\end{cases} \tag{5-58}$$

式中，$\Delta d$为由估计偏差$\tilde{x}_5$和$\dot{\tilde{x}}_4$引起的扰动；$u$为变换后的控制输入，其定义为

$$u=I^{-1}\tau-\dot{\hat{x}}_4+I^{-1}T\overline{PA}\cos\left(\hat{x}_5-\theta\right) \tag{5-59}$$

MPC 的控制目标是使子系统（5-29）的状态到达滑模面$\sigma=0$且让$\omega_{\theta}$跟踪$\dot{\theta}_{\mathrm{eq}}$，即

$$\begin{cases}\sigma\to 0\\ \omega_{\theta}\to\dot{\theta}_{\mathrm{eq}}\end{cases} \tag{5-60}$$

其次，令采样时间为$\Delta t$，采用一阶欧拉法将系统（5-58）的名义部分离散为

$$\boldsymbol{E}_{k+1}=\underbrace{\begin{bmatrix}1 & g_{\mathrm{c}(k)}\Delta t\\ 0 & 1\end{bmatrix}}_{\boldsymbol{A}}\boldsymbol{E}_k+\underbrace{\begin{bmatrix}0\\ \Delta t\end{bmatrix}}_{\boldsymbol{B}}u_k \tag{5-61}$$

$$\theta_{n(k+1)}=\theta_{n(k)}+\omega_{n\theta(k)}\Delta t \tag{5-62}$$

式中，$\boldsymbol{E}_k=\left[\sigma_{n(k)},\omega_{n\theta(k)}-\dot{\theta}_{\mathrm{eq}(k)}\right]^{\mathrm{T}}$，为$k$时刻的跟踪偏差向量；$\sigma_{n(k)}$、$\theta_{n(k)}$和$\omega_{n\theta(k)}$分别为名义滑模变量、名义俯仰角（单位为 rad）和名义角速度；$g_{\mathrm{c}(k)}$、$\dot{\theta}_{\mathrm{eq}(k)}$在每个采样时刻更新并在预测时域内保持不变。

再次，定义状态约束，以避免平台在姿态机动中与系绳缠绕，并确保$\sigma_{n(k)}$的渐近稳定性和$\omega_{n\theta(k)}$的有界性。因此，定义平台对准角如图 5-9 所示，为$\boldsymbol{d}$与平台$y_{\mathrm{pb}}$轴间的夹角。

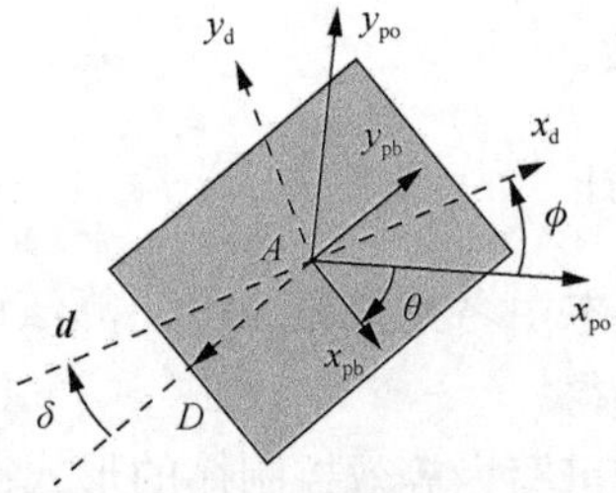


图 5-9　平台对准角定义图

由图 5-9 可知，为避免缠绕，对准角 $\delta=\pi/2-\phi+\theta$ 应满足约束 $\delta\in(-\pi/2,\pi/2)$。根据离散滑模可达条件和俯仰角及角速度约束，定义状态约束如下：

$$\boldsymbol{X}=\left\{\begin{array}{c}\sigma_{n(k)}\left|\left\|\sigma_{n(k+n|k)}\right\|<\rho\left\|\sigma_{n(k|k)}\right\|\right.\\ \theta_{n(k)}\left|\max\left\{\hat{\phi}_k-\pi,\theta_{\min}\right\}<\theta_{n(k+n|k)}<\min\left\{\hat{\phi}_k,\theta_{\max}\right\}\right.\\ \omega_{n\theta(k)}\left|\omega_{\theta\min}<\omega_{n\theta(k+n|k)}<\omega_{\theta\max}\right.\end{array}\right\} \tag{5-63}$$

式中，$n=1,2,\cdots,N$，$N$ 为预测时域。

平台姿态控制力矩受到约束 $[\tau_{\min},\tau_{\max}]$，使用如下约束变换：

$$\boldsymbol{U}(\tau_{\max/\min})=I^{-1}\left[T\overline{AD}\cos(\hat{x}_5-\theta)-I\dot{\hat{x}}_4+\tau_{\max/\min}\right] \tag{5-64}$$

可得变换后的输入约束为

$$\boldsymbol{U}=\left\{u_{(k)}\left|U(\tau_{\min})\leqslant u_k\leqslant U(\tau_{\max})\right.\right\} \tag{5-65}$$

进一步，为保证有限预测时域内的渐近稳定性，系统第 $N$ 步的预测状态应通过终端控制律进入终端约束。换言之，终端约束应使 $\sigma_{n(k+N|k)}$ 进入滑模面的邻域 $\varepsilon_\sigma$，即准滑动模态，并使 $\omega_{n\theta(k+N|k)}$ 进入 $\dot{\theta}_{\mathrm{eq}(k)}$ 的邻域 $\varepsilon_\omega$。相应的终端约束集 $\boldsymbol{X}_{\mathrm{f}}$ 定义为

$$\boldsymbol{X}_{\mathrm{f}}=\left\{\begin{array}{c}\sigma_{n(k+N|k)}\left|\left\|\sigma_{n(k+N|k)}\right\|\leqslant\varepsilon_\sigma\right.\\ \omega_{n\theta(k+N|k)}\left|\left\|\omega_{n\theta(k+N|k)}-\dot{\theta}_{\mathrm{eq}(k)}\right\|\leqslant\varepsilon_\omega\right.\end{array}\right\} \tag{5-66}$$

在时间段 $(N+1,\infty)$，存在一个终端控制 $u_{\mathrm{f}}\in\boldsymbol{U}$ 使状态量保持在终端约束内，并使其收敛到期望值。为此，定义一个新的滑模变量为

$$\varsigma_{k+N|k}=\boldsymbol{C}\boldsymbol{E}_{k+N|k} \tag{5-67}$$

式中，$\boldsymbol{C}=[c_{\mathrm{s}},1]$，为滑模变量权重系数矩阵，$c_{\mathrm{s}}$ 的选取应保证滑动模态：

$$\sigma_{n(k+N+1|k)}=\left(1-c_{\mathrm{s}}g_{\mathrm{c}(k)}\Delta t\right)\sigma_{n(k+N|k)} \tag{5-68}$$

是渐近稳定的，这意味着 $\left\|1-c_{\mathrm{s}}g_{\mathrm{c}(k)}\Delta t\right\|<1$。令 $\varsigma_{k+N+1|k}=0$，可得终端控制律 $u_{\mathrm{f}}$：

$$u_{\mathrm{f}}=\boldsymbol{K}_{\mathrm{f}}\boldsymbol{E}_{k+N|k} \tag{5-69}$$

式中，$\boldsymbol{K}_{\mathrm{f}}=-(\boldsymbol{CB})^{-1}\boldsymbol{CA}\in\mathbb{R}^{1\times2}$，为反馈增益矩阵。

最后，采用如下二次型目标函数来惩罚 $\boldsymbol{E}_{k+n|k}$ 、 $u_{k+n|k}$ 和 $\boldsymbol{E}_{k+N|k}$ ：

$$J_k = \sum_{n=0}^{N-1}\left(\left\|\boldsymbol{E}_{k+n|k}\right\|_{\boldsymbol{Q}}^2 + \left\|u_{k+n|k}\right\|_{\boldsymbol{R}}^2\right) + \left\|\boldsymbol{E}_{k+N|k}\right\|_{\boldsymbol{P}}^2 \tag{5-70}$$

式中， $\boldsymbol{Q}\in\mathbb{R}^{2\times2}$ ， $\boldsymbol{R}\in\mathbb{R}^{1\times1}$ ，为正定权重矩阵； $\boldsymbol{P}\in\mathbb{R}^{2\times2}$ ，为终端权重系数矩阵，为如下离散 Lyapunov 方程的解：

$$\boldsymbol{P} = \left(\boldsymbol{A}+\boldsymbol{B}\boldsymbol{K}_{\mathrm{f}}\right)^{\mathrm{T}}\boldsymbol{P}\left(\boldsymbol{A}+\boldsymbol{B}\boldsymbol{K}_{\mathrm{f}}\right)+\boldsymbol{Q}+\boldsymbol{K}_{\mathrm{f}}^{\mathrm{T}}\boldsymbol{R}\boldsymbol{K}_{\mathrm{f}} \tag{5-71}$$

在每个采样时刻，名义系统（5-61）和系统（5-62）由实际受扰状态更新。因此，所设计的 NRMPC 用于解决以下优化问题：

$$J_k^* = \min_{u_{k+n|k}} J_k\left(\boldsymbol{E}_{k+n|k}, u_{k+n|k}\right)$$

$$\text{s.t.}\begin{cases}\sigma_{n(k|k)} = \sigma_k \\ \omega_{n\theta(k|k)} = \omega_{\theta(k|k)} \\ \boldsymbol{E}_{k+n+1|k} = \boldsymbol{A}\boldsymbol{E}_{k+n|k} + \boldsymbol{B}u_{k+n|k} \\ \theta_{n(k+n+1|k)} = \theta_{n(k+n|k)} + \omega_{n\theta(k+n|k)}\Delta t \\ u_{k+n|k} \in \boldsymbol{U} \\ \left\{\sigma_{n(k+n|k)}, \theta_{n(k+n|k)}, \omega_{n\theta(k+n|k)}\right\} \subset \boldsymbol{X} \\ \left\{\sigma_{n(k+N|k)}, \omega_{n\theta(k+N|k)}\right\} \subset \boldsymbol{X}_{\mathrm{f}}\end{cases} \tag{5-72}$$

### 5.2.3 稳定性分析

首先，根据文献[234]的相关结果可知，只要估计律（5-56）的参数满足如下条件：

$$\begin{cases}k_7 > 2\kappa \\ k_8 > k_7\dfrac{4\kappa^2 + 5\kappa k_7}{2\left(k_7 - 2\kappa\right)}\end{cases} \tag{5-73}$$

式中，$\kappa$ 为扰动边界常数，满足 $|\varGamma| \leqslant \kappa\sqrt{|\xi|}$ ，则观测偏差闭环系统（5-55）是渐近稳定的，且在有限时间内收敛到零。

其次，根据 4.2.3.1 小节的分析可知，$J_{k+1}^* \leqslant J_{k+1} \leqslant J_k^*$ ，$J_k^*$ 单调递减且在 $\boldsymbol{E}=\boldsymbol{0}$ 处取得最小值。因此，名义系统（5-61）和系统（5-62）在最优控制律（5-72）作用下是渐近稳定的。

再次，为证明 NRMPC 对估计偏差的鲁棒性，考虑如下坐标变换：

$$\tilde{\boldsymbol{E}}_k = \boldsymbol{E}_k + \boldsymbol{e}_{\mathrm{MPC}(k)}, \quad k \in \mathbb{Z}^+ \tag{5-74}$$

式中，$\tilde{\boldsymbol{E}}_k = \left[\sigma_k, \omega_{\theta(k)} - \dot{\theta}_{\mathrm{eq}(k)}\right]^{\mathrm{T}}$，为受估计偏差扰动的跟踪偏差状态向量；$\boldsymbol{e}_{\mathrm{MPC}}$ 为与估计相关的偏差矩阵。

由 3.2.4 小节可知，$\boldsymbol{E}_k$ 对于 $\boldsymbol{e}_{\mathrm{MPC}}$ 是 ISS 的，由坐标变换式（5-74）可知，$\tilde{\boldsymbol{E}}_k$ 对 $\boldsymbol{e}_{\mathrm{MPC}}$ 也是 ISS 的。又因为 EKF 和控制观测器是稳定的，故 $\lim\limits_{t \to t_{\mathrm{f}}} \boldsymbol{e}_{\mathrm{MPC}} = 0$。因此由 ISS 系统特性可知，受扰系统（5-58）也是渐近稳定的。

最后，根据文献[234]的相关结果可知，当系统状态到达二阶滑模面上时 $\sigma = \dot{\sigma} = 0$，滑模变量满足 $S_2 \in \mathcal{L}_2 \cap \mathcal{L}_\infty$，$\dot{S}_2 \in \mathcal{L}_\infty$，$s_3 \in \mathcal{L}_2 \cap \mathcal{L}_\infty$，$\dot{s}_3 \in \mathcal{L}_\infty$，$s_1 \in \mathcal{L}_2 \cap \mathcal{L}_\infty$，$\dot{s}_1 \in \mathcal{L}_\infty$ 以及 $s_2 \in \mathcal{L}_2 \cap \mathcal{L}_\infty$，$\dot{s}_2 \in \mathcal{L}_\infty$。由 Barbalat 引理可知，$\lim\limits_{t \to \infty} s_1 = 0$，$\lim\limits_{t \to \infty} s_2 = 0$，$\lim\limits_{t \to \infty} s_3 = 0$ 成立，即所有滑模变量都是渐近稳定的。

### 5.2.4　仿真验证与分析

以拖曳飞行过程中的第一次脉冲机动来验证控制策略的有效性。平台质量、推力以及目标星质量均与第 4 章相同。令质心距保持在 100m，平台俯仰转动惯量为 $1000\,\mathrm{kg \cdot m^2}$，系绳释放点间距 $\overline{AD} = 1\,\mathrm{m}$。

由于绳系拖曳系统飞行于 GEO，因此主要的轨道扰动为太阳引力摄动，其幅值约为 $10^{-6}\,\mathrm{N}$。令轨道半径测量精度为 100m（如多任务姿态确定和自主导航（MADAN）系统与麦氏自主天文导航系统（MANS）），真近点角精度为 0.1°。因此，定义协方差矩阵分别为 $\boldsymbol{Q}_w = \mathrm{diag}\left(0, 10^{-18}, 0, 10^{-16}, 0, 10^{-10}\right)$ 和 $\boldsymbol{R}_v = \mathrm{diag}\left(10^4, 3.05 \times 10^{-6}, 3.05 \times 10^{-6}\right)$。

绳系平面拖曳系统初值如表 5-2 所示。

**表 5-2　绳系平面拖曳系统初值**

| 状态量 | 初值 | 状态量 | 初值 |
|---|---|---|---|
| $r$ | 42154km | $\dot{\alpha}$ | $7.292 \times 10^{-5}$ rad/s |
| $\dot{r}$ | 0 m/s | $\phi$ | 70° |
| $\alpha$ | 0° | $\dot{\phi}$ | 0 rad/s |

为获得足够大的姿态控制力矩，采用力矩陀螺 CMG 作为姿态控制的执行机构，其输出力矩范围为 $10^{-2} \sim 10^3\,\mathrm{N \cdot m}$。因此，设置力矩约束为 $-200 \leqslant \tau \leqslant 200\,\mathrm{N \cdot m}$。

设置状态约束参数为 $\rho = 0.01$，$\theta_{\min} = -\pi/9\,\text{rad}$，$\theta_{\max} = \pi/9\,\text{rad}$，$\omega_{\theta\min} = -0.1\,\text{rad/s}$ 和 $\omega_{\theta\max} = 0.1\,\text{rad/s}$。令终端约束参数为 $\varepsilon_{\sigma} = 10^{-5}$ 和 $\varepsilon_{\omega} = 10^{-4}$。

高阶分层滑模-模型预测控制器参数如表 5-3 所示。

**表 5-3　高阶分层滑模-模型预测控制器参数**

| 参数 | 参数值 | 参数 | 参数值 |
|---|---|---|---|
| $k_1$ | 0.001 | $\eta_1$ | $1\times10^{-8}$ |
| $k_2$ | 0.001 | $\eta_2$ | $1\times10^{-8}$ |
| $k_3$ | 0.059 | $\eta_3$ | $1\times10^{-8}$ |
| $k_4$ | 0.01 | $\boldsymbol{Q}$ | $\text{diag}(200,150)$ |
| $k_5$ | 0.01 | $R$ | 20 |
| $k_6$ | 4 | $N$ | 20 |
| $k_7$ | 0.8 | $\Delta t$ | 0.1s |
| $k_8$ | $1\times10^{-9}$ | | |

仿真时长为 200s，步长为 0.001s。

系绳面内摆角，如图 5-10 所示，在 100s 后能跟踪上平衡位置，且有着 7°的超调。这说明系绳“摆动”已得到完全抑制。

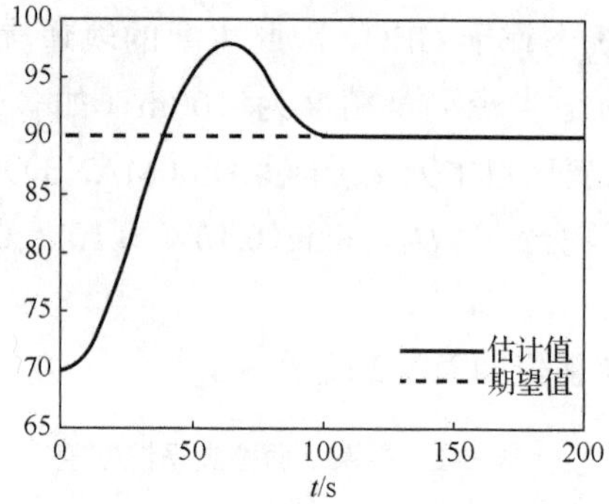


图 5-10　系绳面内摆角

然而，良好的“摆动”抑制却是以牺牲轨道跟踪性能为代价的。如图 5-11 所示，平台质心轨道半径先减小约 40m，随后逐渐增加并趋向期望值。图 5-12 显示了真近点角良好的跟踪性能。这是因为在 HSMC 算法中，系绳摆动通道有着更大的权重系数。同时，这个结果也是可接受的，毕竟拖曳移除任务的重点在于“摆动”抑制，而非精确的轨道跟踪。

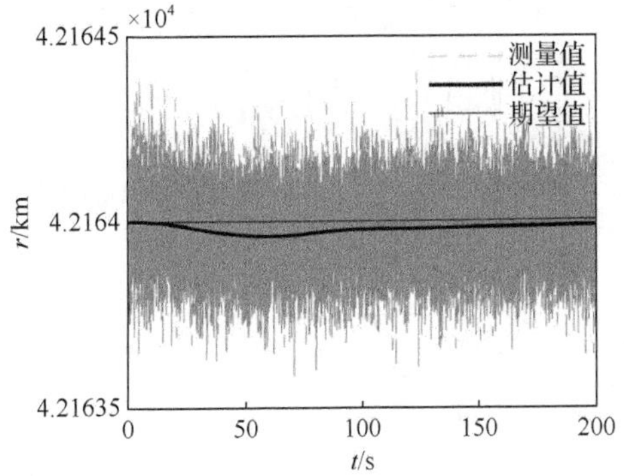


图 5-11　平台质心轨道半径

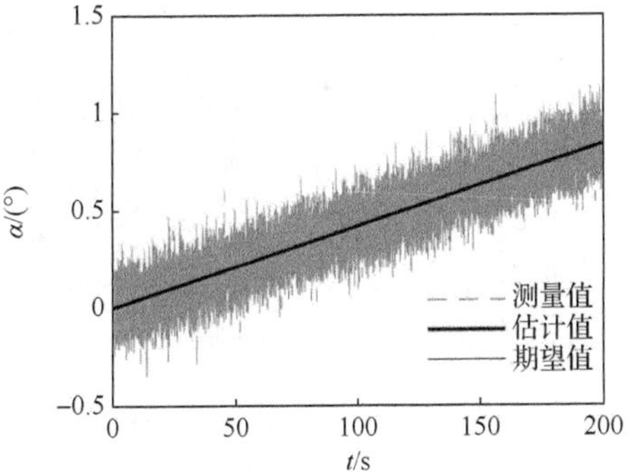


图 5-12　平台质心轨道真近点角

如图 5-13 所示，“摆动”抑制实际由平台姿态在约束内来回摆动实现，在系绳摆角稳定后，平台姿态在零附近摇摆。平台俯仰姿态对应的角速度和控制力矩分别由图 5-14 和图 5-15 所示。可见，在“摆动”得到抑制后，它们都在边界内做周期性的振荡。图 5-16 显示了系绳二维指向和平台俯仰姿态。其实，由图 5-17 可见，平台姿态在“摆动”抑制后的摇摆可理解为使滑模变量 $\sigma$ 维持在 0。图 5-18 显示了各子系统滑模变量的渐近稳定性，其中 $s_2$ 因为足够小可以忽略为 0。系绳张力，如图 5-19 所示，起初由于“摆动”以很小的频率在 55～90N 变化，在“摆动”抑制后稳定在 75N 左右。图 5-20 显示，平台对准角一直在允许范围内变化，最终稳定在 90° 附近，这说明了平台在姿态机动中始终没有与系绳发生缠绕，证实了所用控制策略的可行性。

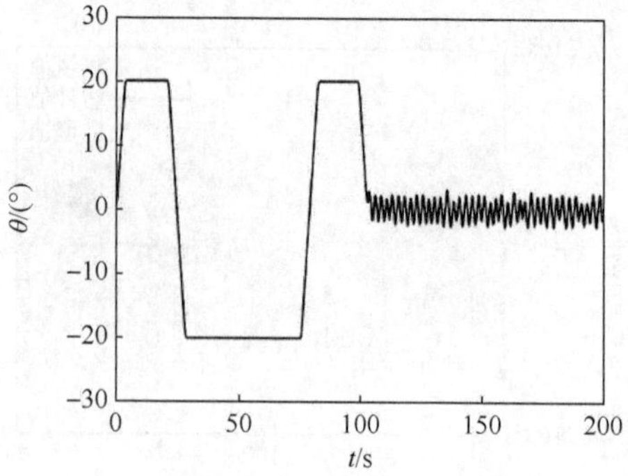


图 5-13 平台俯仰姿态角

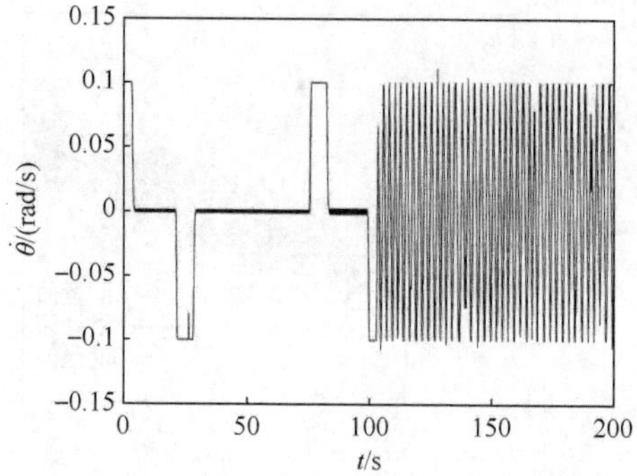


图 5-14 平台俯仰姿态角速度

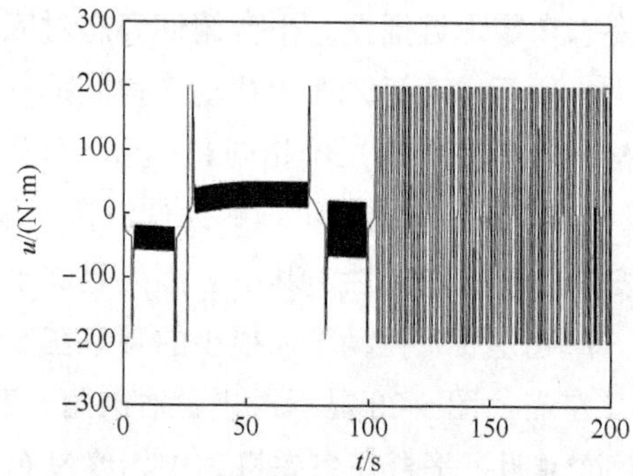


图 5-15 平台俯仰姿态控制力矩

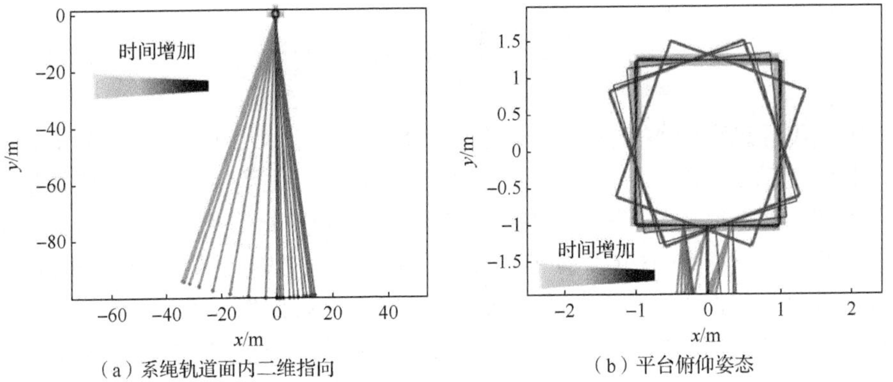


图 5-16　系绳二维指向与平台俯仰姿态

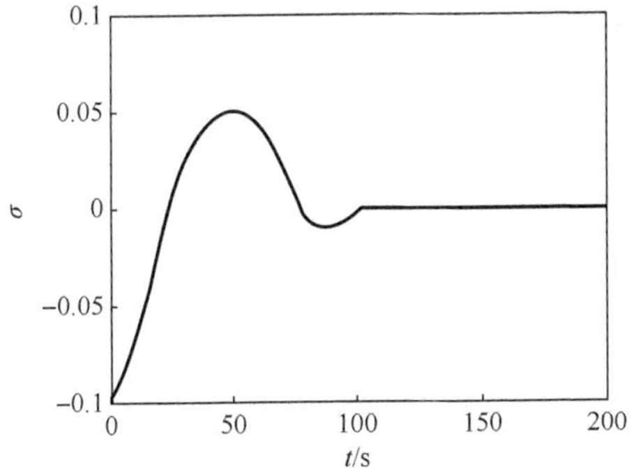


图 5-17　最高层滑模变量

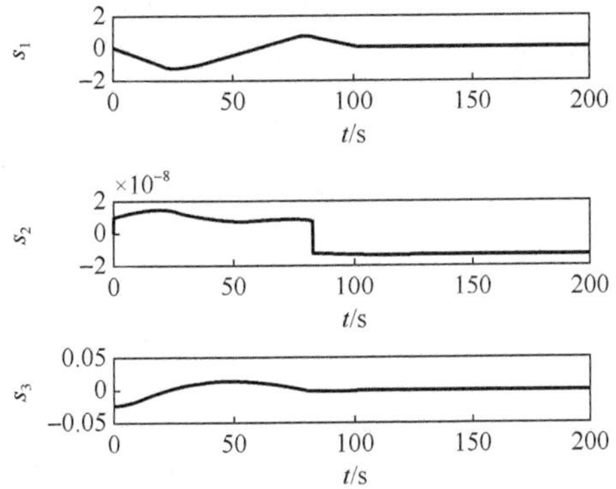


图 5-18　子系统滑模变量

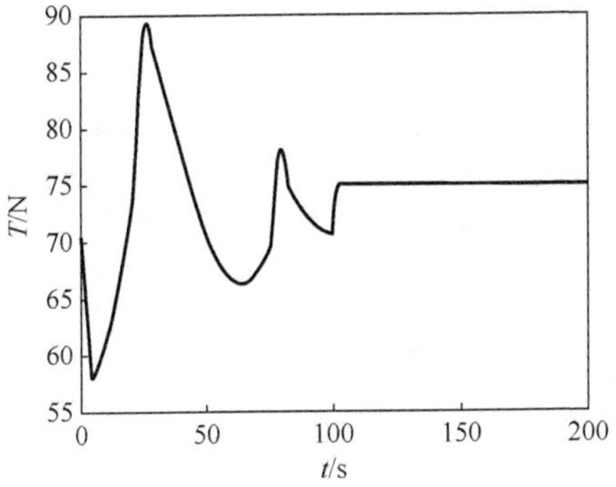


图 5-19　系绳张力观测值

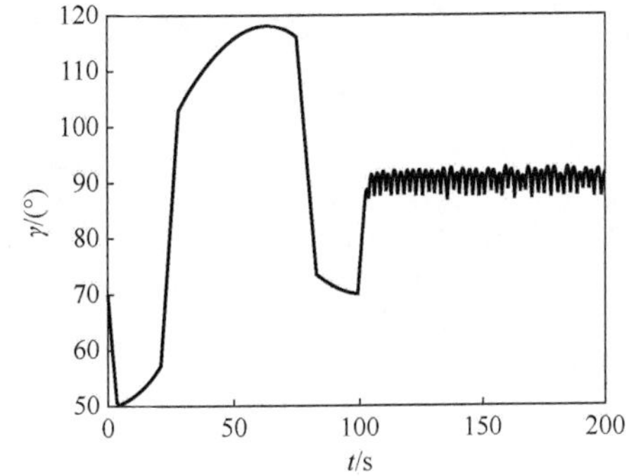


图 5-20　平台对准角

## 5.3　本 章 小 结

拖曳飞行过程中的防摆动控制问题十分重要。针对此问题，在防碰撞、防尾摆控制的基础上，本章给出了两种摆动控制策略。首先利用平台星的姿控推力对拖曳系统摆动进行抑制，设计了基于滑模-模型预测控制的控制系统，较好地实现了摆动的抑制。但该方法的姿控推力会对轨道产生一定影响并且消耗额外的燃料。该方法可用于有推力变轨、无推力自由飞行两个阶段。然后设计了利用平台姿态机动的系绳摆动抑制控制，通过控制平台姿态来获得期望的推力方向从而完成控制目标，构成了一个输入和状态均受限的非仿射欠驱动控制问题。针对此问题，采用非仿射双环控制模式，设计高阶分层滑模-模型预测控制器。结果表明：通过平台姿态机动可抑制摆动，且对估计偏差具有鲁棒性，但也以牺牲轨道跟踪性能为代价；同时，当抑制完成后，平台姿态需要在当地水平线附近来回摇摆以维持抑制效果。此外，该方法仅适用于有推力变轨阶段。

# 第 6 章　绳系拖曳旋转飞行控制技术

前文介绍了传统拖曳模式下飞行控制难题的解决方案，为了进一步简化拖曳飞行过程，本章提出一种拖曳旋转飞行方案。该方案受共面椭圆轨道之间的双脉冲转移方案启发，同时兼顾两次脉冲间“防碰撞”的要求，包含单端推力起旋、系统旋转飞行、剪断系绳将目标星甩入变轨轨道三部分。本章分析系绳长度、旋转角速度、剪绳时刻等对变轨轨道的影响，同时针对变轨初期耦合体姿态不在轨道径向的情况，设计相应的轨道跟踪策略。

## 6.1　绳系拖曳旋转离轨方案设计

本节首先简要介绍共面椭圆轨道之间的双脉冲转移设计；其次设计单端推力起旋、系统旋转飞行、剪断系绳将目标星甩入变轨轨道三部分组成的绳系拖曳变轨的完整转移轨道设计方案；最后进一步探讨系绳长度、旋转角速度、剪绳时刻等对变轨轨道的影响。

与传统刚性航天器系统变轨类似，绳系拖曳系统的转移轨道设计方法主要有连续小推力变轨和脉冲推力变轨两种方法。连续小推力变轨时，平台星主发动机持续点火，反弹效应和鞭打效应较弱，但考虑到发动机点火时间限制，连续小推力变轨只适用于低轨目标星，并且耗时较长（接近于轨道周期），能耗也较大。相比之下，脉冲推力变轨方法更加节省燃料。然而，由于系绳的反弹效应，在推力关闭后两端卫星容易发生碰撞，并且系绳松弛时张力为零，目标星处于失控状态，易与系绳发生缠绕。因此，传统的脉冲推力变轨方法作用于空间绳系拖曳系统时也具有很大的困难。特别是，在两次脉冲间，如何控制两端间距并保持目标星的姿态稳定是该转移策略的最大难点。为保持系绳张紧，连续小推力变轨、多次小推力校正等均是可行的思路。本书的主体工作是围绕该策略展开的。

### 6.1.1　旋转转移轨道设计

#### 6.1.1.1　双脉冲转移

如图 6-1 所示，在近地点施加第一个冲量，使得远地点高度为目标轨道远地点高度；然后在远地点施加第二个冲量，使得近地点高度为目标轨道近地点高度，可以实现共面椭圆轨道间的轨道转移。在转移轨道的动量矩 $h_{\mathrm{t}}$ 为

$$h_{\mathrm{t}} = h_0 + r_1 \Delta v_1 \tag{6-1}$$

式中，$h_0$ 为初始轨道的动量矩；$r_1$ 为第一个冲量作用点的地心距；$\Delta v_1$ 为第一个冲量的幅值。

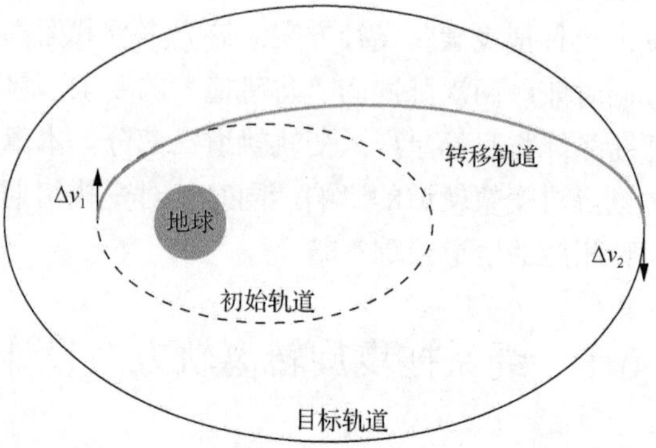


图 6-1　两共面椭圆轨道间的双脉冲转移示意图

由比机械能的定义可知，转移轨道的半长轴 $a_{\mathrm{t}}$ 满足：

$$\frac{\mu}{a_{\mathrm{t}}} = \frac{\mu}{a_0} - \frac{2h_0}{r_1}\Delta v_1 - \Delta v_1^{\ 2} \tag{6-2}$$

式中，$a_0$ 为初始轨道的半长轴。

同理可得，目标轨道动量矩 $h_{\mathrm{f}}$ 及半长轴 $a_{\mathrm{f}}$ 满足：

$$\begin{cases} h_{\mathrm{f}} = h_{\mathrm{t}} + r_2 \Delta v_2 \\ \dfrac{\mu}{a_{\mathrm{f}}} = \dfrac{\mu}{a_{\mathrm{t}}} - \dfrac{2h_{\mathrm{f}}}{r_2}\Delta v_2 + \Delta v_2^{\ 2} \end{cases} \tag{6-3}$$

式中，$r_2$ 为第二个冲量作用点的地心距；$\Delta v_2$ 为第二个冲量的幅值。

将式（6-1）和式（6-2）代入式（6-3），可得

$$\frac{\mu}{a_{\mathrm{f}}} - \frac{\mu}{a_0} - \frac{h_0^{\ 2}}{r_1^{\ 2}} + \frac{h_{\mathrm{t}}^{\ 2}}{r_1^{\ 2}} - \frac{h_{\mathrm{t}}^{\ 2}}{r_2^{\ 2}} + \frac{h_{\mathrm{f}}^{\ 2}}{r_2^{\ 2}} = 0 \tag{6-4}$$

根据式（6-4）可求出 $h_{\mathrm{t}}$，进而求得两次冲量 $\Delta v_1$ 和 $\Delta v_2$ 的幅值。

### 6.1.1.2　旋转离轨方案设计

借鉴上述双脉冲转移的思路，绳系拖曳系统在第一个脉冲作用下，机动进入转移轨道，然后在目标轨道远地点附近剪断系绳，将目标星甩入目标轨道，同时，平台星会获得方向相反的速度增量，返回初始轨道。为了避免两次冲量作用之间，目标星与平台星潜在的碰撞风险，采用组合体绕质心自旋的方式保持系绳张紧。完成抓捕后的目标星将在平台推力牵引下，经图 6-2 所示的拖曳离轨方案，被拖曳至目标轨道。该轨道转移模式分为绳系组合体起旋机动、组合体绕系统质心旋转飞行和系绳剪断机动三部分。随后，平台星进行轨道机动以执行下一个任务。

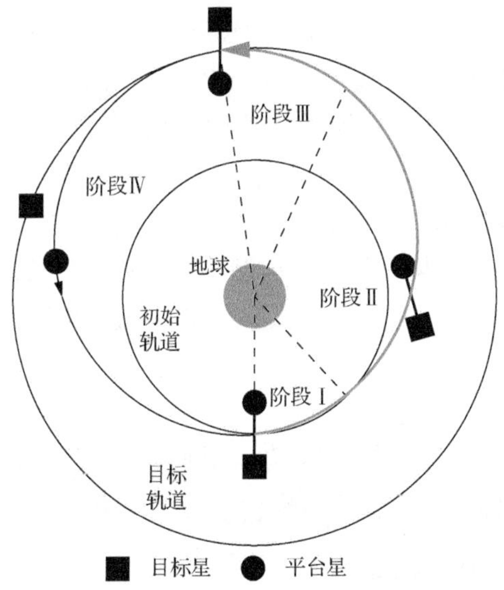


图 6-2　拖曳离轨方案

1）绳系组合体起旋机动

初始时刻，平台星位于初始轨道，目标星位于平台轨道径向方向，系绳自然伸长。平台星主推力器与系绳垂直，即安装在其轨道切向方向（图 6-3）。采用主推力器与系绳垂直配置的构型可以避免斜装引起的推力抵消，尽可能节约燃料。该阶段平台星推力大小为 $F$ ，持续时间为 $\Delta t_1$ 。

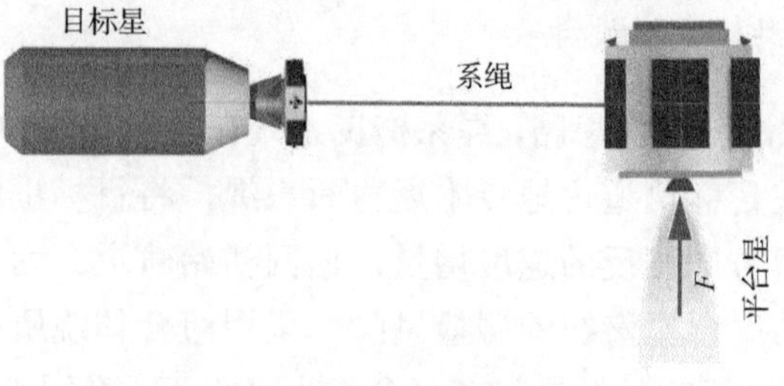


图 6-3　主推力器垂直安装示意图

2）组合体绕质心旋转飞行

该阶段主推力器关闭，组合体以角速度 $\omega_\theta$ 绕其质心旋转，持续时间约为半个轨道周期。旋转过程中，离心力使系绳保持张紧，可以有效避免推力关闭段引起的系绳松弛现象，防止两端卫星碰撞。角速度 $\omega_\theta$ 需满足 $\omega_{\theta\min} \leqslant \omega_\theta \leqslant \omega_{\theta\max}$，这是因为系绳张力与 $\omega_\theta^2$ 成正比，转速过低会导致张力太小不足以实施目标星姿态接管控制，而转速过大又会造成系绳断裂或者帆板断裂，同时对平台星造成较大的扰动。

3）剪断系绳以获得第二个冲量

旋转飞行阶段，组合体以角速度 $\omega_\theta$ 绕质心旋转，在转角 $\theta_{cut}$ 处剪断系绳后，两端卫星会获得方向相反、大小与质量成反比的速度增量，从而使目标星运行到期望的目标轨道。

4）平台星机动

该阶段平台星可利用其主推力器，机动到其他轨道或返回初始轨道，转移轨道设计方法与传统刚体类似，在此忽略。

#### 6.1.1.3　剪绳后的转移轨道

组合体以角速度 $\omega_\theta$ 绕质心旋转时，位置矢量 $\Delta\boldsymbol{r}_x$ 在质心坐标系下可表示为

$$\Delta\boldsymbol{r}_x = \begin{bmatrix} d_x \cos\theta \\ d_x \sin\theta \end{bmatrix} \tag{6-5}$$

式中，$d_x$ 为质心到质量微元 $m_x$ 的距离；$\theta$ 为质量微元 $m_x$ 与 $x$ 轴的夹角。

由式（6-5）可得速度矢量 $\Delta\boldsymbol{v}_x$ 为

$$\Delta\boldsymbol{v}_x = \begin{bmatrix} \dot{d}_x \cos\theta - d_x \sin\theta\dot{\theta} \\ \dot{d}_x \sin\theta + d_x \cos\theta\dot{\theta} \end{bmatrix} \tag{6-6}$$

由式（6-5）和式（6-6）可得，两端卫星相对于质心的位置、速度矢量分别为

$$\begin{cases} \Delta \boldsymbol{r}_{\mathrm{p}} = \begin{bmatrix} -d_{\mathrm{p}} \cos\theta \\ -d_{\mathrm{p}} \sin\theta \end{bmatrix} \\ \Delta \boldsymbol{v}_{\mathrm{p}} = \begin{bmatrix} -\dot{d}_{\mathrm{p}} \cos\theta + d_{\mathrm{p}} \sin\theta\dot{\theta} \\ -\dot{d}_{\mathrm{p}} \sin\theta - d_{\mathrm{p}} \cos\theta\dot{\theta} \end{bmatrix} \\ \Delta \boldsymbol{r}_{\mathrm{d}} = \begin{bmatrix} d_{\mathrm{d}} \cos\theta \\ d_{\mathrm{d}} \sin\theta \end{bmatrix} \\ \Delta \boldsymbol{v}_{\mathrm{d}} = \begin{bmatrix} \dot{d}_{\mathrm{d}} \cos\theta - d_{\mathrm{d}} \sin\theta\dot{\theta} \\ \dot{d}_{\mathrm{d}} \sin\theta + d_{\mathrm{d}} \cos\theta\dot{\theta} \end{bmatrix} \end{cases} \tag{6-7}$$

将式（6-7）换算到 ECI 坐标系，可得两端卫星的位置、速度矢量 $\boldsymbol{R}_i$、$\boldsymbol{V}_i\ (i=\mathrm{p},\mathrm{d})$，计算得到剪绳后的偏心率矢量 $\boldsymbol{e}_i$ 和半长轴 $a_i$ 为

$$\begin{cases} \boldsymbol{e}_i = \dfrac{1}{\mu}\left(V_i^2 - \dfrac{\mu}{\|\boldsymbol{R}_i\|}\right)\boldsymbol{R}_i - \dfrac{1}{\mu}(\boldsymbol{R}_i \cdot \boldsymbol{V}_i)\boldsymbol{V}_i \\ a_i = -\dfrac{\mu\|\boldsymbol{R}_i\|}{\|\boldsymbol{R}_i\|\|\boldsymbol{V}_i\|^2 - 2\mu} \end{cases} \tag{6-8}$$

及两端卫星的偏心率 $e_i = \|\boldsymbol{e}_i\|$。

### 6.1.2　剪绳后的动力学特性分析

本小节以将 GEO 空间碎片拖曳至坟墓轨道为例，探讨上述变轨方案中各个阶段平台星推力作用时长、系绳长度、旋转角速度、剪绳时刻等对变轨轨道的影响。

剪断系绳前组合体的参数如表 6-1 所示。

**表 6-1　剪断系绳前组合体参数**

| 参数 | 参数值 | 参数 | 参数值 |
|---|---|---|---|
| 半长轴 $a_0$ | 42391km | 目标星质量 $m_{\mathrm{d}}$ | 1500kg |
| 偏心率 $e_0$ | $3.55\times10^{-3}$ | 平台星质量 $m_{\mathrm{p}}$ | 2492.8kg |
| 质心距 $d_0$ | 1000.58m | 旋转角速度 $\omega_{\theta 0}$ | 0.45(°)/s |
| GEO 高度 $r_{\mathrm{GEO}}$ | 42165km | 速度增量 $\lvert\Delta v_{\mathrm{d}}\rvert$ | 4.94 m/s |

由于 GEO 附近的坟墓轨道是指近地点高度相对于 GEO 高出 $\Delta r_{\mathrm{p}} = r_{\mathrm{p}} - r_{\mathrm{GEO}} \geqslant 265\mathrm{km}$，偏心率 $e_{\mathrm{d}} \leqslant 3\times10^{-3}$ 的近圆轨道。本节将通过数值仿真分析剪断系绳后，

两端卫星的轨道要素（近地点高度变化量$\Delta r_{\mathrm{p}}$和偏心率$e$）与剪断时刻的真近点角$\upsilon_{\mathrm{cut}}$、组合体摆角$\theta_{\mathrm{cut}}$、旋转角速度$\omega_{\theta}$、质心距$d$之间的关系，其结果如图 6-4～图 6-7 所示。

当真近点角$\upsilon$与组合体摆角$\theta$变化时，两端卫星的轨道要素$\left\{\Delta r_{\mathrm{p}}, e\right\}$变化曲线如图 6-4 所示。可知，当组合体摆角$\theta_{\mathrm{cut}}$满足$-0.5\pi \leqslant \theta_{\mathrm{cut}} \leqslant 0.5\pi$时，目标星会获得与组合体运行方向一致的速度增量，使得近地点高度增加且轨道偏心率减小；平台星会获得与运行方向相反的速度增量，使得近地点高度减小且轨道偏心率增加；验证了通过剪断系绳将目标星甩入更高轨道且平台星轨道高度降低的可行性。由图 6-4（d）知，当$-0.15\pi \leqslant \theta \leqslant 0.15\pi$且$0.85\pi \leqslant \upsilon \leqslant 1.15\pi$时，近地点高度基本满足坟墓轨道的入轨要求（如图中虚线所示），且目标星轨道偏心率$e_{\mathrm{d}} \leqslant 2\times10^{-3}$。此外，由图 6-4 可知，分别将图 6-4（c）和（d）的横轴平移 180°可近似得到图 6-4（a）和（b），即平台星的轨道要素曲线可由目标星曲线经坐标变换得到，故下文只分析各参数对目标星轨道要素的影响。

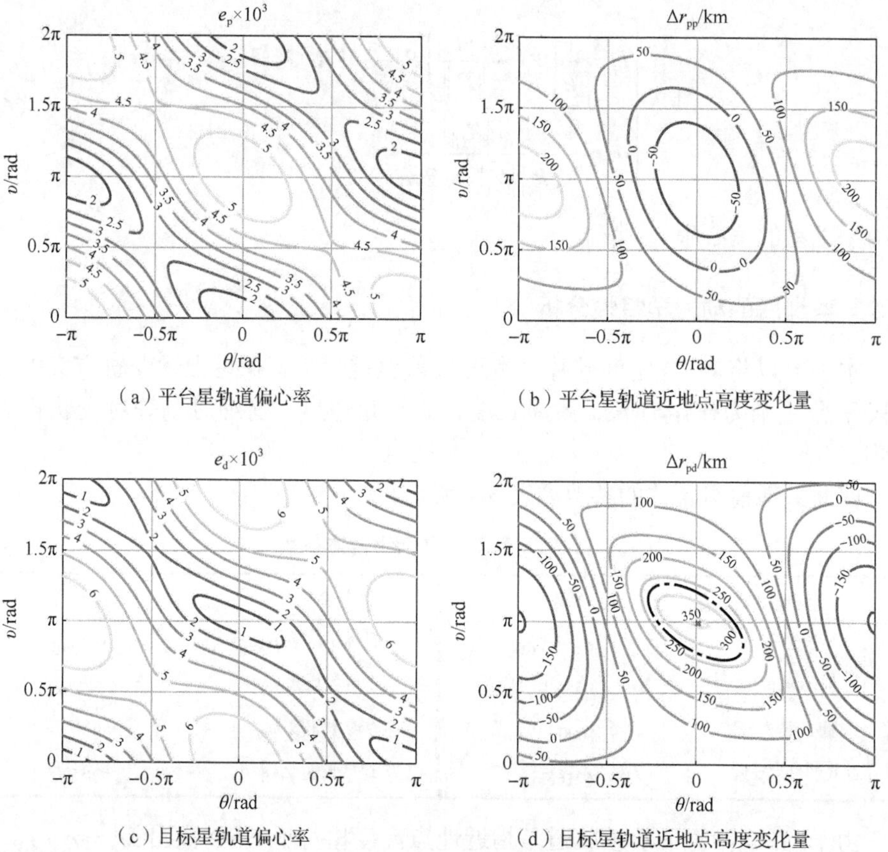


（a）平台星轨道偏心率　（b）平台星轨道近地点高度变化量

（c）目标星轨道偏心率　（d）目标星轨道近地点高度变化量

图 6-4　改变$\upsilon$和$\theta$的轨道要素变化曲线

假定在组合体运行到远地点时剪断系绳，即 $\upsilon_{\text{cut}} = \pi$，改变旋转角速度 $\omega_\theta$，得到 $\{\Delta r_{\text{p}}, e\}$ 的变化曲线如图 6-5 所示。可以看出，当旋转角速度较小（$\omega_\theta < 1(°)/\text{s}$）时，为了使剪断系绳后目标星获得的速度增量大小 $|\Delta v_{\text{d}}|$ 恒定，两端卫星的质心距较大，目标星易受轨道角速度影响；旋转角速度 $\omega_\theta > 1(°)/\text{s}$ 后，轨道要素的变化主要取决于摆角 $\theta$，与角速度 $\omega_\theta$ 基本无关。

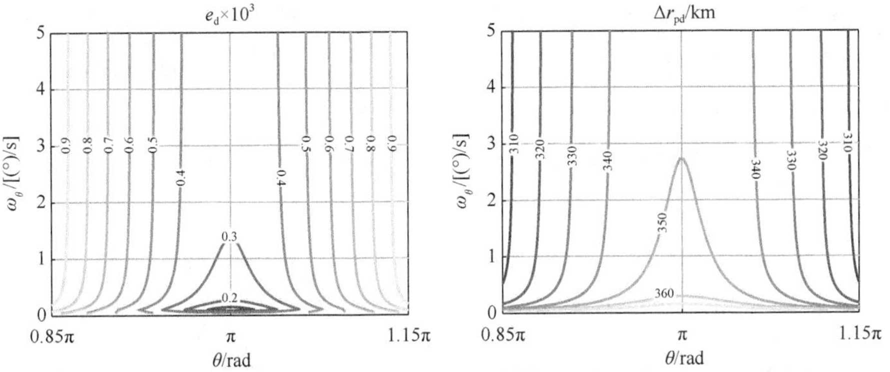


（a）目标星轨道偏心率　（b）目标星轨道近地点高度变化量

图 6-5　改变 $\omega_\theta$ 的轨道要素变化曲线

图 6-6 为在远地点剪断系绳时，不同系绳长度（质心距）对目标星轨道的影响。该图中，纵轴采用对数刻度，横轴采用线性刻度。可以看出，当系绳长度为百米量级时，偏心率 $e_{\text{d}}$ 和近地点高度变化量 $\Delta r_{\text{pd}}$ 与绳长无关；当系绳长度为千米量级时，轨道角速度会影响目标星的 $e_{\text{d}}$ 和 $\Delta r_{\text{pd}}$，与图 6-5 所示结果基本一致。需要指出的是，根据图 6-6（b），由于科氏力的影响，较长的系绳长度可以使目标星的近地点高度提升高度更大，有利于节约燃料消耗，但是过长的系绳会导致拖曳移除的操作更加复杂且降低系统可靠性。

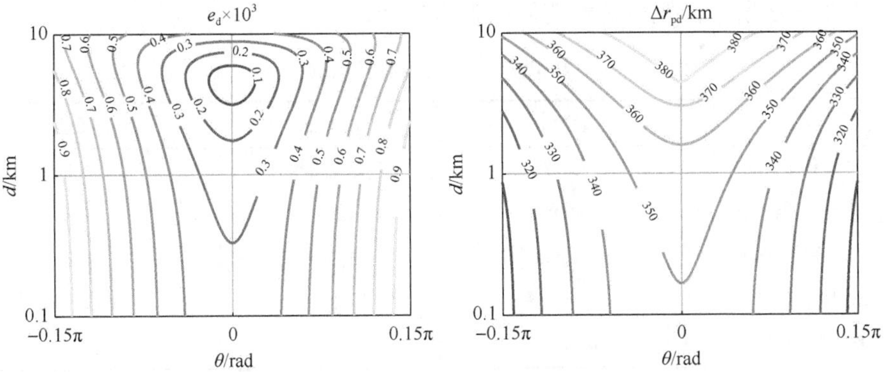


（a）目标星轨道偏心率　（b）目标星轨道近地点高度变化量

图 6-6　改变 $d$ 的轨道要素变化曲线

由上述分析可知，在远地点附近，当摆角 $\theta_{\text{cut}} \approx 0$ 时剪断系绳，可以实现目标星的旋转变轨。为了研究分析不同速度增量作用下目标星的轨道要素变化，仿真曲线如图 6-7 所示。可以看出，随着 $\Delta v_{\text{d}}$ 的增加，目标星轨道近地点高度随之增加，远地点高度基本不变，偏心率 $e_{\text{d}}$ 减小，即目标星轨道不断圆化；当 $\Delta v_{\text{d}} = 5.303\,\text{m/s}$ 时轨道偏心率达到最小值为 $e_{\text{d}\min} = 7.37\times10^{-6} \approx 0$（此时对应的远近地点高度如图 6-7（b）中点划线所示）；当 $\Delta v_{\text{d}}$ 再次增大时，远地点高度维持不变，近地点高度增加成为新的远地点，此时偏心率矢量 $\boldsymbol{e}_{\text{d}}$ 指向原方向的反方向。由图 6-7（b）可知，当目标星近地点高度抬升 265km 时，所需的速度增量应满足 $\Delta v_{\text{d}} \geqslant 3.32\,\text{m/s}$（如图 6-7（b）中虚线所示），此时的偏心率 $e_{\text{d}} = 1.33\times10^{-3}$，满足坟墓轨道入轨要求。

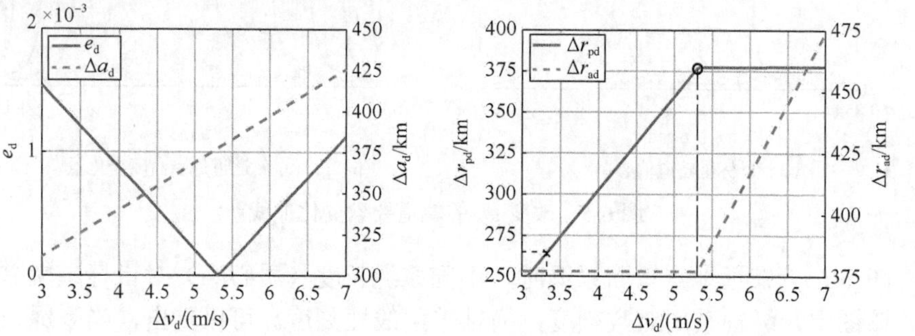


（a）半长轴与偏心率变化曲线　　（b）远近地点高度变化曲线

图 6-7　改变 $|\Delta v_{\text{d}}|$ 的目标星轨道要素变化曲线

### 6.1.3　仿真验证与分析

绳系拖曳系统各参数（两端卫星质量、主推力器推力大小及比冲、系绳参数等）如表 6-2 所示，轨道参数初值如表 6-3 所示。

**表 6-2　绳系拖曳系统参数**

| 参数 | 参数值 | 参数 | 参数值 |
|---|---|---|---|
| 平台星质量 $m_{\text{p}}$ | 2500kg | 目标星质量 $m_{\text{d}}$ | 1500kg |
| 平台星主推力 $F$ | 490N | 比冲 $I_{\text{sp}}$ | 291s |
| 初始系绳长度 $l_0$ | 1000m | 系绳质量 $m_{\text{t}}$ | 1.13kg |
| 系绳杨氏模量 $E$ | 130GPa | 系绳直径 $d_1$ | 1mm |
| 系绳阻尼系数 $c_{\text{t}}$ | 0.3 kg/s | | |

表 6-3　轨道参数初值

| 轨道要素 | 初值 | 轨道要素 | 初值 |
|---|---|---|---|
| 半正焦弦 $p$ | 42164.8km | 偏心率矢量 $(e_x, e_y)$ | $(-0.3421, -0.1668)\times10^{-3}$ |
| 真经度 $L$ | 205.988° | 轨道倾角矢量 $(h_x, h_y)$ | $(0.0017, 0.0109)$ |

在上述变轨策略下的转移轨道如图 6-8 所示。图 6-8（a）为耦合体质心在 ECI 坐标系下的地心距，可以看出，绳系拖曳系统在平台星推力作用下，经过约半个轨道周期的时间，地心距增加了 320km。由于起旋力矩只施加于平台星一侧，该单端起旋力矩会产生两个效果：①耦合体绕质心旋转；②耦合体质心会产生平移运动。图 6-8（b）为减去参考距离 $R_{\text{ref}}$（$R_{\text{ref}} = 40000\text{km}$）后的地心距在轨道面的投影曲线。这是因为初始 GEO 与坟墓轨道的地心距只相差 300km，若直接以其真值向轨道面投影，得到的曲线基本重合，不利于观察。

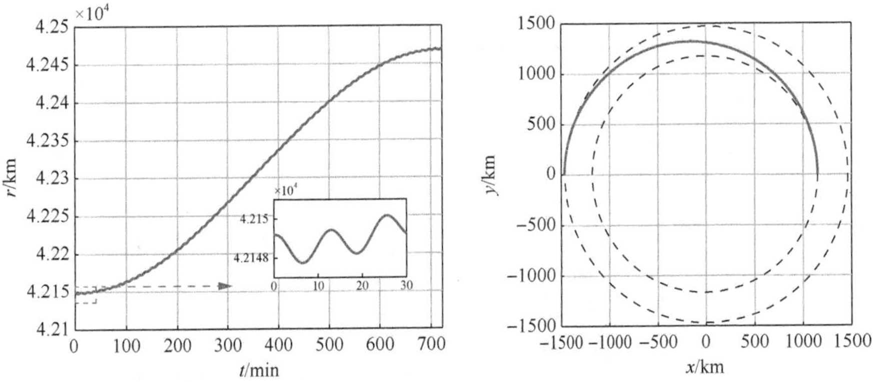


（a）耦合体地心距变化曲线　（b）地心距在轨道面的投影曲线

图 6-8　转移轨道

图 6-9 为轨道转移过程中，耦合体的质心距、摆角及其导数变化曲线。由图 6-9 和 $\Delta d = d - d_0$ 可知，在起旋推力作用下，旋转角速度 $\dot{\theta}$ 与质心距 $d$ 缓慢增加；42s 后主推力器关机，$\dot{\theta}$ 维持在 $8.4\times10^{-3}$ rad/s 附近，此时质心距变化量 $\Delta d = 0.661\text{m}$，计算得到目标星速度增量 $\Delta v_{\text{d}} = 5.137\,\text{m/s}$，可以通过剪断系绳将目标星甩入坟墓轨道。经过半个轨道周期，耦合体绕质心旋转约 58 圈。

图 6-10 为轨道转移过程中系绳张力变化曲线。可以看出，主推力器作用下张力持续增加，最大张力 $T_{\max} = 101\text{N}$，主推力器关机后，由于系绳的阻尼作用，张力收敛于 67.52N，与离心力 $m_{\text{d}}\dot{\theta}^2 d_{\text{d}}$ 一致，验证了拖曳变轨策略中所提出的在两次脉冲作用期间，利用离心力充当系绳回复力的可行性。

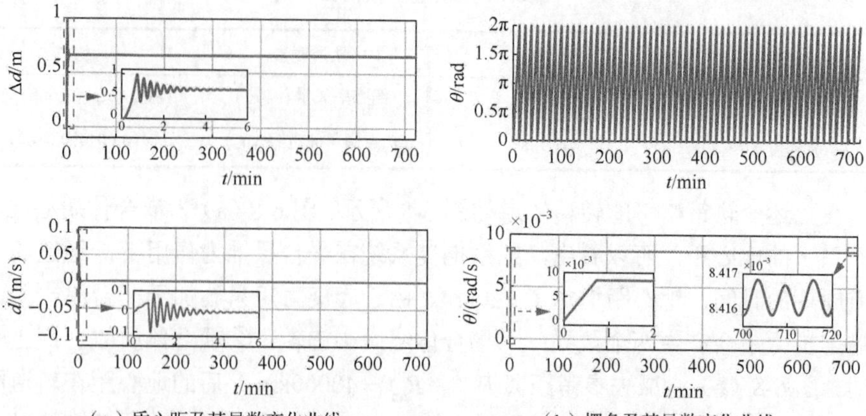

（a）质心距及其导数变化曲线　　（b）摆角及其导数变化曲线

图 6-9　质心距、摆角及其导数变化曲线

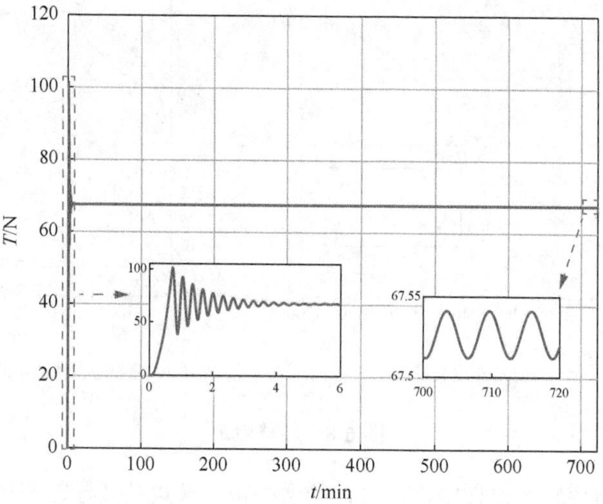

图 6-10　系绳张力变化曲线

在远地点附近，耦合体摆角 $\theta = 0$ 时剪断系绳得到的平台星、目标星轨道如图 6-11 所示。由表 6-4 可知，剪断系绳时耦合体轨道偏心率为$1.6918 \times 10^{-3}$，若要使目标轨道圆化，所需的速度增量为$2.5236\,\mathrm{m/s}$，小于此时剪断系绳后目标星获得的速度增量。因此，目标星轨道的近地点高度会高于远地点高度，与图中结果一致。

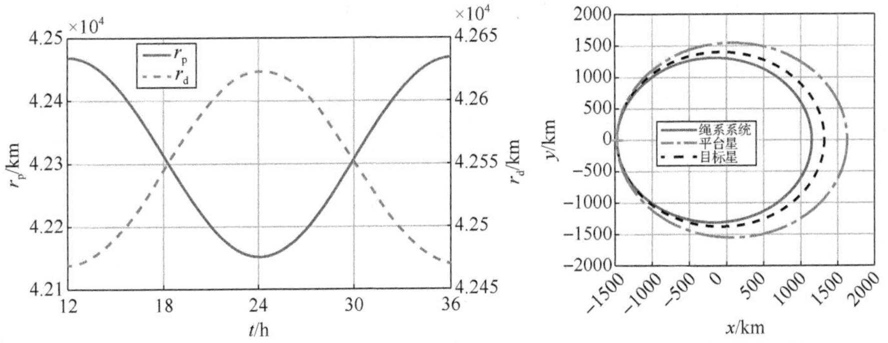


（a）地心距变化曲线　　（b）地心距投影曲线

图 6-11　剪断系绳后的平台星、目标星轨道

**表 6-4　剪绳前后的轨道参数值**

| 参数 | | $a$ / km | $e\times10^3$ | $\Delta r_p$ / km | $\Delta r_a$ / km |
|---|---|---|---|---|---|
| 剪绳前 | | 42397.1 | 1.6918 | 160.3 | 303.8 |
| 剪绳后 | 目标星 | 42546.8 | 1.8116 | 304.8 | 458.9 |
| | 平台星 | 42309.9 | 3.7547 | −14 | 303.8 |

注：图 6-11 和表 6-4 中轨道参数（$\Delta r_p,\Delta r_a$）均是相对于 GEO 高度的提升量。

# 6.2　利用平台姿态与系绳收放的轨道跟踪

针对变轨初期刚柔耦合体系统与轨道径向有一定夹角的情况，本节设计了一种通过改变系绳张力和平台星推力方向角来调整耦合体姿态的分层预测滑模控制方法，在满足各种约束条件下，实现系绳平滑收放和推力方向角平滑变化，并使得耦合体轨道跟踪期望轨迹。

## 6.2.1　绳系拖曳模型简化

首先推导极坐标系（图 6-12）下的绳系拖曳系统模型，极坐标系实际上是简化的笛卡儿坐标系，其 $x$、$y$ 轴的指向与原笛卡儿坐标系定义的一致。若研究在同一平面内的轨道转移的最优控制问题，采用极坐标形式的动力学模型，会因为变量的减少而使数值计算更加方便。

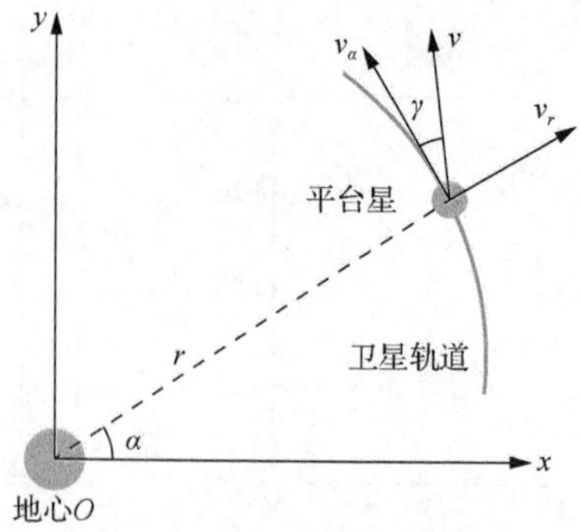


图 6-12　极坐标示意图

在该坐标描述下的绳系拖曳系统动力学方程为

$$\begin{cases}\ddot{r}=rv_\alpha^2-\dfrac{\mu}{r^2}+\dfrac{3m^*}{2m}\dfrac{\mu}{r^2}\dfrac{d^2}{r^2}\left(1-3\cos^2\theta\right)+\dfrac{F_r+T\cos\theta}{m_{\mathrm{p}}}\\ \ddot{\alpha}=-2\dfrac{v_r v_\alpha}{r}+\dfrac{3m^*}{2m}\dfrac{\mu}{r^3}\dfrac{d^2}{r^2}\sin\left(2\theta\right)+\dfrac{F_\alpha-T\sin\theta}{m_{\mathrm{p}}r}\end{cases} \tag{6-9}$$

式中，$r$ 为轨道地心距；$v_r$ 为径向速度；$\alpha$ 为轨道极角；$v_\alpha$ 为横向速度；$d$ 为平台星与目标星之间的质心距；$\theta$ 为耦合体面内摆角；$m=m_{\mathrm{p}}+m_{\mathrm{d}}+m_{\mathrm{t}}$，为耦合体系统总质量，$m_{\mathrm{p}}$、$m_{\mathrm{d}}$ 和 $m_{\mathrm{t}}$ 依次为平台星、目标星和系绳质量；$m^*=\left(m_{\mathrm{p}}+m_{\mathrm{t}}/2\right)\left(m_{\mathrm{d}}+m_{\mathrm{t}}/2\right)/m-m_{\mathrm{t}}/6$，为系统约化质量；$F_r=F\cdot\sin\gamma$，为平台星径向推力；$F_\alpha=F\cdot\cos\gamma$，为平台星切向推力，$\gamma$ 为推力方向角，定义为推力方向与轨道切向方向夹角。

为了推导目标星相对于平台质心的运动方程，需要先对系绳进行建模。

常用的系绳模型包括杆模型（分为无质量杆和均质杆两种模型）、珠点模型和基于有限元的连续模型等。其中，连续模型可以反映系绳的真实运动状况，但存在求解复杂、计算量大等问题；珠点模型在珠点个数足够多的时候也能反映系绳的真实运动状况，计算量不容小觑，且计算结果基本与杆模型一致。因此，本章选用均质杆模型对系绳进行描述，并采用图 6-13 所示的球坐标对质心之间的相对运动方程进行描述。

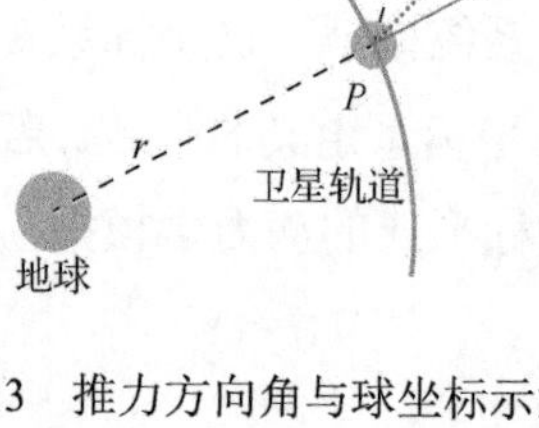

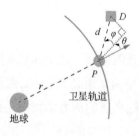

图 6-13　推力方向角与球坐标示意图

应用拉格朗日方程，可得动力学模型为

$$\begin{cases}\ddot{d}=-M_1\dfrac{\dot{d}^2}{d}+M_2d\left[\dot{\varphi}^2+\left(\dot{\theta}+\dot{\alpha}\right)^2\cos^2\varphi+\dfrac{\mu}{r^3}\left(3\cos^2\varphi\cos^2\theta-1\right)\right]+\dfrac{mQ_d}{m_{\mathrm{p}}\left(m_{\mathrm{d}}+m_{\mathrm{t}}\right)}\\ \ddot{\theta}=-2\left(\dot{\theta}+\dot{\alpha}\right)\left(M_3\dfrac{\dot{d}}{d}-\dot{\varphi}\tan\varphi\right)-\dfrac{3\mu}{r^3}\sin\theta\cos\theta-\ddot{\alpha}+\dfrac{Q_\theta}{m^*d^2\cos^2\varphi}\\ \ddot{\varphi}=-2M_3\dfrac{\dot{d}}{d}\dot{\varphi}-\left[\left(\dot{\theta}+\dot{\alpha}\right)^2+\dfrac{3\mu}{r^3}\cos^2\theta\right]\sin\varphi\cos\varphi+\dfrac{Q_\varphi}{m^*d^2}\end{cases}$$

（6-10）

式中，$M_1$、$M_2$、$M_3$ 依次为

$$M_1=\frac{\left(2m_{\mathrm{p}}-m\right)\left(m_{\mathrm{t}}/2\right)}{m_{\mathrm{p}}\left(m_{\mathrm{d}}+m_{\mathrm{t}}\right)},\quad M_2=\frac{m_{\mathrm{d}}+m_{\mathrm{t}}/2}{m_{\mathrm{d}}+m_{\mathrm{t}}},\quad M_3=\frac{m_{\mathrm{p}}\left(m_{\mathrm{d}}+m_{\mathrm{t}}/2\right)}{mm^*}$$

广义力 $Q_d$、$Q_\theta$、$Q_\varphi$ 定义为

$$\begin{cases}Q_d=-T+\left(F_r\cos\theta+F_\alpha\sin\theta\right)\dfrac{m_{\mathrm{d}}}{m}\\ Q_\theta=\left(F_\alpha\cos\theta-F_r\sin\theta\right)\dfrac{m_{\mathrm{d}}+m_{\mathrm{t}}/2}{m}d\\ Q_\varphi=\left[F_{\mathrm{h}}+\sin\varphi\left(F_\alpha\sin\theta+F_r\cos\theta\right)\right]\dfrac{m_{\mathrm{d}}+m_{\mathrm{t}}/2}{m}d\end{cases}\tag{6-11}$$

式中，$F_{\mathrm{h}}$ 为平台法向推力；$T$ 为系绳张力，大小为

$$T=\begin{cases}0, & d\leqslant l\\ k_{\mathrm{t}}\left(d-l\right)+c_{\mathrm{t}}\left(\dot{d}-\dot{l}\right), & d>l\end{cases}\tag{6-12}$$

式中，$k_{\mathrm{t}}=EA/l_0$，$E$ 为杨氏模量，$A$ 为系绳截面积；$l$ 为系绳长度；$c_{\mathrm{t}}$ 为系绳阻尼系数。

为了简化控制器设计，对极坐标描述下的平台轨道动力学模型和质心相对运动模型进行简化。

由于质心距 $d$ 远小于轨道地心距 $r$，略去 $d/r$ 及其平方项，方程（6-9）可简化为

$$\begin{cases}\ddot{r}=rv_\alpha^2-\dfrac{\mu}{r^2}+\dfrac{F_r+T\cos\theta}{m_{\mathrm{p}}}\\ \ddot{\alpha}=-2\dfrac{v_rv_\alpha}{r}+\dfrac{F_\alpha-T\sin\theta}{m_{\mathrm{p}}r}\end{cases}\tag{6-13}$$

假设面外摆角处于平衡状态，即$\varphi=\dot{\varphi}=0$，并忽略系绳质量，则模型（6-10）可简化为

$$\begin{cases}\ddot{d}=d\left[\left(v_\theta+v_\alpha\right)^2+\dfrac{\mu}{r^3}\left(3\cos^2\theta-1\right)\right]+\dfrac{-mT+m_{\mathrm{d}}\left(F_r\cos\theta+F_\alpha\sin\theta\right)}{m_{\mathrm{p}}m_{\mathrm{d}}}\\ \ddot{\theta}=-2\left(v_\theta+v_\alpha\right)\dfrac{v_d}{d}-\dfrac{3\mu}{r^3}\sin\theta\cos\theta-\ddot{\alpha}+\dfrac{F_\alpha\cos\theta-F_r\sin\theta}{m_{\mathrm{p}}d}\end{cases}\tag{6-14}$$

至此，式（6-13）和式（6-14）共同组成绳系拖曳系统的平面模型如下：

$$\begin{pmatrix}\dot{r}\\ \dot{v}_r\\ \dot{\alpha}\\ \dot{v}_\alpha\\ \dot{\theta}\\ \dot{v}_\theta\\ \dot{d}\\ \dot{v}_d\end{pmatrix}=\begin{pmatrix}v_r\\ rv_\alpha^2-\dfrac{\mu}{r^2}+\dfrac{F_r+T\cos\theta}{m_{\mathrm{p}}}\\ v_\alpha\\ -2\dfrac{v_rv_\alpha}{r}+\dfrac{F_\alpha-T\sin\theta}{m_{\mathrm{p}}r}\\ v_\theta\\ -2\left(v_\theta+v_\alpha\right)\dfrac{v_d}{d}-\dfrac{3\mu}{r^3}\sin\theta\cos\theta-\ddot{\alpha}+\dfrac{F_\alpha\cos\theta-F_r\sin\theta}{m_{\mathrm{p}}d}\\ v_d\\ d\left[\left(v_\theta+v_\alpha\right)^2+\dfrac{\mu}{r^3}\left(3\cos^2\theta-1\right)\right]+\dfrac{-mT+m_{\mathrm{d}}\left(F_r\cos\theta+F_\alpha\sin\theta\right)}{m_{\mathrm{p}}m_{\mathrm{d}}}\end{pmatrix}\tag{6-15}$$

由张力定义式（6-12）知，系绳长度$l$会直接改变张力幅值，影响质心距$d$、地心距$r$和轨道极角$\alpha$；由于科氏力$F_{\mathrm{C}}=-2M_3\left(v_\theta+v_\alpha\right)v_d d^{-1}$的作用，摆角$\theta$与质心距$d$直接相关，因此，可以通过安装在平台星尾部的卷轴机构收放系绳，从而调节张力，实现轨道跟踪的目的。但是，对于高轨卫星（如 GEO 卫星），科氏力较小，单纯依靠改变系绳长度以抑制耦合体摆动耗时较长。由式（6-15）可以看出，面内摆动系统共有 4 个自由度，控制量却只有系绳张力$T$和推力方向角$\gamma$，又因为推力方向角$\gamma$与状态矢量互相耦合，所以属于典型的非仿射欠驱动控制问题。

### 6.2.2 参考轨迹规划

当变轨初期刚柔耦合体系统不在轨道径向时，若推力方向依旧沿轨道切向施加，势必会造成较大的变轨偏差，甚至导致变轨失败。因此，本节针对初始摆角不为 0 的情况，对推力作用段的耦合体轨迹进行规划，在满足状态约束和控制输

入约束的前提下，使目标星满足最终轨道的入轨要求并尽可能节约燃料。轨迹规划即泛函空间的最优控制问题。最优控制的提法：从容许控制中寻找最优控制输入，使得给定的性能指标泛函为极小值，同时满足包括系统状态方程、边界约束和状态约束在内的所有约束条件。下面针对绳系拖曳系统的模型，具体分析系统的性能指标和约束条件，以建立最优控制问题。

1）性能指标泛函选取

为了尽可能节约燃料消耗量，希望耦合体在最短的时间内完成所需的速度增量，因此，性能指标泛函可取为

$$J = t_f - t_0 \tag{6-16}$$

式中，$t_0$ 为推力开始时间；$t_f$ 为推力结束时间，且应满足：

$$t_{f_{\min}} \leqslant t_f \leqslant t_{f_{\max}} \tag{6-17}$$

式中，$t_{f_{\min}}$ 为推力最短时间，不低于系统达到第一次脉冲速度增量所需的时间；$t_{f_{\max}}$ 为最大允许的推力作用时长。

2）控制输入约束

控制量包括平台星推力方向角 $\gamma$ 和系绳张力 $T$ 两部分，分别满足如下的约束条件：

$$\begin{cases} \gamma_{\min} \leqslant \gamma \leqslant \gamma_{\max} \\ \dot{\gamma}_{\min} \leqslant \dot{\gamma} \leqslant \dot{\gamma}_{\max} \\ 0 \leqslant T_{\min} \leqslant T \leqslant T_{\max} \end{cases} \tag{6-18}$$

式中，$\gamma_{\max}$、$\gamma_{\min}$ 分别为推力方向角所能达到的最大值、最小值；$\dot{\gamma}_{\max}$、$\dot{\gamma}_{\min}$ 分别为推力方向角变化率所能达到的最大值、最小值，引入该约束条件是因为平台星推力方向改变一般是由姿态机动实现的，而姿态机动过程中，其角速度不能太大，以防止引起挠性附件振动等；$T_{\max}$、$T_{\min}$ 分别为系绳张力所能达到的最大值、最小值，最小值与当地的引力差有关，最大值则取决于系绳材料，以防止张力过大使得系绳断裂，或取决于其他安全约束条件。

3）边界约束

边界约束即状态变量的初值与终值，其中初值由抓捕完成后平台星与目标星的位置确定。基于模型分析可知，轨道转移过程中，对最终轨道影响较大的变量有轨道偏心率、摆角、速度增量三个。因此，状态终值可取为

$$\boldsymbol{x}_f = \left(r_f, v_{r_f}, \alpha_f, v_{\alpha_f}, \text{free}, v_{d_f}, \text{free}, \text{free}\right) \tag{6-19}$$

式中，$r_f$、$v_{r_f}$、$\alpha_f$、$v_{\alpha_f}$ 为推力器关机后平台星在 LVLH 坐标系下的位置矢量，应与 6.1 节推力器关机后的结果一致； free 为对该状态量的终值不做约束。

为了满足速度增量约束，推力器关机后的质心距 $d_f$ 与旋转角速度 $v_{\theta_f}$ 应满足：

$$d_f \cdot v_{\theta_f} = d_{f_0} \cdot v_{\theta_{f_0}} \tag{6-20}$$

式中，$d_{f_0}$ 与 $v_{\theta_{f_0}}$ 分别为 6.1 节推力器关机后的旋转角速度与质心距。

4）状态约束

状态约束可取为

$$\boldsymbol{x}_{\min} \leqslant \boldsymbol{x} \leqslant \boldsymbol{x}_{\max} \tag{6-21}$$

至此，系统面内运动的轨迹规划问题已经建立，可将其转换为非线性规划算法，然后采用图 6-14 所示数值解法的任一方法求得最优参考轨迹。

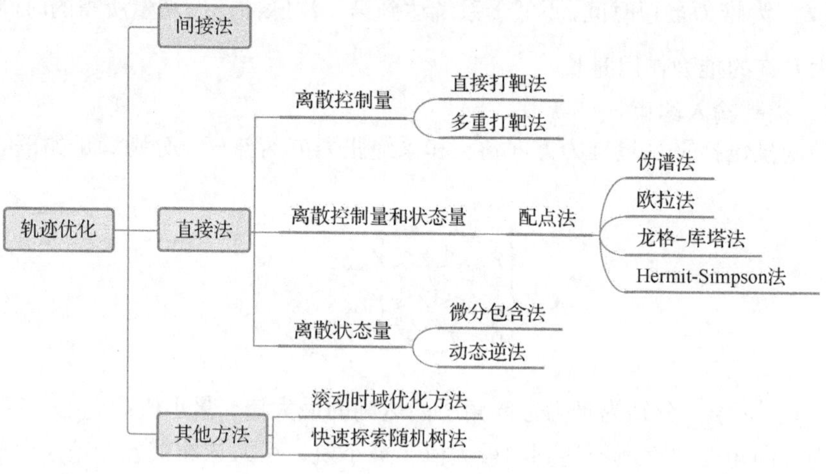


图 6-14　轨迹优化问题的数值解法

### 6.2.3　控制器设计

对于给定的参考轨迹，需设计相应的控制器使得耦合体实际轨迹跟踪参考轨迹。SMC 的滑动模态对外部扰动和模型不确定性具有很强的鲁棒性，却无法处理系统的约束条件；MPC 在满足系统约束的前提下在线求解性能指标泛函得到最优控制输入；由 MPC 和 SMC 组合而成的模型预测滑模控制（model predictive sliding mode control, MPSMC）对外部扰动和模型不确定性具有强鲁棒性，同时可以满足系统约束。考虑到模型（6-15）的欠驱动特性，可采用分层滑模控制结构将系统状态加权组合为一个最高层滑模系统。因此，本节将采用如图 6-15 所示的控制结构。首先将耦合体系统划分成四个子系统，并将每个子系统的状态变量线性组合形成第一层滑模面；其次采用逐级递增的方式将各子滑模面累加到高层滑模面；最后根据分层滑模控制器的设计原理，将 MPC 计算得到的切换项叠加在最高层滑模面上完成整个控制器的设计，以使得系统实际轨迹跟踪参考轨迹。

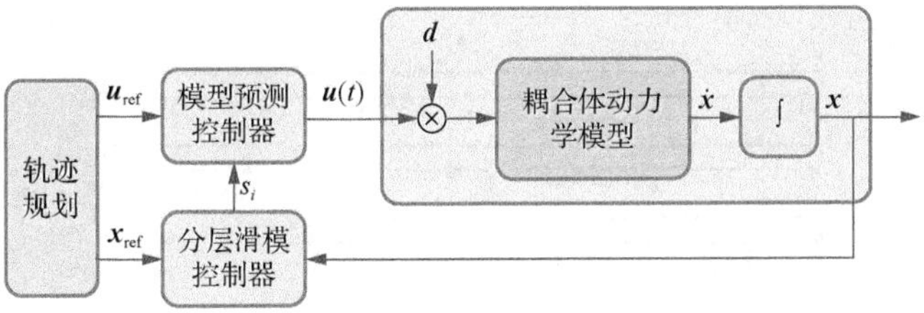


图 6-15　耦合体轨道跟踪控制结构图

### 6.2.3.1　分层预测滑模控制器设计

为了使耦合体跟踪 6.2.2 小节的参考轨迹，定义跟踪误差 $\boldsymbol{x}_{\mathrm{e}}=\boldsymbol{x}_{\mathrm{ref}}-\boldsymbol{x}$，则跟踪误差 $\boldsymbol{x}_{\mathrm{e}}$ 的误差方程可写为

$$\underbrace{\begin{pmatrix}\dot{r}_{\mathrm{e}}\\ \dot{v}_{r_{\mathrm{e}}}\\ \hline \dot{\alpha}_{\mathrm{e}}\\ \dot{v}_{\alpha_{\mathrm{e}}}\\ \hline \dot{d}_{\mathrm{e}}\\ \dot{v}_{d_{\mathrm{e}}}\\ \hline \dot{\theta}_{\mathrm{e}}\\ \dot{v}_{\theta_{\mathrm{e}}}\end{pmatrix}}_{\dot{\boldsymbol{x}}_{\mathrm{e}}}\triangleq\underbrace{\begin{pmatrix}v_{r_{\mathrm{ref}}}-v_r\\ f_r(\boldsymbol{x})-g_r(\boldsymbol{x},\boldsymbol{u})\\ \hline v_{\alpha_{\mathrm{ref}}}-v_\alpha\\ f_\alpha(\boldsymbol{x})-g_\alpha(\boldsymbol{x},\boldsymbol{u})\\ \hline v_{d_{\mathrm{ref}}}-v_d\\ f_d(\boldsymbol{x})-g_d(\boldsymbol{x},\boldsymbol{u})\\ \hline v_{\theta_{\mathrm{ref}}}-v_r\\ f_\theta(\boldsymbol{x})-g_\theta(\boldsymbol{x},\boldsymbol{u})\end{pmatrix}}_{\boldsymbol{f}(\boldsymbol{x},\boldsymbol{u})} \tag{6-22}$$

式中，$\boldsymbol{x}_{\mathrm{ref}}\triangleq\left(r_{\mathrm{ref}},v_{r_{\mathrm{ref}}},\alpha_{\mathrm{ref}},v_{\alpha_{\mathrm{ref}}},d_{\mathrm{ref}},v_{d_{\mathrm{ref}}},\theta_{\mathrm{ref}},v_{\theta_{\mathrm{ref}}}\right)^{\mathrm{T}}\in\mathbb{R}^{8\times1}$，为待跟踪的参考轨迹；$\boldsymbol{u}\triangleq(\gamma,T)^{\mathrm{T}}\in\mathbb{R}^{2\times1}$，为控制输入量，即平台推力方向角和系绳张力；$f_r(\boldsymbol{x})=\dot{v}_{r_{\mathrm{ref}}}-rv_\alpha^2+\dfrac{\mu}{r^2}$；$f_\alpha(\boldsymbol{x})=\dot{v}_{\alpha_{\mathrm{ref}}}+2\dfrac{v_rv_\alpha}{r}$；$f_d(\boldsymbol{x})=\dot{v}_{d_{\mathrm{ref}}}-d\left[(v_\theta+v_\alpha)^2+\dfrac{\mu}{r^3}(3\cos^2\theta-1)\right]$；$f_\theta(\boldsymbol{x})=\dot{v}_{\theta_{\mathrm{ref}}}+2(v_\theta+v_\alpha)\dfrac{v_d}{d}+\dfrac{3\mu}{r^3}\sin\theta\cos\theta+\ddot{\alpha}$；$g_r(\boldsymbol{x},\boldsymbol{u})=(F\sin\gamma+T\cos\theta)\cdot m_{\mathrm{p}}^{-1}$；$g_\alpha(\boldsymbol{x},\boldsymbol{u})=(F\cos\gamma-T\sin\theta)\cdot m_{\mathrm{p}}^{-1}\cdot r^{-1}$；$g_d(\boldsymbol{x},\boldsymbol{u})=F\cos(\gamma+\theta)\cdot m_{\mathrm{p}}^{-1}\cdot d^{-1}$；$g_\theta(\boldsymbol{x},\boldsymbol{u})=\left[m_{\mathrm{d}}F\sin(\gamma+\theta)-mT\right]\cdot m_{\mathrm{p}}^{-1}\cdot m_{\mathrm{d}}^{-1}$。

增量型 HSMC 将被控系统分成若干个子系统，接着为每个子系统分别设计子滑模面，并采用逐级递增的方式设计高层滑模面，直到最高层滑模面包含各个子滑模面，然后设计合适的控制律使最高层滑模面收敛到 0，从而镇定被控系统，其示意图如图 6-16 所示。

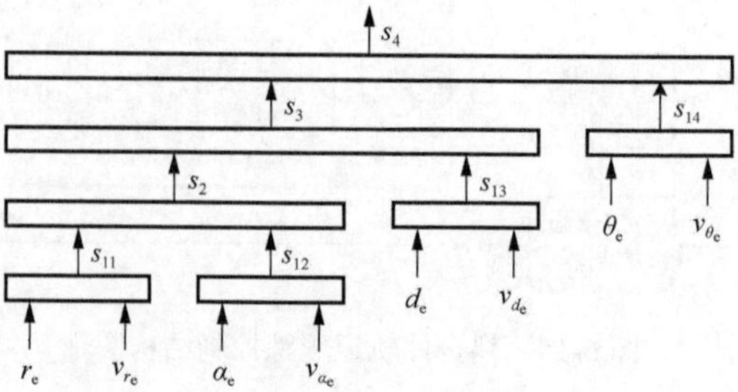


图 6-16　增量型 HSMC 结构示意图

误差方程（6-22）可以划分为四个子系统，分别设计各个子系统的第一层滑模面为

$$\begin{cases} s_{11} = v_{r_e} + c_{11} r_e \\ s_{12} = v_{\alpha_e} + c_{12} \alpha_e \\ s_{13} = v_{d_e} + c_{13} d_e \\ s_{14} = v_{\theta_e} + c_{14} \theta_e \end{cases} \tag{6-23}$$

式中，$c_{1i}\left(i=1,2,3,4\right)$为第一层滑模面的待定正常数。

将式（6-23）所示的第一层滑模面按图 6-16 进行线性组合，得到高层滑模面为

$$\begin{cases} s_2 = c_2 s_{11} + s_{12} \\ s_3 = c_3 s_2 + s_{13} \\ s_4 = c_4 s_3 + s_{14} \end{cases} \tag{6-24}$$

式中，$c_i = c_{i0}\operatorname{sgn}\left(s_{i-1} \cdot s_{1i}\right)\left(i=2,3,4\right)$，为高层滑模面的待定常数。

模型预测控制的控制目标为使最高层滑模面$s_4$到达滑模面，即$s_4 \to 0$。

当采样周期为$T_s$时，用一阶欧拉法将误差方程（6-22）离散化为

$$\boldsymbol{x}_{k+1} = \boldsymbol{x}_k + T_s \cdot \boldsymbol{f}\left(\boldsymbol{x}_k, u_k\right) \tag{6-25}$$

基于预测模型（6-25），可迭代计算得到预测时域内的状态变量为

$$\boldsymbol{x}\left(k+i+1 \mid k\right)=\boldsymbol{x}\left(k+i \mid k\right)+T_{\mathrm{s}} \cdot \boldsymbol{f}\left(\boldsymbol{x}\left(k+i \mid k\right), \boldsymbol{u}\left(k+i \mid k\right)\right) \tag{6-26}$$

式中，$i=0,1,\cdots,N_{\mathrm{p}}-1$，$N_{\mathrm{p}}$ 为预测时域长度。

定义二次型性能指标函数为

$$J_k=\sum_{i=0}^{N_{\mathrm{p}}-1}\left[\left\|s_4\left(k+i \mid k\right)\right\|_{\boldsymbol{Q}}^2+\left\|\boldsymbol{u}\left(k+i \mid k\right)-\boldsymbol{u}_{\mathrm{eq}}\left(k+i \mid k\right)\right\|_{\boldsymbol{R}}^2\right] \tag{6-27}$$

式中，$\boldsymbol{Q} \in \mathbb{R}^{1\times1}$、$\boldsymbol{R} \in \mathbb{R}^{2\times2}$，为正定权重系数。

由于系统是非仿射的，无法通过对式（6-23）求导并令其导数为零，得到系统的等效控制输入量，因此等效控制输入取为 6.2.2 小节通过轨迹规划得到的计算结果。

为保证预测时域内系统的稳定性，常用的方法是在式（6-27）中增加末端约束函数$\left\|s_4\left(k+N_{\mathrm{p}} \mid k\right)\right\|_{\boldsymbol{P}}^2$，但是对于非线性系统，矩阵 $\boldsymbol{P}$ 不易求解。本节采用伸缩项末端约束，定义如下：

$$\left\|s_4\left(k+N_{\mathrm{p}} \mid k\right)\right\|_{\boldsymbol{P}}^2 \leqslant \rho\left\|s_4\left(k \mid k\right)\right\|_{\boldsymbol{P}}^2, \quad \rho \in [0,1) \tag{6-28}$$

式中，$\boldsymbol{P} \in \mathbb{R}^{1\times1}$，为正定权重系数。

除此之外，系统还应满足控制输入约束（6-18）和状态约束（6-21）。因此，在 $k$ 时刻，MPSMC 问题可描述为

$$\begin{cases} J_k^*=\min\limits_{\boldsymbol{u}_k} J_k\left(s_4, \boldsymbol{u}_k\right) \\ \text{s.t. } \boldsymbol{x}_{k+i+1|k}=\boldsymbol{x}_{k+i|k}+T_{\mathrm{s}} \cdot \boldsymbol{f}\left(\boldsymbol{x}_{k+i|k}, \boldsymbol{u}_{k+i|k}\right) \\ \quad \left\|s_{4_{k+N_{\mathrm{p}}|k}}\right\|_{\boldsymbol{P}}^2 \leqslant \rho\left\|s_{4_{k|k}}\right\|_{\boldsymbol{P}}^2 \\ \quad \boldsymbol{u}_{k_{\min}} \leqslant \boldsymbol{u}_k \leqslant \boldsymbol{u}_{k_{\max}} \\ \quad \boldsymbol{x}_{k_{\min}} \leqslant \boldsymbol{x}_k \leqslant \boldsymbol{x}_{k_{\max}} \end{cases} \tag{6-29}$$

求解上述优化问题，然后将优化解的第一个分量 $\boldsymbol{u}_{k|k}$ 作用于系统，循环往复至 $k \to \infty$。

#### 6.2.3.2　稳定性分析

当 $c_{1i}$ 为正常数时，系统的滑动模态运动是稳定的，证明如下。

取 Lyapunov 函数为

$$V_{s_{11}}=\frac{1}{2}r_{\mathrm{e}}^2$$

对$V_{s_{11}}$求导，并令$s_{11}=0$解出$v_{r_e}$，然后将$v_{r_e}$代入$V_{s_{11}}$的导数项，有

$$\dot{V}_{s_{11}}=r_e v_{r_e}=-c_{11}r_e^2 \tag{6-30}$$

式（6-30）表明，当$c_{11}$为正常数时，滑模运动是渐近稳定的。同理可导出其他三个子系统的滑模运动也是渐近稳定的。因此，当跟踪误差$\boldsymbol{x}_e$运动到滑模面上时，将渐近收敛到0，即状态$\boldsymbol{x}$在到达滑模面后将以指数形式趋近于期望状态$\boldsymbol{x}_{ref}$。

接下来证明最高层滑模面$s_4$的渐近稳定性。

由于系统状态是有界的，因此对于$k\in\left[k_j,k_{j+1}\right](j=0,1,\cdots)$，存在常数$\beta\in(0,\infty)$使得滑动模态$s_4(k_j)$满足$\left\|s_4(k)\right\|_{\boldsymbol{P}}\leqslant\beta\left\|s_4(k_j)\right\|_{\boldsymbol{P}}$。结合式（6-28），可导出：

$$\begin{cases}\left\|s_4(k_j)\right\|_{\boldsymbol{P}}\leqslant\rho\left\|s_4(k_{j-1})\right\|_{\boldsymbol{P}}\leqslant\cdots\leqslant\rho^j\left\|s_4(0)\right\|_{\boldsymbol{P}}\\ \left\|s_4(k)\right\|_{\boldsymbol{P}}\leqslant\beta\left\|s_4(k_j)\right\|_{\boldsymbol{P}}\leqslant\beta\rho^j\left\|s_4(0)\right\|_{\boldsymbol{P}}\end{cases}$$

注意到$\rho\in[0,1)$，有

$$e^{(\rho-1)}-\rho\geqslant0\Leftrightarrow\rho^k\leqslant e^{-(1-\rho)k}$$

则有

$$\begin{cases}\left\|s_4(k_j)\right\|_{\boldsymbol{P}}\leqslant\left\|s_4(0)\right\|_{\boldsymbol{P}}e^{-(1-\rho)j}\\ \left\|s_4(k)\right\|_{\boldsymbol{P}}\leqslant\beta\left\|s_4(0)\right\|_{\boldsymbol{P}}e^{-(1-\rho)j}\end{cases}$$

从而推出：

$$\begin{cases}\left\|s_4(k_j)\right\|_{\boldsymbol{P}}\leqslant\left\|s_4(0)\right\|_{\boldsymbol{P}}e^{-(1-\rho)j}\\ \left\|s_4(k)\right\|_{\boldsymbol{P}}\leqslant\beta\left\|s_4(0)\right\|_{\boldsymbol{P}}e^{-(1-\rho)j}\end{cases}$$

即最高层滑模面是渐近稳定的。接下来分析各子滑模面的稳定性。

由于$s_4$渐近稳定，因此有

$$\int_0^\infty s_4^2\mathrm{d}\tau=\int_0^\infty\left(c_4s_3+s_{14}\right)^2\mathrm{d}\tau=\int_0^\infty\left(c_4^2s_3^2+2c_4s_3s_{14}+s_{14}^2\right)\mathrm{d}\tau<\infty$$

又因为：

$$\int_0^\infty 2c_4s_3s_{14}\mathrm{d}\tau\leqslant\int_0^\infty\left(c_4^2s_3^2+s_{14}^2\right)\mathrm{d}\tau$$

所以可得

$$\int_0^\infty 4c_4 s_3 s_{14} \mathrm{d}\tau \leqslant \int_0^\infty \left(c_4 s_3 + s_{14}\right)^2 \mathrm{d}\tau \leqslant \int_0^\infty s_4^2 \mathrm{d}\tau < \infty$$

由于系数 $c_4 = c_{40}\,\mathrm{sgn}\left(s_3 \cdot s_{14}\right)$，故上式左半边始终大于零，则有

$$\int_0^\infty s_3^2 \mathrm{d}\tau < \infty, \quad \int_0^\infty s_{14}^2 \mathrm{d}\tau < \infty$$

由 Barbalat 引理知 $\lim\limits_{t\to\infty} s_3 = 0$，即 $s_3$ 是渐近稳定的。

同理可证，在控制律（6-29）作用下，所有滑模变量都是渐近稳定的。

### 6.2.4 仿真验证与分析

两端卫星质量参数与表 6-2 相同，轨道参数初值与表 6-3 相同。令初始摆角 $\theta_0 = 10°$，平台星主发动机关机后的耦合体参数以及该阶段的约束条件见表 6-5。

**表 6-5　主发动机关机后耦合体参数以及约束条件**

| 参数 | 参数值 | 参数 | 参数值 |
|---|---|---|---|
| 轨道参数终值 | $r_f = 42148.8144\mathrm{km}$<br>$v_{r_f} = -0.5337\,\mathrm{m/s}$<br>$\alpha_f = 2.1830$<br>$v_{\alpha_f} = 7.3163\times10^{-5}\,\mathrm{rad/s}$ | 轨道参数约束 | $42148\mathrm{km} \leqslant r \leqslant 42149\mathrm{km}$<br>$-0.7\,\mathrm{m/s} \leqslant v_r \leqslant 0.7\,\mathrm{m/s}$<br>$2.1 \leqslant \alpha \leqslant 2.3$<br>$7.3\,\mathrm{rad/s} \leqslant v_\alpha \times 10^5 \leqslant 7.4\,\mathrm{rad/s}$ |
| 张力约束 | $0.001\mathrm{N} \leqslant T \leqslant 150\mathrm{N}$ | 推力方向角约束 | $\lvert\gamma\rvert \leqslant 20°$ |
| 推力方向角速率约束 | $\lvert\dot{\gamma}\rvert \leqslant 3(°)/\mathrm{s}$ | 速度增量约束 | $d_f \cdot v_{\theta_f} = 8.4073\,\mathrm{m/s}$ |

分层预测滑模控制器参数如表 6-6 所示。

**表 6-6　分层预测滑模控制器参数**

| 参数 | 参数值 | 参数 | 参数值 |
|---|---|---|---|
| 第一层滑模面参数 $(c_{11}, c_{12}, c_{13}, c_{14})$ | $(0.005, 0.04, 1, 1.69)$ | 高层滑模面参数 $(c_2, c_3, c_4)$ | $(10, 1, 1.5)$ |
| 预测时域 $N_\mathrm{p}$ | 10 | 末端约束系数 $\rho$ | 0.9 |
| 状态加权矩阵 $\boldsymbol{Q}$ | $2\times10^5$ | 控制加权矩阵 $\boldsymbol{R}$ | $\mathrm{diag}\left(1\times10^{-3}, 1\times10^{-5}\right)$ |

仿真结果如图 6-17～图 6-21 所示。

从图 6-17～图 6-20 可以看出，在不施加控制的情况下，绳系拖曳系统将明显偏离期望轨迹，且偏差量越来越大；在施加控制的情况下，绳系拖曳系统可以较好地跟踪参考轨迹，表明了本章控制策略的有效性。

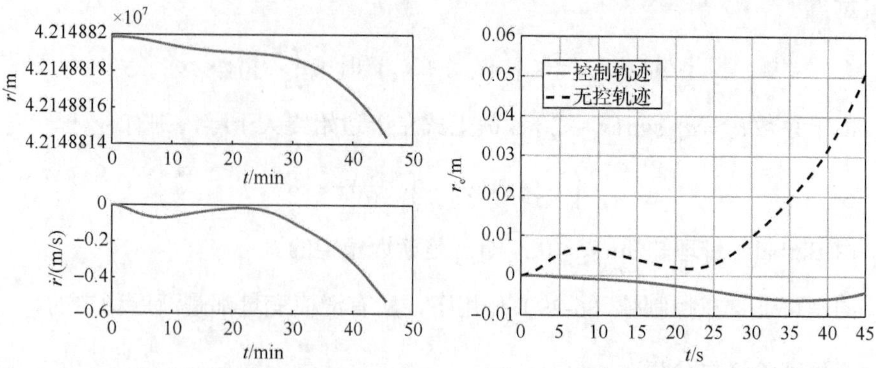


（a）地心距及其导数参考轨迹　　（b）地心距跟踪误差

图 6-17　地心距参考轨迹及跟踪误差

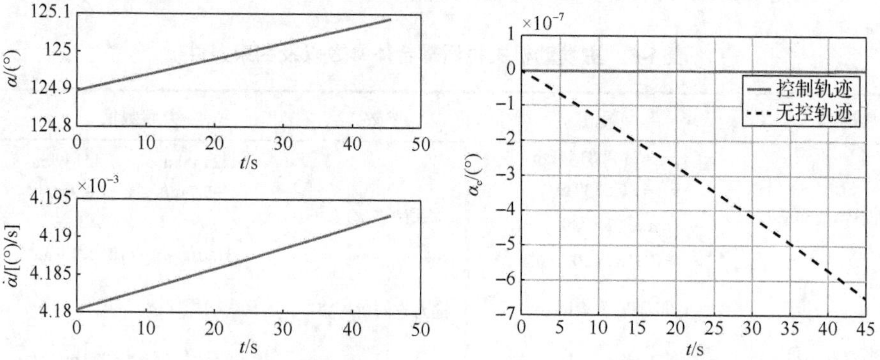


（a）真近点角及其导数参考轨迹　　（b）真近点角跟踪误差

图 6-18　轨道真近点角参考轨迹及跟踪误差

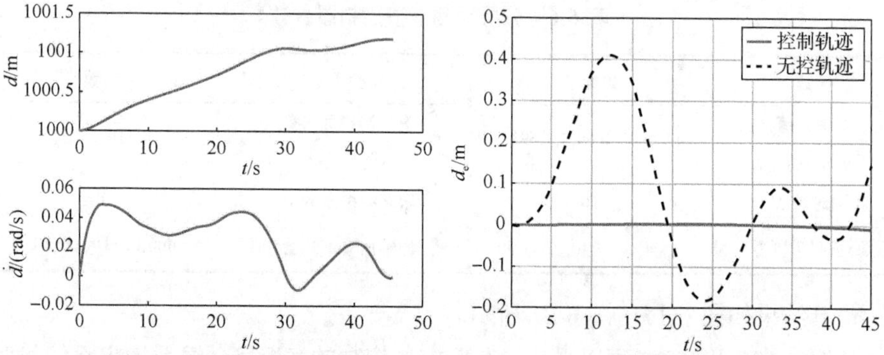


（a）相对距离及其导数参考轨迹　　（b）相对距离跟踪误差

图 6-19　两端卫星相对距离参考轨迹及跟踪误差

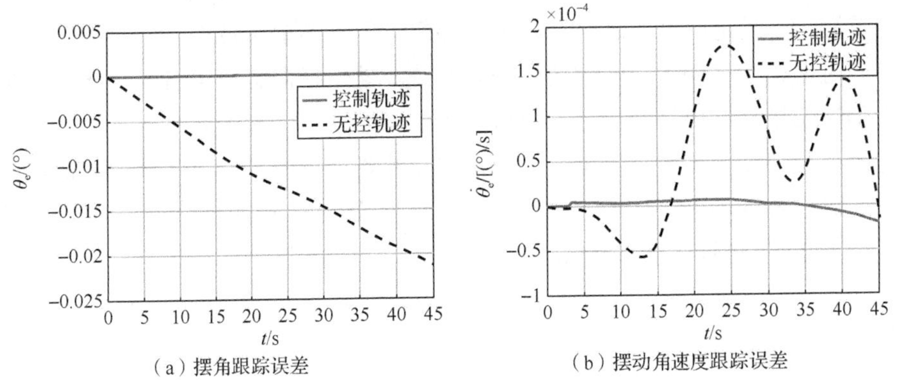


图 6-20　耦合体摆角与摆动角速度跟踪误差

图 6-21 给出了系绳张力和推力方向角的变化曲线。可以看出，系绳张力缓慢增加，与 6.1 节的变化趋势基本一致；推力方向角先逐渐衰减，而后缓慢增加至 10° 并持续了 10s 左右，最后减少到 3°，由于此时推力并没有沿轨道切向施加，因此耦合体起旋推力作用时间增加了约 3s。需要指出的是，随着时间的增加，平台星轨道跟踪误差逐渐收敛到 0，但耦合体摆角和质心距的跟踪误差却缓慢增加，这表明良好的轨道跟踪效果是以牺牲摆动跟踪性能为代价的。

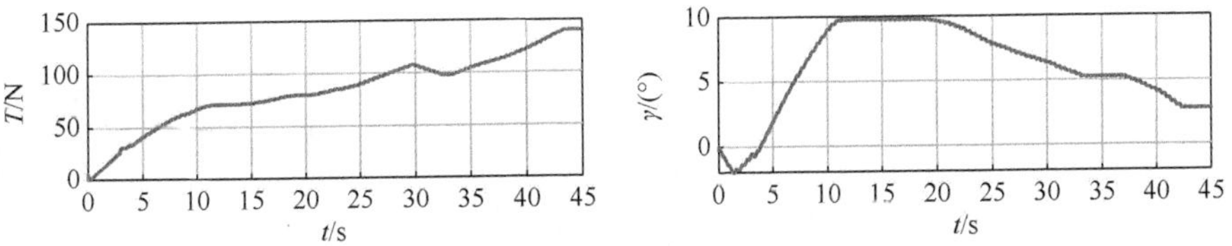


图 6-21　控制输入曲线

## 6.3　本 章 小 结

考虑到绳系拖曳变轨过程中的多个困难，在传统脉冲机动拖曳变轨基础上，本章设计了单端推力起旋、系统旋转飞行、剪断系绳以获得期望速度增量三部分组成的绳系拖曳旋转变轨方案，分析了系绳长度、旋转角速度、剪绳时刻等对变轨轨道的影响。利用刚柔耦合体系统的自旋运动，可以有效避免平台星发动机主推力器关机后系绳残余张力带来的两端卫星潜在碰撞风险；在目标轨道远地点附近剪断系绳，通过动量交换使平台星、目标星获得大小与其质量成反比、方向相反的速度增量，实现双脉冲变轨。结果表明，本方案可以实现任意共面椭圆轨道间的转移，有效地降低了燃料消耗量，并避免了两端星体碰撞。

同时考虑变轨初期，若刚柔耦合体系统与轨道径向有一定夹角，此时若起旋推力仍沿轨道切向施加，则会导致耦合体的剧烈摆动。基于此，本章设计了一种通过改变系绳张力和平台星推力方向角来调整耦合体姿态的分层预测滑模控制方法，在满足各种约束条件下，实现系绳平滑收放和推力方向角平滑变化，并使得绳系拖曳系统轨道可跟踪期望轨迹。

# 第 7 章　绳系编队飞行控制技术

本章针对绳系编队飞行问题，首先建立编队系统动力学模型，通过理论推导与仿真验证结合的方式分析系统在轨道平面内外的运行特性，推导构型平衡约束及稳定条件。在此基础上，研究绳系拖曳编队飞行的构型稳定展开和变构型规划控制问题。

## 7.1　绳系编队系统动力学建模

### 7.1.1　系统描述与建模假设

本章的研究对象是平面非对称构型三体闭环绳系编队系统，它是由三颗卫星通过系绳顺次连接形成的三角编队系统。其中三颗卫星位于三角形的三个顶点处，较大卫星为母星，其余两颗为子星，各卫星质量与系绳长度均不相同，构成空间非对称编队构型。当系统稳定展开后具备一定的自旋角速度，通过系绳张力提供系统自旋所需要的向心力，系绳保持张紧状态，从而可以在不消耗燃料的情况下维持编队系统的构型，实现特定的空间任务。编队系统的质心位于工作轨道上，在编队运行的过程中绕地心公转。

编队系统展开之初先由弹射装置弹射展开，之后进行编队构型展开部署和卫星姿态调控。在系统展开过程中，若系绳释放长度超出星间距，则松弛系绳在姿轨控及空间环境力的作用下可能产生摆动振荡，因自旋特性还可能发生缠绕，使编队无法正常运行，因此需要系绳始终保持张紧的状态。

为了解决编队系统的构型机动问题，需要建立能反映问题核心要素的抽象数学模型。在对系统详细分析的基础上，做出如下合理假设：

（1）在绳系编队系统中，系绳的长度可以达到几百米甚至上千米，卫星的尺寸相对较小，因此在编队动力学模型中不体现单颗卫星的姿态信息，将其视为具有不同质量的质点，从而突出编队系统整体的运动特性。

（2）假设编队卫星推力器与其体系固连，推力始终沿卫星质心方向，不会对自身产生姿态干扰，同时忽略卫星姿态对系绳的影响，仅考虑编队系统通过系绳张力对卫星产生的扭矩，从而分别建立编队系统动力学模型与卫星姿态动力学模型，两个模型由张力与推力联系。

（3）系绳的质量相较于三颗卫星的质量很小，因此可以忽略不计；不考虑系绳的弹性形变和阻尼，认为松弛状态下系绳不存在弹性拉力，对编队卫星构成半弹性约束。

（4）绳系编队系统在运行的过程中受到的大气阻力、太阳光压、电磁力等摄动因素相对地心引力非常微小，故可以忽略不计；将地球引力场视为中心引力场，认为编队系统的太空环境影响因素只有地心引力。

（5）编队系统的飞行轨迹为圆形开普勒轨道，在控制力合力为零的条件下，编队系统的质心将始终处于轨道面内，系统自旋平面相对于轨道平面成一个二面角，它们的相对位置可由一个进动角、一个章动角描述。

下面介绍坐标系定义。

如图 7-1 所示，$S_1$、$S_2$和$S_3$代表三颗质量不等的卫星，它们由系绳依次连接，构成空间非对称绳系编队系统，为了清晰地描述编队系统的运动特性，便于后续动力学建模与分析，需要引入必要的参考坐标系，具体如下。

（1）地心惯性坐标系$Exyz$：坐标系原点$E$位于地球质心，$x$轴指向升交点，$y$轴垂直于轨道平面与轨道前进方向一致，$z$轴由右手定则确定。

（2）轨道坐标系$Ox_{\mathrm{o}}y_{\mathrm{o}}z_{\mathrm{o}}$：原点$O$位于系统质心，$x_{\mathrm{o}}$轴始终沿着地心指向质心的方向，$y_{\mathrm{o}}$轴在轨道平面内垂直于$x_{\mathrm{o}}$轴并指向系统前进的方向，$z_{\mathrm{o}}$轴由右手坐标定则确定。

（3）构型坐标系$Ox_{\mathrm{c}}y_{\mathrm{c}}z_{\mathrm{c}}$：由轨道坐标系绕$x_{\mathrm{o}}$轴旋转面内角$\alpha$，再绕$-y_{\mathrm{o}}'$轴旋转面外角$\beta$得到，该坐标系可作为编队系统构型及自旋描述的参考基准，其中$x_{\mathrm{c}}y_{\mathrm{c}}$为三颗卫星质心所处平面。

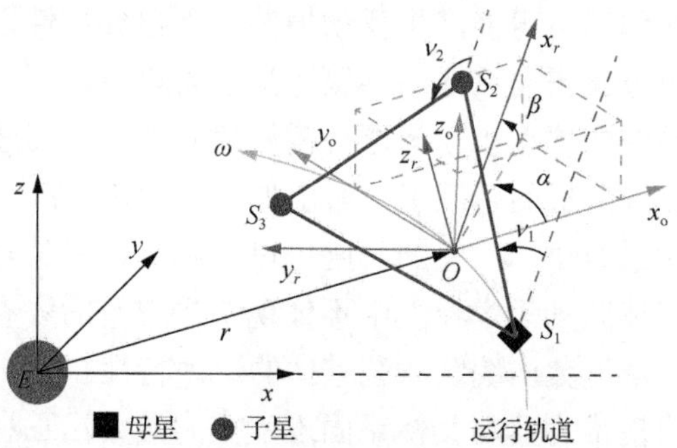


图 7-1　编队系统坐标系描述

（4）系绳坐标系$O_ix_{\mathrm{t}}y_{\mathrm{t}}z_{\mathrm{t}}$：由构型坐标系绕$z_{\mathrm{c}}$轴方向旋转$v_i$角度，再将坐标原

点平移至各卫星质心 $O_i$ 处得到，该坐标系可以作为各卫星姿态相对于编队构型的参考基准。

（5）卫星本体坐标系 $O_i x_b y_b z_b$：由系绳坐标系依次绕 $z_t$ 轴旋转偏航角 $\psi_i$，绕 $y_t'$ 轴旋转俯仰角 $\theta_i$，再绕 $x_t''$ 轴旋转滚转角 $\varphi_i$ 得到，该坐标系与卫星本体固连，用以描述卫星本体的姿态运动。

### 7.1.2　编队构型模型

编队构型平面内示意图如图 7-2 所示，$m_1$、$m_2$ 和 $m_3$ 分别为三颗卫星的质量，$l_1$、$l_2$ 和 $l_3$ 分别表示三根系绳的实际长度，由于不计系绳质量，系统总质量 $m = m_1 + m_2 + m_3$，卫星质量和系绳长度均互不相同。$v_1$ 和 $v_2$ 分别是系绳 $l_1$ 和系绳 $l_2$ 与构型参考坐标系 $x_r$ 轴正向的夹角。牛顿法和拉格朗日法建立的模型本质等价，为了方便处理系绳约束，这里采用第二类拉格朗日方程建立编队系统动力学模型。

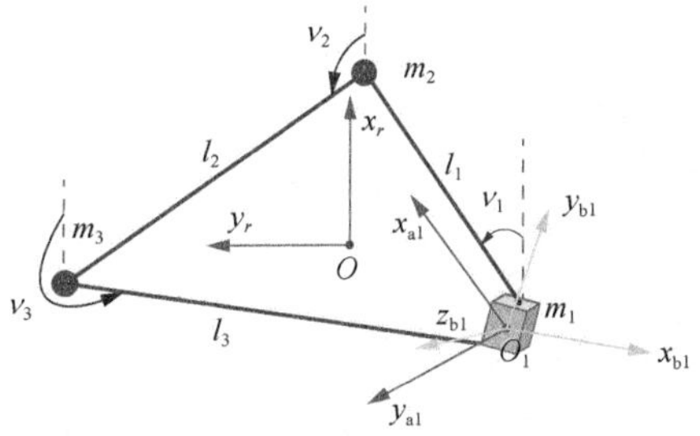


图 7-2　编队构型平面内示意图

#### 7.1.2.1　空间几何关系

系统由三个质点以及连接它们的系绳构成，在系绳张力作用下，系统三轴质心位置保持不变，因而有 3×3−3=6 个自由度，需要 6 个独立的广义坐标描述。由于编队系统运行在开普勒圆轨道上，系统质心运动规律已知，因此只需要描述系统相对于轨道坐标系的位形，为直观简洁，参照图 7-1 和图 7-2 选取广义坐标为 $[v_1\ v_2\ l_1\ l_2\ \alpha\ \beta]^{\mathrm{T}}$。通过这 6 个广义坐标，可以唯一确定编队系统某一时刻的位形，当编队正常工作时，通过自旋保持构型稳定，$\alpha$ 和 $\beta$ 描述了构型参考坐标系相对于轨道坐标系的姿态关系，$v_1$ 表示系统相对于参考坐标系转过的角度，这三个广义坐标分别对应了一个自旋体的进动角、章动角和自旋角；$l_1$、$v_2$ 和 $l_2$ 则通过两边及其夹角（由 $v_2$ 可确定该夹角）的方式描述了三角编队构型的形状；当系统正常工作时，$v_1$ 和 $v_2$ 会在 $[0,2\pi)$ 的范围内周期性变化。

为求系统动能，需要用广义坐标表示出各卫星的相对质心的位置矢量 $\boldsymbol{r}_i$，在构型坐标系 $Ox_c y_c z_c$ 中，各卫星的位置矢量可以表示为 $\boldsymbol{r}_i^{\mathrm{s}} = \begin{bmatrix}\tilde{x}_i & \tilde{y}_i & \tilde{z}_i\end{bmatrix}^{\mathrm{T}}$（本章中矢量加右上标表示该矢量在对应坐标系下的分量列阵），根据三角编队构型的几何约束，卫星坐标和广义坐标满足以下关系：

$$\begin{cases}\tilde{x}_2 = \tilde{x}_1 + l_1\cos\nu_1, & \tilde{x}_3 = \tilde{x}_2 + l_2\cos\nu_2 \\ \tilde{y}_2 = \tilde{y}_1 + l_1\sin\nu_1, & \tilde{y}_3 = \tilde{y}_2 + l_2\sin\nu_2\end{cases} \tag{7-1}$$

又因 $O$ 为系统质心，有

$$\sum_{i=1}^{3} m_i \boldsymbol{r}_i^{\mathrm{s}} = 0 \tag{7-2}$$

编队系统位于 $x_c y_c$ 平面内，$z_s$ 轴上的坐标分量 $\tilde{z}_i$ 始终为 0，定义各卫星质量系数 $\mu_i = m_i / m$，联立式（7-1）与式（7-2），可以解得各卫星在构型坐标系下的位置矢量用广义坐标表示为

$$\begin{bmatrix}\tilde{x}_1 & \tilde{y}_1 \\ \tilde{x}_2 & \tilde{y}_2 \\ \tilde{x}_3 & \tilde{y}_3\end{bmatrix} = \begin{bmatrix}-(\mu_2+\mu_3) & -\mu_3 \\ \mu_1 & -\mu_3 \\ \mu_1 & \mu_1+\mu_2\end{bmatrix}\begin{bmatrix}l_1\cos\nu_1 & l_1\sin\nu_1 \\ l_2\cos\nu_2 & l_2\sin\nu_2\end{bmatrix} \tag{7-3}$$

#### 7.1.2.2　动力学方程

由于系绳质量忽略不计，因此编队系统的总动能即为三颗卫星的动能之和，设编队质心相对于地心 $E$ 的矢径为 $\boldsymbol{R}_0$，轨道角速度 $\boldsymbol{\omega}_{\mathrm{o}}$，应用柯尼希（Konig）定理，编队系统动能可以表示为

$$\begin{aligned} T &= \frac{1}{2}m\dot{\boldsymbol{R}}_0\cdot\dot{\boldsymbol{R}}_0 + \frac{1}{2}m\sum_{i=1}^{3}\mu_i\dot{\boldsymbol{r}}_i\cdot\dot{\boldsymbol{r}}_i \\ &= \frac{1}{2}m\omega_{\mathrm{o}}^2 R_0^2 + \frac{1}{2}m\sum_{i=1}^{3}\mu_i\dot{\boldsymbol{r}}_i\cdot\dot{\boldsymbol{r}}_i \end{aligned} \tag{7-4}$$

式中，$\dot{\boldsymbol{r}}_i$ 为各卫星相对质心矢径在惯性系下的绝对导数：

$$\dot{\boldsymbol{r}}_i = \frac{\mathrm{d}\boldsymbol{r}_i}{\mathrm{d}t} = \frac{\mathrm{d}_{\mathrm{o}}\boldsymbol{r}_i}{\mathrm{d}t} + \boldsymbol{\omega}_{\mathrm{o}}\times\boldsymbol{r}_i \tag{7-5}$$

将式（7-5）投影在轨道坐标系：

$$\dot{\boldsymbol{r}}_i\cdot\dot{\boldsymbol{r}}_i = (\dot{\boldsymbol{r}}_i^{\mathrm{o}} + \boldsymbol{\omega}_{\mathrm{o}}^{\mathrm{o}}\times\boldsymbol{r}_i^{\mathrm{o}})\cdot(\dot{\boldsymbol{r}}_i^{\mathrm{o}} + \boldsymbol{\omega}_{\mathrm{o}}^{\mathrm{o}}\times\boldsymbol{r}_i^{\mathrm{o}}) \tag{7-6}$$

式中，$\boldsymbol{\omega}_{\mathrm{o}}^{\mathrm{o}}=\begin{bmatrix}0 & 0 & \omega_0\end{bmatrix}^{\mathrm{T}}$，为轨道角速度在轨道系下的表示。

因此，系统的总动能为

$$\begin{aligned}T=&\frac{1}{2}m\omega_0^2R_0^2+l_1l_2\mu_1\mu_3m\left(\sin\beta\sin\nu_1\left(\dot{\alpha}+\omega_0\right)+\dot{\beta}\cos\nu_1\right)\left(\sin\beta\sin\nu_2\left(\dot{\alpha}+\omega_0\right)+\dot{\beta}\cos\nu_2\right)\\&+\frac{1}{2}m\left(\mu_1+\mu_2\right)\mu_3\left(l_2^2\left(\left(\sin\beta\sin\nu_2\left(\dot{\alpha}+\omega_0\right)+\dot{\beta}\cos\nu_2\right)^2+\left(\cos\beta\left(\dot{\alpha}+\omega_0\right)+\dot{\nu}_2\right)^2\right)+\dot{l}_2^2\right)\\&+\frac{1}{2}m\mu_1\left(\mu_2+\mu_3\right)\left(l_1^2\left(\left(\sin\beta\sin\nu_1\left(\dot{\alpha}+\omega_0\right)+\dot{\beta}\cos\nu_1\right)^2+\left(\cos\beta\left(\dot{\alpha}+\omega_0\right)+\dot{\nu}_1\right)^2\right)+\dot{l}_1^2\right)\\&+\mu_1\mu_3m\cos\left(\nu_1-\nu_2\right)\left(l_1l_2\left(\cos\beta\left(\dot{\alpha}+\omega_0\right)+\dot{\nu}_1\right)\left(\cos\beta\left(\dot{\alpha}+\omega_0\right)+\dot{\nu}_2\right)+\dot{l}_1\dot{l}_2\right)\\&+\mu_1\mu_3m\sin\left(\nu_1-\nu_2\right)\left(l_2\dot{l}_1\left(\cos\beta\left(\dot{\alpha}+\omega_0\right)+\dot{\nu}_2\right)-l_1\dot{l}_2\left(\cos\beta\left(\dot{\alpha}+\omega_0\right)+\dot{\nu}_1\right)\right)\end{aligned} \tag{7-7}$$

三角绳系编队系统所受的保守力有重力和弹力，因此系统势能项包括重力势能和弹性势能两部分：

$$V=V_{\mathrm{g}}+V_{\mathrm{k}} \tag{7-8}$$

重力势能$V_{\mathrm{g}}$可以表示为

$$V_{\mathrm{g}}=-\sum_{i=1}^{3}\frac{\mu_{\mathrm{e}}m_i}{\left|\boldsymbol{R}_0+\boldsymbol{r}_i\right|} \tag{7-9}$$

式中，$\mu_{\mathrm{e}}=GM=\omega_0^2R_0{}^3$，为引力常数。

相对于系统质心到地心的距离$\left|\boldsymbol{R}_0\right|$，各卫星到系统质心的距离$\left|\boldsymbol{r}_i\right|$可忽略不计，由泰勒级数展开的表达式：

$$\frac{1}{\left|\boldsymbol{R}_0+\boldsymbol{r}_i\right|}\approx\frac{1}{R_0}\left(1-\frac{x_i}{R_0}+\frac{2x_i{}^2-y_i{}^2-z_i{}^2}{2R_0{}^2}\right) \tag{7-10}$$

可得系统的重力势能为

$$V_{\mathrm{g}}=-\frac{1}{2}m\omega_0^2\begin{pmatrix}\mu_1\left(\mu_2+\mu_3\right)l_1^2\begin{pmatrix}-\left(\sin\alpha\cos\beta\cos\nu_1+\cos\alpha sin\nu_1\right)^2\\+2\left(\cos\alpha\cos\beta\cos\nu_1-\sin\alpha\sin\nu_1\right)^2-\sin^2\beta\cos^2\nu_1\end{pmatrix}\\+\left(\mu_1+\mu_2\right)\mu_3l_2^2\begin{pmatrix}-\left(\sin\alpha\sin\beta\sin\nu_2+\cos\alpha\sin\nu_2\right)^2\\+2\left(\cos\alpha\cos\beta\cos\nu_2-\sin\alpha\sin\nu_2\right)^2-\sin^2\beta\cos^2\nu_2\end{pmatrix}\\+\mu_1\mu_3l_1l_2\begin{pmatrix}\left(3\cos2\alpha+1\right)\cos^2\beta\cos\nu_1\cos\nu_2-3\sin2\alpha\cos\beta\sin\left(\nu_1+\nu_2\right)\\+\left(1-3\cos\left(2\alpha\right)\right)\sin\nu_1\sin\nu_2-2\sin^2\beta\cos\nu_1\cos\nu_2\end{pmatrix}\\+2R_0^2\end{pmatrix} \tag{7-11}$$

由于假设系绳是只受拉力不受压力的弹性绳，因此当卫星间距离小于系绳长度时，系绳对卫星不产生力的作用，故而对应的弹性势能也为 0，选取变量 $e_i$ 指示系统的张紧和松弛状态：

$$e_i = \begin{cases} 0, & \varepsilon_i \geqslant 0 \\ 1, & \varepsilon_i < 0 \end{cases} \quad i = 1,2,3 \tag{7-12}$$

式中，$\varepsilon_i = (l_i - l_{i0}) / l_{i0}$，为系绳应变，$l_{i0}$ 为各系绳未发生形变时的原始长度。

根据胡克定律，考虑系绳实际状态的系统弹性势能可以表示为

$$\begin{aligned} E_{\mathrm{k}} &= \frac{1}{2} EA \sum_{i=1}^{3} l_{i0} \varepsilon_i^2 e_i \\ &= \frac{1}{2} EA \left[ \frac{(l_1 - l_{10})^2}{l_{10}} e_1 + \frac{(l_2 - l_{20})^2}{l_{20}} e_2 + \frac{(l_3 - l_{30})^2}{l_{30}} e_3 \right] \end{aligned} \tag{7-13}$$

式中，$E$ 为杨氏模量；$A$ 为系绳截面积。

$l_3$ 由式（7-14）求得

$$l_3 = \sqrt{l_1^2 + l_2^2 + 2 l_1 l_2 \cos(\nu_1 - \nu_2)} \tag{7-14}$$

将式（7-11）和式（7-13）代入势能式（7-8），连同动能式（7-7）一起代入拉格朗日方程：

$$\frac{\mathrm{d}}{\mathrm{d}t}\left(\frac{\partial T}{\partial \dot{\boldsymbol{q}}}\right) - \frac{\partial T}{\partial \boldsymbol{q}} + \frac{\partial V}{\partial \boldsymbol{q}} = \boldsymbol{Q} \tag{7-15}$$

可得空间非对称构型三角绳系编队的动力学方程为

$$\boldsymbol{M}(\boldsymbol{q})\ddot{\boldsymbol{q}} + \boldsymbol{C}(\boldsymbol{q},\dot{\boldsymbol{q}})\dot{\boldsymbol{q}} + \boldsymbol{G}(\boldsymbol{q}) = \boldsymbol{Q} \tag{7-16}$$

式中，$\boldsymbol{q} = \begin{bmatrix} \nu_1 & \nu_2 & l_1 & l_2 & \alpha & \beta \end{bmatrix}^{\mathrm{T}}$，为广义坐标；$\boldsymbol{Q} = \begin{bmatrix} Q_{\nu_1} & Q_{\nu_2} & Q_{l_1} & Q_{l_2} & Q_{\alpha} & Q_{\beta} \end{bmatrix}^{\mathrm{T}}$，为各广义坐标对应的广义外力；$\boldsymbol{M}(\boldsymbol{q}) \in \mathbb{R}^{6\times6}$，为系统惯性矩阵；$\boldsymbol{C}(\boldsymbol{q},\dot{\boldsymbol{q}}) \in \mathbb{R}^{6\times6}$，为系统科氏力项矩阵；$\boldsymbol{G}(\boldsymbol{q}) \in \mathbb{R}^{6\times1}$，为系统所受重力及弹力项。

若各广义坐标均有意义，则 $\boldsymbol{M}(\boldsymbol{q})$ 为正定对称矩阵，由于矩阵方程形式较为复杂，这里仅给出惯性矩阵 $\boldsymbol{M}(\boldsymbol{q})$ 各元素 $M_{ij}$ 的表达式，其余矩阵元素以附录形式给出。

$$M_{11}=\mu_1\left(\mu_2+\mu_3\right)ml_1^{\,2},M_{22}=\left(\mu_1+\mu_2\right)\mu_3ml_2^{\,2},M_{33}=\mu_1\left(\mu_2+\mu_3\right)m$$

$$M_{44}=\left(\mu_1+\mu_2\right)\mu_3m$$

$$M_{55}=\frac{1}{4}m\begin{pmatrix}2\mu_1\mu_3l_2l_1\left(2\cos(2\beta)\cos\nu_1\cos\nu_2+3\cos(\nu_1-\nu_2)-\cos(\nu_1+\nu_2)\right)\\+\mu_1\left(\mu_2+\mu_3\right)l_1^2\left(-2\sin^2\beta\cos(2\nu_1)+\cos(2\beta)+3\right)\\+\left(\mu_1+\mu_2\right)\mu_3l_2^2\left(-2\sin^2\beta\cos(2\nu_2)+\cos(2\beta)+3\right)\end{pmatrix}$$

$$M_{66}=\mu_2\mu_3ml_2^{\,2}\cos^2\nu_2+\mu_1m\left(\mu_2l_1^2\cos^2\nu_1+\mu_3\left(l_1\cos\nu_1+l_2\cos\nu_2\right)^2\right)$$

$$M_{12}=\mu_1\mu_3ml_1l_2\cos\left(\nu_1-\nu_2\right),M_{13}=0,M_{14}=-\mu_1\mu_3ml_1\sin\left(\nu_1-\nu_2\right)$$

$$M_{15}=\mu_1ml_1\cos\beta\left(\mu_3l_2\cos\left(\nu_1-\nu_2\right)+\left(\mu_2+\mu_3\right)l_1\right)$$

$$M_{23}=\mu_1\mu_3ml_2\sin\left(\nu_1-\nu_2\right),M_{24}=0,$$

$$M_{25}=\mu_3ml_2\cos\beta\left(\mu_1l_1\cos\left(\nu_1-\nu_2\right)+\left(\mu_1+\mu_2\right)l_2\right)$$

$$M_{34}=\mu_1\mu_3m\cos\left(\nu_1-\nu_2\right),M_{35}=\mu_1\mu_3ml_2\cos\beta\sin\left(\nu_1-\nu_2\right)$$

$$M_{45}=-\mu_1\mu_3ml_1\cos\beta\sin\left(\nu_1-\nu_2\right)$$

$$M_{56}=\frac{1}{2}m\sin\beta\left(\mu_1\left(\mu_2+\mu_3\right)l_1^{\,2}\sin\left(2\nu_1\right)+2\mu_1\mu_3l_2l_1\sin\left(\nu_1+\nu_2\right)+\left(\nu_1+\nu_2\right)\mu_3l_2^{\,2}\sin\left(2\nu_2\right)\right)$$

$$M_{16}=M_{26}=M_{36}=M_{46}=0,M_{ji}=M_{ij}$$

#### 7.1.2.3　广义力

广义力由系统所受主动力产生，在不考虑外界扰动的情况下，由于把张力考虑为系统内力，广义力仅来自系统控制力，即系统推力。如图 7-3 所示，将推力分为面内推力 $\boldsymbol{F}_i$ 和法向推力 $\boldsymbol{f}_i$ 两部分，面内推力 $\boldsymbol{F}_i$ 在构型平面 $x_cy_c$ 内，与 $l_i$ 的夹角定义为 $\gamma_i$；法向推力 $\boldsymbol{f}_i$ 沿构型平面法线，即 $z_c$ 轴方向。面内推力主要用于系统的展开，面外推力则用来调整/稳定面外角，由于推力方向和卫星本体系固连，推力的空间对准需要卫星姿态参与调整。

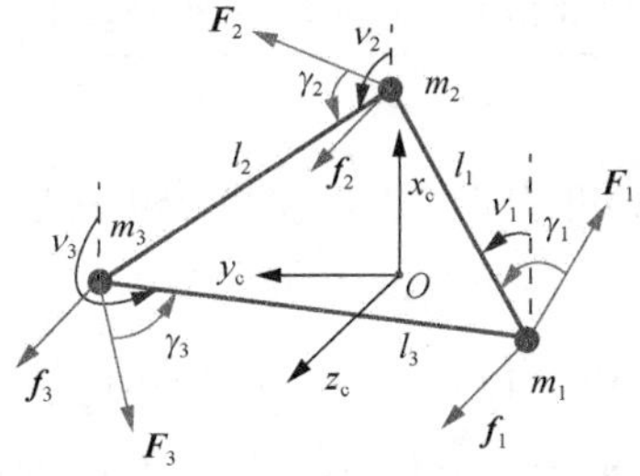


图 7-3　编队系统所受控制力示意图

广义力 $\boldsymbol{Q}$ 的表达式可由虚功原理计算得到:

$$\boldsymbol{Q}=(\boldsymbol{F}_1+\boldsymbol{f}_1)\cdot\frac{\partial \boldsymbol{r}_1}{\partial \boldsymbol{q}}+(\boldsymbol{F}_2+\boldsymbol{f}_2)\cdot\frac{\partial \boldsymbol{r}_2}{\partial \boldsymbol{q}}+(\boldsymbol{F}_3+\boldsymbol{f}_3)\cdot\frac{\partial \boldsymbol{r}_3}{\partial \boldsymbol{q}} \tag{7-17}$$

式中，面内推力 $\boldsymbol{F}_i$ 和法向推力 $\boldsymbol{f}_i$ 在构型参考系内可写为

$$\boldsymbol{F}_i^{\mathrm{c}}=F_i\left[\cos(\nu_i-\gamma_i)\quad \sin(\nu_i-\gamma_i)\quad 0\right]^{\mathrm{T}},\ \boldsymbol{f}_i^{\mathrm{c}}=\left[0\quad 0\quad f_i\right]^{\mathrm{T}} \tag{7-18}$$

考虑到构型几何关系:

$$\cos\nu_3=-\frac{l_1\cos\nu_1+l_2\cos\nu_2}{l_3},\ \sin\nu_3=-\frac{l_1\sin\nu_1+l_2\sin\nu_2}{l_3} \tag{7-19}$$

面内推力 $\boldsymbol{F}_3^{\mathrm{c}}$ 可推导得

$$\boldsymbol{F}_3^{\mathrm{c}}=F_3\left[-\frac{l_1\cos(\gamma_3-\nu_1)+l_2\cos(\gamma_3-\nu_2)}{l_3}\quad \frac{l_1\sin(\gamma_3-\nu_1)+l_2\sin(\gamma_3-\nu_2)}{l_3}\quad 0\right]^{\mathrm{T}} \tag{7-20}$$

则各广义坐标对应广义外力为

$$\begin{cases}
Q_{\nu_1}=F_1(\mu_2+\mu_3)\sin\gamma_1 l_1-F_2\mu_1 l_1\sin(\gamma_2+\nu_1-\nu_2)\\
\quad+\dfrac{F_3\mu_1 l_1\left(l_2\sin(\gamma_3+\nu_1-\nu_2)+\sin\gamma_3 l_1\right)}{l_3}\\
Q_{\nu_2}=F_1\mu_3 l_2\sin(\gamma_1-\nu_1+\nu_2)+F_2\mu_3\sin\gamma_2 l_2\\
\quad+\dfrac{F_3(\mu_1+\mu_2)l_2\left(l_1\sin(\gamma_3-\nu_1+\nu_2)+\sin\gamma_3 l_2\right)}{l_3}\\
Q_{l_2}=-F_1\mu_3\cos(\gamma_1-\nu_1+\nu_2)-F_2\mu_3\cos\gamma_2\\
\quad-\dfrac{F_3(\mu_1+\mu_2)\left(l_1\cos(\gamma_3-\nu_1+\nu_2)+\cos\gamma_3 l_2\right)}{l_3}\\
Q_\alpha=F_1\cos\beta\left(\mu_3 l_2\sin(\gamma_1-\nu_1+\nu_2)+(\mu_2+\mu_3)\sin\gamma_1 l_1\right)\\
\quad+F_2\cos\beta\left(\mu_3\sin\gamma_2 l_2-\mu_1 l_1\sin(\gamma_2+\nu_1-\nu_2)\right)\\
\quad+F_3\cos\beta\left(\dfrac{\mu_2 l_2\left(l_1\sin(\gamma_3-\nu_1+\nu_2)+\sin\gamma_3 l_2\right)}{l_3}+\mu_1\sin\gamma_3 l_3\right)\\
\quad-f_1\left((\mu_2+\mu_3)l_1\sin\beta\sin\nu_1+\mu_3 l_2\sin\beta\sin\nu_2\right)\\
\quad+f_2\left(\mu_1 l_1\sin\beta\sin\nu_1-\mu_3 l_2\sin\beta\sin\nu_2\right)\\
\quad+f_3\left(\mu_1 l_1\sin\beta\sin\nu_1+(\mu_1+\mu_2)l_2\sin\beta\sin\nu_2\right)\\
Q_\beta=-f_1\left((\mu_2+\mu_3)l_1\cos\nu_1+\mu_3 l_2\cos\nu_2\right)+f_2\left(\mu_1 l_1\cos\nu_1-\mu_3 l_2\cos\nu_2\right)\\
\quad+f_3\left(\mu_1 l_1\cos\nu_1+(\mu_1+\mu_2)l_2\cos\nu_2\right)
\end{cases} \tag{7-21}$$

编队系统构型平面内运动仅与面内推力 $\boldsymbol{F}_i$ 有关，对于构型平面外的运动，构型面外角 $\beta$ 仅与法向推力 $\boldsymbol{f}_i$ 联系，面内角 $\alpha$ 则仅通过 $\cos\beta$ 与面内状态联系。若已知面内运动，则可以将系统解除耦合，独立设计面内面外的控制律。为保证推力不对编队系统轨道运动产生干扰，须使得质心所受合力为 0：

$$\boldsymbol{F}_1+\boldsymbol{F}_2+\boldsymbol{F}_3=0,\ \boldsymbol{f}_1+\boldsymbol{f}_2+\boldsymbol{f}_3=0 \tag{7-22}$$

将约束条件代入式（7-21），则系统的广义力 $\boldsymbol{Q}$ 可简化为

$$\begin{cases}
Q_{\nu_1}=F_1l_1\sin\gamma_1 \\
Q_{\nu_2}=F_1l_2\sin(\gamma_1-\nu_1+\nu_2)+F_2\sin\gamma_2l_2 \\
Q_{l_1}=-F_1\cos\gamma_1 \\
Q_{l_2}=-F_1\cos(\gamma_1-\nu_1+\nu_2)-F_2\cos\gamma_2 \\
Q_\alpha=F_1\cos\beta\left(l_2\sin(\gamma_1-\nu_1+\nu_2)+\sin\gamma_1l_1\right)+F_2\cos\beta\sin\gamma_2l_2 \\
\qquad -f_1\sin\beta\left(l_1\sin\nu_1+l_2\sin\nu_2\right)-f_2\sin\beta l_2\sin\nu_2 \\
Q_\beta=-f_1\left(l_1\cos\nu_1+l_2\cos\nu_2\right)-l_2\cos\nu_2
\end{cases} \tag{7-23}$$

控制器解算出广义力后，由式（7-23）可以得所需推力及推力偏角为

$$\begin{cases}
F_1=\dfrac{\sqrt{Q_{\nu_1}{}^2+Q_{l_1}{}^2l_1^2}}{l_1} \\
F_2=\dfrac{\sqrt{c_1^2+c_2^2l_2^2}}{l_2} \\
\gamma_1=\operatorname{atan2}\left(-\dfrac{Q_{l_1}l_1}{\sqrt{Q_{l_1}{}^2l_1^2+Q_{\nu_1}{}^2}},\dfrac{Q_{\nu_1}}{\sqrt{Q_{l_1}{}^2l_1^2+Q_{\nu_1}{}^2}}\right) \\
\gamma_2=\operatorname{atan2}\left(\dfrac{c_2l_2}{\sqrt{c_1^2+c_2^2l_2^2}},\dfrac{c_2}{\sqrt{c_1^2+c_2^2l_2^2}}\right) \\
f_1=\dfrac{\csc(\nu_1-\nu_2)\left(Q_\beta\sin\nu_2-c_3\csc\beta\cos\nu_2\right)}{l_1} \\
f_2=\dfrac{\csc(\nu_1-\nu_2)\left(c_4l_1+c_5l_2\right)}{l_1l_2}
\end{cases} \tag{7-24}$$

式中，

$$\begin{cases} c_1 = Q_{\nu_2} - \sin(\gamma_1 - \nu_1 + \nu_2)F_1 l_2 \\ c_2 = Q_{\nu_2} + \cos(\gamma_1 - \nu_1 + \nu_2)F_1 \\ c_3 = Q_\alpha - \left(Q_{\nu_2} + Q_{\nu_2}\right)\cos\beta \\ c_4 = c_3 \csc\beta \cos\nu_1 - Q_\beta \sin\nu_1 \\ c_5 = c_3 \csc\beta \cos\nu_2 - Q_\beta \sin\nu_2 \end{cases} \tag{7-25}$$

7.1.2.4　无量纲化模型

由于轨道运行周期长达几千秒，且相较于自旋角$\nu_1$和$\nu_2$，系绳长度的变化范围很广，在千米量级，为了便于对三角构型空间绳系编队的动力学及构型机动控制进行研究，需要对模型进行无量纲化。取$\tau = \omega_0 t$，由于$\omega_0$对于开普勒圆轨道为一常数，则广义坐标各阶导数项：

$$\frac{\mathrm{d}q}{\mathrm{d}t} = \omega_0 \frac{\mathrm{d}q}{\mathrm{d}\tau}, \ \frac{\mathrm{d}^2 q}{\mathrm{d}t^2} = \omega_0^2 \frac{\mathrm{d}^2 q}{\mathrm{d}\tau^2} \tag{7-26}$$

并取无量纲系绳长度$\lambda_i = l_i / l_0$，$\lambda_{i0} = l_{i0} / l_0$，代入方程（7-16）得到无量纲化动力学模型为

$$\bar{\boldsymbol{M}}(\bar{\boldsymbol{q}})\bar{\boldsymbol{q}}'' + \bar{\boldsymbol{C}}(\bar{\boldsymbol{q}},\bar{\boldsymbol{q}}')\bar{\boldsymbol{q}}' + \bar{\boldsymbol{G}}(\bar{\boldsymbol{q}}) + \bar{\boldsymbol{P}}(\bar{\boldsymbol{q}}) = \bar{\boldsymbol{Q}} \tag{7-27}$$

式中，$\bar{\boldsymbol{q}} = [\nu_1 \ \nu_2 \ \lambda_1 \ \lambda_2 \ \alpha \ \beta]^{\mathrm{T}}$，为无量纲广义坐标；$\bar{\boldsymbol{Q}} = \frac{1}{m l_0 \omega_0^2}\left[\frac{Q_{\nu_1}}{l_0} \ \frac{Q_{\nu_2}}{l_0} \ Q_{l_1} \ Q_{l_2} \ \frac{Q_\alpha}{l_0} \ \frac{Q_\beta}{l_0}\right]^{\mathrm{T}}$，为与广义坐标对应的广义力。

为简洁起见，后文使用模型（7-27）时省略顶标仍写为方程（7-16）的形式。

### 7.1.3　卫星姿态模型

针对非对称空间绳系编队构型，假设三颗卫星的质心位于编队构型的三个质点处，随编队一起运动。一方面，在构型机动的过程中，编队中各卫星两侧受时变张力，且大小并不相等，这可能对卫星姿态产生扰动；另一方面，卫星的推力器与卫星本体固连，而构型机动过程中期望推力的方向是相对于编队构型表示的，为使得推力实现特定的空间对准，有必要对卫星姿态进行建模，以便后续根据具体任务需求进行姿态控制。卫星姿态运动模型包括姿态运动学和姿态动力学两部分，其中姿态运动学主要包括卫星姿态的描述、确定和转换关系，姿态动力学研究卫星在控制力矩和干扰力矩作用下发生运动时与卫星角速度相关的状态和性质。

#### 7.1.3.1　卫星姿态描述

卫星的姿态即卫星的本体坐标系相对于参考坐标系的位置关系，描述坐标系间旋转关系的物理量称为姿态参数。常用的姿态描述方式：方向余弦、欧拉角、四元数、修正罗德里格斯参数等。其中，方向余弦是一个相对直接的描述，但需要引入多个约束条件，且不直观，因此很少使用；欧拉角是直觉上最容易理解的姿态参数，在卫星姿态的描述中经常出现，但在大角度机动的时候，存在奇异现象，因此往往应用于小角度旋转的场合；四元数描述的方式不具备明确的物理意义，存在参数冗余问题但约束简单，不涉及三角函数运算，全局无奇异点，在卫星姿态机动中被广泛采用；修正罗德里格斯参数由四元数向三维超平面投影得到，它的优点和四元数类似，且不存在冗余问题，但引入了新的奇异点，为消除奇异需要进行两组参数之间的转换，这增加了运算的复杂度。

本章研究的编队卫星角度自由度较大，且在时变张力作用下可能有翻滚的风险，为保证卫星姿态机动和控制算法具备全空间连续的特性，本章采用四元数方法来进行姿态运动学建模和控制算法设计；为便于分析，采用欧拉角姿态描述将模型仿真结果转化为更加直观的形式输出。

根据欧拉定理，刚体绕定点的任意角位移都可以由绕某一转轴和旋转特定的角度来表示，可以证明姿态旋转矩阵 $\boldsymbol{A}$ 和欧拉轴/角姿态参数满足以下关系式：

$$\boldsymbol{A}(\boldsymbol{e},\varPhi)=\cos\varPhi\,\boldsymbol{I}_3+(1-\cos\varPhi)\boldsymbol{e}\cdot\boldsymbol{e}^{\mathrm{T}}-\boldsymbol{e}^{\times}\sin\varPhi \tag{7-28}$$

式中，$\boldsymbol{e}=\begin{bmatrix}e_x & e_y & e_z\end{bmatrix}^{\mathrm{T}}$，为欧拉转轴单位矢量；$\varPhi$ 为欧拉转角；$\boldsymbol{I}_3$ 为三维单位矩阵；$(\cdot)^{\times}\in\mathbb{R}^{3\times3}$，为叉乘算子，定义为

$$\boldsymbol{\eta}_v^{\times}=\begin{bmatrix}0 & -\eta_3 & \eta_2\\ \eta_3 & 0 & -\eta_1\\ -\eta_2 & \eta_1 & 0\end{bmatrix} \tag{7-29}$$

定义四元数 $\boldsymbol{\eta}$ 为

$$\boldsymbol{\eta}=\begin{bmatrix}\eta_0 & \boldsymbol{\eta}_v^{\mathrm{T}}\end{bmatrix}^{\mathrm{T}}=\begin{bmatrix}\eta_0 & \eta_1 & \eta_2 & \eta_3\end{bmatrix}^{\mathrm{T}}\triangleq\begin{bmatrix}\cos\dfrac{\varPhi}{2} & e_x\sin\dfrac{\varPhi}{2} & e_y\sin\dfrac{\varPhi}{2} & e_z\sin\dfrac{\varPhi}{2}\end{bmatrix}^{\mathrm{T}} \tag{7-30}$$

显然四元数各参数满足以下约束关系：

$$\eta_0^2+\eta_1^2+\eta_2^2+\eta_3^2=1 \tag{7-31}$$

结合式（7-28）和式（7-30）可以导出四元数描述的姿态旋转矩阵 $\boldsymbol{A}(\boldsymbol{\eta})$ 为

$$\boldsymbol{A}(\boldsymbol{\eta})=(\eta_0^2-\boldsymbol{\eta}_v^{\mathrm{T}}\boldsymbol{\eta}_v)\cdot\boldsymbol{I}_3+2\boldsymbol{\eta}_v\boldsymbol{\eta}_v^{\mathrm{T}}-2\eta_0\boldsymbol{\eta}_v^{\times}$$
$$=\begin{bmatrix}\eta_0^2+\eta_1^2-\eta_2^2-\eta_3^2 & 2(\eta_0\eta_3+\eta_1\eta_2) & 2(\eta_1\eta_3-\eta_0\eta_2)\\ 2(\eta_1\eta_2-\eta_0\eta_3) & \eta_0^2-\eta_1^2+\eta_2^2-\eta_3^2 & 2(\eta_2\eta_3+\eta_0\eta_1)\\ 2(\eta_1\eta_3+\eta_0\eta_2) & 2(\eta_2\eta_3-\eta_0\eta_1) & \eta_0^2-\eta_1^2-\eta_2^2+\eta_3^2\end{bmatrix} \tag{7-32}$$

7.1.3.2　姿态运动学方程

卫星的姿态角速度与编队构型相耦合，根据矢量叠加原理，单颗卫星的角速度 $\boldsymbol{\omega}$ 可以分解为三部分：

$$\boldsymbol{\omega}=\boldsymbol{\omega}_{\mathrm{r}}+\boldsymbol{\omega}_{\mathrm{s}}+\boldsymbol{\omega}_{\mathrm{o}} \tag{7-33}$$

式中，$\boldsymbol{\omega}_{\mathrm{r}}\in\mathbb{R}^{3\times1}$，为卫星相对于系绳坐标系的角速度；$\boldsymbol{\omega}_{\mathrm{s}}\in\mathbb{R}^{3\times1}$，为系绳坐标系相对于轨道坐标系的角速度；$\boldsymbol{\omega}_{\mathrm{o}}\in\mathbb{R}^{3\times1}$，为轨道坐标系的角速度。

由于三颗卫星均遵循相同的规律，为表示简便省略了表示卫星次序的下标。

结合系绳坐标系及构型参考坐标系的定义，可以将系绳坐标系相对于轨道坐标系的角速度看作轨道坐标系分别绕 $z$、$-y$、$z$ 轴旋转 $\alpha$、$\beta$、$\nu_i$ 角度得到。总的旋转矩阵可以统一写为

$$\boldsymbol{A}_{\mathrm{to}}=\boldsymbol{A}_z(\nu_i)\cdot\boldsymbol{A}_{\mathrm{co}}$$
$$=\begin{bmatrix}\cos\alpha\cos\beta\cos\nu_i-\sin\alpha\sin\nu_i & \sin\alpha\cos\beta\cos\nu_i+\cos\alpha\sin\nu_i & \sin\beta\cos\nu_i\\ -\sin\alpha\cos\nu_i-\cos\alpha\cos\beta\sin\nu_i & \sin\alpha\cos\nu_i-\sin\alpha\cos\beta\sin\nu_i & -\sin\beta\sin\nu_i\\ -\cos\alpha\sin\beta & -\sin\alpha\sin\beta & \cos\beta\end{bmatrix} \tag{7-34}$$

根据欧拉角的定义，各系绳坐标系相对轨道坐标系角速度可以写为

$$\boldsymbol{\omega}_{\mathrm{s}}^{\mathrm{t}}=\begin{bmatrix}0\\0\\\dot{\nu}_i\end{bmatrix}+\begin{bmatrix}\cos\nu_i & \sin\nu_i & 0\\ -\sin\nu_i & \cos\nu_i & 0\\ 0 & 0 & 1\end{bmatrix}\begin{bmatrix}0\\-\dot{\beta}\\0\end{bmatrix}+\begin{bmatrix}\cos\nu_i & \sin\nu_i & 0\\ -\sin\nu_i & \cos\nu_i & 0\\ 0 & 0 & 1\end{bmatrix}\begin{bmatrix}\cos\beta & 0 & \sin\beta\\ 0 & 1 & 0\\ -\sin\beta & 0 & \cos\beta\end{bmatrix}\begin{bmatrix}0\\0\\\dot{\alpha}\end{bmatrix}$$
$$=\begin{bmatrix}\dot{\alpha}\sin\beta\cos\nu_i-\dot{\beta}\sin\nu_i\\ -\dot{\alpha}\sin\beta\sin\nu_i-\dot{\beta}\cos\nu_i\\ \dot{\alpha}\cos\beta+\dot{\nu}_i\end{bmatrix} \tag{7-35}$$

式中，$\alpha$、$\beta$、$\nu_1$、$\nu_2$及其导数可由编队动力学模型（7-27）积分得到，$\nu_3$并非广义坐标，根据编队构型几何关系：

$$\frac{l_2}{\sin(\nu_3-\nu_1)}=\frac{l_3}{\sin(\nu_1-\nu_2)} \tag{7-36}$$

结合式（7-14）可以得到：

$$\nu_3=\nu_1+\sin^{-1}\frac{l_2\sin(\nu_1-\nu_2)}{\sqrt{l_1^2+l_2^2+2l_1l_2\cos(\nu_1-\nu_2)}} \tag{7-37}$$

求导可得

$$\dot{\nu}_3=\dot{\nu}_1+\frac{(l_1\dot{l}_2-\dot{l}_1l_2)\sin(\nu_1-\nu_2)+l_2(\dot{\nu}_1-\dot{\nu}_2)(l_1\cos(\nu_1-\nu_2)+l_2)}{l_1^2+l_2^2+2l_1l_2\cos(\nu_1-\nu_2)} \tag{7-38}$$

当使用欧拉角描述卫星相对于系绳坐标系的转换关系时有

$$\begin{aligned}\boldsymbol{\omega}_{\mathrm{r}}^{\mathrm{b}}&=\begin{bmatrix}\omega_{\mathrm{r}x}\\\omega_{\mathrm{r}y}\\\omega_{\mathrm{r}z}\end{bmatrix}=\begin{bmatrix}0\\0\\\dot{\varphi}\end{bmatrix}+\begin{bmatrix}1&0&0\\0&\cos\varphi&\sin\varphi\\0&-\sin\varphi&\cos\varphi\end{bmatrix}\begin{bmatrix}0\\\dot{\theta}\\0\end{bmatrix}\\&\quad+\begin{bmatrix}1&0&0\\0&\cos\varphi&\sin\varphi\\0&-\sin\varphi&\cos\varphi\end{bmatrix}\begin{bmatrix}\cos\theta&0&-\sin\theta\\0&1&0\\\sin\theta&0&\cos\theta\end{bmatrix}\begin{bmatrix}0\\0\\\dot{\psi}\end{bmatrix}\\&=\begin{bmatrix}\dot{\varphi}-\sin\theta\dot{\psi}\\\dot{\theta}\cos\varphi+\cos\theta\sin\varphi\dot{\psi}\\\cos\theta\cos\varphi\dot{\psi}-\dot{\theta}\sin\varphi\end{bmatrix}\end{aligned} \tag{7-39}$$

利用式（7-39）求解欧拉角的变化律：

$$\begin{bmatrix}\dot{\varphi}\\\dot{\theta}\\\dot{\psi}\end{bmatrix}_{321}=\begin{bmatrix}\omega_{\mathrm{r}x}+\omega_{\mathrm{r}z}\cos\varphi\tan\theta+\omega_{\mathrm{r}y}\sin\varphi\tan\theta\\\omega_{\mathrm{r}y}\cos\varphi-\omega_{\mathrm{r}z}\sin\varphi\\\sec\theta\left(\omega_{\mathrm{r}z}\cos\varphi+\omega_{\mathrm{r}y}\sin\varphi\right)\end{bmatrix} \tag{7-40}$$

当$\theta=90°$时，式（7-40）会出现奇异，因此采用四元数来描述卫星相对于系绳坐标系的姿态，四元数和姿态角速度之间的关系并不直观，下面从角速度的定义入手推导。

根据欧拉定理，卫星姿态相对于参考坐标系的角速度可以写为$\boldsymbol{\omega}=\omega\boldsymbol{e}$，取很小的时间间隔$\Delta t$，设在$t$与$t+\Delta t$时刻的姿态旋转矩阵分别为$\boldsymbol{A}(t)$和$\boldsymbol{A}(t+\Delta t)$，

根据姿态旋转矩阵的叠加关系有

$$\boldsymbol{A}(t+\Delta t)=\boldsymbol{A}(\Delta t)\boldsymbol{A}(t) \tag{7-41}$$

式中，$\boldsymbol{A}(\Delta t)$ 为绕转轴 $\boldsymbol{e}$ 在 $\Delta\Phi=\omega\Delta t$ 的转动矩阵，按照欧拉轴/角姿态参数式（7-28），该转动矩阵可以写为

$$\boldsymbol{A}(\Delta t)=\boldsymbol{A}(\boldsymbol{e},\Delta\Phi)=\cos\Delta\Phi\,\boldsymbol{I}_3+(1-\cos\Delta\Phi)\boldsymbol{e}\cdot\boldsymbol{e}^{\mathrm{T}}-\boldsymbol{e}^{\times}\sin\Delta\Phi \tag{7-42}$$

考虑到 $\Delta\Phi$ 很小，有 $\cos\Delta\Phi\approx 1$，$\sin\Delta\Phi\approx\omega\Delta t$，结合 $\boldsymbol{\omega}=\omega\boldsymbol{e}$，可将式（7-42）化为

$$\boldsymbol{A}(\Delta t)=\boldsymbol{I}_3-\boldsymbol{\omega}^{\times}\Delta t \tag{7-43}$$

因此在 $t+\Delta t$ 时刻，姿态矩阵可以展开为

$$\boldsymbol{A}(t+\Delta t)=\boldsymbol{A}(t)-\boldsymbol{\omega}^{\times}\boldsymbol{A}(t)\Delta t \tag{7-44}$$

则可得到姿态矩阵表示的姿态运动方程：

$$\frac{\mathrm{d}\boldsymbol{A}}{\mathrm{d}t}=\lim_{\Delta t\to 0}\frac{\boldsymbol{A}(t+\Delta t)-\boldsymbol{A}(t)}{\Delta t}=-\boldsymbol{\omega}^{\times}\boldsymbol{A} \tag{7-45}$$

应用四元数和姿态旋转矩阵的关系式（7-32），可以得到四元数描述的卫星姿态运动方程为

$$\begin{cases}\dot{\eta}_0=-\dfrac{1}{2}\boldsymbol{\eta}_v^{\mathrm{T}}\boldsymbol{\omega}_{\mathrm{r}}^{\mathrm{b}}\\[2mm] \dot{\boldsymbol{\eta}}_v=\dfrac{1}{2}(\boldsymbol{\eta}_v^{\times}+\eta_0\boldsymbol{I}_3)\boldsymbol{\omega}_{\mathrm{r}}^{\mathrm{b}}\end{cases} \tag{7-46}$$

在卫星姿态运动学模型中，选择的参考坐标系为系绳坐标系，则卫星的相对惯性系的角速度在本体系中的表达式为

$$\boldsymbol{\omega}^{\mathrm{b}}=\boldsymbol{\omega}_{\mathrm{r}}^{\mathrm{b}}+\boldsymbol{A}_{\mathrm{bt}}\boldsymbol{\omega}_{\mathrm{s}}^{\mathrm{t}}+\boldsymbol{A}_{\mathrm{bt}}\boldsymbol{A}_{\mathrm{to}}\boldsymbol{\omega}_{\mathrm{o}}^{\mathrm{o}} \tag{7-47}$$

式中，$\boldsymbol{\omega}_{\mathrm{o}}^{\mathrm{o}}$ 为一常值，$\boldsymbol{\omega}_{\mathrm{s}}^{\mathrm{t}}$ 可以由式（7-35）得到，$\boldsymbol{A}_{\mathrm{to}}$ 由式（7-34）得到，由式（7-46）和式（7-32）可以计算系绳坐标系到本体系的姿态旋转矩阵 $\boldsymbol{A}_{\mathrm{bt}}$，但 $\boldsymbol{\omega}_{\mathrm{r}}^{\mathrm{b}}$ 仍未可知，它需要通过卫星姿态动力学方程计算。

注意到在求系绳坐标系角速度 $\boldsymbol{\omega}_{\mathrm{r}}^{\mathrm{t}}$ 的时候，其实是通过欧拉角速度计算，这是因为欧拉角速度可以通过广义坐标模型（7-27）的积分直接得到，但对广义坐标求解的过程中却没有使用 $\boldsymbol{\omega}_{\mathrm{r}}^{\mathrm{t}}$，因此运算过程中并不涉及循环迭代和奇异问题。

### 7.1.3.3　姿态动力学方程

为使编队卫星实现姿态快速跟踪，本章选用五棱锥构型安装的 CMG 作为姿态执行机构。CMG 具有角动量大、输出力矩大、反应迅速等优点，而五棱锥构型具备很好的构型效益，系统奇异的可能性小，是卫星执行机构的最佳选择。

采用CMG作为执行机构的卫星总角动量 $\boldsymbol{h}$ 包括卫星本体角动量和CMG系统角动量两部分，可以表示为

$$\boldsymbol{h}=\boldsymbol{J}\cdot\boldsymbol{\omega}+\boldsymbol{h}_{\mathrm{CMG}} \tag{7-48}$$

式中，$\boldsymbol{\omega}\in\mathbb{R}^{3\times1}$，为卫星相对于惯性坐标系的角速度；$\boldsymbol{J}\in\mathbb{R}^{3\times3}$，为卫星的惯量张量。

CMG 对惯量张量的影响很小，可以忽略不计，因此卫星的惯量张量在本体系下的矩阵为一常数。欧拉动力学方程和相对导数关系：

$$\frac{\mathrm{d}\boldsymbol{h}}{\mathrm{d}t}=\boldsymbol{J}\frac{\mathrm{d}_{\mathrm{b}}\boldsymbol{\omega}}{\mathrm{d}t}+\boldsymbol{\omega}\times(\boldsymbol{J}\cdot\boldsymbol{\omega}+\boldsymbol{h}_{\mathrm{CMG}})=\boldsymbol{\tau}_{\mathrm{CMG}}+\boldsymbol{\tau}_{\mathrm{d}} \tag{7-49}$$

式中，$\boldsymbol{\tau}_{\mathrm{d}}\in\mathbb{R}^{3\times1}$，为外界干扰力矩矢量；$\dfrac{\mathrm{d}_{\mathrm{b}}(\cdot)}{\mathrm{d}t}$ 为矢量在本体坐标系下的导数。

由于所研究对象的参考坐标系为系绳坐标系，因此还需要将式（7-49）转化为相对于系绳坐标系的形式，结合式（7-33）有

$$\begin{aligned}\frac{\mathrm{d}_{\mathrm{b}}\boldsymbol{\omega}}{\mathrm{d}t}&=\frac{\mathrm{d}_{\mathrm{b}}\boldsymbol{\omega}_{\mathrm{r}}}{\mathrm{d}t}+\frac{\mathrm{d}_{\mathrm{b}}\boldsymbol{\omega}_{\mathrm{s}}}{\mathrm{d}t}+\frac{\mathrm{d}_{\mathrm{b}}\boldsymbol{\omega}_{\mathrm{o}}}{\mathrm{d}t}\\&=\frac{\mathrm{d}_{\mathrm{b}}\boldsymbol{\omega}_{\mathrm{r}}}{\mathrm{d}t}+\frac{\mathrm{d}_{\mathrm{t}}\boldsymbol{\omega}_{\mathrm{s}}}{\mathrm{d}t}-\boldsymbol{\omega}_{\mathrm{r}}\times\boldsymbol{\omega}_{\mathrm{s}}-(\boldsymbol{\omega}_{\mathrm{r}}+\boldsymbol{\omega}_{\mathrm{s}})\times\boldsymbol{\omega}_{\mathrm{o}}\end{aligned} \tag{7-50}$$

代入式（7-49）可以得到 $\boldsymbol{\omega}_{\mathrm{r}}$ 满足的微分方程为

$$\begin{aligned}\frac{\mathrm{d}_{\mathrm{b}}\boldsymbol{\omega}_{\mathrm{r}}}{\mathrm{d}t}=&\boldsymbol{J}^{-1}(\boldsymbol{\tau}_{\mathrm{CMG}}+\boldsymbol{\tau}_{\mathrm{d}}-\boldsymbol{\omega}\times(\boldsymbol{J}\cdot\boldsymbol{\omega}+\boldsymbol{h}_{\mathrm{CMG}}))\\&-\frac{\mathrm{d}_{\mathrm{t}}\boldsymbol{\omega}_{\mathrm{s}}}{\mathrm{d}t}+\boldsymbol{\omega}_{\mathrm{r}}\times\boldsymbol{\omega}_{\mathrm{s}}+(\boldsymbol{\omega}_{\mathrm{r}}+\boldsymbol{\omega}_{\mathrm{s}})\times\boldsymbol{\omega}_{\mathrm{o}}\end{aligned} \tag{7-51}$$

式（7-51）为矢量方程，投影到本体坐标系得到分量列阵方程为

$$\begin{aligned}\dot{\boldsymbol{\omega}}_{\mathrm{r}}^{\mathrm{b}}=&\boldsymbol{J}^{-1}(\boldsymbol{\tau}_{\mathrm{CMG}}+\boldsymbol{\tau}_{\mathrm{d}}-\boldsymbol{\omega}^{\mathrm{b}}\times(\boldsymbol{J}\boldsymbol{\omega}^{\mathrm{b}}+\boldsymbol{h}_{\mathrm{CMG}}))-\boldsymbol{A}_{\mathrm{bt}}\dot{\boldsymbol{\omega}}_{\mathrm{s}}^{\mathrm{t}}\\&+\boldsymbol{\omega}_{\mathrm{r}}^{\mathrm{b}}\times\boldsymbol{A}_{\mathrm{bt}}\boldsymbol{\omega}_{\mathrm{s}}^{\mathrm{t}}+(\boldsymbol{\omega}_{\mathrm{r}}^{\mathrm{b}}+\boldsymbol{A}_{\mathrm{bt}}\boldsymbol{\omega}_{\mathrm{s}}^{\mathrm{t}})\times\boldsymbol{A}_{\mathrm{bt}}\boldsymbol{A}_{\mathrm{to}}\boldsymbol{\omega}_{\mathrm{o}}^{\mathrm{o}}\end{aligned} \tag{7-52}$$

式中，$\boldsymbol{\omega}^{\mathrm{b}}$ 表达式由式（7-47）给出。

# 7.2　绳系编队系统稳定性分析

## 7.2.1　稳定先决条件分析

对于传统对称构型三角绳系编队系统，由几何对称性易知，三根系绳上的张力相等，它们的合力为各卫星提供相同大小的向心力，系统具备稳定自旋的条件，并可以计算出每根系绳上的受力大小。然而对于各系绳长度与卫星质量互不相等的情况，绳上张力能否提供自旋所需要的向心力并不能直观得出，因此首先需要对非对称构型三角绳系编队系统的自旋稳定性进行证明。

张力是被动力，可以看作是系统自旋状态下为平衡离心惯性力而产生的，因此非对称构型能否有条件实现稳定自旋，等价于是否存在一组张力解使得张力与自旋状态产生的离心力平衡。如图 7-4 所示，将非对称三角编队系统简化为由 3 个任意质量质点 $m_i$ 和 3 根长度不等的系绳 $l_i$ 构成的系统，不妨假设系统绕平面内任意点 $O$ 以角速度大小 $\omega$ 自旋，$\boldsymbol{r}_i$ 为各质点到质心的矢径，$T_i$ 为各绳上张力大小，系统不受其他外力。

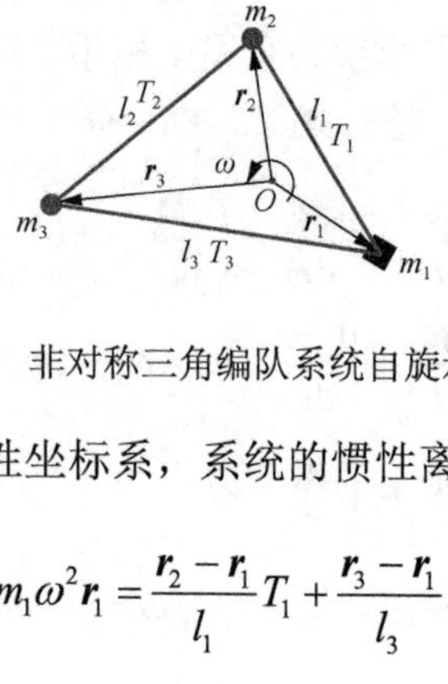


图 7-4　非对称三角编队系统自旋示意图

对于随系统转动的非惯性坐标系，系统的惯性离心力与张力平衡，有

$$
\begin{cases}
-m_1\omega^2\boldsymbol{r}_1 = \dfrac{\boldsymbol{r}_2-\boldsymbol{r}_1}{l_1}T_1 + \dfrac{\boldsymbol{r}_3-\boldsymbol{r}_1}{l_3}T_3 \\
-m_2\omega^2\boldsymbol{r}_2 = \dfrac{\boldsymbol{r}_1-\boldsymbol{r}_2}{l_1}T_1 + \dfrac{\boldsymbol{r}_3-\boldsymbol{r}_2}{l_2}T_2 \\
-m_3\omega^2\boldsymbol{r}_3 = \dfrac{\boldsymbol{r}_2-\boldsymbol{r}_3}{l_2}T_2 + \dfrac{\boldsymbol{r}_1-\boldsymbol{r}_3}{l_3}T_3
\end{cases}
\tag{7-53}
$$

解矢量方程，可得

$$
T_1 = \frac{\omega^2 l_1 m_1 m_2}{m}, T_2 = \frac{\omega^2 l_2 m_2 m_3}{m}, T_3 = \frac{\omega^2 l_3 m_3 m_1}{m} \tag{7-54}
$$

冗余方程组存在唯一一组解，说明存在一组张力可以提供非对称三角绳系编队系统围绕质心以角速度 $\omega$ 稳定旋转的向心力，系统有条件实现自旋稳定。

将方程组（7-53）各式相加可得

$$m_1\boldsymbol{r}_1 + m_2\boldsymbol{r}_2 + m_3\boldsymbol{r}_3 = 0 \tag{7-55}$$

可见自旋参考点 $O$ 为系统的质心，方程组（7-53）中隐含了只有系统围绕质心自旋才可能保持稳定，否则方程组无解。需要注意，这里只是证明了系统能够稳定自旋的必要条件，但还没有考虑轨道因素，下面将进一步考虑轨道因素推导编队构型的自旋稳定条件。

### 7.2.2　轨道平面内构型稳定条件分析

本小节将综合考虑卫星质量和系绳的耦合影响，从动力学方程的一般形式出发，首先推导在整个轨道运行条件下能保持系绳应变平衡的系绳长度和卫星质量的约束关系；其次基于该约束关系，讨论一般情形下保持构型稳定所需要的角速度取值范围；再次针对不满足构型约束条件的情形，系统自旋不存在稳定解，系统的复杂耦合特性使得直接从动态方程的角度入手比较困难，因此先从特殊的情形入手，对满足质量相等和质量不等的构型进行定性探讨，然后回归到最一般的情形进行理论上的推导，印证之前受力分析的结果；最后进行仿真验证。

#### 7.2.2.1　平衡构型约束关系

对于不考虑轨道因素的三角绳系自旋系统，任意的质量和绳长组合均有条件达成构型稳态，那么在受周期波动重力作用下，系统是否有条件达成类似的构型稳态，以及对应条件仍有待进一步探讨。

采用编队系统归一化动力学模型（7-27），忽略外部干扰力和控制力的影响，即广义力 $\boldsymbol{Q}=\boldsymbol{0}$。从动力学模型形式可以看出，系统动力学具有强非线性的特性，尤其是模型（7-27）前四式中系绳长度与姿态角之间通过张力项存在复杂耦合关系。

假设系统在保守力和系绳弹力作用下处于面内自旋稳定状态，自旋角速度为 $\dot{\nu}_1=\dot{\nu}_2=\dot{\nu}$，则其他状态量的一阶导数和二阶导数应为 0，即 $\dot{\alpha}=\dot{\beta}=\dot{\lambda}_1=\dot{\lambda}_2=0$，$\ddot{\boldsymbol{q}}=\boldsymbol{0}$。由于系统在轨道面内自旋，此时由动力学模型（7-27）可知面内通道外解耦，即面内运动不会对面外通道产生影响，又因张力及重力项不会对面外通道产生扰动，将平衡条件代入面外通道可化为零项，即 $\beta\equiv 0$。对于面内四个通道来说，动力学方程仅剩下科氏力项、张力项和重力势能项，而张力项仅与系绳形变量有关，进而得到系统稳定状态下系绳形变量所需要满足的约束关系为

$$\begin{cases} EA\sin\left(\nu_1-\nu_2\right)\lambda_2\varepsilon_3=\dfrac{1}{2}ml_0\lambda_3\mu_1\omega_0^2\begin{pmatrix}3\sin\left(2\nu_1\right)\lambda_1\left(\mu_2+\mu_3\right)\\+2\lambda_2\mu_3\left(3\cos\nu_2\sin\nu_1+\sin\left(\nu_1-\nu_2\right)\dot{\nu}\left(2+\dot{\nu}\right)\right)\end{pmatrix} \\ EA\sin\left(\nu_1-\nu_2\right)\lambda_1\varepsilon_3=-\dfrac{1}{2}ml_0\lambda_3\mu_3\omega_0^2\begin{pmatrix}3\sin\left(2\nu_2\right)\lambda_2\left(\mu_1+\mu_2\right)\\+2\lambda_1\mu_1\left(3\cos\nu_1\sin\nu_2-\sin\left(\nu_1-\nu_2\right)\dot{\nu}\left(2+\dot{\nu}\right)\right)\end{pmatrix} \\ EA\left(\lambda_1+\cos\left(\nu_1-\nu_2\right)\lambda_2\right)\varepsilon_3+EA\lambda_3\varepsilon_1 \\ =ml_0\lambda_3\mu_1\omega_0^2\begin{pmatrix}\lambda_1\left(\mu_2+\mu_3\right)\left(3\cos^2\nu_1+\dot{\nu}\left(2+\dot{\nu}\right)\right)\\+\lambda_2\mu_3\left(3\cos\nu_1\cos\nu_2+\cos\left(\nu_1-\nu_2\right)\dot{\nu}\left(2+\dot{\nu}\right)\right)\end{pmatrix} \\ EA\left(\lambda_2+\cos\left(\nu_1-\nu_2\right)\lambda_1\right)\varepsilon_3+EA\lambda_3\varepsilon_2 \\ =ml_0\lambda_3\mu_3\omega_0^2\begin{pmatrix}\lambda_2\left(\mu_1+\mu_2\right)\left(3\cos^2\nu_2+\dot{\nu}\left(2+\dot{\nu}\right)\right)\\+\lambda_1\mu_1\left(3\cos\nu_1\cos\nu_2+\cos\left(\nu_1-\nu_2\right)\dot{\nu}\left(2+\dot{\nu}\right)\right)\end{pmatrix} \end{cases} \tag{7-56}$$

式中，$\varepsilon_i=\dfrac{\lambda_i-\lambda_{i0}}{\lambda_{i0}}=\dfrac{l_i-l_{i0}}{l_{i0}}$，为各系绳形变量。

把式（7-56）视为关于$\varepsilon_i$的方程组，若各个方程之间均互相独立，则该方程组无解，即无法找到合适的系绳形变量满足稳定自旋条件，此时张力项、离心力项、引力项之和不可能为0，因此系统构型在微观上将一直处于波动状态。下面考察是否可以满足一定的条件使得式（7-56）变为正常约束方程或是冗余方程，从而使得$\varepsilon_i$存在一组或多组解，使系统可以满足稳定自旋状态。

观察式（7-56）各方程形式可以看出，前两个方程均是关于$\varepsilon_3$的方程，后面两个方程则分别关于$\varepsilon_1$、$\varepsilon_3$和$\varepsilon_2$、$\varepsilon_3$，将前两个方程解出的$\varepsilon_3$分别代入第三个方程中可以得到关于$\varepsilon_1$、$\varepsilon_2$、$\varepsilon_3$的两组解，因此后两个方程一定相互独立，前两个方程则有可能化为线性相关的形式。考虑到当系统处于稳定自旋状态时，系统的构型形状保持不变，因此$\nu_1$与$\nu_2$之间的夹角为定值，设$\nu_2=\nu_1+\chi_0$，代入式（7-56）中前两个方程，可以解出对应的$\varepsilon_3$分别为

$$\begin{cases} \varepsilon_{31}=\dfrac{m\csc\chi_0 l_0\lambda_3\mu_3\omega_0^2\begin{pmatrix}3\sin\left(2\left(\chi_0+\nu_1\right)\right)\lambda_2\left(\mu_1+\mu_2\right)\\+2\lambda_1\mu_1\left(3\cos\nu_1\sin\left(\chi_0+\nu_1\right)+\sin\chi_0\dot{\nu}\left(2+\dot{\nu}\right)\right)\end{pmatrix}}{2EA\lambda_1} \\ \varepsilon_{32}=\dfrac{m\csc\chi_0 l_0\lambda_3\mu_1\omega_0^2\begin{pmatrix}3\sin\left(2\nu_1\right)\lambda_1\left(\mu_2+\mu_3\right)\\+\lambda_2\mu_3\left(6\sin\nu_1\sin\left(\chi_0+\nu_1\right)-2\sin\chi_0\dot{\nu}\left(2+\dot{\nu}\right)\right)\end{pmatrix}}{2EA\lambda_2} \end{cases} \tag{7-57}$$

可以看出这两个解的形式是不一样的，分别对应$\nu_1$和$\nu_2$通道，实际意义是维持通道角速度$\nu_1=\dot{\nu}$和$\nu_2=\dot{\nu}$所必要的系绳形变量。一般希望这两个形变量保持相等，从而两个通道可以同时达到稳定，令$\Delta\varepsilon=\varepsilon_{31}-\varepsilon_{32}$，则需有

$$\Delta\varepsilon=\frac{3m\csc\chi_0 l_0\lambda_3\omega_0^2\begin{pmatrix}2\sin(2\nu_1+\chi_0)\lambda_1\lambda_2\mu_1\mu_3+\sin2(\nu_1+\chi_0)\lambda_2^2(\mu_1+\mu_2)\mu_3\\+\sin2\nu_1\lambda_1^2\mu_1(\mu_2+\mu_3)\end{pmatrix}}{2EA\lambda_1\lambda_2}$$

$$=\frac{3m\csc\chi_0 l_0\lambda_3\omega_0^2\begin{pmatrix}\sin^2\nu_1\left(-2\sin\chi_0\lambda_2\left(\lambda_1\mu_1+\cos\chi_0\lambda_2(\mu_1+\mu_2)\right)\mu_3\right)\\+\cos^2\nu_1\left(2\sin\chi_0\lambda_2\left(\lambda_1\mu_1+\cos\chi_0\lambda_2(\mu_1+\mu_2)\right)\mu_3\right)\\+2\cos\nu_1\sin\nu_1\begin{pmatrix}2\cos\chi_0\lambda_1\lambda_2\mu_1\mu_3+\cos(2\chi_0)\lambda_2^2(\mu_1+\mu_2)\mu_3\\+\lambda_1^2\mu_1(\mu_2+\mu_3)\end{pmatrix}\end{pmatrix}}{2EA\lambda_1\lambda_2}=0$$

（7-58）

由于对于任意轨道条件下，即$\nu_1$取任意值时式（7-58）均成立，系统才能一直处于平衡状态，则式（7-58）中关于$\nu_1$的各三角函数项系数均为0，有

$$\begin{cases}\lambda_1\mu_1+\cos\chi_0\lambda_2(\mu_1+\mu_2)=0\\2\cos\chi_0\lambda_1\lambda_2\mu_1\mu_3+\cos(2\chi_0)\lambda_2^2(\mu_1+\mu_2)\mu_3+\lambda_1^2\mu_1(\mu_2+\mu_3)=0\end{cases}\tag{7-59}$$

解得约束条件为

$$\lambda_1^2\mu_1(\mu_2+\mu_3)-\lambda_2^2(\mu_1+\mu_2)\mu_3=0\tag{7-60}$$

注意，式（7-60）的实际含义：当各系绳长度$\lambda_1$、$\lambda_2$和各卫星质量因数$\mu_1$、$\mu_2$、$\mu_3$满足式（7-60）时，系统稳定自旋时对$\lambda_3$形变量$\varepsilon_3$的约束方程有唯一解。这里只是得到关于$\varepsilon_3$的约束条件，而要保证系统稳定自旋，三个绳长均需要满足一定的约束关系，但出于模型定义的原因，这里只能得到$\varepsilon_3$的约束，不过系统各卫星和系绳地位等价，以任意系绳长度作为$\lambda_1$不影响系统形式，即系统具有轮换对称性，从而可以对式（7-60）经过简单代换得到三组约束方程：

$$\begin{cases}\lambda_1^2\mu_1(\mu_2+\mu_3)-\lambda_2^2(\mu_1+\mu_2)\mu_3=0\\\lambda_2^2\mu_2(\mu_3+\mu_1)-\lambda_3^2(\mu_2+\mu_3)\mu_1=0\\\lambda_3^2\mu_3(\mu_1+\mu_2)-\lambda_1^2(\mu_3+\mu_1)\mu_2=0\end{cases}\tag{7-61}$$

可以得到系统保持稳态所要满足的约束条件为

$$\lambda_1:\lambda_2:\lambda_3=\sqrt{(\mu_1+\mu_2)\mu_3}:\sqrt{(\mu_2+\mu_3)\mu_1}:\sqrt{(\mu_1+\mu_3)\mu_2}\tag{7-62}$$

式（7-62）的含义：当编队系统各系绳长度与各卫星质量满足式（7-62）时，轨道面内自旋有条件保持系绳张力、重力、离心力三者的平衡。注意，这里的平衡条件是系统保持微观稳定的前提，它可以使得非对称构型的绳系编队系统获得较高的定向精度，从而可以作为非对称构型绳系编队系统的设计依据，而系统保持宏观构型稳定则主要取决于自旋角大于某个阈值，具体条件将在 7.3 节予以推导。

另外，即便系统角速度足够大又满足式（7-62）的设计要求，也并不意味着系统一定会保持或者收敛到稳定状态，这是因为系统的稳态是否达到还与系统的阻尼和初始条件有关，若初始条件偏离稳定位置，能量又无法得到耗散，则也无法取得平衡，若存在初始面外角，则系统轨道倾角将一直上下摆动；若想系统保持高精度自旋稳定，在各通道达到稳态的前提下还需要进行系绳的精确收放以平衡重力梯度改变带来的周期扰动。但是若不满足式（7-62），则系统必然不存在使得张力、重力、离心力三者平衡的稳定状态，还有可能因为张力和轨道周期引力的互相耦合出现动力学混沌现象。

后文将满足式（7-62）约束的构型称为平衡构型。特别地，对于对称构型绳系编队系统，其系绳长度 $\lambda_1=\lambda_2=\lambda_3$，质量因数 $\mu_1=\mu_2=\mu_3=1/3$，满足式（7-62）约束关系，因此对称三角绳系编队系统也是平衡构型，有条件达成系统较高精度自旋稳定。

#### 7.2.2.2 构型约束下稳定条件

7.2.2.1 小节推导了当系统处于较高精度构型稳定状态时所要满足的平衡构型条件，系统如何保持宏观自旋稳定状态有待进一步讨论。当系统保持构型稳定时，系绳处于张紧状态，对应的系绳形变量应满足 $\varepsilon_i>0$，本小节以此为出发点，分析轨道运行对系绳形变量的影响，推导满足构型稳定的自旋角速度取值范围。

不考虑轨道因素时，由式（7-54）可知，在轻质绳的假设下，系统以任意大小的角速度均可以围绕质心稳定自旋，由离心力与系绳张力平衡导出平衡条件。然而在实际轨道条件下，由于绳系编队系统中的系绳长度从几百米到几十千米不等，重力梯度的影响不可忽略；由于边度系统的整体自旋，卫星在不同位置所受重力影响也有差异。在重力梯度的影响方面，三角绳系编队系统可以看作三根单系绳的组合，因而可以参考单系绳系统保持稳定的结论：当系绳连接的两颗卫星处于地球径向时，系统中的重力梯度达到最大值。对于围绕质心自旋的三角绳系编队系统而言，当某一根系绳处于地球径向，即其与轨道坐标系 $x_o$ 轴平行的时候，该系绳两端所受到的重力梯度达到最大，同时对系绳的拉伸作用最强，为保持平衡，系绳的拉力也会达到最大，进而该系绳的形变量达到最大值；当某一根系绳处于轨道切线方向，即其与轨道坐标系 $y_o$ 轴平行的时候，该系绳两端所受到的重力方向与系绳伸长的方向相反，其绳向分量对系绳产生的压缩作用达到最大值，为保持平衡，系绳的拉力最小，进而该系绳的形变量达到最小值。此时该系绳最容易达到松弛状态，因此为保证系绳处于张紧状态，只需要对该点状态进行限定，进而可以通过这两个特殊的位置，求取某根系绳上张力的波动范围。

对于对称构型的三角绳系编队系统，由于系统的高度对称特性，三根系绳在相同位置的受力特性相同，保持构型状态所满足的条件也相同，因此只需要求取一根系绳保持张紧所需要满足的约束条件即可。然而对于非对称构型的三角绳系编队系统，由于系绳及质量的任意选取，一方面非对称带来系统自旋所需要各系绳上基准张力不同，另一方面各系绳由于长度和端体质量的不同，所受的重力梯度力矩也各不相同，确定哪一根系绳先松弛从而确定系统保持系统自旋稳定的临界条件比较困难。对于对称三角绳系编队中的单根系绳来说，处于地球径向和轨道切向的位置实际上有两个，以 $l_1$ 为例，其与轨道坐标系 $x_o$ 轴的夹角分别为 $\nu_1 = 0°,180°$ 和 $\nu_1 = 90°,270°$。需要说明，由于系统质心并不过系绳质心，因此系绳张力最值的位置和这几个特殊位置并不完全重合，但考虑到地心半径远大于编队尺度，因此可以近似认为在这几个位置取得张力极值。对于切向情形，显然系绳距离地球越近，受地球引力的影响越大，因而系绳 $l_1$ 最接近松弛的状态为 $l_1$ 处于轨道内侧的情形，即 $\nu_1 = 270°$；对于径向情形，由于 $l_1$ 两端 $m_1$ 和 $m_2$ 的质量大小关系未知，因此需要分情况，若 $m_1 > m_2$，此时系绳的变化主要由 $m_1$ 的变化决定，因此当 $m_1$ 位于轨道内侧，即 $\nu_1 = 180°$ 时，系绳 $l_1$ 的形变量取得最大值。

基于7.2.1小节的分析，为保持较高的空间定向精度，在保持构型稳定约束关系式（7-62）的情况下推导还需要满足的自旋稳定条件和系绳形变量 $\varepsilon_i$ 的取值范围。当满足构型约束条件时，式（7-56）中关于 $\varepsilon_3$ 的前两个方程不再独立，方程组有唯一解。不妨假设 $m_1 > m_2$，根据前述分析和编队的定义，当 $\nu_1 = 180°$ 和 $\nu_1 = 270°$ 时，系绳 $l_1$ 的形变量 $\varepsilon_1$ 分别取最大值和最小值，同样设 $\nu_2 = \nu_1 + \chi_0$，将以上条件代入式（7-56）中，解得系统中各系绳的形变量 $\varepsilon_1$、$\varepsilon_2$、$\varepsilon_3$ 分别为

$$\begin{cases} \varepsilon_1(180°) = \dfrac{ml_0\mu_1\omega_0^2\left(3\cos\chi_0\lambda_2\mu_3 + \lambda_1\left(3\mu_3 + \mu_2\left(3 + \dot{\nu}\left(2 + \dot{\nu}\right)\right)\right)\right)}{EA} \\ \varepsilon_2(180°) = \dfrac{ml_0\lambda_2\mu_3\omega_0^2\left(-3\cos\chi_0\lambda_2\left(\mu_1 + \mu_2\right) + \lambda_1\left(-3\mu_1 + \mu_2\dot{\nu}\left(2 + \dot{\nu}\right)\right)\right)}{EA\lambda_1} \\ \varepsilon_3(180°) = \dfrac{ml_0\lambda_3\mu_3\omega_0^2\left(3\cos\chi_0\lambda_2\left(\mu_1 + \mu_2\right) + \lambda_1\mu_1\left(3 + \dot{\nu}\left(2 + \dot{\nu}\right)\right)\right)}{EA\lambda_1} \end{cases} \tag{7-63}$$

$$
\begin{cases}
\varepsilon_1(270°)=\dfrac{ml_0\mu_1\omega_0^2\left(-3\cos\chi_0\lambda_2\mu_3+\lambda_1\left(-3\mu_3+\mu_2\dot{v}\left(2+\dot{v}\right)\right)\right)}{EA}\\
\varepsilon_2(270°)=\dfrac{ml_0\lambda_2\mu_3\omega_0^2\left(3\cos\chi_0\lambda_2\left(\mu_1+\mu_2\right)+\lambda_1\left(3\mu_1+\mu_2\left(3+\dot{v}\left(2+\dot{v}\right)\right)\right)\right)}{EA\lambda_1}\\
\varepsilon_3(270°)=\dfrac{ml_0\lambda_3\mu_3\omega_0^2\left(-3\cos\chi_0\lambda_2\left(\mu_1+\mu_2\right)+\lambda_1\mu_1\dot{v}\left(2+\dot{v}\right)\right)}{EA\lambda_1}
\end{cases}
\tag{7-64}
$$

当非对称三角绳系编队系统稳定自旋时，绳长存在周期波动，系绳 $l_1$ 形变量的最小值 $\varepsilon_{1\min}=\varepsilon_1(270°)$，最大值 $\varepsilon_{1\max}=\varepsilon_1(180°)$，即 $\varepsilon_1$ 的取值范围：

$$
\varepsilon_1(270°)\leqslant\varepsilon_1\leqslant\varepsilon_1(180°) \tag{7-65}
$$

由构型几何关系，可以得到 $\chi_0$ 满足方程：

$$
\cos\chi_0=\frac{\lambda_3^2-\lambda_1^2-\lambda_2^2}{2\lambda_1\lambda_2} \tag{7-66}
$$

将式（7-66）和约束条件（7-62）代入 $\varepsilon_{1\min}>0$，可以得到编队系统稳定自旋时 $l_1$ 所要满足的约束方程为

$$
2\mu_2\dot{v}^2+4\mu_2\dot{v}+3\left(-1+\mu_1^2-\mu_2^2\right)\mu_3>0 \tag{7-67}
$$

解之，得

$$
\dot{v}>\omega_{1+}=\sqrt{1+\frac{3\left(1-\mu_1^2+\mu_2^2\right)\mu_3}{2\mu_2}}-1\ \text{或}\ \dot{v}<\omega_{1-}=-\left(\sqrt{1+\frac{3\left(1-\mu_1^2+\mu_2^2\right)\mu_3}{2\mu_2}}+1\right) \tag{7-68}
$$

式中，$\omega_{1+}$、$\omega_{1-}$ 分别为编队系统沿轨道正向/逆向自旋时保持 $l_1$ 张紧所需要的最小角速度，负值代表系统的自旋角速度与轨道运行方向相反。由于采用归一化编队方程，这里的角速度取值范围实际上是和轨道角速度的比值。

式（7-68）仅给出了保持构型稳定所需要的一组约束关系，还需要根据构型形状，确定 $l_2$、$l_3$ 处于轨道切向时的系统状态，进而代入相关角速度求取 $l_2$、$l_3$ 张紧所要满足的角速度取值边界条件 $\omega_{2+}$、$\omega_{2-}$、$\omega_{3+}$、$\omega_{3-}$。定义 $\boldsymbol{\omega}_+=\{\omega_{1+}\ \ \omega_{2+}\ \ \omega_{3+}\}$，$\boldsymbol{\omega}_-=\{\omega_{1-}\ \ \omega_{2-}\ \ \omega_{3-}\}$，则 $l_1$、$l_2$、$l_3$ 都能满足张紧时所需要的构型角速度要求为

$$
\dot{v}>\max[\boldsymbol{\omega}_+]=\max\{\omega_{1+}\ \ \omega_{2+}\ \ \omega_{3+}\}\ \text{或}\ \dot{v}<\min[\boldsymbol{\omega}_-]=\min\{\omega_{1-}\ \ \omega_{2-}\ \ \omega_{3-}\} \tag{7-69}
$$

式（7-69）也即编队系统保持构型宏观稳定的角速度要求。与 7.2.2.1 小节类似，由于编队建模过程中满足轮换对称性，而式（7-68）中仅包括卫星质量信息，因此实际上不需要求出各系绳张紧时的特征角度再代入动力学方程依次求解，根据对称性可以将式（7-69）改写为

$$\dot{v} > \max\left\{\sqrt{1+\frac{3\left(1-\mu_i^2+\mu_j^2\right)\mu_k}{2\mu_j}}-1\right\} \text{ 或 } \dot{v} < \min\left\{-\left(\sqrt{1+\frac{3\left(1-\mu_i^2+\mu_j^2\right)\mu_k}{2\mu_j}}+1\right)\right\} \tag{7-70}$$

式中，$i$、$j$、$k$ 按 1、2、3 轮换，以后若表达式中同时出现 $i$、$j$、$k$ 均如此。

式（7-70）即为稳定构型约束条件（7-62）下，非对称绳系编队系统稳定自旋所要满足的角速度条件。特别地，将 $\mu_1=\mu_2=\mu_3=1/3$ 代入式（7-70）可以得到一般对称构型三角绳系编队系统自旋稳定所需要的角速度范围为

$$\dot{v} > \sqrt{\frac{5}{2}}-1 \text{ 或 } \dot{v} < -\sqrt{\frac{5}{2}}-1 \tag{7-71}$$

与其他文献中对称构型保持自旋稳定的角速度取值范围相同，从而间接印证了所得一般通式的正确性。

### 7.2.3　轨道平面外运动特性分析

针对三角绳系编队系统轨道面外运行的情况，已有文献指出其不具有自旋稳定性。因此按照面内自旋稳定从动力学方程特性与受力的角度研究其自旋稳定条件不再有意义，且编队系统面外自旋时，面内外各参量均处于复杂耦合变化中，面内采用模型演绎为主的分析方法也不再适用。由于在面内展开的过程中可能存在初始面外扰动，同时在一些特殊的空间任务中，可能也需要借助主动力保持面外自旋状态，而目前对于三角绳系编队动力学的研究主要限于对称构型，考虑到体系的完整性，本小节针对非对称构型的面外动力学特性，以仿真为主、模型推理为辅的方式进行探讨，并与传统对称构型面外运动情形对比。

#### 7.2.3.1　自旋角速率影响

由之前的讨论可知，非对称构型在轨道面内以 $\dot{v}_0=1.1\omega_s$ 自旋已经可以保持构型稳定，为和面内情形进行对比，设置 $\dot{v}_0=1.1\omega_s$，选择构型轨道面内外角初值 $\alpha_0=30°,\beta_0=45°$，其余条件不变，仿真结果如图 7-5 和图 7-6 所示。

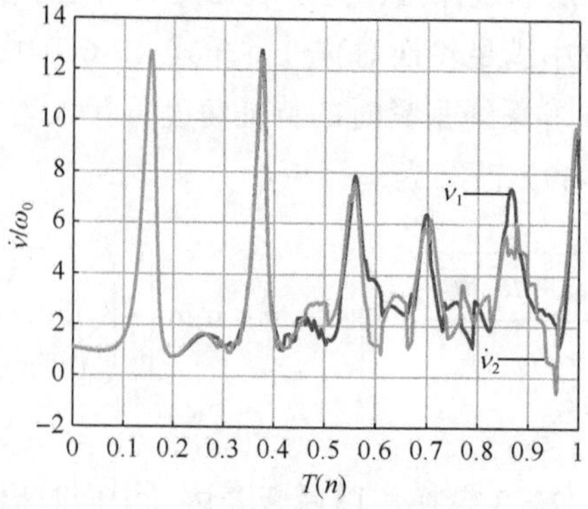


图 7-5　$\dot{\nu}_0 = 1.1\omega_s$ 面外自旋角速率曲线

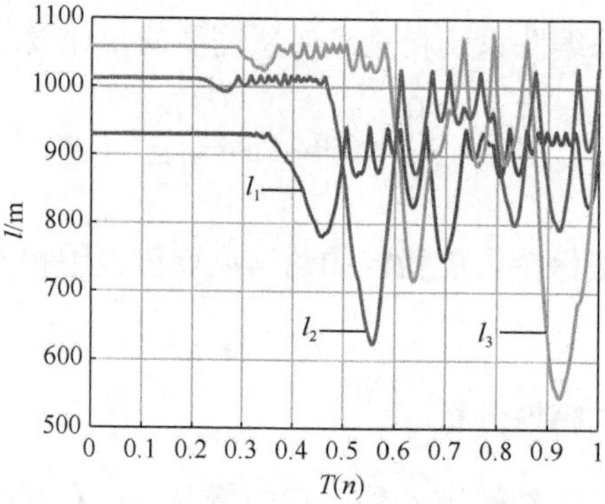


图 7-6　$\dot{\nu}_0 = 1.1\omega_s$ 面外自旋绳长曲线

由图 7-5 可知，系统的面内角速率一开始存在一个周期性大范围的跃升，可以直接达到 $\omega_0$，这是面外通道间耦合作用导致编队自旋面的波动引起的。由图 7-6 可以看出，在 0.2 个轨道周期前系绳长度可以保持稳定，随后系统趋于发散，绳长和自旋角速率出现混乱，可见和面内自旋同样角速度条件下系统构型无法稳定维持。

接下来直接选取 $\dot{\nu}_0 = 5\omega_s$，编队系统自旋角速率和绳长如图 7-7 和图 7-8 所示。在第一个轨道周期内，编队系统的运行情况和面内运行的情形基本一致，面外角速率在相对固定的范围内波动而绳长保持稳定，并无发散的迹象。但是在第二个轨道周期运行的过程中，编队系统的自旋角速率的波动范围越来越大，系绳也开始出现抖动，至约第 1.7 个轨道周期时，编队系统完全发散。可见面外运行的情形更为复杂，短时间内构型的稳定保持并不能保证长期的构型稳定。

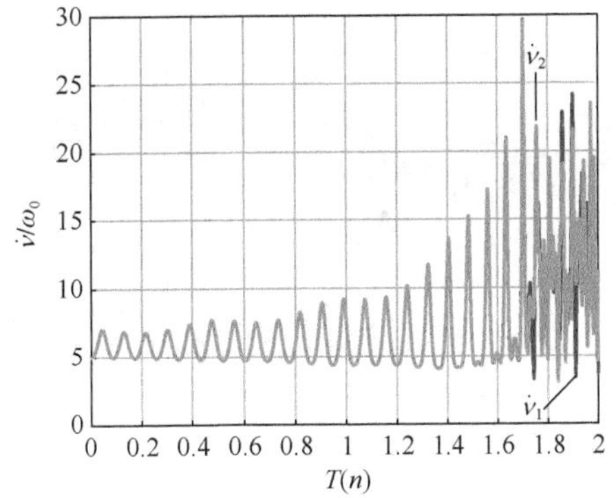


图 7-7　$\dot{\nu}_0 = 5\omega_s$ 面外自旋角速率曲线（$T = 2$）

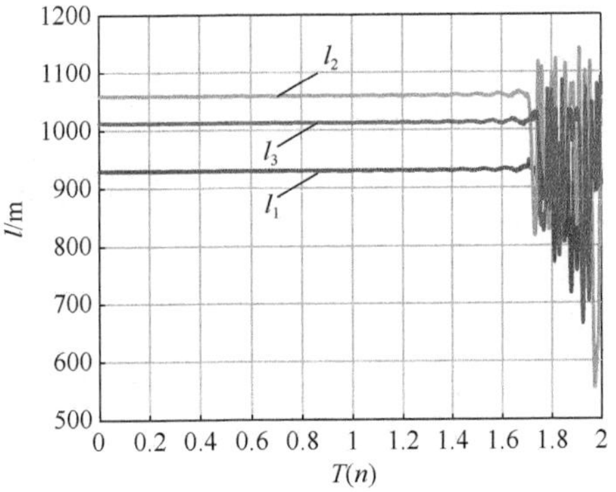


图 7-8　$\dot{\nu}_0 = 5\omega_s$ 面外自旋绳长曲线 ($T = 2$)

前面选取的面外角为比较大的数值 $\beta_0 = 45°$，有可能面外角在一定的范围内不会引起编队系统的发散，为了探究面外角初值对系统稳定性的影响，这里选取面外角为较小初值 $\beta_0 = 2°$，在 13 个轨道周期内的仿真结果如图 7-9～图 7-12 所示。可以看出系统在前 8 个轨道周期内自旋角速率在周期较大幅度波动的同时长期不断减小，但编队系统的绳长和卫星轨迹可以保持稳定，然而在第 8 个轨道周期之后，编队系统绳长也开始出现明显振荡，轨迹曲线出现波动，并在大概第 13 个轨道周期时完全发散。观察图 7-11 可知，事实上面外角在周期波动的同时一直在缓慢增大，结合面内自旋角速率的减小趋势可知，系统的面内外通道之间存在能量交换，使得系统的面内自旋的能量不断耗散，当低于一个临界值的时候，构型平面内自旋将无法维持，导致系统最终发散。面内自旋角速率的周期增大则是面外角导致自旋面章动引起的，而系统发散后，面内自旋角速率已经失去意义。

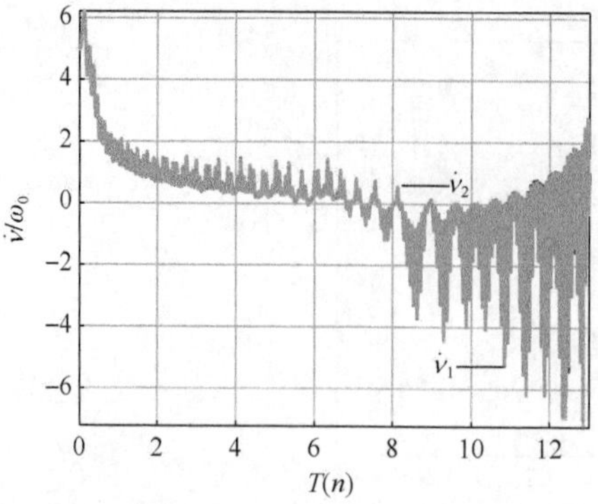


图 7-9　$\beta_0 = 2°$ 自旋角速率曲线 $(T = 13)$

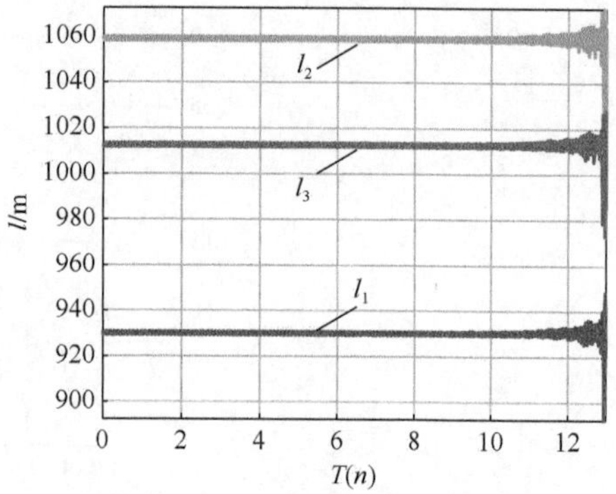


图 7-10　$\beta_0 = 2°$ 自旋绳长曲线 $(T = 13)$

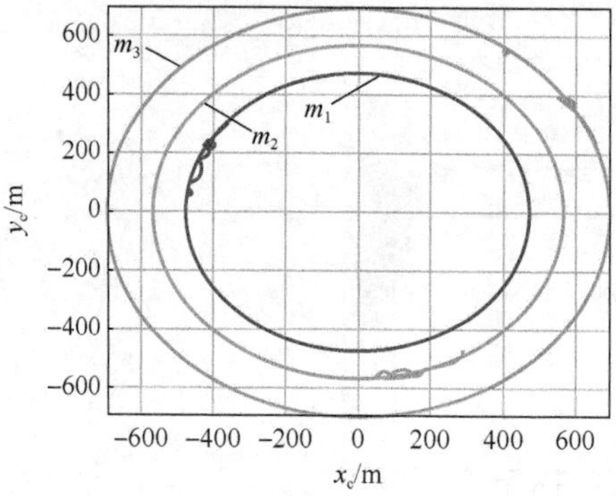


图 7-11　$\beta_0 = 2°$ 自旋面内卫星轨迹 $(T = 13)$

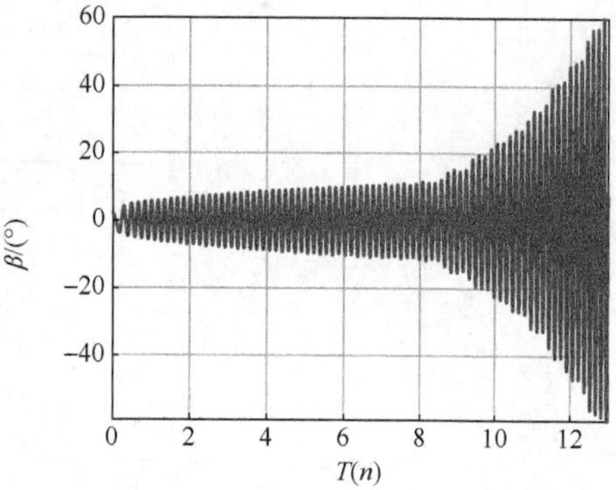


图 7-12　$\beta_0 = 2°$ 面外角变化曲线 $(T = 13)$

由以上的讨论和分析可知，非对称三角绳系编队系统的面外自旋无法稳定维持。根据编队系统动力学方程的耦合特性，若面外角的初值不等于零，则面内外通道存在耦合作用，面内外通道间的能量一直处于交换之中，构型面内通道的能量将不断耗散，最终激起系统的剧烈振荡。因此无论面外角取多么小的初始值，只要不为零，都会长期导致编队系统的不稳定，若想编队系统长期在轨运行并保持构型稳定，应选择轨道面内自旋，且需要保证面外角处于零位置。

#### 7.2.3.2　空间定向情况

三角绳系编队系统面外自旋虽然长期会发散，但在短期尚可以保持一定的构型精度，一个想法是，在编队构型系统发散之前，或许可以施加主动控制，以较小的代价维持编队系统的面外构型，并获得良好的空间定向特性。考虑到面外自旋可以在地球方向留下投影，这利于对地观测任务的实现；同时轨道面内自旋实际上限定了惯性定向的方向，面外自旋则可以自主选择空间定向方向。当然有必要维持面外构型的前提条件是，编队面外运行具有良好的空间定向特性，且在短时间内不会改，否则需要一直施加主动控制力，消耗大量燃料，这种情况下应用价值很小。因此有必要对编队系统运行状态下的空间定向特性予以考察分析。

沿用之前的非对称构型，考虑到构型轨道面内角 $\alpha=90°$ 时，编队系统在地面的投影最大，选择 $\alpha_0=90°$，分别设定特征角度 $\beta_0=60°,90°,5°$，$\dot{v}_0=5\omega_0$，其余条件保持不变。

当 $\beta_0=60°$，即编队系统自旋面与轨道面倾斜时，非对称编队系统的空间运行特性及构型轨道面内、面外角曲线如图 7-13～图 7-18 所示。由图 7-13 和图 7-14 可知，编队系统构型在轨道坐标系并不存在定向特性，运行状态相当混乱。结合图 7-16 和图 7-17 可知，这是由编队系统在轨道坐标系存在复杂进动和章动运动引起的。对于面外角，考虑单个轨道周期，其运动是一个长周期波动和一个短周期波动的叠加，其中长周期波动周期为轨道周期的一半，它是编队系统随轨道坐标系运行引起的相对轨道坐标系位置的变化导致的，也即自旋轴相对轨道坐标系的进动导致的；短周期的变化则是编队自身处于自旋状态中，当运行到不同的位置所受重力的不同引起的。对于面内角，它首先按照轨道角速度有均匀减小的趋势，不难理解这是由于编队坐标系以非惯性坐标系为参考坐标系，存在科氏力使得自旋轴发生进动，同时它还有一个较短周期的波动，波动周期和面外角小波动周期一致，这是由轨道倾角的变动耦合作用引起的。当参考坐标系选择为惯性坐标系时，编队系统的构型图和运行轨迹如图 7-15 和图 7-16 所示，虽然编队由于自身自旋特性获得一定的空间定轴性，但由于始终受到轨道重力梯度的影响，自旋轴也在不断变化中，无法达到精确的空间定向。因此可以看出，面外角状态下自旋非对称三角绳系编队系统无法获得精准的对地定向和空间定向。

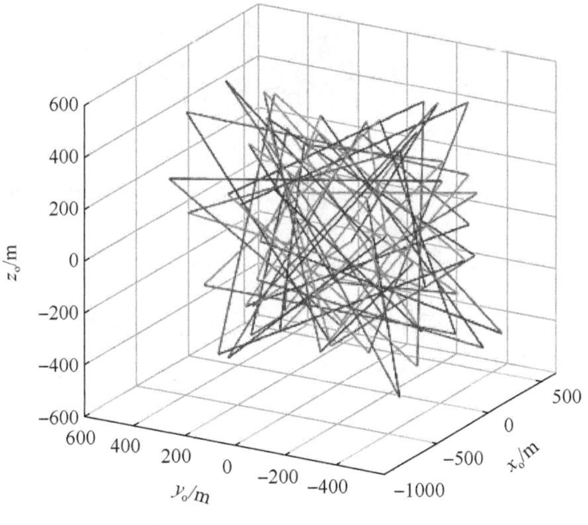


图 7-13　面外运行轨道坐标系构型（$\beta_0=60°$）

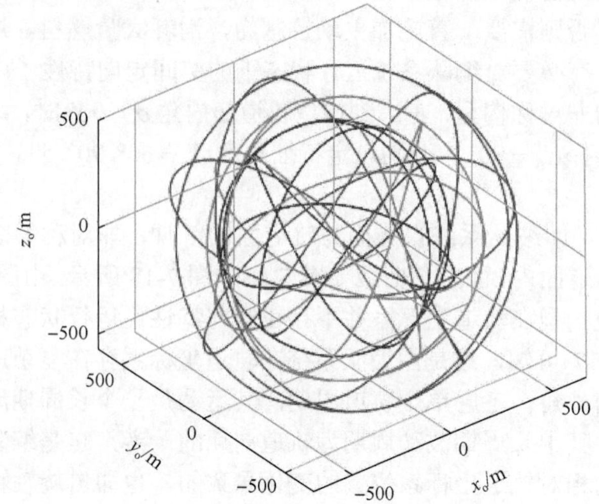


图 7-14　面外运行轨道坐标系卫星轨迹（$\beta_0 = 60°$）

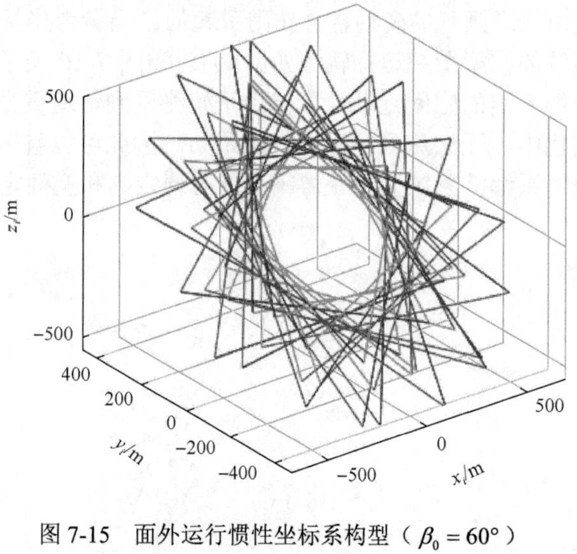


图 7-15　面外运行惯性坐标系构型（$\beta_0 = 60°$）

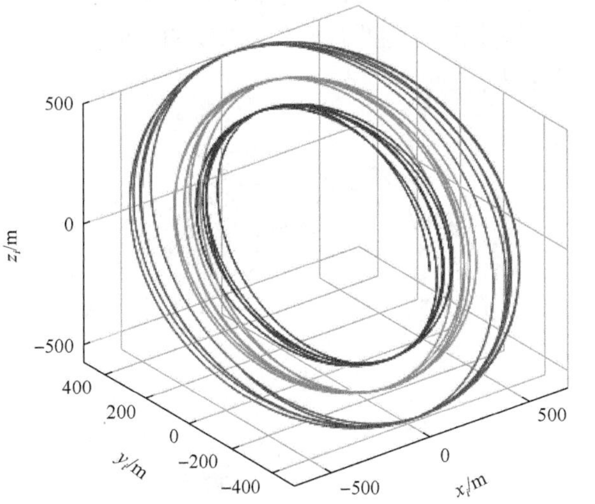


图 7-16　面外运行惯性坐标系卫星轨迹（$\beta_0 = 60°$）

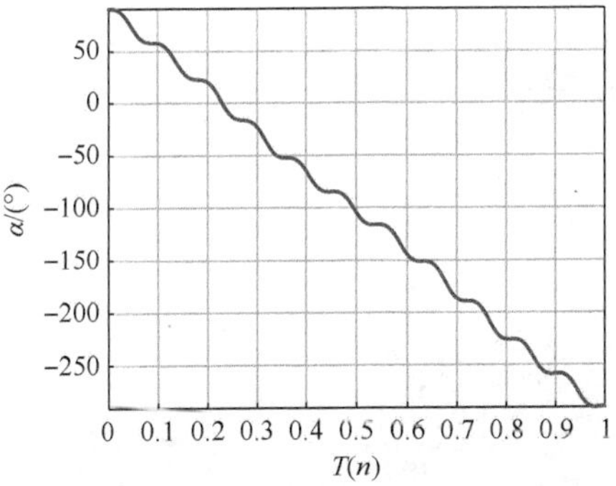


图 7-17　面外运行构型轨道面内角曲线（$T = 1$）

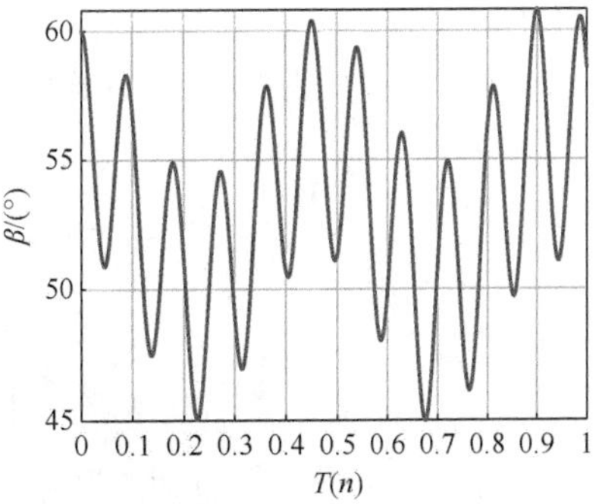


图 7-18　面外运行构型轨道倾角曲线（$T = 1$）

下面再考虑自旋面与轨道面垂直的情形。在 $\alpha_0 = 90°$ 的情况下，若将三角绳系编队系统等效为一个圆柱刚体，则该刚体在此位置处于受力平衡状态，考虑到非对称构型可能会对这种平衡态产生影响从而使得编队定向特性不佳，为排除这种因素，选择对称构型在同样轨道条件下进行对比，仿真结果如图 7-19～图 7-24 所示。可以看出两种编队系统在惯性坐标系下的轨迹均为近似定向曲线，而在轨道坐标系下均为混乱曲线，对称性并没有对这种特性产生影响，这是因为自旋轴的进动主要和轨道及编队运行产生的重力周期波动有关，即便采用了完全对称构型，这种波动的影响仍然相当复杂，且存在相互耦合，宏观上仍然会呈现出混乱的状态。通过以上仿真和分析不难看出，无法有效保持空间或对地定向是三角绳系编队系统面外自旋的固有性质，因此若想在不改变构型的前提下获得良好的定向特性，只能选择轨道面内自旋。

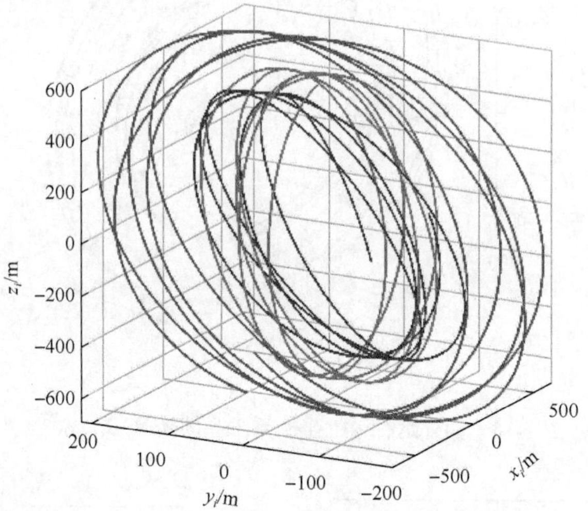


图 7-19　非对称构型惯性坐标系轨迹（$\beta_0 = 90°$）

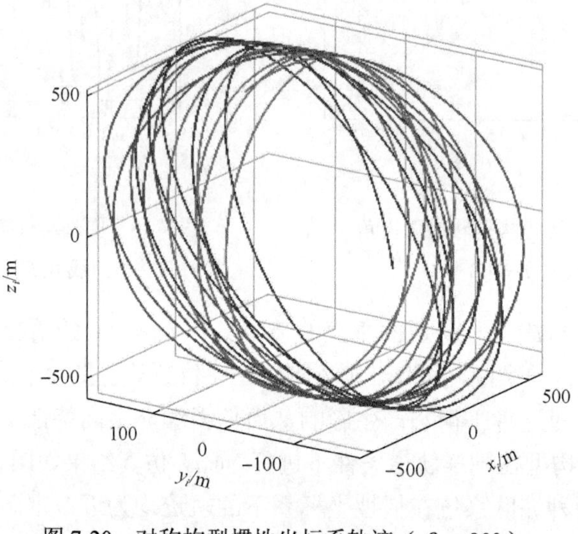


图 7-20　对称构型惯性坐标系轨迹（$\beta_0 = 90°$）

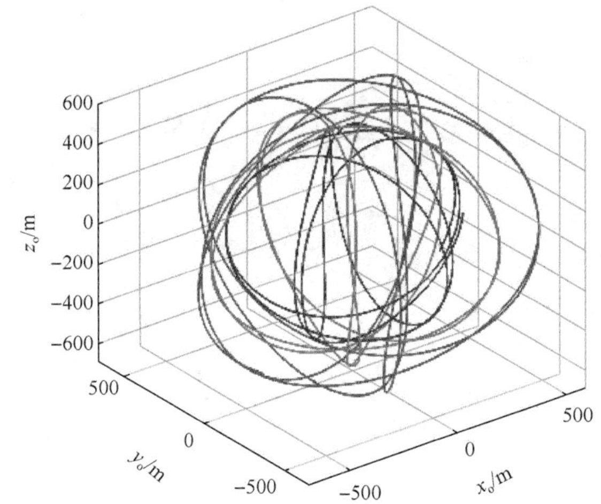


图 7-21　非对称构型轨道坐标系轨迹（$\beta_0 = 90°$）

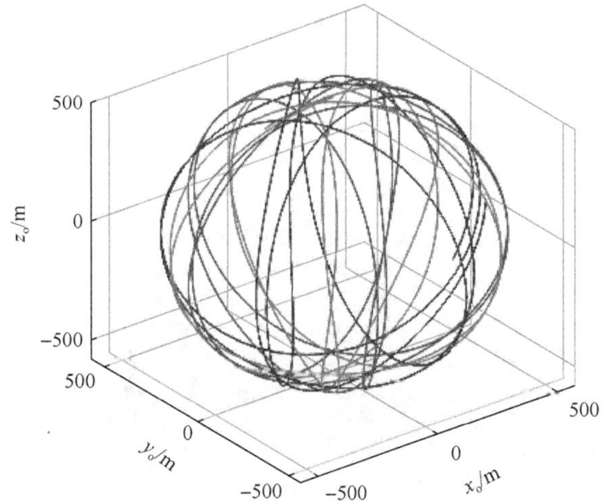


图 7-22　对称构型轨道坐标系轨迹（$\beta_0 = 90°$）

若选择轨道面内自旋，存在一个面外的初始扰动 $\beta_0 = 5°$，将其与 $\beta_0 = 0°$ 的精确轨道面内自旋进行对比，如图 7-23～图 7-26 所示。可以看出，即便面外张角比较小，在轨道坐标系 $z_o$ 轴一个较小的尺度上，编队的构型和运行轨迹仍然呈现相当程度的混乱状态，只是这种混乱的范围比较小，并不会由此带来不一样的定向特性。与之对比，当编队运行于轨道平面内，无论是编队构型还是卫星轨迹，在轨道系内均保持高度的稳定状态。

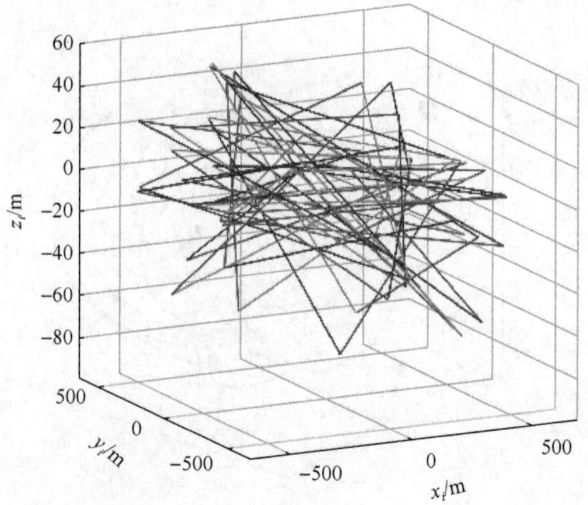


图 7-23　面外运行惯性坐标系构型（ $\beta_0 = 5°$ ）

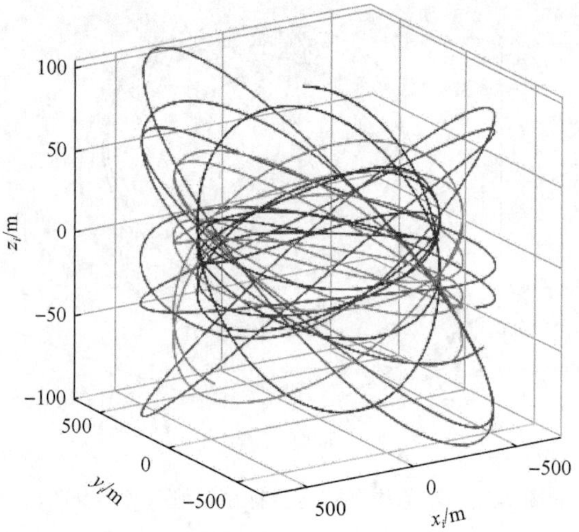


图 7-24　面外运行惯性坐标系轨迹（ $\beta_0 = 5°$ ）

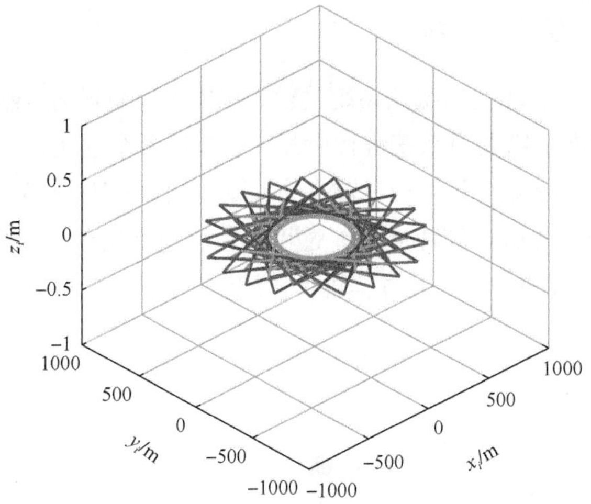


图 7-25　面内运行惯性坐标系构型（ $\beta_0 = 0°$ ）

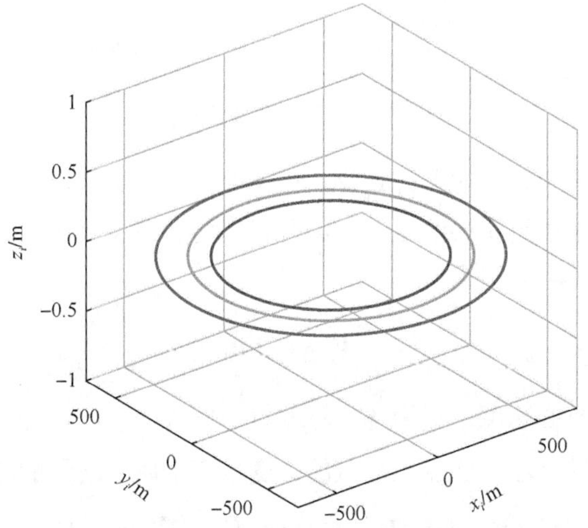


图 7-26　面内运行惯性坐标系轨迹（ $\beta_0 = 0°$ ）

综合以上讨论可以得出结论，三角绳系编队系统面外运行无法空间定向，若要维持空间定向，需要消耗燃料进行姿态调整；面内运行虽然无法通过干涉对地观测，但由于其良好的定向特性，可以用来实现深空探测等任务，因此更适合将编队系统部署到轨道平面上。同时考虑存在面外扰动时将对编队系统定向任务产生干扰且长期还会引起构型的发散，因此在编队系统运行状态下有必要对面外角加以稳定。

### 7.2.4　初始弹射展开条件分析

如图 7-27 所示，在绳系编队系统发射到预定工作轨道时，编队系统并没有达到实际的工作状态，需要对系统进行展开，它包括两个过程：首先通过初始弹射过程使编队各卫星分离，获得一个较小的编队构型，从而使得推力器可以正常工作；然后是一个编队边自旋边展开的过程，也即通常所说的编队展开部署过程，7.3 节将对编队系统的自旋展开过程进行详细讨论，现在针对初始弹射过程作简要探讨。

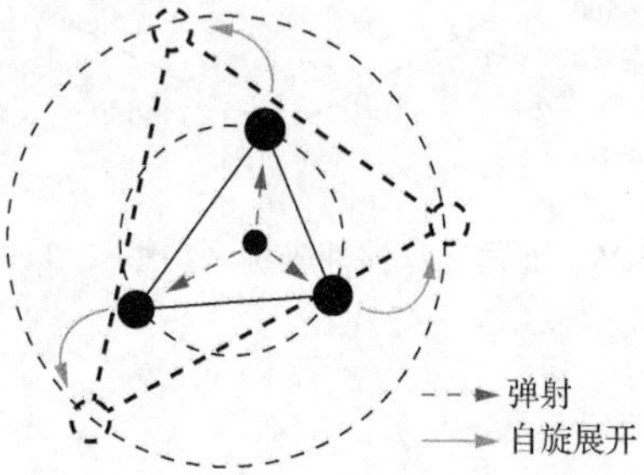


图 7-27　编队部署示意图

研究编队系统初始弹射展开过程，由于系绳上张力很小，各卫星之间不存在相互作用且只考虑各自质心的运动，因此可以将各卫星视为质点，每个卫星相对于惯性系的速度 $\boldsymbol{V}_i$ 可以写为

$$\boldsymbol{V}_i = \boldsymbol{v}_{\mathrm{c}} + \boldsymbol{v}_i \tag{7-72}$$

式中，$\boldsymbol{v}_{\mathrm{c}}$ 为系统质心速度；$\boldsymbol{v}_i$ 为各卫星相对于质心的速度。

由质点系动量定理：质点系动量的改变量等于质心动量的改变量，即

$$m_1\left(\boldsymbol{V}_1 - \boldsymbol{V}_{10}\right)+m_2\left(\boldsymbol{V}_2 - \boldsymbol{V}_{20}\right)+m_2\left(\boldsymbol{V}_2 - \boldsymbol{V}_{20}\right)=m\left(\boldsymbol{V}_{\mathrm{c}} - \boldsymbol{V}_{\mathrm{c}0}\right) \tag{7-73}$$

联立式（7-72）和式（7-73）可得

$$m_1\boldsymbol{v}_1 + m_2\boldsymbol{v}_2 + m_3\boldsymbol{v}_3 = m_1\boldsymbol{v}_{10} + m_2\boldsymbol{v}_{20} + m_3\boldsymbol{v}_{30} \tag{7-74}$$

可见卫星相对于编队系统质心的速度在质心坐标系下满足动量守恒。

由于弹射过程在瞬间完成，在质心下可以看作一个动量守恒的过程，而弹射前卫星相对于系统质心为静止状态，从而有

$$m_1\boldsymbol{v}_1 + m_2\boldsymbol{v}_2 + m_3\boldsymbol{v}_3 = 0 \tag{7-75}$$

即各卫星相对于系统质心的相对速度之和始终为 0。式（7-75）对时间积分，可得各卫星相对于系统质心的矢径满足约束：

$$m_1\boldsymbol{r}_1+m_2\boldsymbol{r}_2+m_3\boldsymbol{r}_3=0 \tag{7-76}$$

由此可知，在弹射后惯性展开的过程中，系统质心不会发生改变。弹射完成后，系统将开始在推力作用下受控展开，为使得该过程尽可能稳定，希望在编队初始展开时刻各边长的比值等于展开完成后各边长之比，这样各边长在理论上可以保持匀速率变化，此时需要对初始弹射有约束。由于已经存在质心动量约束式（7-76），因此三颗卫星的初始速度并不能自由给出，为了能够达到任意形状的编队初始构型，只能对弹射夹角加以限制。假设展开初始时刻各卫星相对矢径为 $\boldsymbol{r}_i$，各边期望初始展开长度为 $l_{i0}$，则应有

$$|\boldsymbol{r}_1-\boldsymbol{r}_2|=l_{10},\ |\boldsymbol{r}_2-\boldsymbol{r}_3|=l_{20},\ |\boldsymbol{r}_3-\boldsymbol{r}_1|=l_{30} \tag{7-77}$$

由式（7-76）和式（7-77）可以解出各矢径的大小：

$$\begin{cases} r_1=\sqrt{\mu_2^2 l_{10}^2+\mu_3^2 l_{30}^2+\mu_2\mu_3\left(l_{10}^2+l_{30}^2-l_{20}^2\right)} \\ r_2=\sqrt{\mu_1^2 l_{10}^2+\mu_3^2 l_{20}^2+\mu_1\mu_3\left(l_{10}^2+l_{20}^2-l_{30}^2\right)} \\ r_3=\sqrt{\mu_2^2 l_{20}^2+\mu_1^2 l_{30}^2+\mu_1\mu_2\left(l_{20}^2+l_{30}^2-l_{10}^2\right)} \end{cases} \tag{7-78}$$

设矢径 $\boldsymbol{r}_i$、$\boldsymbol{r}_j$ 之间的弹射夹角分别为 $\varphi_1$、$\varphi_2$、$\varphi_3$，则

$$\varphi_1=\cos^{-1}\left(\frac{r_1^2+r_2^2-l_{10}^2}{2r_1r_2}\right),\quad \varphi_2=\cos^{-1}\left(\frac{r_2^2+r_3^2-l_{20}^2}{2r_3r_2}\right),\quad \varphi_3=\cos^{-1}\left(\frac{r_3^2+r_1^2-l_{30}^2}{2r_1r_3}\right) \tag{7-79}$$

特别地，当构型满足稳定约束条件（7-62）时，弹射夹角可以化为

$$\begin{cases} \varphi_1=\cos^{-1}\left(-\sqrt{\dfrac{\mu_1\mu_2}{(\mu_1+\mu_3)(\mu_2+\mu_3)}}\right) \\ \varphi_2=\cos^{-1}\left(-\sqrt{\dfrac{\mu_2\mu_3}{(\mu_1+\mu_3)(\mu_2+\mu_1)}}\right) \\ \varphi_3=\cos^{-1}\left(-\sqrt{\dfrac{\mu_3\mu_1}{(\mu_1+\mu_2)(\mu_2+\mu_3)}}\right) \end{cases} \tag{7-80}$$

可见对于满足稳定约束的构型，弹射夹角均为钝角，对于对称构型的绳系编队系统，代入式（7-80）可得弹射夹角 $\varphi_1=\varphi_2=\varphi_3=120°$。

## 7.3 绳系编队展开控制

### 7.3.1 展开控制目标分析

对于自旋状态的非对称构型三角绳系编队的动力学特性，由前文分析可知，面外平衡由于系绳的耦合作用影响无法维持，需要不断额外施加主动控制力；对于轨道平面面内平衡，当自旋角速度满足一定条件时，系统可以保持稳定自旋，无需施加额外控制力，但若存在面外扰动，则无法收敛到平衡位置。

#### 7.3.1.1 控制思路

自动控制算法一般需要用到状态反馈，但三角绳系编队系统的状态很难直接测量得到。考虑工程实际，能直接测量得到的量仅有系绳原长、绳上张力，编队系统其他各状态量均无法直接测量，有些甚至难以通过间接计算得到，直接用来作为控制器状态反馈是欠妥的，需要设计状态观测器对不可测状态进行观测。

面内自旋平衡为非稳定平衡，若存在面外初值扰动，则无法在有限时间内回到轨道面内，面内外通道间耦合影响使编队无法保持精确的轨道定向。现有的一些研究为简化问题均采用面内自旋模型，没有考虑初始弹射展开过程可能带来的面外初始偏离，也无法研究面外扰动对系统产生的影响；同时，研究的三角编队构型多为三卫星质量和三系绳长度均相等的对称构型，当系统为非对称构型时，系统的通道耦合作用更为明显，自旋过程更容易发散，控制难度增大，更没有涉及非对称张力对卫星姿态的影响。

综上所述，本小节需要解决的主要问题如下：

（1）考虑到初始弹射展开可能带来的面外初始偏差和可能存在的轨道扰动因素，为减少通道间耦合，在展开的过程中尽可能快地稳定面外角；

（2）设计对干扰鲁棒的编队系统面内展开控制算法；

（3）考虑实际测量情况设计状态观测器实现状态反馈，此外考虑执行机构配置在卫星本体上，而非对称构型各系绳张力大小不等，需要设计时变张力干扰下卫星的姿态稳定跟踪算法以实现推力器相对于构型的对准要求；

（4）设计合理、简洁的系绳释放律协同展开过程，并使得系统尽可能保持平稳。

控制总体思路如下：针对状态不可测问题，设计扩张状态观测器，利用可直接测量的状态量估计未知系统状态量；在此基础上，考虑实际任务需求不同和控制力不相耦合的特点，在状态观测的基础上，将面内外通道进行解耦，分别设计控制；针对构型面外通道，为减少面内外通道的耦合影响，采用动态逆算法实现面外角快速稳定；针对构型面内展开过程复杂非线性特点，采用非奇异终端滑模进行展开，以获得干扰鲁棒性；针对时变张力干扰下的卫星相对姿态跟踪问题，基于偏差动力学模型，设计滑模快速姿态跟踪算法；针对系绳释放规律，结合编队运动特性，给出基于角速率反馈的简单随动释放律，从而可以在减小燃料消耗的同时，增强编队系统的稳定性。结合上述控制思路，编队系统在轨道面内稳定展开的控制方案如图 7-28 所示。

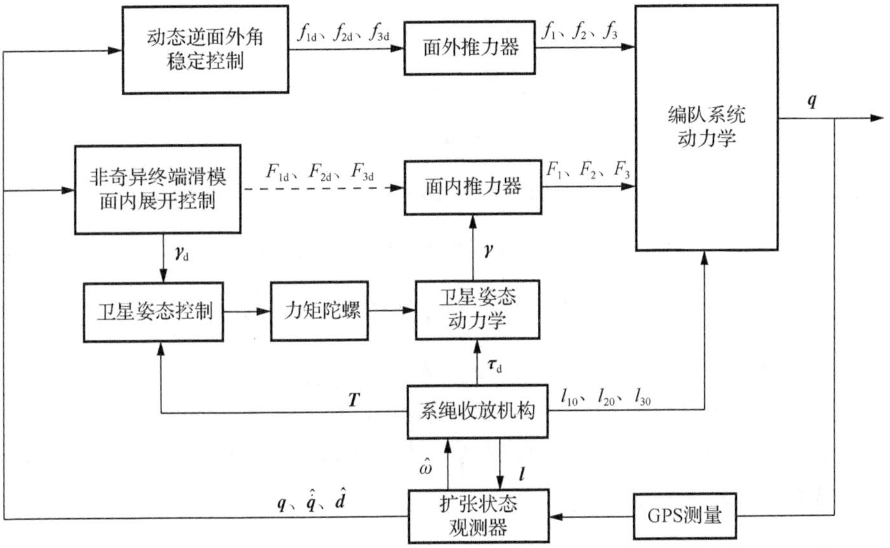


图 7-28　轨道面内稳定展开的控制方案

### 7.3.1.2　编队模型改写

首先给出系统展开过程的动力学模型。根据前文分析，采用包含面外状态的归一化动力学模型（7-27），由于在展开过程中考虑干扰力，因此方程等号右端的广义外力项包含控制力和干扰力两部分，为表示形式简洁，将模型（7-27）改写为

$$\boldsymbol{M}(\boldsymbol{q})\ddot{\boldsymbol{q}}+\boldsymbol{C}(\boldsymbol{q},\dot{\boldsymbol{q}})\dot{\boldsymbol{q}}+\boldsymbol{G}(\boldsymbol{q})=\boldsymbol{u}+\boldsymbol{d} \tag{7-81}$$

式中，$\boldsymbol{q}=\left[\nu_1\ \nu_2\ \lambda_1\ \lambda_2\ \alpha\ \beta\right]^{\mathrm{T}}$，为无量纲化后的广义坐标；$\boldsymbol{u}\in\mathbb{R}^{6\times1}$，为作用于各通道的广义控制力；$\boldsymbol{d}\in\mathbb{R}^{6\times1}$，为各通道所受的干扰力；其他各矩阵的具体表达式与模型（7-27）中相同。

由 7.2 节的动力学分析可知，$\beta=\dot{\beta}=0$ 是面外角的非稳定平衡点，即在不考虑面外通道干扰的情况下，$\beta \equiv 0$ 可以使得面内外通道解耦，此时构型平面内各个状态不会对构型倾角 $\beta$ 产生影响。然而结合广义力表达式（7-21）可知，编队法向推力也不会对构型面内状态产生影响。考虑到面内控制任务和面外控制任务特点、时间要求、所需控制力量级的显著差异，将编队模型按照构型面内、面外分为两个子系统，记：

$$\boldsymbol{q}=\begin{bmatrix}\boldsymbol{q}_1\\ \boldsymbol{q}_2\end{bmatrix},\ \boldsymbol{M}(\boldsymbol{q})=\begin{bmatrix}\boldsymbol{M}_1 & \boldsymbol{M}_2\\ \boldsymbol{M}_3 & \boldsymbol{M}_4\end{bmatrix},\ \boldsymbol{C}(\boldsymbol{q},\dot{\boldsymbol{q}})=\begin{bmatrix}\boldsymbol{C}_1 & \boldsymbol{C}_2\\ \boldsymbol{C}_3 & \boldsymbol{C}_4\end{bmatrix}$$

$$\boldsymbol{G}(\boldsymbol{q})=\begin{bmatrix}\boldsymbol{G}_1\\ \boldsymbol{G}_2\end{bmatrix},\ \boldsymbol{u}=\begin{bmatrix}\boldsymbol{u}_1\\ \boldsymbol{u}_2\end{bmatrix},\ \boldsymbol{d}=\begin{bmatrix}\boldsymbol{d}_1\\ \boldsymbol{d}_2\end{bmatrix}$$

$$\boldsymbol{M}_1,\boldsymbol{C}_1\in\mathbb{R}^{4\times4},\boldsymbol{M}_2,\boldsymbol{C}_2\in\mathbb{R}^{2\times4},\boldsymbol{M}_3,\boldsymbol{C}_3\in\mathbb{R}^{4\times2},\boldsymbol{M}_4,\boldsymbol{C}_4\in\mathbb{R}^{2\times2}$$

$$\boldsymbol{G}_1,\boldsymbol{q}_1,\boldsymbol{u}_1,\boldsymbol{d}_1\in\mathbb{R}^{4\times1},\boldsymbol{G}_2,\boldsymbol{q}_2,\boldsymbol{u}_2,\boldsymbol{d}_2\in\mathbb{R}^{2\times1}$$

则编队系统面内通道和面外通道分别可写为

$$\ddot{\boldsymbol{q}}_1=\boldsymbol{M}_1^{-1}\left(-\boldsymbol{C}_1\dot{\boldsymbol{q}}_1-\boldsymbol{G}_1\right)+\boldsymbol{M}_1^{-1}\boldsymbol{u}_1+\boldsymbol{M}_1^{-1}\boldsymbol{\varphi}_{\mathrm{d}1} \tag{7-82}$$

$$\ddot{\boldsymbol{q}}_2=\boldsymbol{M}_4^{-1}\left(-\boldsymbol{C}_4\dot{\boldsymbol{q}}_2-\boldsymbol{G}_2\right)+\boldsymbol{M}_4^{-1}\boldsymbol{u}_2+\boldsymbol{M}_4^{-1}\boldsymbol{\varphi}_{\mathrm{d}2} \tag{7-83}$$

式中，$\boldsymbol{\varphi}_{\mathrm{d}1}=\boldsymbol{d}_1-\boldsymbol{M}_2\ddot{\boldsymbol{q}}_2-\boldsymbol{C}_2\dot{\boldsymbol{q}}_2$；$\boldsymbol{\varphi}_{\mathrm{d}2}=\boldsymbol{d}_2-\boldsymbol{M}_3\ddot{\boldsymbol{q}}_1-\boldsymbol{C}_3\dot{\boldsymbol{q}}_1$。需要说明，该模型仅用于构型展开及面外通道控制器设计，在动力学解算时，仍然采用模型（7-81）形式。注意到 $\boldsymbol{\varphi}_{\mathrm{d}1}$、$\boldsymbol{\varphi}_{\mathrm{d}2}$ 中含有二阶导耦合项及扰动，整体可以看作新的干扰项，可以设计状态观测器对其进行估计。

### 7.3.2 考虑面外扰动的展开控制器设计

#### 7.3.2.1 状态观测器设计

根据扩张状态观测的理论，将外界干扰和系统不可测项一起看作系统新的状态变量，编队模型（7-81）可化为

$$\begin{cases}\dot{\boldsymbol{q}}=\boldsymbol{q}_v\\ \dot{\boldsymbol{q}}_v=\boldsymbol{w}+\boldsymbol{M}^{-1}(\boldsymbol{q})\boldsymbol{u}\\ \dot{\boldsymbol{w}}=\boldsymbol{g}(t)\end{cases} \tag{7-84}$$

式中，$\boldsymbol{w}=-\boldsymbol{M}^{-1}(\boldsymbol{q})\left[\boldsymbol{C}(\boldsymbol{q},\dot{\boldsymbol{q}})\dot{\boldsymbol{q}}+G(\boldsymbol{q})\right]+\boldsymbol{M}^{-1}(\boldsymbol{q})\boldsymbol{d}$，为扩张状态变量；$\boldsymbol{g}(t)\in\mathbb{R}^{6\times1}$，为未知有界函数。

这里不必假设 $\boldsymbol{g}(t)$ 连续，或是形式已知，只需要其导数有界即可，这样便可以通过选择适当的增益系数，使得观测器可以实时估计被扩张的状态，从而可以逼近系统的二阶导数。

针对模型（7-84），建立三阶扩张状态观测器如下：

$$\begin{cases}\tilde{\boldsymbol{e}}=\boldsymbol{z}_1-\boldsymbol{q}\\ \dot{\boldsymbol{z}}_1=\boldsymbol{z}_2-\boldsymbol{\beta}_1*h(\tilde{\boldsymbol{e}},\alpha_1,\delta)\\ \dot{\boldsymbol{z}}_2=\boldsymbol{z}_3-\boldsymbol{\beta}_2*h(\tilde{\boldsymbol{e}},\alpha_2,\delta)+\boldsymbol{M}^{-1}(\boldsymbol{q})\boldsymbol{u}\\ \dot{\boldsymbol{z}}_3=-\boldsymbol{\beta}_3*h(\tilde{\boldsymbol{e}},\alpha_3,\delta)\end{cases} \tag{7-85}$$

式中，$\boldsymbol{z}\in\mathbb{R}^{6\times1}$，为系统状态量的估计值；$\boldsymbol{\beta}_1,\boldsymbol{\beta}_2,\boldsymbol{\beta}_3\in\mathbb{R}_+^{6\times1}$，为观测器增益系数；$*$ 为矩阵元素对应相乘运算符。

为使得扩张状态观测器具有良好的动态收敛特性，选取 $h(e,\alpha_i,\delta)$ 如下形式：

$$h(e,\alpha_i,\delta)=\begin{cases}\dfrac{e}{\delta^{1-\alpha_i}}, & |e|\leqslant\delta\\ |e|^{\alpha_i}\operatorname{sgn}(e), & |e|>\delta\end{cases} \tag{7-86}$$

合理选取扩张状态观测器中的参数，则稳态观测器状态将满足以下收敛关系：

$$\boldsymbol{z}_1\to\boldsymbol{q},\ \boldsymbol{z}_2\to\dot{\boldsymbol{q}},\ \boldsymbol{z}_3\to\boldsymbol{w} \tag{7-87}$$

定义 $\tilde{\boldsymbol{e}}_1=\boldsymbol{z}_1-\boldsymbol{q}$，$\tilde{\boldsymbol{e}}_2=\boldsymbol{z}_2-\boldsymbol{q}_v$，$\tilde{\boldsymbol{e}}_3=\boldsymbol{z}_3-\boldsymbol{w}$，可得到状态观测误差方程：

$$\begin{cases}\dot{\tilde{\boldsymbol{e}}}_1=\tilde{\boldsymbol{e}}_2-\boldsymbol{\beta}_1*h(\boldsymbol{e},\alpha_1,\delta)\\ \dot{\tilde{\boldsymbol{e}}}_2=\tilde{\boldsymbol{e}}_3-\boldsymbol{\beta}_2*h(\boldsymbol{e},\alpha_2,\delta)\\ \dot{\tilde{\boldsymbol{e}}}_3=\boldsymbol{g}(t)-\boldsymbol{\beta}_2*h(\boldsymbol{e},\alpha_2,\delta)\end{cases} \tag{7-88}$$

当状态误差进入稳态时，有

$$\boldsymbol{g}(t)-\boldsymbol{\beta}_2*h(\boldsymbol{e},\alpha_2,\delta)=\tilde{\boldsymbol{e}}_3-\boldsymbol{\beta}_2*h(\boldsymbol{e},\alpha_2,\delta)=\tilde{\boldsymbol{e}}_2-\boldsymbol{\beta}_1*h(\boldsymbol{e},\alpha_1,\delta)=\boldsymbol{0} \tag{7-89}$$

一般选取 $\alpha_1=1$，可得到系统各通道稳态误差为

$$\tilde{e}_{1i}=\left(\frac{g_i(t)}{\beta_{3i}}\right)^{\frac{1}{\alpha_3}},\quad \tilde{e}_{2i}=\beta_{1i}\left(\frac{g_i(t)}{\beta_{3i}}\right)^{\frac{1}{\alpha_3}},\quad \tilde{e}_{3i}=\beta_{2i}\left(\frac{g_i(t)}{\beta_{3i}}\right)^{\frac{\alpha_2}{\alpha_3}}s \tag{7-90}$$

因此选取 $\boldsymbol{\beta}_3$ 中各元素为较大值，且 $\alpha_2>\alpha_3$，可以使得稳态误差减小到很小的量级。

#### 7.3.2.2　非奇异终端滑模面内展开律设计

非对称三角绳系编队的展开过程是一个系绳长度和自旋角速度都在变化的动态过程，非对称构型增强了非线性系统自身的耦合特性。经前文分析，采用推力为主、系绳配合的释放方式，系绳释放过程中还可能存在速率不平稳，甚至收放机构卡死等突变干扰，这增加了系统本身的不稳定性。滑模变结构控制方法在非

线性系统中应用广泛，且具有较好的控制效果。针对这样一个动态非线性不确定编队系统，为增强展开过程的鲁棒性，本小节选择滑模控制的方法来实现展开过程稳定控制。

传统的滑模控制采用线性滑模面设计，系统状态到达滑动模态后，通过选择合适的滑模面参数使系统渐近收敛到平衡点，但无法做到有限时间收敛。为了改善系统收敛性能，终端滑模的方法被提出来，即滑模面采用非线性函数设计，使得滑模面上的系统状态可以在有限时间渐近收敛到平衡点，提高了所设计滑模控制器的跟踪精度。传统终端滑模存在控制器奇异问题，即系统状态越趋于零，控制量越大，该奇异问题可能会使系统不稳定并影响系统状态的收敛性能。后来有学者提出了非奇异终端滑模面，该滑模面不仅不会引发控制器奇异现象，还可以保证系统状态的快速收敛。基于以上优点，本小节选取非奇异终端滑模面进行姿态控制器设计：给出非奇异终端滑模面的选取及滑动模态有限时间收敛证明，为消除切换项抖振，采用改进双幂次数趋近律，推导控制律并给出控制律稳定证明，最后证明系统由任意初始状态可在有限时间内收敛到目标状态。

令广义坐标$\boldsymbol{q}_{1\mathrm{d}}=[\nu_{1\mathrm{d}}\ \ \nu_{2\mathrm{d}}\ \ \lambda_{1\mathrm{d}}\ \ \lambda_{2\mathrm{d}}]^{\mathrm{T}}$，定义状态跟踪误差：

$$\boldsymbol{e}_1=\boldsymbol{q}_1-\boldsymbol{q}_{1\mathrm{d}} \tag{7-91}$$

$$\boldsymbol{e}_2=\dot{\boldsymbol{q}}_1-\dot{\boldsymbol{q}}_{1\mathrm{d}} \tag{7-92}$$

选取非奇异终端滑模面为

$$\boldsymbol{s}=\boldsymbol{e}_1+k_{\mathrm{b}}\boldsymbol{e}_2{}^{p/q} \tag{7-93}$$

式中，$k_{\mathrm{b}}>0,\ 1<p/q<2$，且$p$、$q$为奇数。

为便于后续控制器设计，下面证明系统可沿滑模面在有限时间收敛到原点。若设计控制律$\boldsymbol{u}$满足滑模到达条件$\boldsymbol{s}^{\mathrm{T}}\dot{\boldsymbol{s}}<0$，系统最终将趋向于滑模面$\boldsymbol{s}=0$，即

$$\boldsymbol{e}_1=-k_{\mathrm{b}}\boldsymbol{e}_2{}^{p/q} \tag{7-94}$$

取 Lyapunov 函数如下：

$$V_1=\frac{1}{2}\boldsymbol{e}_1{}^{\mathrm{T}}\boldsymbol{e}_1 \tag{7-95}$$

式（7-95）对时间求导可得

$$\begin{aligned}\dot{V}_1&=\boldsymbol{e}_1^{\mathrm{T}}\dot{\boldsymbol{e}}_1\\&=-\sum_{i=1}^{4}\left(\frac{1}{k_{\mathrm{b}}}\right)^{q/p}\left|e_{1i}\right|^{(p+q)/p}\\&\leqslant-\left(\frac{1}{k_{\mathrm{b}}}\right)^{q/p}(2V_1)^{\frac{p+q}{2p}}<0\end{aligned} \tag{7-96}$$

根据有限时间收敛定理可得，存在有限时间 $T_s$，使得

$$\lim_{t\to T_s} \boldsymbol{e} = \boldsymbol{0} \tag{7-97}$$

其中有限时间 $T_s$ 满足：

$$T_s \leqslant \frac{V_1^{\frac{p-q}{2p}}\left(\boldsymbol{e}_1(0)\right)}{\frac{p-q}{2p}\left(\frac{1}{k_b}\right)^{q/p} 2^{\frac{p+q}{2p}}} \tag{7-98}$$

式中，$V_1\left(\boldsymbol{e}_1(0)\right)$ 为 $V_1\left(\boldsymbol{e}_1\right)$ 的初始值。

滑模控制律 $\boldsymbol{u}$ 由等效控制项 $\boldsymbol{u}_{eq}$ 和非线性切换控制项 $\boldsymbol{u}_n$ 两部分构成。由等效控制原理，若达到理想滑动模态，则有

$$\begin{aligned}
\dot{\boldsymbol{s}} &= \dot{\boldsymbol{e}}_1 + k_b \frac{p}{q} \boldsymbol{e}_2^{p/q-1} * \dot{\boldsymbol{e}}_2 \\
&= \boldsymbol{e}_2 + k_b \frac{p}{q} \boldsymbol{e}_2^{p/q-1} * \boldsymbol{M}_1^{-1}(\boldsymbol{u}_{eq} + \boldsymbol{u}_n - \boldsymbol{C}_1\dot{\boldsymbol{q}}_1 - \boldsymbol{G}_1 + \boldsymbol{\varphi}_{d1} - \ddot{\boldsymbol{q}}_{1d}) \\
&= k_b \frac{p}{q} \boldsymbol{e}_2^{p/q-1} * \boldsymbol{M}_1^{-1}(\boldsymbol{u}_{eq} + \boldsymbol{u}_n - \boldsymbol{C}_1\dot{\boldsymbol{q}}_1 - \boldsymbol{G}_1 + \boldsymbol{\varphi}_{d1} - \ddot{\boldsymbol{q}}_{1d} + \frac{q}{k_b p}\boldsymbol{M}_1 \boldsymbol{e}_2^{2-p/q}) = 0
\end{aligned} \tag{7-99}$$

从而得到等效控制量为

$$\boldsymbol{u}_{eq} = \boldsymbol{C}_1\dot{q}_1 + \boldsymbol{G}_1 - \boldsymbol{\varphi}_{d1} + \ddot{\boldsymbol{q}}_{1d} - \frac{q}{k_b p}\boldsymbol{M}_1 \boldsymbol{e}_2^{2-p/q} \tag{7-100}$$

为减小系统抖振，采用改进双幂次趋近律：

$$\dot{\boldsymbol{s}} = -k_1 |\boldsymbol{s}|^{\varepsilon} * \operatorname{sgn}(\boldsymbol{s}) - k_2 |\boldsymbol{s}|^{\kappa} * \operatorname{sgn}(\boldsymbol{s}) \tag{7-101}$$

式中，$\varepsilon > 1$；$0 < \kappa < 1$；$k_1, k_2 > 0$。

将趋近律代入式（7-99），可得非线性切换控制项 $\boldsymbol{u}_n$ 为

$$\boldsymbol{u}_n = -\frac{q}{k_b p}\boldsymbol{M}_1 \boldsymbol{e}_2^{1-p/q}\left(k_1 |\boldsymbol{s}|^{\varepsilon} * \operatorname{sgn}(\boldsymbol{s}) + k_2 |\boldsymbol{s}|^{\kappa} * \operatorname{sgn}(\boldsymbol{s})\right) \tag{7-102}$$

因此滑模控制律为

$$\boldsymbol{u} = \boldsymbol{C}_1\dot{q}_1 + \boldsymbol{G}_1 - \boldsymbol{\varphi}_{d1} + \ddot{\boldsymbol{q}}_{1d} - \frac{q}{k_b p}\boldsymbol{M}_1 \boldsymbol{e}_2^{1-p/q}\left(\boldsymbol{e}_2 + k_1 |\boldsymbol{s}|^{\varepsilon} * \operatorname{sgn}(\boldsymbol{s}) + k_2 |\boldsymbol{s}|^{\kappa} * \operatorname{sgn}(\boldsymbol{s})\right) \tag{7-103}$$

选取 Lyapunov 函数：

$$V_2 = \frac{1}{2}\boldsymbol{s}^{\mathrm{T}}\boldsymbol{s} \tag{7-104}$$

对 $V_2$ 求一阶导数：

$$\begin{aligned}
\dot{V}_2 &= \boldsymbol{s}^{\mathrm{T}}\dot{\boldsymbol{s}} = \boldsymbol{s}^{\mathrm{T}}\left(\boldsymbol{e}_2 + k_{\mathrm{b}}\frac{p}{q}\boldsymbol{e}_2^{p/q-1} * \dot{\boldsymbol{e}}_2\right) \\
&= \boldsymbol{s}^{\mathrm{T}}\left(\boldsymbol{e}_2 + k_{\mathrm{b}}\frac{p}{q}\boldsymbol{e}_2^{p/q-1} * \boldsymbol{M}_1^{-1}\left(-\boldsymbol{C}_1\dot{\boldsymbol{q}}_1 - \boldsymbol{G}_1 + \boldsymbol{\varphi}_{d1} + \boldsymbol{u}_{\mathrm{eq}} + \boldsymbol{u}_{\mathrm{n}} - \ddot{\boldsymbol{q}}_{1\mathrm{d}}\right)\right) \\
&= \boldsymbol{s}^{\mathrm{T}}k_{\mathrm{b}}\frac{p}{q}\boldsymbol{e}_2^{p/q-1} * \boldsymbol{M}_1^{-1}\left(-\boldsymbol{C}_1\dot{\boldsymbol{q}}_1 - \boldsymbol{G}_1 + \boldsymbol{\varphi}_{\mathrm{d}1} + \boldsymbol{u}_{\mathrm{eq}} + \boldsymbol{u}_{\mathrm{n}} - \ddot{\boldsymbol{q}}_{1\mathrm{d}} + \frac{q}{k_{\mathrm{b}}p}\boldsymbol{M}_1\boldsymbol{e}_2^{2-p/q}\right) \\
&= \boldsymbol{s}^{\mathrm{T}}k_{\mathrm{b}}\frac{p}{q}\boldsymbol{e}_2^{p/q-1} * \boldsymbol{M}_1^{-1}\left(-\frac{q}{k_{\mathrm{b}}p}\boldsymbol{M}_1\boldsymbol{e}_2^{1-p/q}\left(k_1|\boldsymbol{s}|^{\varepsilon} * \operatorname{sgn}(\boldsymbol{s}) + k_2|\boldsymbol{s}|^{\kappa} * \operatorname{sgn}(\boldsymbol{s})\right)\right) \\
&= \boldsymbol{s}^{\mathrm{T}}\left(-k_1|\boldsymbol{s}|^{\varepsilon} * \operatorname{sgn}(\boldsymbol{s}) - k_2|\boldsymbol{s}|^{\kappa} * \operatorname{sgn}(\boldsymbol{s})\right) \\
&= -k_1\sum_{i=1}^{4}|s_i|^{\varepsilon+1} - k_2\sum_{i=1}^{4}|s_i|^{\kappa+1} < 0
\end{aligned} \tag{7-105}$$

#### 7.3.2.3 基于动态逆的面外构型倾角稳定控制律设计

由前文分析可知，当构型存在面外角时，绳系编队系统无法保持空间定向，而轨道平面内是自旋编队系统的平衡位置，在编队系统初始释放时，若采取弹射展开的方式，则构型可能存在初始的面外角，有必要对初始面外角及可能存在的面外扰动予以稳定。由模型分析知道，构型面展开过程的耦合特性主要是系绳张力引起的，观察模型（7-81），当面外角不为 0 时，面内外状态虽存在互相影响，但矩阵 $\boldsymbol{G}_1$ 中张力项仅存在于面内通道，不会对面外通道产生直接影响，而由广义力表达式（7-21）可知，对于控制输入来说，面内外角仅受面外推力影响。因此为保证系统顺利展开并处于正常轨道面内运行状态，在状态观测的基础上将面内外通道解耦，对面外通道进行反馈线性化，采用动态逆的方式快速稳定面外角。

根据奇异摄动理论，系统状态变量具有明显不同的时间尺度差异，因此可将系统的面外通道分为快慢两个回路。其中，快回路为角速率通道 $x_6$，而慢回路为面外角通道。整个系统由两个回路叠加而成，状态变量的速度由内而外逐层降低，可分别设计各层控制器使面外通道稳定。

针对构型面外通道模型（7-83），令 $\boldsymbol{x}_1 = \boldsymbol{q}_2$，$\boldsymbol{x}_2 = \dot{\boldsymbol{q}}_2$，将其改写为如下形式：

$$\begin{cases}\dot{\boldsymbol{x}}_1 = \boldsymbol{x}_2 \\ \dot{\boldsymbol{x}}_2 = \boldsymbol{f} + \boldsymbol{M}_4^{-1}\boldsymbol{u}\end{cases} \tag{7-106}$$

式中，$\boldsymbol{f}=\boldsymbol{M}_4^{-1}(-\boldsymbol{C}_4\dot{\boldsymbol{q}}_2-\boldsymbol{C}_2+\boldsymbol{\varphi}_{\mathrm{d}2})$。

定义期望状态 $\boldsymbol{x}_{\mathrm{d}}=[\alpha_{\mathrm{d}},\beta_{\mathrm{d}}]^{\mathrm{T}}$，根据动态逆理论，快回路控制律为

$$\boldsymbol{u}=\boldsymbol{M}(-\boldsymbol{f}-\boldsymbol{K}_{\mathrm{d}}(\boldsymbol{x}_2-\dot{\boldsymbol{x}}_{\mathrm{d}})-\ddot{\boldsymbol{x}}_{\mathrm{d}}) \tag{7-107}$$

式中，$\boldsymbol{K}_{\mathrm{d}}=\mathrm{diag}[k_{\mathrm{d}1},k_{\mathrm{d}2}]$，为快回路增益系数。

对于慢回路，要使 $\boldsymbol{x}_1$ 跟踪期望角度，只能使得 $\boldsymbol{x}_2$ 跟踪期望角速度 $\dot{\boldsymbol{x}}_{\mathrm{d}}$，则可以推出应有的期望角速率 $\boldsymbol{v}$，由此设慢回路虚拟控制量为

$$\boldsymbol{v}=-\boldsymbol{K}_{\mathrm{p}}(\boldsymbol{x}_1-\boldsymbol{x}_{\mathrm{d}})+\dot{\boldsymbol{x}}_{\mathrm{d}} \tag{7-108}$$

式中，$\boldsymbol{K}_{\mathrm{p}}=\mathrm{diag}[k_{\mathrm{p}1},k_{\mathrm{p}2}]$，为慢回路增益系数。

由于慢回路的控制输出即为 $\dot{\boldsymbol{x}}_{\mathrm{d}}$，因此将式（7-108）中的 $\boldsymbol{v}$ 代换为式（7-107）中的 $\dot{\boldsymbol{x}}_{\mathrm{d}}$，便可以得到编队构型倾角通道动态逆控制律为

$$\boldsymbol{u}=\boldsymbol{M}(-\boldsymbol{f}-\boldsymbol{K}_{\mathrm{d}}(\boldsymbol{x}_2+\boldsymbol{K}_{\mathrm{p}}(\boldsymbol{x}_1-\boldsymbol{x}_{\mathrm{d}})-\dot{\boldsymbol{x}}_{\mathrm{d}})-\ddot{\boldsymbol{x}}_{\mathrm{d}}) \tag{7-109}$$

定义状态误差 $\boldsymbol{e}=\boldsymbol{x}_1-\boldsymbol{x}_{\mathrm{d}}$，代入式（7-109）有

$$\ddot{\boldsymbol{e}}+\boldsymbol{K}_{\mathrm{d}}\dot{\boldsymbol{e}}+\boldsymbol{K}_{\mathrm{p}}\boldsymbol{K}_{\mathrm{d}}\boldsymbol{e}=\boldsymbol{0} \tag{7-110}$$

可见误差 $\boldsymbol{e}$ 满足二阶系统微分方程，通过动态逆方法将非线性系统变换为二阶线性系统，设系统阻尼比为 $\boldsymbol{\zeta}$，固有频率为 $\boldsymbol{\omega}_n$，则有

$$\zeta=\frac{1}{2}\sqrt{\boldsymbol{K}_{\mathrm{d}}\boldsymbol{K}_{\mathrm{p}}^{-1}},\omega_n=\sqrt{\boldsymbol{K}_{\mathrm{d}}\boldsymbol{K}_{\mathrm{p}}} \tag{7-111}$$

因此可通过改变系统的阻尼比 $\boldsymbol{\zeta}$ 及固有频率 $\boldsymbol{\omega}_n$ 来设定系统的动态特性，为了保证面外角在尽可能短的时间内平稳趋向于 0，本章选择阻尼比 $\zeta_i=1$。

#### 7.3.2.4　基于角速率反馈的系绳收放律设计

考虑到编队展开过程是一个绳长和角速度都在变化的过程，受到编队构型稳态时张力提供向心力的启发，可以让张力跟踪每一时刻下稳定自旋所需要的张力大小，进而可以计算所需要的系绳原长。由于轨道因素的影响，张力的表达式相当复杂，而且存在周期波动，为了让张力尽可能平滑，忽略轨道因素，将编队系统简化为一个满足式（7-53）的简单自旋绳系系统，从而每个状态下所需要的张力如式（7-54）所示。考虑到系统在轨道面内自旋时 $\dot{\nu}_1=\dot{\nu}_2$，对应的自旋角速度 $\omega=\dot{\nu}_1+\omega_0$，则张力的表达式为

$$T_1=\mu_1\mu_2 ml_1(\dot{\nu}_1+\omega_0)^2,T_2=\mu_2\mu_3 ml_2(\dot{\nu}_1+\omega_0)^2,T_3=\mu_3\mu_1 ml_3(\dot{\nu}_1+\omega_0)^2 \tag{7-112}$$

由胡克定律，在目标系绳长度下张力的表达式为

$$T_1=\frac{EA}{l_{1c}}(l_1-l_{1c}),T_2=\frac{EA}{l_{2c}}(l_2-l_{2c}),T_3=\frac{EA}{l_{3c}}(l_3-l_{3c}) \tag{7-113}$$

联立式（7-112）和式（7-113）可得系绳的收放律为

$$l_{1c}=\frac{EAl_1}{EA+\mu_1\mu_2 ml_1(\dot{v}_1+\omega_0)^2},l_{2c}=\frac{EAl_2}{EA+\mu_2\mu_3 ml_2(\dot{v}_1+\omega_0)^2},l_{3c}=\frac{EAl_3}{EA+\mu_3\mu_1 ml_3(\dot{v}_1+\omega_0)^2} \tag{7-114}$$

因为系绳实际长度、自旋角速度率在展开律下都是连续变化的，所以张力大小和原始绳长也是连续的，并在展开部署完成后易收敛到目标工作状态。

### 7.3.3　时变张力力矩干扰下卫星姿态跟踪控制

虽然假定张力可测，但由于卫星相对于构型存在姿态偏差，张力方向相对于卫星本体的方向很难直接测量，因此张力力矩实际上是未知的。此外，由于编队构型的展开过程需要张力对准特定的空间方向，因此有必要对卫星的姿态进行机动，以实时跟踪期望目标姿态。

#### 7.3.3.1　卫星偏差姿态动力学模型

如图 7-29 所示，每颗卫星在本体坐标系内 $x_{bi}y_{bi}$ 仅安装 1 个和本体坐标系固连的推力器，推力 $\boldsymbol{F}_i$ 方向与本体坐标系 $x_{bi}$ 的夹角定义为 $\kappa_i$ 。结合编队系统所受控制力图 7-3 可知，$\boldsymbol{F}_i$ 方向应该在构型坐标系 $x_c y_c$ 平面内，且与系绳 $l_i$ 方向夹角为 $\gamma_i$，则若卫星推力器可以输出指定方向推力，则期望姿态应由系绳坐标系顺时针旋转 $\kappa_i+\gamma_i$ 角度得到，即目标坐标系相对于系绳坐标系的期望欧拉姿态角：$[\psi_d\ \theta_d\ \varphi_d]=[-(\kappa_i+\gamma_i)\ 0\ 0]$，期望姿态四元数 $\boldsymbol{\eta}_d$ 为

$$\boldsymbol{\eta}_d=\left[\cos\frac{\kappa_i+\gamma_i}{2}\ \ 0\ \ 0\ -\sin\frac{\kappa_i+\gamma_i}{2}\right]^{\mathrm{T}} \tag{7-115}$$

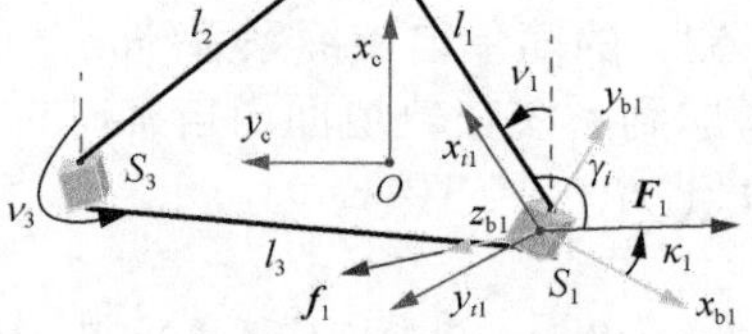


图 7-29　卫星本体与编队构型关系

由欧拉角定义，期望的角速度 $\boldsymbol{\omega}_{\mathrm{d}}$ 为

$$\boldsymbol{\omega}_{\mathrm{d}}=\left[0\ \ 0\ \ -(\dot{\kappa}_i+\dot{\gamma}_i)\right]^{\mathrm{T}} \tag{7-116}$$

前文建立了卫星本体相对于系绳坐标系的姿态动力学方程，为便于控制器设计，还需要建立卫星本体相对于期望姿态坐标系的偏差动力学方程。

定义偏差角速度 $\boldsymbol{\omega}_{\mathrm{e}}$：

$$\boldsymbol{\omega}_{\mathrm{e}}=\boldsymbol{\omega}_{\mathrm{r}}-\boldsymbol{\omega}_{\mathrm{d}} \tag{7-117}$$

在本体坐标系对 $\boldsymbol{\omega}_{\mathrm{e}}$ 求导，得

$$\frac{\mathrm{d}_{\mathrm{b}}\boldsymbol{\omega}_{\mathrm{e}}}{\mathrm{d}t}=\frac{\mathrm{d}_{\mathrm{b}}\boldsymbol{\omega}_{\mathrm{r}}}{\mathrm{d}t}-\frac{\mathrm{d}_{\mathrm{d}}\boldsymbol{\omega}_{\mathrm{d}}}{\mathrm{d}t}+\boldsymbol{\omega}_{\mathrm{e}}^{\times}\boldsymbol{\omega}_{\mathrm{d}} \tag{7-118}$$

将式（7-118）代入式（7-51）可得偏差动力学方程为

$$\begin{aligned}\frac{\mathrm{d}_{\mathrm{b}}\boldsymbol{\omega}_{\mathrm{e}}}{\mathrm{d}t}=&\boldsymbol{J}^{-1}(\boldsymbol{\tau}_{\mathrm{CMG}}+\boldsymbol{\tau}_{\mathrm{d}}-\boldsymbol{\omega}\times(\boldsymbol{J}\cdot\boldsymbol{\omega}+\boldsymbol{h}_{\mathrm{CMG}}))-\frac{\mathrm{d}_{\mathrm{d}}\boldsymbol{\omega}_{\mathrm{d}}}{\mathrm{d}t}\\&+\boldsymbol{\omega}_{\mathrm{e}}\times\boldsymbol{\omega}_{\mathrm{d}}-\frac{\mathrm{d}_{t}\boldsymbol{\omega}_{\mathrm{s}}}{\mathrm{d}t}+\boldsymbol{\omega}_{\mathrm{r}}\times\boldsymbol{\omega}_{\mathrm{s}}+(\boldsymbol{\omega}_{\mathrm{r}}+\boldsymbol{\omega}_{\mathrm{s}})\times\boldsymbol{\omega}_{\mathrm{o}}\end{aligned} \tag{7-119}$$

将该矢量方程投影到本体坐标系，得到分量列阵方程为（略去右上角标）

$$\begin{aligned}\dot{\boldsymbol{\omega}}_{\mathrm{e}}=&\boldsymbol{J}^{-1}(\boldsymbol{\tau}_{\mathrm{CMG}}+\boldsymbol{\tau}_{\mathrm{d}}-\boldsymbol{\omega}\times(\boldsymbol{J}\boldsymbol{\omega}+\boldsymbol{h}_{\mathrm{CMG}}))\\&-A_{\mathrm{bd}}\dot{\boldsymbol{\omega}}_{\mathrm{d}}+\boldsymbol{\omega}_{\mathrm{e}}\times A_{\mathrm{bd}}\boldsymbol{\omega}_{\mathrm{d}}-A_{\mathrm{bt}}\dot{\boldsymbol{\omega}}_{\mathrm{s}}+\boldsymbol{\omega}_{\mathrm{r}}\times A_{\mathrm{bt}}\boldsymbol{\omega}_{\mathrm{s}}+(\boldsymbol{\omega}_{\mathrm{r}}+A_{\mathrm{bt}}\boldsymbol{\omega}_{\mathrm{s}})\times A_{\mathrm{bt}}A_{\mathrm{to}}\boldsymbol{\omega}_{\mathrm{o}}\end{aligned} \tag{7-120}$$

式中，$A_{\mathrm{bd}}$ 为本体坐标系相对于目标坐标系的姿态矩阵，若定义误差四元数 $\boldsymbol{\eta}_{\mathrm{e}}$ 描述本体坐标系相对于目标坐标系的姿态，则 $A_{\mathrm{bd}}$ 可以由 $\boldsymbol{\eta}_{\mathrm{e}}$ 通过式（7-32）描述，而 $\boldsymbol{\eta}_{\mathrm{e}}$ 可以由四元数运动学积分得到：

$$\begin{cases}\dot{\eta}_{\mathrm{e0}}=-\dfrac{1}{2}\boldsymbol{\eta}_{\mathrm{ev}}^{\mathrm{T}}\boldsymbol{\omega}_{\mathrm{e}}\\[2ex]\dot{\boldsymbol{\eta}}_{\mathrm{ev}}=\dfrac{1}{2}(\boldsymbol{\eta}_{\mathrm{ev}}^{\times}+\eta_{\mathrm{e0}}\boldsymbol{I}_3)\boldsymbol{\omega}_{\mathrm{e}}\end{cases} \tag{7-121}$$

式（7-120）和式（7-121）即为卫星本体坐标系相对目标坐标系偏差姿态动力学与运动学的完整描述。

#### 7.3.3.2　卫星姿态跟踪控制律

选择基于误差四元数和误差角速度的滑模面为

$$\boldsymbol{s}=\boldsymbol{\omega}_{\mathrm{e}}+\boldsymbol{\Lambda}\left|\boldsymbol{\eta}_{\mathrm{ev}}\right|^{\alpha}*\mathrm{sgn}(\boldsymbol{\eta}_{\mathrm{ev}}) \tag{7-122}$$

式中，$\boldsymbol{\eta}_{\mathrm{ev}} \in \mathbb{R}^{3\times1}$，为误差四元数$\boldsymbol{\eta}_{\mathrm{e}}$的矢量部分；$\boldsymbol{\Lambda} = \mathrm{diag}[\Lambda_1\ \Lambda_2\ \Lambda_3]$，$\Lambda_i > 0$，为待设计滑模面系数。

当卫星姿态到达滑模面上，$\boldsymbol{s} = 0$，可以得到：

$$\boldsymbol{\omega}_{\mathrm{e}} = -\boldsymbol{\Lambda}\left|\boldsymbol{\eta}_{\mathrm{ev}}\right|^{\alpha} * \mathrm{sgn}(\boldsymbol{\eta}_{\mathrm{ev}}) \tag{7-123}$$

选取 Lyapunov 函数：

$$V_3 = \left(1-\eta_{\mathrm{e0}}\right)^2 + \boldsymbol{\eta}_{\mathrm{e}}^{\mathrm{T}}\boldsymbol{\eta}_{\mathrm{e}} \tag{7-124}$$

对式（7-124）求导，并代入式（7-121）和式（7-123），得

$$V_3 = -2(1-\eta_{\mathrm{e0}})\dot{\eta}_{\mathrm{e0}} + 2\boldsymbol{\eta}_{\mathrm{e}}^{\mathrm{T}}\dot{\boldsymbol{\eta}}_{\mathrm{e}} = -\sum_{i=1}^{3}\Lambda_i\left|\eta_{\mathrm{e}i}\right|^{\alpha+1} < 0 \tag{7-125}$$

滑动模态运动满足在有限时间内$\boldsymbol{\eta}_{\mathrm{e}} \to 0$，进而根据式（7-123）有$\boldsymbol{\omega}_{\mathrm{e}} \to 0$，由此证明所设计滑模面是稳定的。控制量的选取要求保证在一定的时间内，系统最终能够到达滑动模态$\boldsymbol{s} = 0$，选取如下的 Lyapunov 函数：

$$V_4 = \frac{1}{2}\boldsymbol{s}^{\mathrm{T}}\boldsymbol{J}\boldsymbol{s} \tag{7-126}$$

对式（7-126）求导，可得

$$\begin{aligned}\dot{V}_4 &= \boldsymbol{s}^{\mathrm{T}}\boldsymbol{J}\dot{\boldsymbol{s}}\\ &= \boldsymbol{s}^{\mathrm{T}}\begin{pmatrix}\boldsymbol{J}\dfrac{\alpha}{2}\boldsymbol{\Lambda}\left|\boldsymbol{\eta}_{\mathrm{ev}}\right|^{\alpha-1}(\boldsymbol{\eta}_{\mathrm{ev}}^{\times} + \eta_{\mathrm{e0}}\boldsymbol{I}_3)\boldsymbol{\omega}_{\mathrm{e}} + (\boldsymbol{\tau}_{\mathrm{c}} - \boldsymbol{\omega} \times (\boldsymbol{J}\boldsymbol{\omega} + \boldsymbol{h}_{\mathrm{CMG}}))\\ -\boldsymbol{J}(A_{\mathrm{bd}}\dot{\boldsymbol{\omega}}_{\mathrm{d}} - \boldsymbol{\omega}_{\mathrm{e}} \times A_{\mathrm{bd}}\boldsymbol{\omega}_{\mathrm{d}} + A_{\mathrm{bt}}\dot{\boldsymbol{\omega}}_{\mathrm{s}} - \boldsymbol{\omega}_{\mathrm{r}} \times A_{\mathrm{bt}}\boldsymbol{\omega}_{\mathrm{s}} - (\boldsymbol{\omega}_{\mathrm{r}} + A_{\mathrm{bt}}\boldsymbol{\omega}_{\mathrm{s}}) \times A_{\mathrm{bt}}A_{\mathrm{to}}\boldsymbol{\omega}_{\mathrm{o}}\end{pmatrix}\end{aligned} \tag{7-127}$$

设计控制律为

$$\boldsymbol{\tau}_{\mathrm{c}} = \begin{pmatrix}\boldsymbol{\omega} \times (\boldsymbol{J}\boldsymbol{\omega} + \boldsymbol{h}_{\mathrm{CMG}})\\ -(\boldsymbol{K}_{\sigma} + \left|\boldsymbol{T}_{\max} \times \boldsymbol{b}\right|) * \mathrm{sgn}(\boldsymbol{s})\end{pmatrix} + \boldsymbol{J}\begin{pmatrix}\dfrac{\alpha}{2}\boldsymbol{\Lambda}\left|\boldsymbol{\eta}_{\mathrm{ev}}\right|^{\alpha-1}(\boldsymbol{\eta}_{\mathrm{ev}}^{\times} + \eta_{\mathrm{e0}}\boldsymbol{I}_3)\boldsymbol{\omega}_{\mathrm{e}} - A_{\mathrm{bd}}\dot{\boldsymbol{\omega}}_{\mathrm{d}} + \boldsymbol{\omega}_{\mathrm{e}} \times A_{\mathrm{bd}}\boldsymbol{\omega}_{\mathrm{d}}\\ -A_{\mathrm{bt}}\dot{\boldsymbol{\omega}}_{\mathrm{s}} + \boldsymbol{\omega}_{\mathrm{r}} \times A_{\mathrm{bt}}\boldsymbol{\omega}_{\mathrm{s}} + (\boldsymbol{\omega}_{\mathrm{r}} + A_{\mathrm{bt}}\boldsymbol{\omega}_{\mathrm{s}}) \times A_{\mathrm{bt}}A_{\mathrm{to}}\boldsymbol{\omega}_{\mathrm{o}}\end{pmatrix} \tag{7-128}$$

式中，$\boldsymbol{K}_{\sigma} \in \mathbb{R}_{+}^{3\times1}$，为切换趋近律增益系数；$\boldsymbol{T}_{\max} = T\,[1\ 1\ 1]^{\mathrm{T}}$，为张力在本体坐标系各个方向所能达到投影的最大值，$T$为张力的实时测量值；$\boldsymbol{b} \in \mathbb{R}^{3\times1}$，为张力作用点在本体坐标系下的坐标。

将控制律（7-128）代入式（7-127），化简可得

$$\begin{aligned}\dot{V}_4 &= -(\boldsymbol{K}_\sigma + \boldsymbol{T}_{\max} \times \boldsymbol{b} - \boldsymbol{\tau}_{\mathrm{d}}) * |\boldsymbol{s}| \\ &= -(\boldsymbol{K}_\sigma + |\boldsymbol{T}_{\max} \times \boldsymbol{b}| - \boldsymbol{T} \times \boldsymbol{b}) * |\boldsymbol{s}| \\ &\leqslant -\boldsymbol{K}_\sigma * |\boldsymbol{s}| < 0\end{aligned} \tag{7-129}$$

因此，在控制律（7-128）定义的控制量作用下，整个系统将会在有限的时间内收敛到滑模面 $\boldsymbol{s} = \boldsymbol{0}$ 上。由于控制律 $\boldsymbol{\tau}_{\mathrm{c}}$ 中符号函数 $\mathrm{sgn}(\boldsymbol{s})$ 的存在，以及系统本身存在惯性，所设计滑模变结构控制律可能带来抖振，为避免这一现象，以 Sigmoid 函数替换符号函数 $\mathrm{sgn}(\boldsymbol{s})$ 来减少抖振。Sigmoid 函数可以表示为

$$\mathrm{Sigmoid}(s_i) = \begin{cases} \mathrm{sgn}(s_i), & |s_i| > \varepsilon_{\mathrm{s}} \\ 2\left(\dfrac{1}{1+\mathrm{e}^{-s/\varepsilon}} - \dfrac{1}{2}\right), & |s_i| \leqslant \varepsilon_{\mathrm{s}} \end{cases} \tag{7-130}$$

式中，$\varepsilon_{\mathrm{s}} \in \mathbb{R}_+$，为消颤因子，也即边界层厚度。

至此，完成了卫星姿态控制律 $\boldsymbol{\tau}_{\mathrm{c}}$ 的设计。为达成控制闭环还需要设计 CMG 操纵律，将计算得到的控制输入 $\boldsymbol{\tau}_{\mathrm{c}}$ 分配到执行机构，从而输出实际 $\boldsymbol{\tau}_{\mathrm{CMG}}$。执行器冗余配置时，分配算法通常独立于控制律设计，本节采用基于最优原理导出的广义奇异鲁棒操纵律，可以规避 CMG 固有奇异现象。

### 7.3.4 仿真验证与分析

编队系统展开任务初始目标参数如表 7-1 所示，其余状态初值取 0，编队卫星相关参数由表 7-2 给出。由于系统处于动态变化中，编队展开不需要对角度 $\nu_{1\mathrm{d}}$ 加以限制，直接取 $\nu_1$ 的实际大小，$\nu_{2\mathrm{d}}$ 则由 $\nu_{1\mathrm{d}}$ 加上目标构型中 $l_1$ 和 $l_2$ 之间夹角 $\chi_0$ 给出。

**表 7-1　编队系统展开任务初始目标参数**

| 参数 | 参数值 | 参数 | 参数值 |
|---|---|---|---|
| 初始构型尺寸 $l_0$ | [18.6 21.2 20.2]m | 初始面内角 $\alpha_0$ | 50° |
| 目标构型尺寸 $l_{\mathrm{d}}$ | [929.6 1058.4 1012.0]m | 初始面外角 $\beta_0$ | 6° |
| 初始系绳速率 $\dot{l}_0$ | [0.19 0.21 0.20] m/s | 目标角速率 $\dot{\nu}_{\mathrm{d}}$ | 2 rad/s |

**表 7-2 编队卫星相关参数**

| 卫星参数 | 卫星一 | 卫星二 | 卫星三 |
|---|---|---|---|
| 质量 $m$ / kg | 500 | 300 | 400 |
| 转动惯量 $\boldsymbol{J}$/(kg · m$^2$) | diag[350 350 60] | diag[200 200 40] | diag [270 270 53] |
| 张力作用点的位置 $\boldsymbol{b}$/m | [0 ±0.8 0] | [0 ±0.6 0] | [0 ±0.7 0] |
| 推力安装角 $\kappa$ / (°) | 20 | 20 | 20 |
| 初始相姿态 $[\psi_0\ \theta_0\ \varphi_0]$ / (°) | [−90 0 0] | [−90 0 0] | [−90 0 0] |

编队展开控制器相关参数见表 7-3。

**表 7-3 编队展开控制器参数**

| 参数 | 参数值 | 参数 | 参数值 |
|---|---|---|---|
| 观测器增益 $(\beta_1, \beta_2, \beta_3)$ | （1000,8000,90000） | 动态逆控制 $(K_{pi}, K_{di})$ | （5,20） |
| 终端滑模面 $(p, q, k_b)$ | （15,13,0.01） | 卫星控制滑模面 $(\alpha, \Lambda_i)$ | （0.66,0.3） |
| 双幂次趋近 $(\varepsilon, \kappa, k_1, k_2)$ | （0.5,1.5,0.7,2） | 卫星控制趋近律 $(K_{\sigma i}, \varepsilon_s)$ | （80,0.1） |

对展开过程进行仿真，结果显示非对称三角绳系编队系统在 2500s 内整体的构型变化如图 7-30 所示。其中图 7-30（a）为系统采用改进双幂次趋近的非奇异终端滑模的仿真结果，图 7-30（b）为同样条件下，采用普通滑模构型展开的仿真结果。对比两张图可以看出两种控制律均能在给定时间内使得非对称三角绳系编队系统完全展开，并且整个过程中构型都不会发散，同时提出非奇异终端滑模在展开阶段相同时间间隔内构型间距更大，展开速度更快。

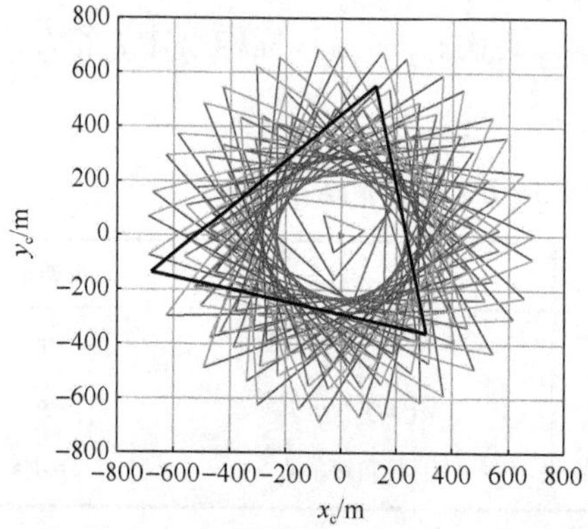

（a）非奇异终端滑模

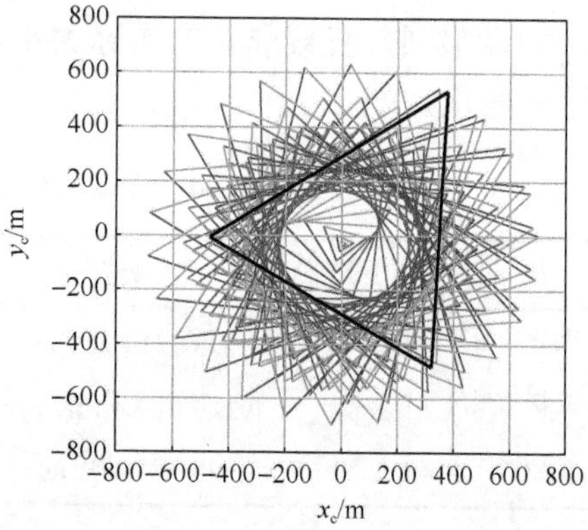

（b）普通滑模

图 7-30 展开过程中构型变化

展开过程中的系绳长度和角速率变化曲线如图 7-31 和图 7-32 所示，可以看出，两种控制律下三根系绳都可以平稳趋近目标系绳长度和角速率，但是整体来说非奇异终端滑模趋近过程更快也更加平稳，尤其是对于自旋角速率的控制，普通滑模这个过程收敛速度较慢，而且对于 $\dot{v}_2$ 的控制还出现了一定程度的波动，而所设计的终端滑模则可以快速平滑趋近预期目标角速率，这是因为采用的非线性滑模面优化了收敛过程，同时使得系统状态可以在有限时间内收敛到期望位置。

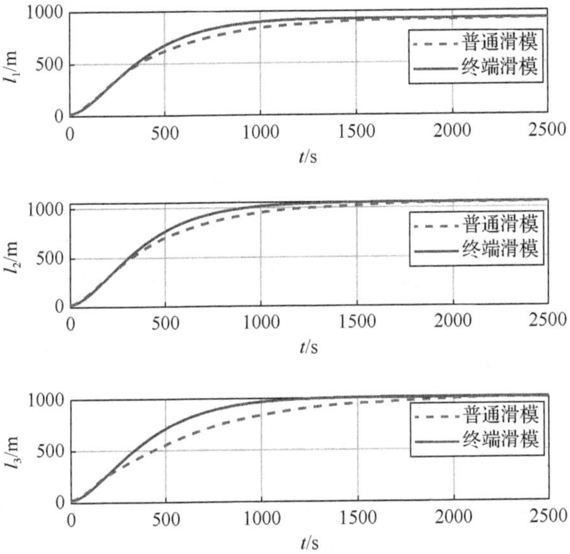


图 7-31　编队系绳长度曲线

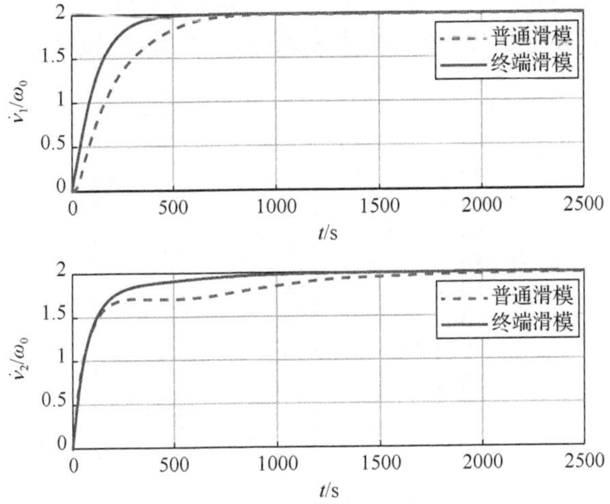


图 7-32　编队自旋角速率变化曲线

系统中三颗卫星上的面内输出推力大小如图 7-33 所示，可以看出系统的非对称特性导致输出推力的幅值有所差异。系统在两种控制作用下的输出推力都不会超过 16N，但相比起来所设计的非奇异终端滑模的输出更为光滑。这主要是因为采用双幂次趋近从而削弱了由符号切换项带来的抖振问题，但是在仿真的初始阶段，控制力输出的变化范围比较大，推测这可能是由于初始阶段系统状态距离非奇异滑模面的位置比较远。

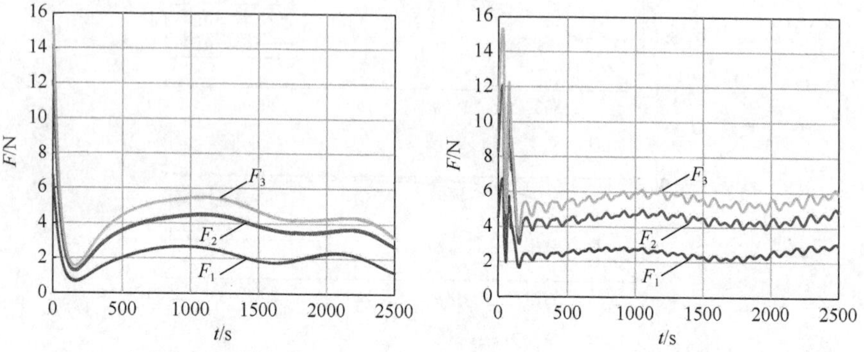


（a）非奇异终端滑模　　（b）普通滑模

图 7-33　面内输出推力

非奇异终端滑模控制下输出期望推力偏角曲线和卫星姿态跟踪误差如图 7-34 和图 7-35 所示。与图 7-33（a）中控制输入初始阶段的较大幅度变动相对应，初始阶段的输出期望推力偏角也存在一个较大幅度波动，因此卫星姿态跟踪的误差也比较大，最终效果不佳，之后输出的推力偏角则比较平稳，从而卫星的姿态跟踪误差逐渐收敛到 0，可以平稳跟踪目标姿态，进而可以输出期望方向推力。

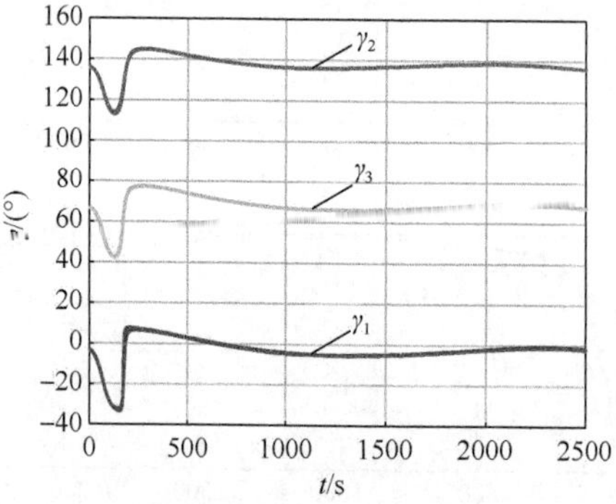


图 7-34　输出期望推力偏角

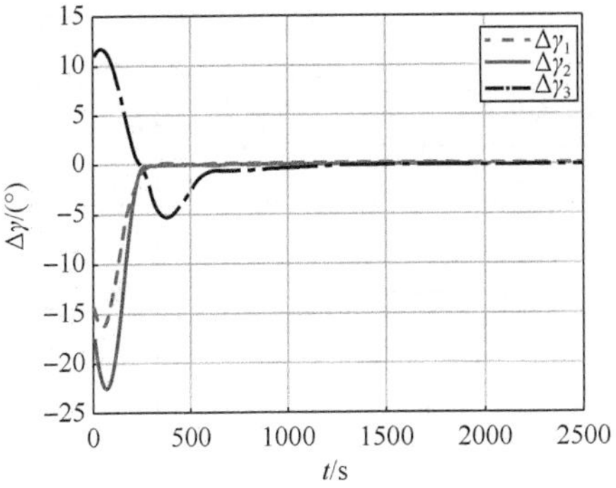


图 7-35　卫星姿态跟踪误差

对于面外控制通道，面外角的变化曲线和面外推力输出曲线分别如图 7-36 和图 7-37 所示，可以看出所设计动态逆面外控制器可以在较短时间内迅速将初始面外角调控到零，从而不会对之后的展开过程带来影响，达到了预期的控制效果。面外推力的输出则比较光滑，幅值在 0.15N 内，符合预期的设计效果，通过面内外通道输出推力量级的显著差异也可以看出它们之间控制任务的明显区别，选择将它们解耦处理是必要的。

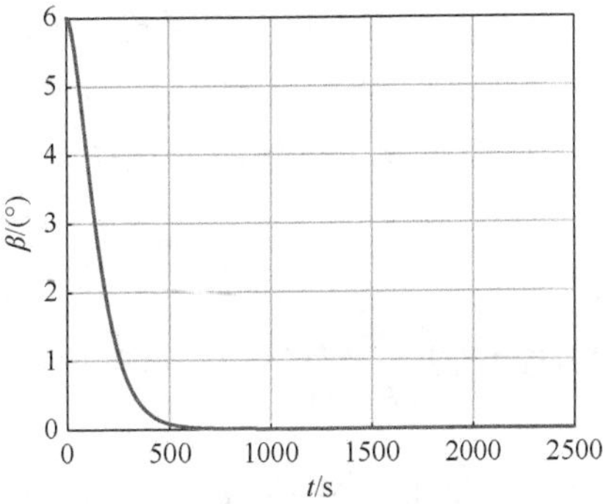


图 7-36　面外角的变化曲线

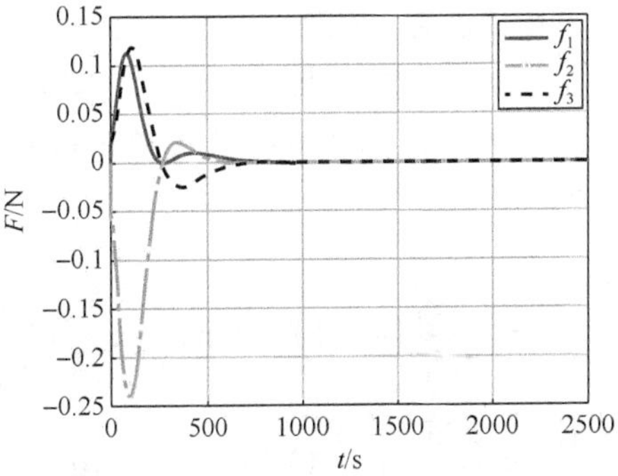


图 7-37　面外推力输出曲线

按照简单角速率反馈得到的系绳张力曲线和编队系统整个展开过程运行轨迹如图 7-38 和图 7-39 所示，可以看出，所设计张力配合控制输出光滑，结合前面系绳长度和输出角速率的曲线，系绳收放机构只需要输出平滑系绳幅值即可，进而整个系统的状态都平滑改变，满足预期设想。从编队展开各卫星的轨迹曲线也可以看出，编队系统展开轨迹光滑，各卫星在自旋的过程中由较小空间结构平滑趋近预期的构型大小。

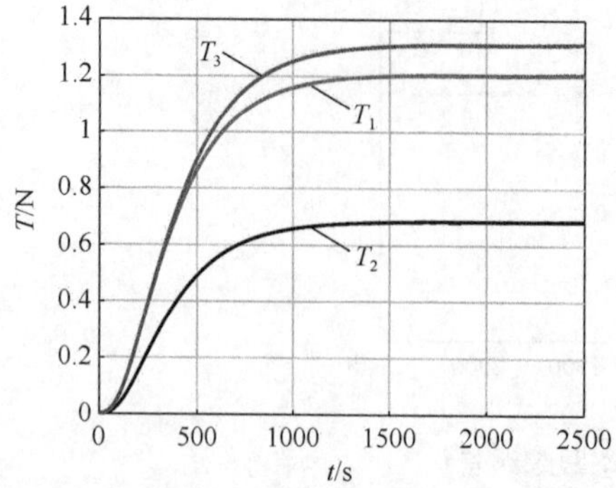


图 7-38　非对称构型编队系绳张力曲线

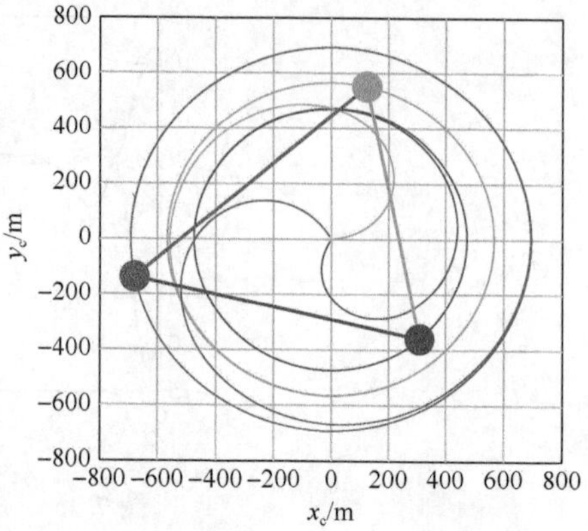


图 7-39　非对称构型编队展开过程运行轨迹

# 7.4　绳系拖曳编队飞行构型重组控制

根据 7.2 节和 7.3 节的研究内容，已经将编队系统工作平面设定为轨道平面，并设计了动态逆控制，可以有效稳定面外角，因此本节为简化控制问题，不再考虑面外通道。对于归一化非对称编队系统模型（7-27），设定 $\beta \equiv 0$，可将模型化为面内形式，再通过代数运算可以解得面内各通道解耦形式的归一化动力学模型为

$$
\left\{
\begin{aligned}
\ddot{\nu}_1 &= -\frac{2\dot{\lambda}_1}{\lambda_1}(\dot{\nu}_1+1) - 3\sin\nu_1\cos\nu_1 + \frac{EA}{m\mu_2\lambda_1}\sin(\nu_1-\nu_2)\left(\frac{\mu_2}{\mu_1}\frac{\lambda_2}{\lambda_3}\varepsilon_3 e_3 - \varepsilon_2 e_2\right) + u_1 \\
\ddot{\nu}_2 &= -\frac{2\dot{\lambda}_2}{\lambda_2}(\dot{\nu}_2+1) - 3\sin\nu_2\cos\nu_2 + \frac{EA}{m\mu_2\lambda_2}\sin(\nu_1-\nu_2)\left(-\frac{\mu_2}{\mu_3}\frac{\lambda_1}{\lambda_3}\varepsilon_3 e_3 + \varepsilon_1 e_1\right) + u_2 \\
\ddot{\lambda}_1 &= \lambda_1\dot{\nu}_1(\dot{\nu}_1+2) + 3\lambda_1\cos^2\nu_1 \\
&\quad + \frac{EA}{m\mu_2}\left(-\frac{\mu_1+\mu_2}{\mu_1}\varepsilon_1 e_1 - \frac{\mu_2}{\mu_1}\frac{\lambda_1}{\lambda_3}\varepsilon_3 e_3 + \cos(\nu_1-\nu_2)\left(\varepsilon_2 e_2 - \frac{\mu_2}{\mu_1}\frac{\lambda_2}{\lambda_3}\varepsilon_3 e_3\right)\right) + u_3 \\
\ddot{\lambda}_2 &= \lambda_2\dot{\nu}_2(\dot{\nu}_2+2) + 3\lambda_2\cos^2\nu_2 \\
&\quad + \frac{EA}{m\mu_2}\left(-\frac{\mu_2+\mu_3}{\mu_3}\varepsilon_2 e_2 - \frac{\mu_2}{\mu_3}\frac{\lambda_2}{\lambda_3}\varepsilon_3 e_3 + \cos(\nu_1-\nu_2)\left(\varepsilon_1 e_1 - \frac{\mu_2}{\mu_3}\frac{\lambda_1}{\lambda_3}\varepsilon_3 e_3\right)\right) + u_4
\end{aligned}
\right.
\tag{7-131}
$$

式中，$e_1$、$e_2$、$e_3$为系绳张紧松弛状态指示变量；$\varepsilon_1$、$\varepsilon_2$、$\varepsilon_3$为系绳应变量；$u_1$、$u_2$、$u_3$、$u_4$为各通道广义输入，具体表达式为

$$\begin{cases} u_1 = \dfrac{1}{m\mu_2\lambda_1}\left(\dfrac{\mu_1+\mu_2}{\mu_1\lambda_1}Q_{\nu_1} - \dfrac{1}{\lambda_2}\cos(\nu_1-\nu_2)Q_{\theta_2} + \sin(\nu_1-\nu_2)Q_{\lambda_2}\right) \\ u_2 = \dfrac{1}{m\mu_2}\left(\dfrac{\mu_1+\mu_2}{\mu_1}Q_{\nu_1} - \cos(\nu_1-\nu_2)Q_{\nu_2} - \dfrac{1}{\lambda_2}\sin(\nu_1-\nu_2)Q_{\nu_2}\right) \\ u_3 = \dfrac{1}{m\mu_2\lambda_2}\left(\dfrac{\mu_2+\mu_3}{\mu_3\nu_2}Q_{\nu_2} - \dfrac{1}{\lambda_1}\cos(\nu_1-\nu_2)Q_{\nu_1} - \sin(\nu_1-\nu_2)Q_{\lambda_1}\right) \\ u_4 = \dfrac{1}{m\mu_2}\left(\dfrac{\mu_2+\mu_3}{\mu_3}Q_{\lambda_2} - \cos(\nu_1-\nu_2)Q_{\lambda_1} - \dfrac{1}{\lambda_1}\sin(\nu_1-\nu_2)Q_{\nu_1}\right) \end{cases} \tag{7-132}$$

若求解出控制指令，则结合式（7-132）和式（7-21）可以得到系统的期望输出推力。

模型（7-131）各个通道主要由四部分构成，分别是编队状态一阶导数对应的科氏力项、轨道周期项、张力项和广义力项。定义系统的状态变量$\boldsymbol{x}=[x_1\ x_2\ x_3\ x_4\ x_5\ x_6\ x_7\ x_8]^{\mathrm{T}}=[\nu_1\ \dot{\nu}_1\ \nu_2\ \dot{\nu}_2\ \lambda_1\ \dot{\lambda}_1\ \lambda_2\ \dot{\lambda}_2]^{\mathrm{T}}$，则非对称绳系编队系统的面内运动标称模型可以写为

$$\begin{cases} \dot{x}_1 = x_2 \\ \dot{x}_2 = -\dfrac{2x_6}{x_5}(x_2+1) + \dfrac{EA}{m\mu_2 x_5}\sin(x_1-x_3)\left(\dfrac{\mu_2}{\mu_1}\dfrac{x_7}{\lambda_3}\varepsilon_3 e_3 - \varepsilon_2 e_2\right) + u_1 \\ \dot{x}_3 = x_4 \\ \dot{x}_4 = -\dfrac{2x_8}{x_7}(x_4+1) + \dfrac{EA}{m\mu_2 x_7}\sin(x_1-x_3)\left(-\dfrac{\mu_2}{\mu_3}\dfrac{x_5}{\lambda_3}\varepsilon_3 e_3 + \varepsilon_1 e_1\right) + u_2 \\ \dot{x}_5 = x_6 \\ \dot{x}_6 = \lambda_1 x_2(x_2+2) \\ \qquad + \dfrac{EA}{m\mu_2}\left(-\dfrac{\mu_1+\mu_2}{\mu_1}\varepsilon_1 e_1 - \dfrac{\mu_2}{\mu_1}\dfrac{x_5}{\lambda_3}\varepsilon_3 e_3 + \cos(\nu_1-\nu_2)\left(\varepsilon_2 e_2 - \dfrac{\mu_2}{\mu_1}\dfrac{x_7}{\lambda_3}\varepsilon_3 e_3\right)\right) + u_3 \\ \dot{x}_7 = x_8 \\ \dot{x}_8 = \lambda_2 x_4(x_4+2) \\ \qquad + \dfrac{EA}{m\mu_2}\left(-\dfrac{\mu_2+\mu_3}{\mu_3}\varepsilon_2 e_2 - \dfrac{\mu_2}{\mu_3}\dfrac{x_7}{\lambda_3}\varepsilon_3 e_3 + \cos(\nu_1-\nu_2)\left(\varepsilon_1 e_1 - \dfrac{\mu_2}{\mu_3}\dfrac{x_5}{\lambda_3}\varepsilon_3 e_3\right)\right) + u_4 \end{cases}$$

（7-133）

### 7.4.1 构型重组参考轨迹规划

由于前文所提的非对称平衡构型具有良好的自旋稳定特性，更适于长期轨道运行，对于该非对称平衡构型，从构型形状和构型结构两个角度出发，提出两种构型机动方案：由一般非对称平衡构型重组为可能更适合于某些观测场合的等边构型；从一主两从的三角构型重组为具有不同结构特性的线型辐射开环构型，从而可以利用重力梯度或者更好地发挥主星优势等。分别取构型形状重组和构型结构重组两种构型重组前后边界条件如表 7-4 所示。

表 7-4 两种构型重组前后边界条件

| 构型参数 | 构型形状重组 | 构型结构重组 |
|---|---|---|
| 重组前绳长 $l_0$/m | [1500 800 1200] | [950 1098 950] |
| 目标绳长 $l_f$/m | [1000 1000 1000] | [750 1500 750] |
| 重组前角速率 $\dot{\nu}_0/\omega_0$ | 2 | 5 |
| 目标角速率 $\dot{\nu}_f/\omega_0$ | 5 | 3 |
| 各卫星质量 $m$ / kg | [153 264 582] | [400 200 200] |

针对这两种构型重组方式，由于自旋角速率和绳长都发生变动，系统不再满足平衡构型，且自旋角速率较大，因此机动过程是一个输入敏感的机动过程，重构过程中应尽可能保持编队系统的平稳，不宜有过大的状态波动，以免激起编队系统的振荡，危害整个系统的安全性。此外，考虑到推力的方向与卫星固连，在构型重组的过程中若推力方向产生较大波动，则输出推力无法对准特定的空间方向，从而导致较大的控制误差，甚至可能导致整个构型重组任务的失败，因此需要对输出推力偏角的范围及其变化率加以限制。本节针对编队系统的轨迹进行规划，在满足状态约束和控制输入约束的前提下，使编队系统在较短时间内平滑趋于目标构型，并尽可能减小燃料的消耗。轨迹规划即泛函空间的最优控制问题，其提法：从容许控制中寻找最优控制输入，使得给定的性能指标泛函为极小值，同时满足包括系统状态方程、边界约束和状态约束在内的所有约束条件。下面针对前面得出的标称模型，具体分析系统的性能指标和约束条件，以建立最优控制问题。

为处理构型重组任务中的能量-时间最优控制问题，针对标称模型（7-133），性能指标函数 $J$ 选取为博尔扎（Bolza）形式：

$$\min J = k_{\mathrm{q}} t_{\mathrm{f}} + \int_{t_0}^{t_{\mathrm{f}}} +\boldsymbol{u}^{\mathrm{T}}(t)\boldsymbol{K}_{\mathrm{r}}\boldsymbol{u}(t)\mathrm{d}t \tag{7-134}$$

式中，$\boldsymbol{u}(t)\in\mathbb{R}^{4\times1}$，为归一化广义输入；$k_{\mathrm{q}}$ 为时间权重系数；$\boldsymbol{K}_{\mathrm{r}}=\mathrm{diag}(k_{\mathrm{r1}}\ k_{\mathrm{r2}}\ k_{\mathrm{r3}}\ k_{\mathrm{r4}})$，为能量加权矩阵；$t_0$ 为重构开始时间；$t_{\mathrm{f}}$ 为重构结束时间，可按照任务需求设置一定范围：

$$t_{\mathrm{f_{min}}}\leqslant t_{\mathrm{f}}\leqslant t_{\mathrm{f_{max}}} \tag{7-135}$$

考虑到实际控制量由三颗编队卫星上的推力提供，则需要分别满足如下约束条件：

$$\begin{cases}\gamma_{\min}\leqslant\gamma_i\leqslant\gamma_{\max}\\ \dot{\gamma}_{\min}\leqslant\dot{\gamma}_i\leqslant\dot{\gamma}_{\max}\\ 0\leqslant F_{\min}\leqslant F_i\leqslant F_{\max}\end{cases} \tag{7-136}$$

式中，$\gamma_{\max}$、$\gamma_{\min}$ 分别为推力偏角所能达到的最大值、最小值；$F_{\max}$、$F_{\min}$ 分别为推力器所能输出的最大值、最小值；$\dot{\gamma}_{\max}$、$\dot{\gamma}_{\min}$ 分别为推力方向角变化率所能达到的最大值、最小值，引入该约束条件是因为编队卫星推力方向改变是由姿态机动实现的，而姿态机动过程中，其角速度不能太大，以防止卫星无法输出指定方向推力。

此外还需要考虑边界约束，包括状态变量的初值与终值，状态初值在实际情况由重构开始时刻编队运行状态决定。在编队重构的过程中主要调整的变量为自旋角速率和三根系绳长度，在终值时刻不需要对终值时刻的自旋角做出约束，但需要对两个自旋角的差值做出限定，以满足特定的构型要求，同时需要保证绳长的变化速率为 0，因此，终值条件可取为

$$\boldsymbol{x}_{\mathrm{f}}=\left[\mathrm{free}\ \ \dot{\nu}_{\mathrm{f}}\ \ x_1+\chi_0\ \ \dot{\nu}_{\mathrm{f}}\ \ l_{1\mathrm{f}}\ \ 0\ \ l_{2\mathrm{f}}\ \ 0\right] \tag{7-137}$$

式中，free 为对该状态量的终值不做约束；$\dot{\nu}_{\mathrm{f}}$、$l_{1\mathrm{f}}$、$l_{2\mathrm{f}}$ 为重构任务相关参数；$\chi_0$ 为 $l_1$、$l_2$ 与轨道系 $x_{\mathrm{o}}$ 轴方向角之差，由式（7-66）确定。

为保证过程平稳，状态量可取约束：

$$\boldsymbol{x}_{\min}\leqslant\boldsymbol{x}\leqslant\boldsymbol{x}_{\max} \tag{7-138}$$

其中，为避免系绳回卷/复伸等不稳定因素使编队系统产生振荡，需要有

$$\begin{cases}x_6(x_{5\mathrm{f}}-x_{5,0})\geqslant0\\ x_8(x_{7\mathrm{f}}-x_{7,0})\geqslant0\end{cases} \tag{7-139}$$

即系绳长度的变化率不能改变符号。

至此，编队重构过程的轨迹规划问题已建立完成，可将其转换为非线性规划问题，再利用发展较成熟的非线性规划法进行求解，最终可得编队重构过程的最优化轨迹，现选用 Gauss 伪谱进行求解，具体过程不再详述。

### 7.4.2　基于模型预测控制的构型重组控制

对于给定的参考轨迹，需设计相应的控制器使得编队系统的实际重组过程轨迹跟踪参考轨迹。在 7.3 节的展开控制中，虽然控制器直接输出产生的轨迹曲线较为平滑，但非线性滑模面及初值条件的选取使得控制输出在展开初始阶段有较大的波动，且对于角速率较大的重构过程，滑模控制的切换特性可能无法保证重构过程的平稳，使系统产生一定的抖动，为保证跟踪效果，本节利用模型预测控制对编队重构过程的控制输出进行实时优化。

选择预测模型为非对称绳系编队系统面内展开标称模型（7-133），为了书写简便，将模型简写为以下一般非线性系统形式：

$$\dot{\boldsymbol{x}} = \boldsymbol{f}(\boldsymbol{x},\boldsymbol{u}) \tag{7-140}$$

采用连续时间模型可以精确地描述系统行为，但是需要求解连续的控制优化问题，很难在实际中应用，因此在运用模型预测控制的时候，大多在每个周期内采用离散模型对未来状态进行预测，为此，可将上述非线性系统写为

$$\boldsymbol{x}(k+1) = \boldsymbol{f}(\boldsymbol{x}(k),\boldsymbol{u}(k)),\quad k>0 \tag{7-141}$$

由于非对称三角绳系编队系统的模型非线性较强，因此采用较高精度的四阶龙格-库塔法进行数值求解，在每次优化时间域周期内使用 $N_{\mathrm{p}}$ 次龙格-库塔法得到离散的模型状态预测值。该方法根据系统前一时刻的已知状态求解下一时刻的预测状态，具体如下：

$$\begin{cases}\boldsymbol{x}_{k+1} = \boldsymbol{x}_k + \dfrac{h_{\mathrm{m}}}{6}(K_t + 2K_2 + 3K_3 + K_4)\\ K_1 = \boldsymbol{f}\left(\boldsymbol{x}_k, t_{\mathrm{m}}\right)\\ K_2 = \boldsymbol{f}\left(\boldsymbol{x}_k + \dfrac{h_{\mathrm{m}}}{2}K_1, t_{\mathrm{m}} + \dfrac{h_{\mathrm{m}}}{2}\right)\\ K_3 = \boldsymbol{f}\left(\boldsymbol{x}_k + \dfrac{h_{\mathrm{m}}}{2}K_2, t_{\mathrm{m}} + \dfrac{h_{\mathrm{m}}}{2}\right)\\ K_4 = \boldsymbol{f}\left(\boldsymbol{x}_k + h_{\mathrm{m}}K_2, t_{\mathrm{m}} + h_{\mathrm{m}}\right)\end{cases} \tag{7-142}$$

式中，$h_{\mathrm{m}}$ 为积分步长，取值应与系统设定的采样周期 $\Delta t$ 保持一致，由于所采用的模型经过归一化处理，这里的 $\Delta t$ 并非实际时间，而是时间与轨道周期之比。

MPC 实时跟踪编队系统展开过程的控制框图如图 7-40 所示。

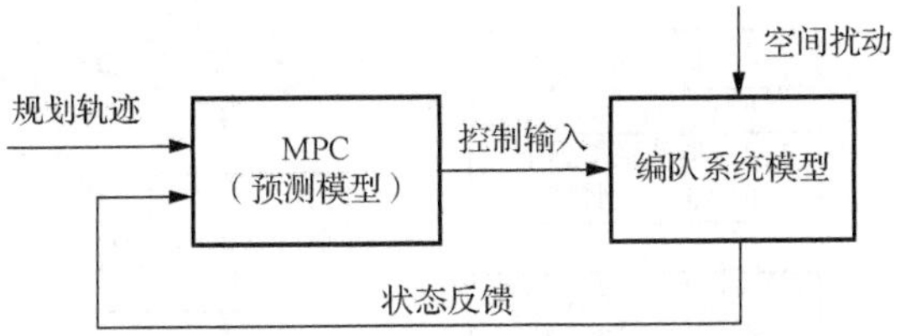


图 7-40　编队系统展开过程的控制框图

在控制器运行的每个周期内，将对系统标称轨迹的跟踪问题转化为如下的最优控制问题进行求解，求取优化性能指标的极小值：

$$\min J(k)=\sum_{i=1}^{N_{\mathrm{p}}}\left(\Delta\boldsymbol{x}^{\mathrm{T}}(k)\,\boldsymbol{Q}\Delta\boldsymbol{x}(k)+\boldsymbol{u}^{\mathrm{T}}(k+i)\,\boldsymbol{R}\,\boldsymbol{u}(k+i)\right) \tag{7-143}$$

式中，$\boldsymbol{Q}$ 为跟踪误差权重矩阵；$\boldsymbol{R}$ 为控制量权值矩阵；$\Delta\boldsymbol{x}(k)=\boldsymbol{x}(k+i\,|\,k)-\boldsymbol{x}_r(k+i)$，为预测值跟踪误差。

预测状态值满足系统动力学方程：

$$\boldsymbol{x}(k+i+1\,|\,k)=f(\boldsymbol{x}(k+i\,|\,k)+\boldsymbol{u}(k+i\,|\,k)),\quad i\geqslant 0 \tag{7-144}$$

系统满足时域约束：

$$\begin{cases}\boldsymbol{u}_{\min}\leqslant\boldsymbol{u}(k+i\,|\,k)\leqslant\boldsymbol{u}_{\max}, & i>0\\ \boldsymbol{x}_{\min}\leqslant\boldsymbol{x}(k+i\,|\,k)\leqslant\boldsymbol{x}_{\max}, & i>0\end{cases} \tag{7-145}$$

可以看出对目标函数的选取主要包括两部分：预测状态和标称状态的偏差，目的是能够控制系绳沿着标称轨迹进行展开。求解最优控制问题时还需要引入系统动力学、系统状态和控制量的约束：系统输出的推力要小于给定的上限，推力偏角应处于容许的范围内，且变化幅度不能过大，以防卫星姿态不能实时追踪。同时编队系统的实际状态量也需要加以约束，如绳长的范围应该在重构初始值和目标值之间，不能出现系绳的回卷缠绕，也要小于一定的阈值；编队的自旋角速率应该尽量平滑变化，不能出现振荡。

模型预测控制的一大优势便是可以直接处理普遍存在的多种约束问题，采用的方法是设置性能函数，在每一个采样周期都根据规划轨迹的变动更新优化函数，所有时刻的优化指标都具有式（7-143）的形式，通过滚动时域不断进行优化。本节提出的基于模型预测的考虑时滞编队重组过程控制流程如图 7-41 所示。

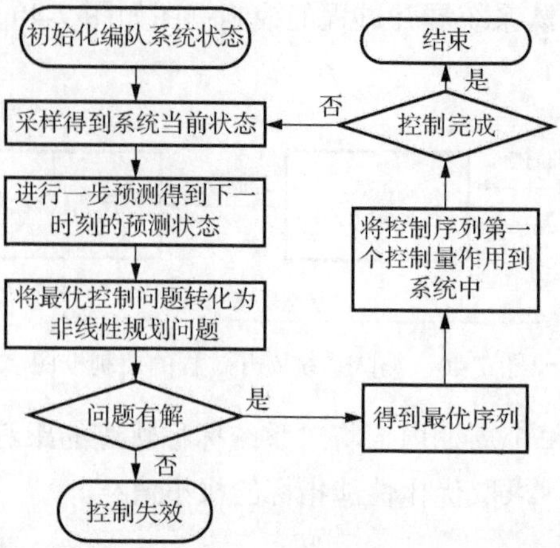


图 7-41　考虑时滞编队重组过程控制流程图

### 7.4.3　仿真验证与分析

对于两种重构方式选择包含轨道因素的面内动力学模型（7-131）进行仿真，构型边界条件按表 7-4 给出，其余状态量初值选取为 $\dot{\lambda}_{1,0}=\dot{\lambda}_{2,0}=0$，$\nu_{1,0}=30°$，$\nu_{2,0}=30°+\chi_0$，$\chi_0$ 对应两种情况分别为 $127.2°$ 和 $137.8°$。求取参考轨迹时采用的约束条件参数如表 7-5 所示。

表 7-5　参考轨迹规划约束条件

| 参数 | 构型形状重组 | 构型结构重组 |
|---|---|---|
| 终值条件 | $\nu_{2f}=\nu_{1f}+120°$<br>$\dot{\nu}_{1f}=\dot{\nu}_{2f}=5$<br>$\lambda_{1f}=\lambda_{2f}=1$<br>$\dot{\lambda}_{1f}=\dot{\lambda}_{2f}=0$ | $\nu_{2f}=\nu_{1f}+180°$<br>$\dot{\nu}_{1f}=\dot{\nu}_{2f}=2$<br>$\lambda_{1f}=0.75, \lambda_{2f}=1.5$<br>$\dot{\lambda}_{1f}=\dot{\lambda}_{2f}=0$ |
| 状态约束 | $2\leqslant\dot{\nu}_1\leqslant5,\ 2\leqslant\dot{\nu}_2\leqslant5$<br>$\dot{l}_1,\dot{l}_3\leqslant0,\ \dot{l}_2\geqslant0$ | $1\leqslant\dot{\nu}_1\leqslant5,\ 1\leqslant\dot{\nu}_2\leqslant5$<br>$\dot{l}_1,\dot{l}_3\leqslant0,\ \dot{l}_2\geqslant0$ |
| 推力约束 | $F_i<8N,\ \lvert\dot{\gamma}_i\rvert\leqslant0.1(°)/\mathrm{s},\ \lvert\Delta\gamma_i\rvert\leqslant25°$ | |
| 权值系数 | $k_r=1,\ \boldsymbol{K}_r=\mathrm{diag}(0.01,0.01,0.03,0.03)$ | |

注意到第二种情形角速度机动的范围为 3～5，但给的容许范围却是 1～5，这是因为构型重组过程中相对于质心的角动量减小，若想编队形状和角速率在接近的时间到达目标状态，则必然会有一个角速率增大的过程，否则优化可能无解。

模型预测控制器参数如表 7-6 所示，采样周期 $\Delta t$ 选为 0.001 轨道周期，系统状态约束和推力约束部分与表 7-5 相同，故略去。

**表 7-6　模型预测控制器参数**

| 参数 | 参数值 | 参数 | 参数值 |
|---|---|---|---|
| 预测时域 $N_p$ | 6 | 状态权值矩阵 $\boldsymbol{Q}$ | diag(50,50,10,10) |
| 控制时域 $N_c$ | 6 | 控制权值矩阵 $\boldsymbol{R}$ | diag(0.2,0.2,0.1,0.1) |

此外需要说明，整个重构过程中的系绳收放律按照式（7-114）给出，在这种情况下系绳始终保持张紧，在状态量平滑的情况下张力也会保持较小的数值且不会发生突变。因此没有对其加以限制，它存在的主要作用是保持系统构型不发散，以及提供系统自旋所需要的那部分向心力，从而减小推力消耗。为了验证所设计模型预测控制器效果，仍旧使用 7.3.2 小节编队展开非奇异终端滑模控制律（7-103）跟踪规划轨迹，作为对比。

### 7.4.3.1　构型形状重组

图 7-42～图 7-45 显示了构型形状重组时绳长及自旋角速率的追踪情况。可以看出，对于绳长模型预测控制的跟踪误差较小，但两种控制最终都可以跟踪目标绳长，采用模型预测不是特别必要；由自旋角速率跟踪情况可以看出，采用终端滑模使得自旋角速率曲线出现了高频抖动，而采用模型预测控制的自旋角速率曲线则相当平滑，可见本小节设计的方法对于编队重构问题具有更好的效果。

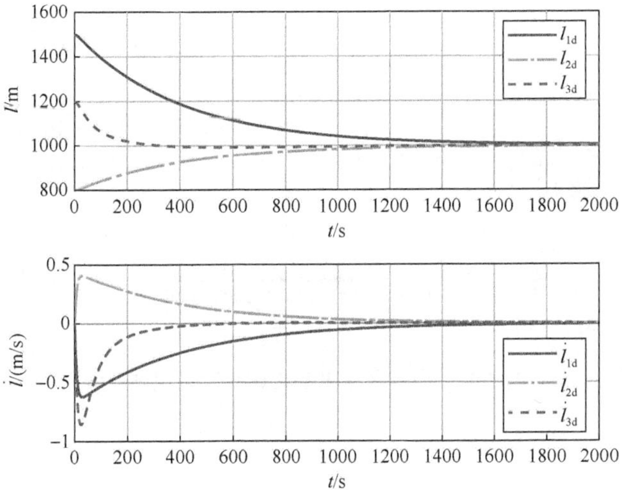


图 7-42　系绳长度及变化率规划曲线

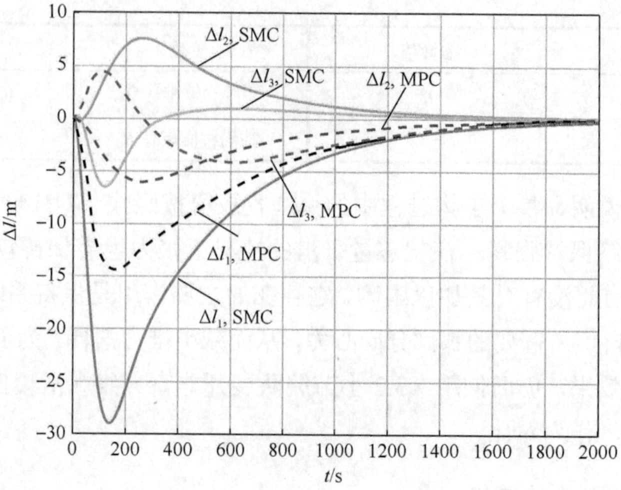


图 7-43　系绳长度跟踪误差

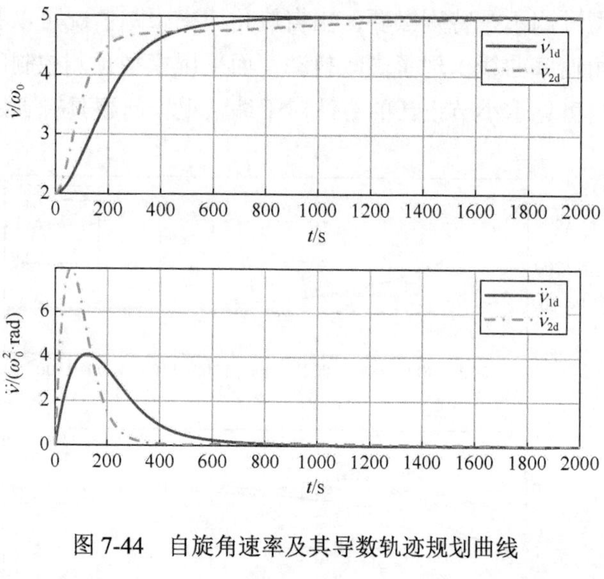


图 7-44　自旋角速率及其导数轨迹规划曲线

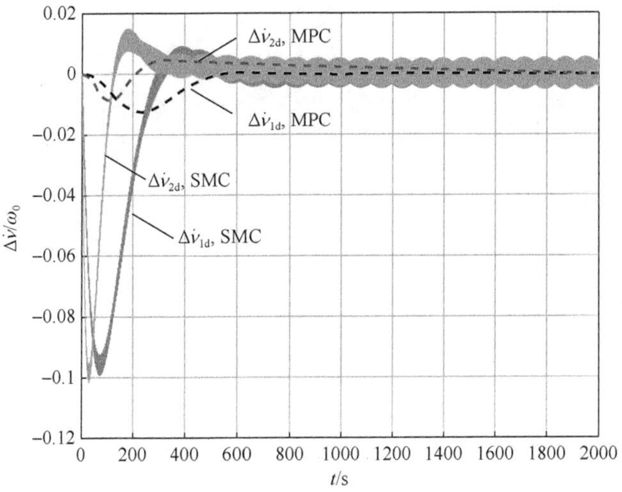


图 7-45　自旋角速率跟踪误差曲线

图 7-46 和图 7-47 给出了模型预测控制器输出的推力及推力偏角大小，可以看出推力和推力偏角都在容许的范围内，推力存在一定的波动，但并不剧烈，该波动主要是由控制器为保证追踪效果实时补偿重力影响所产生的，因而使得角速率变化曲线变得光滑。推力偏角曲线相当平滑，角度变化范围被控制到 20°以内，与 7.3 节展开初始阶段推力偏角的大范围变化形成鲜明对比，达到了预期目标。

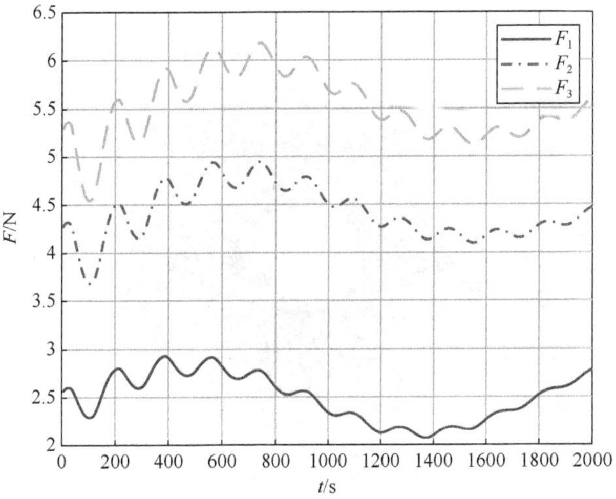


图 7-46　控制器输出推力

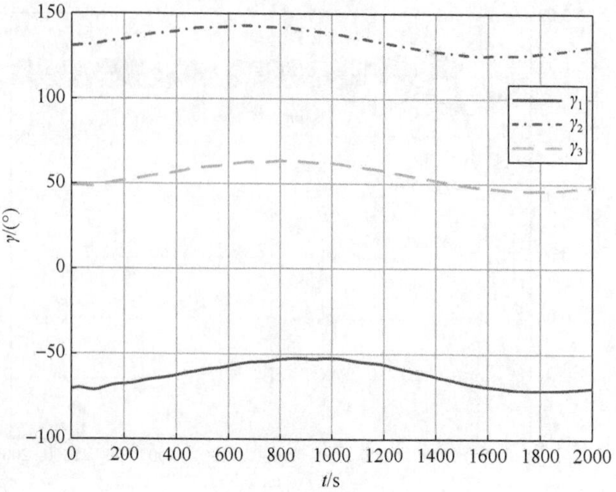


图 7-47　控制器输出推力偏角

整个重组过程中的编队构型变化和卫星运行轨迹曲线分别如图 7-48 和图 7-49 所示，其中虚线和实线分别代表机动前后的构型状态。不难看出，编队系统构型在整个机动的过程都没有发散，各个卫星的轨迹曲线也相当平滑，可见构型重组是一个编队构型连续动态变化的过程，各卫星在围绕编队系统质心自旋的过程中不断调整彼此之间的相对位置，最终平稳趋向目标构型，成功实现由非对称到等边构型的机动。

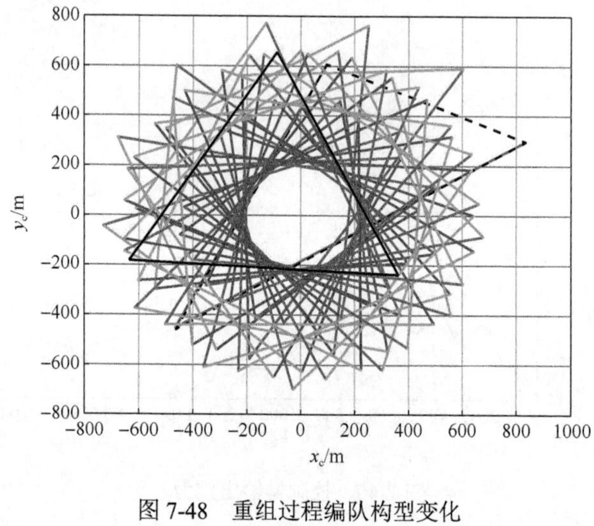


图 7-48　重组过程编队构型变化

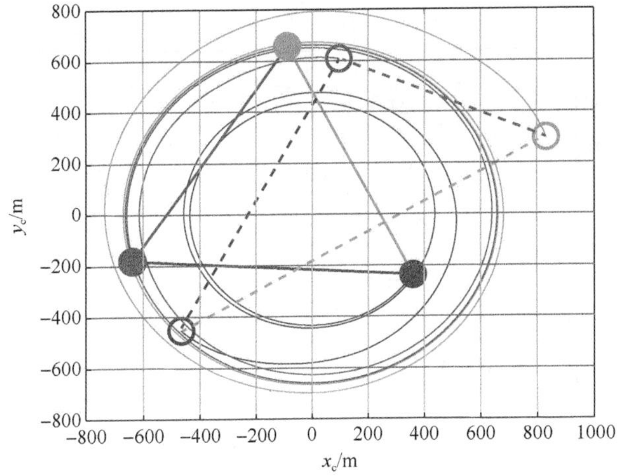


图 7-49　重组过程卫星运行轨迹

### 7.4.3.2　构型结构重组

图 7-50～图 7-53 展示了由等腰三角构型机动到线型辐射开环构型时的绳长及自旋角速率的追踪情况。该情形的系绳长度曲线变化和 7.4.3.1 小节的情况类似，相比较非奇异终端滑模，模型预测控制不仅跟踪误差更小，且不会发生自旋角速率的明显抖动。此外，如前文所述，自旋角速率确实存在先减小后增大的阶段，对于这种构型惯量减小的重组过程，很容易激发系统的振动，因此在终端滑模控制的后半阶段系统自旋角速率也像前一种情形一样出现了抖振，而模型预测控制则有效消除了这一现象。

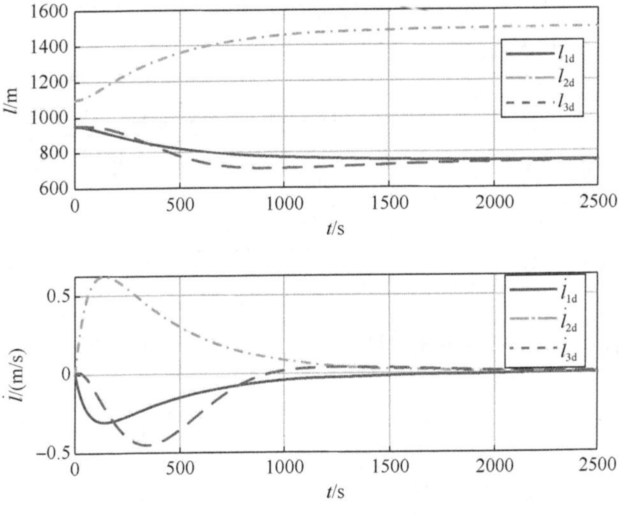


图 7-50　构型结构重组过程中的系绳长度及其变化率规划曲线

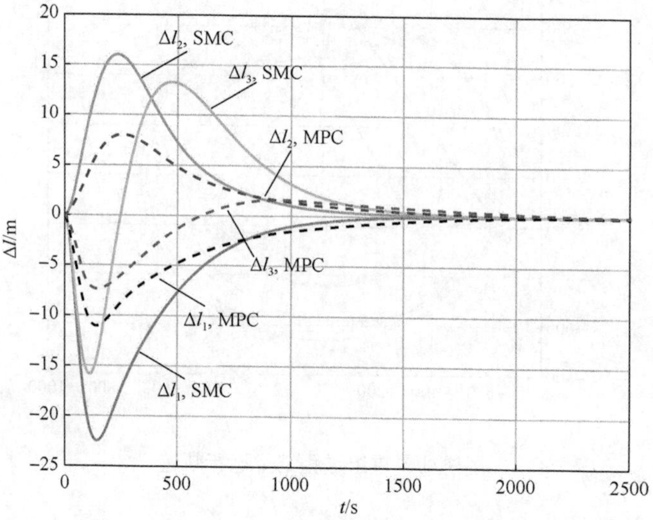


图 7-51　构型结构重组过程中的系绳长度跟踪误差曲线

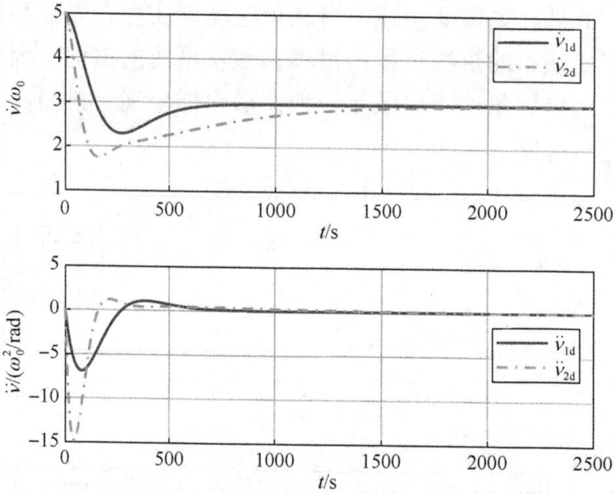


图 7-52　构型结构重组过程中的自旋角速率及其导数规划曲线

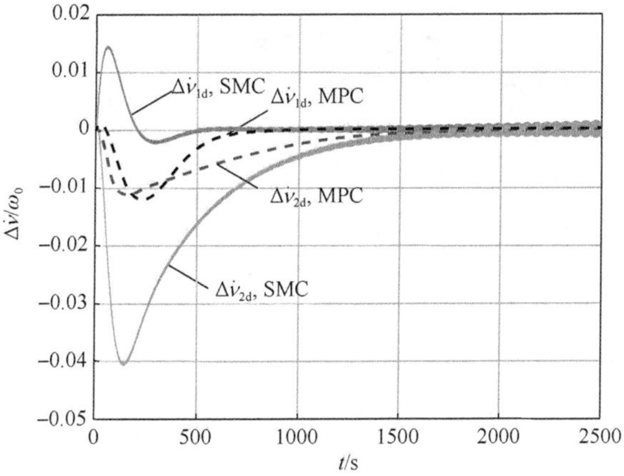


图 7-53　构型结构重组过程中的自旋角速率跟踪误差曲线

图 7-54 和图 7-55 的推力和推力偏角也都满足容许的范围，由于没有对推力变化提出要求，推力的变化幅度较大一些，推力偏角则始终处于 20°范围内。由于这种情形下两个子星及对应边长分别相等，因此推力和推力偏角的输出具有一定的对称性。

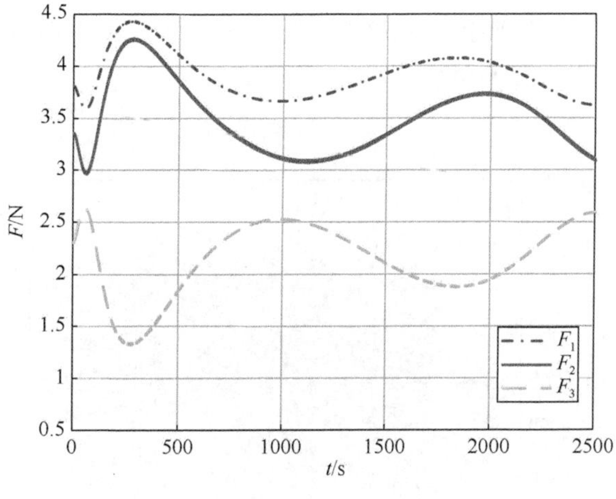


图 7-54　构型结构重组过程中的控制器输出推力

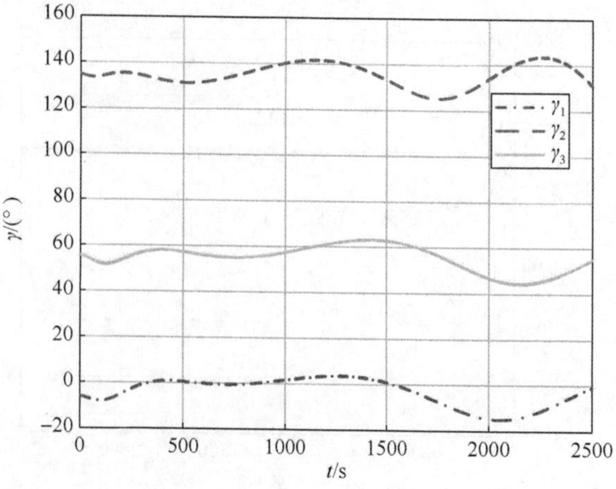


图 7-55　构型结构重组过程中的控制器输出推力偏角

图 7-56 和图 7-57 给出了这种编队重组情形下的构型变化过程及轨迹曲线。可以看出构型连续变化，两颗质量较小卫星的轨迹迅速重合，质量较大卫星则经平滑螺旋轨线机动到质心位置不再改变，从而编队完成从三角构型到线型辐射开环构型的机动。此时若取消系绳 $l_2$ 上张紧，则编队系统完全转化为主-从式辐射开环编队系统的动力学特性，实现了编队系统连接结构上的改变。若卫星 1 发生故障，则可以取消 $l_1$、$l_3$ 的连接，此时非对称构型三角绳系编队系统在不改变质心位置的情况下重组为二体系统。

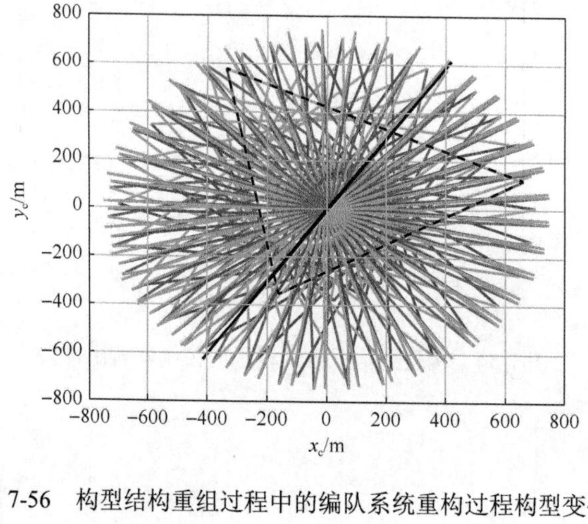


图 7-56　构型结构重组过程中的编队系统重构过程构型变化

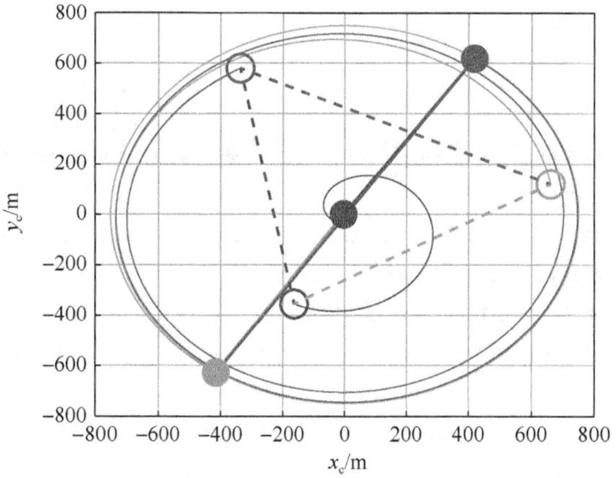


图 7-57　编队系统重构过程轨迹

## 7.5　本 章 小 结

本章以非对称构型三角绳系编队系统为对象，研究展开和构型重组控制问题。完成的主要工作包括：首先建立了绳系编队飞行系统动力学模型，提出平衡构型的概念，推导了高精度稳定所需的约束条件；其次设计了包括面外稳定器、面内展开控制器、姿态跟踪器等部分的编队飞行展开的控制方案；最后针对编队形状、连接结构两种重组需求，以“时间-燃料”最优为指标，完成重构过程规划并基于模型预测控制方法设计重构过程控制器，实现多约束条件下的绳系编队飞行构型重构。

# 参 考 文 献


[1] JOHNSON N L. Orbital debris: The growing threat to space operations[C]. Guidance and Control 2010, San Diego, 2010: 3-11.

[2] KESSLER D, COURPALAIS B. Collision frequency of artificial satellites-creation of a debris belt[J]. Journal of Geophysical Research-Space Physics, 1978, 83(NA6): 2637-2646.

[3] WALLS R L, GAYLOR D, REDDY V, et al. Assessing the IADC space debris mitigation guidelines: A case for ontology-based data management[C]. Advanced Maui Optical and Space Surveillance Technologies Conference, Maui, 2016: 1-5.

[4] KROLIKOWSKI A, DAVID E. Commercial on-orbit satellite servicing: National and international policy considerations raised by industry proposals[J]. New Space, 2013, 1(1): 29-41.

[5] ESA's Space Environment Report 2023[EB/OL]. (2023-08-10)[2024-05-15]. https://www.esa.int/Space_Safety/ESA_s_Space_Environment_Report_2023.

[6] ANZ-MEADO P D. Orbital Debris Quarterly News[R]. National Aeronautics and Space Administration, 2019: 1-14.

[7] The Zero Debris Charter[EB/OL]. (2023-06-22)[2024-05-15]. https://www.esa.int/ESA_Multimedia/Images/2023/06/The_Zero_Debris_Charter.

[8] LIOU J C, JOHNSON N L. A sensitivity study of the effectiveness of active debris removal in LEO[J]. Acta Astronautica, 2009, 64(2-3): 236-243.

[9] BASTIDA B, KRAG H. Analyzing the criteria for a stable environment[C]. AAS/AIAA Astrodynamics Specialist Conference, Alaska, 2011: 1-13.

[10] FORWARD R L. "Electrodynamic Drag 'Terminator Tether, '" High Strength-to-Weight Tapered Hoytether for LEO to GEO Payload Transport[R]. National Aeronautics and Space Administration, 1996: 1-14.

[11] ELLERY A, KREISEL J, SOMMER B. The case for robotic on-orbit servicing of spacecraft: Spacecraft reliability is a myth[J]. Acta Astronautica, 2008, 63(5-6): 632-648.

[12] WILLIAMS P, BLANKSBY C, TRIVAILO P, et al. In-plane payload capture using tethers[J]. Acta Astronautica, 2005, 57(10): 772-787.

[13] WILLIAMS P. In-plane payload capture with an elastic tether[J]. Journal of Guidance Control and Dynamics, 2006, 29(4): 810-821.

[14] KUMAR K D. Review of dynamics and control of nonelectrodynamic tethered satellite systems[J]. Journal of Spacecraft and Rockets, 2006, 43(4): 705-720.

[15] LEVIN E M. Dynamic analysis of space tether missions[J]. Advances in the Astronautical Sciences, 2007, 126: 1-8.

[16] CARTMELL M P, MCKENZIE D J. A review of space tether research[J]. Progress in Aerospace Sciences, 2008, 44(1): 1-21.

[17] NISHIDA S I, KAWAMOTO S, OKAWA Y, et al. Space debris removal system using a small satellite[J]. Acta Astronautica, 2009, 65(1-2): 95-102.

[18] 孔宪仁, 徐大富. 空间绳系研究综述[J]. 航天器环境工程, 2010, 27(6): 775-783, 675.

[19] ZHAI G, ZHANG J R. Space tether net system for debris capture and removal[C]. 2012 4th International Conference on Intelligent Human-Machine Systems and Cybernetics, Nanchang, 2012: 257-261.

[20] BONNAL C, RUAULT J M, DESJEAN M C. Active debris removal: Recent progress and current trends[J]. Acta Astronautica, 2013, 85: 51-60.

[21] FLORES-ABAD A, MA O, PHAM K, et al. A review of space robotics technologies for on-orbit servicing[J]. Progress in Aerospace Sciences, 2014, 68: 1-26.

[22] 余本嵩, 文浩, 金栋平. 绳系卫星编队动力学及控制研究进展[J]. 动力学与控制学报, 2015, 13(5): 321-328.

[23] SHAN M, GUO J, GILL E. Review and comparison of active space debris capturing and removal methods[J]. Progress in Aerospace Sciences, 2016, 80: 18-32.

[24] 潘雪琪. 空间绳系的发展历程分析及展望[D]. 哈尔滨: 哈尔滨工业大学, 2016.

[25] 黄攀峰, 孟中杰. 空间绳系机器人技术[M]. 北京: 中国宇航出版社, 2014.

[26] 孟中杰, 黄攀峰. 空间绳系机器人飞行控制技术[M]. 北京: 中国宇航出版社, 2018.

[27] 孟中杰, 黄攀峰, 鲁迎波, 等. 在轨服务中空间系绳的应用及发展[J]. 宇航学报, 2019, 40(10): 1134-1145.

[28] ASLANOV V S, LEDKOV A S. Survey of tether system technology for space debris removal missions[J]. Journal of Spacecraft and Rockets, 2023, 60(5): 1355-1371.

[29] NISHIDA S I, KAWAMOTO S. Strategy for capturing of a tumbling space debris[J]. Acta Astronautica, 2011, 68(1-2): 113-120.

[30] 徐秀栋, 黄攀峰, 孟中杰, 等. 基于速度增量的空间绳系机器人中距离逼近过程最优轨迹规划[J]. 航空学报, 2012, 33(8): 1531-1539.

[31] MENG Z, HUANG P. Coordinated approach control method of tethered space robot system[C]. 2013 IEEE 8th Conference on Industrial Electronics and Applications, Melbourne, 2013: 1314-1318.

[32] 胡仄虹, 黄攀峰, 孟中杰, 等. 空间绳系机器人逼近过程的位姿一体化控制[J]. 航空学报, 2013, 34(11): 2635-2644.

[33] XU X, HUANG P, MA J. Coordinated position and attitude control method of tethered space robot[C]. 2013 IEEE International Conference on Robotics and Biomimetics, Shenzhen, 2013: 1526-1531.

[34] 王东科, 黄攀峰, 孟中杰, 等. 空间绳系机器人目标逼近姿态协调控制[J]. 宇航学报, 2014, 35(5): 545-553.

[35] 黄攀峰, 张帆, 徐秀栋. 考虑空间系绳释放特性的空间绳系机器人协调耦合控制[J]. 控制与决策, 2015, 30(6): 961-968.

[36] HUANG P, ZHANG F, XU X, et al. Coordinated coupling control of tethered space robot using releasing characteristics of space tether[J]. Advances in Space Research, 2016, 57(7): 1528-1542.

[37] HUANG P, WANG D, MENG Z, et al. Impact dynamic modeling and adaptive target capturing control for tethered space robots with uncertainties[J]. IEEE-ASME Transactions on Mechatronics, 2016, 21(5): 2260-2271.

[38] WILLIAMS T, MOORE K. Dynamics of tethered satellite formations[C]. Spaceflight Mechanics 2002, San Diego, 2002: 1219-1235.

[39] ZHAO G, SUN L, TAN S, et al. Librational characteristics of a dumbbell modeled tethered satellite under small, continuous, constant thrust[J]. Proceedings of the Institution of Mechanical Engineers Part G-Journal of Aerospace Engineering, 2013, 227(G5): 857-872.

[40] PACHECO G F D C, CARPENTIER B, PETIT N. De-orbiting of space debris by means of a towing cable and a single thruster spaceship: Whiplash and tail wagging effects[C]. European Conference on Space Debris, Darmstadt, 2013: 1-6.

[41] MANTELLATO R, OLIVIERI L, LORENZINI E C. Study of dynamical stability of tethered systems during space tug maneuvers[J]. Acta Astronautica, 2017, 138: 559-569.

[42] ASLANOV V S, YUDINTSEV V V. Behavior of tethered debris with flexible appendages[J]. Acta Astronautica, 2014, 104(1): 91-98.

[43] ASLANOV V S, YUDINTSEV V V. The motion of tethered tug-debris system with fuel residuals[J]. Advances in Space Research, 2015, 56(7): 1493-1501.

[44] ASLANOV V S, YUDINTSEV V V. Dynamics of large debris connected to space tug by a tether[J]. Journal of Guidance Control and Dynamics, 2013, 36(6): 1654-1660.

[45] SABATINI M, GASBARRI P, PALMERINI G B. Elastic issues and vibration reduction in a tethered deorbiting mission[J]. Advances in Space Research, 2016, 57(9): 1951-1964.

[46] CHOBOTOV V. Gravity-gradient excitation of a rotating cable-counterweight space station in orbit[J]. Journal of Applied Mechanics, 1963, 30(4): 547-554.

[47] ODELL C, YORK D, HENIZE K. Structure of the barnard loop nebula as determined from gemini 11 photographs[J]. Astrophysical Journal, 1967, 150(3P1): 835-844.

[48] CHOBOTOV V. Gravitational excitation of an extensible dumbbell satellite[J]. Journal of Spacecraft and Rockets, 1967, 4(10): 1295-1300.

[49] PEARSON J. The orbital tower: A spacecraft launcher using the Earth's rotational energy[J]. Acta Astronautica, 1975, 2(9-10): 785-799.

[50] MISRA A K, MODI V J. A survey of the dynamics and control of tethered satellite systems[J]. Advances in Astronautical Science, Tethers in Space, 1986, 62: 667-719.

[51] LORENZINI E. A 3-mass tethered system for micro-G/variable-G applications[J]. Journal of Guidance Control and Dynamics, 1987, 10(3): 242-249.

[52] 李政远. 基于系绳连接的人造重力空间站协调控制方法研究[D]. 西安: 西北工业大学, 2019.

[53] MANRICO F C. Dynamics and control of tethered satellite formations in low-Earth orbits[D]. Catalonia: Polytechnic University of Catalonia, 2015.

[54] CORSI J, IESS L. Stability and control of electrodynamic tethers for de-orbiting applications[J]. Acta Astronautica, 2001, 48(5-12): 491-501.

[55] WILLIAMS P. Optimal orbital transfer with electrodynamic tether[J]. Journal of Guidance Control and Dynamics, 2005, 28(2): 369-372.

[56] LARSEN M B, BLANKE M. Passivity-based control of a rigid electrodynamic tether[J]. Journal of Guidance Control and Dynamics, 2011, 34(1): 118-127.

[57] ASLANOV V S, YUDINTSEV V V. Dynamics, analytical solutions and choice of parameters for towed space debris with flexible appendages[J]. Advances in Space Research, 2015, 55(2): 660-667.

[58] KRUPA M, POTH W, SCHAGERL M, et al. Modelling, dynamics and control of tethered satellite systems[J]. Nonlinear Dynamics, 2006, 43(1-2): 73-96.

[59] MANKALA K K, AGRAWAL S K. Dynamic modeling and simulation of impact in tether net/gripper systems[J]. Multibody System Dynamics, 2004, 11(3): 235-250.

[60] MANKALA K K, AGRAWAL S K. Dynamic modeling and simulation of satellite tethered systems[J]. Journal of Vibration and Acoustics-Transactions of the ASME, 2005, 127(2): 144-156.

[61] MANKALA K K, AGRAWAL S K. Dynamic modeling of satellite tether systems using Newton's laws and Hamilton's principle[J]. Journal of Vibration and Acoustics-Transactions of the ASME, 2008, 130(1): 014501.

[62] SHAN M, GUO J, GILL E. Deployment dynamics of tethered-net for space debris removal[J]. Acta Astronautica, 2017, 132: 293-302.

[63] WANG C, LI G, ZHU Z H, et al. Mass ratio of electrodynamic tether to spacecraft on deorbit stability and efficiency[J]. Journal of Guidance Control and Dynamics, 2016, 39(9): 2192-2198.

[64] WANG C, ZABOLOTNOV Y M. Analysis dynamic of deploy tether systems consisting of two nano-satellites[J]. Matematicheskoe Modelirovanie, 2018, 30(1): 17-30.

[65] ZABOLOTNOV Y M. Control of the deployment of a tethered orbital system with a small load into a vertical position[J]. Journal of Applied Mathematics and Mechanics, 2015, 79(1): 28-34.

[66] JUNG W, MAZZOLENI A P, CHUNG J. Nonlinear dynamic analysis of a three-body tethered satellite system with deployment/retrieval[J]. Nonlinear Dynamics, 2015, 82(3): 1127-1144.

[67] WANG C, LI M, LI A, et al. Terminal sliding mode control of payload re-entry using momentum exchange tether system[C]. 68th International Astronautical Congress 2017, Adelaide, 2017: 1417-1423.

[68] KIM E, VADALI S. Modeling issues related to retrieval of flexible tethered satellite systems[J]. Journal of Guidance Control and Dynamics, 1995, 18(5): 1169-1176.

[69] TRAGESSER S G. Formation flying with tethered spacecraft[C]. Astrodynamics Specialist Conference, Denver, 2000: 1-6.

[70] TRAGESSER S G, TUNCAY A. Orbital design of earth-oriented tethered satellite formations[C]. AIAA/AAS Astrodynamics Specialist Conference and Exhibit, Monterey, California, 2002: 1-6.

[71] 刘壮壮, 宝音贺西. 基于非线性单元模型的绳系卫星系统动力学[J]. 动力学与控制学报, 2012, 10(1): 21-26.

[72] 余本嵩. 复杂太空环境下柔性绳系卫星动力学与控制[D]. 南京: 南京航空航天大学, 2011.

[73] STEINER W, ZEMANN J, STEINDL A, et al. Numerical study of large amplitude oscillations of a two-satellite continuous tether system with a varying length[J]. Acta Astronautica, 1995, 35(9-11): 607-621.

[74] TYC G. Dynamics and stability of spinning flexible space tether systems[D]. Canada: University of Manitoba, 1998.

[75] WIEDERMANN G, SCHAGERL M, STEINDL A, et al. Computation of force controlled deployment and retrieval of a tethered satellite system by the finite element method[C]. Proceedings of ECCM, Munich, 1999: 410-429.

[76] BAI Z, JIANG X, FU X. Investigation of the retrieval dynamics of the tethered satellites using ANCF-ALE variable-length element[J]. IEEE Transactions on Aerospace and Electronic Systems, 2023, 59(2): 1980-1988.

[77] SHAN M, SHI L. Comparison of tethered post-capture system models for space debris removal[J]. Aerospace, 2022, 9(1): 1-18.

[78] YANG J, WANG Q, ZHANG Z, et al. Dynamic modeling and analysis of the looped space tether transportation system based on ANCF[J]. International Journal of Mechanical System Dynamics, 2022, 2(2): 204-213.

[79] LI G Q, ZHU Z H. Long-term dynamic modeling of tethered spacecraft using nodal position finite element method and symplectic integration[J]. Celestial Mechanics & Dynamical Astronomy, 2015, 123(4): 363-386.

[80] MENG Z, HUANG P. Universal dynamic model of the tethered space robot[J]. Journal of Aerospace Engineering, 2016, 29(1): 04015026.

[81] BANERJEE A, KANE T. Tethered satellite retrieval with thruster augmented control[J]. Journal of Guidance Control and Dynamics, 1984, 7(1): 45-50.

[82] FUJII H, ISHIJIMA S. Mission function control for deployment and retrieval of a subsatellite[J]. Journal of Guidance Control and Dynamics, 1989, 12(2): 243-247.

[83] KIM E, VADALI S. Nonlinear feedback deployment and retrieval of tethered satellite systems[J]. Journal of Guidance Control and Dynamics, 1992, 15(1): 28-34.

[84] KUMAR K, KUMAR R, MISRA A. Effects of deployment rates and librations on tethered payload raising[J]. Journal of Guidance Control and Dynamics, 1992, 15(5): 1230-1235.

[85] NETZER E, KANE T. Deployment and retrieval optimization of a tethered satellite system[J]. Journal of Guidance Control and Dynamics, 1993, 16(6): 1085-1091.

[86] FUJII H, ANAZAWA S. Deployment retrieval control of tethered subsatellite through an optimal path[J]. Journal of Guidance Control and Dynamics, 1994, 17(6): 1292-1298.

[87] KOKUBUN K, FUJII H A. Deployment retrieval control of a tethered subsatellite under effect of tether elasticity[J]. Journal of Guidance Control and Dynamics, 1996, 19(1): 84-90.

[88] PASCAL M, DJEBLI A, EL BAKKALI L. Laws of deployment/retrieval in tether connected satellites systems[J]. Acta Astronautica, 1999, 45(2): 61-73.

[89] LAKSO J, COVERSTONE V. Optimal tether deployment/retrieval trajectories using direct collocation[C]. Astrodynamics Specialist Conference, Denver, 2000: 1-6.

[90] PASCAL M, DJEBLI A, EL BAKKALI L. A new deployment/retrieval scheme for a tethered satellite system, intermediate between the conventional scheme and the crawler scheme[J]. Journal of Applied Mathematics and Mechanics, 2001, 65(4): 689-696.

[91] DJEBLI A, EL BAKKALI L, PASCAL M. On fast retrieval laws for tethered satellite systems[J]. Acta Astronautica, 2002, 50(8): 461-470.

[92] FUJII H A, KOJIMA H. Optimal trajectory analysis for deployment/retrieval of tethered subsatellite using metric[J]. Journal of Guidance Control and Dynamics, 2003, 26(1): 177-179.

[93] BARKOW B, STEINDL A, TROGER H, et al. Various methods of controlling the deployment of a tethered satellite[J]. Journal of Vibration and Control, 2003, 9(1-2): 187-208.

[94] BARKOW B, STEINDL A, TROGER H. A targeting strategy for the deployment of a tethered satellite system[J]. IMA Journal of Applied Mathematics, 2005, 70(5): 626-644.

[95] MANTRI P, MAZZOLENI A P, PADGETT D A. Parametric study of deployment of tethered satellite systems[J]. Journal of Spacecraft and Rockets, 2007, 44(2): 412-424.

[96] WILLIAMS P. Deployment/retrieval optimization for flexible tethered satellite systems[J]. Nonlinear Dynamics, 2008, 52(1-2): 159-179.

[97] WILLIAMS P. Optimal deployment/retrieval of tethered satellites[J]. Journal of Spacecraft and Rockets, 2008, 45(2): 324-343.

[98] WEN H, JIN D P, HU H Y. Three-dimensional optimal deployment of a tethered subsatellite with an elastic tether[J]. International Journal of Computer Mathematics, 2008, 85(6): 915-923.

[99] WEN H, JIN D P, HU H Y. Optimal feedback control of the deployment of a tethered subsatellite subject to perturbations[J]. Nonlinear Dynamics, 2008, 51(4): 501-514.

[100] ZHANG K, LU K, GU X, et al. Dynamic behavior analysis and stability control of tethered satellite formation deployment[J]. Sensors, 2022, 22(1): 1-14.

[101] YU B S, JIN D P. Deployment and retrieval of tethered satellite system under $J_2$ perturbation and heating effect[J]. Acta Astronautica, 2010, 67(7-8): 845-853.

[102] YU B S, JIN D P, WEN H. Nonlinear dynamics of flexible tethered satellite system subject to space environment[J]. Applied Mathematics and Mechanics, 2016, 37(4): 485-500.

[103] HE Y, LIANG B, XU W. Study on the stability of tethered satellite system[J]. Acta Astronautica, 2011, 68(11-12): 1964-1972.

[104] LIANG F, MIAO L, TIAN F, et al. The effects of deployment friction on the dynamics of nonconductive space tethers[J]. Acta Astronautica, 2024, 214: 567-582.

[105] LIU J, CUI N, SHEN F, et al. Dynamics of the space tug system with a short tether[J]. International Journal of Aerospace Engineering, 2015, 2015: 1-16.

[106] ASLANOV V, YUDINTSEV V. Dynamics of large space debris removal using tethered space tug[J]. Acta Astronautica, 2013, 91: 149-156.

[107] ASLANOV V S, LEDKOV A S. Dynamics of towed large space debris taking into account atmospheric disturbance[J]. Acta Mechanica, 2014, 225(9): 2685-2697.

[108] ASLANOV V S, MISRA A K, YUDINTSEV V V. Chaotic attitude motion of a low-thrust tug-debris tethered system in a Keplerian orbit[J]. Acta Astronautica, 2017, 139: 419-427.

[109] ASLANOV V S, LEDKOV A S. Swing principle in tether-assisted return mission from an elliptical orbit[J]. Aerospace Science and Technology, 2017, 71: 156-162.

[110] ASLANOV V S, LEDKOV A S. Tether-assisted re-entry capsule deorbiting from an elliptical orbit[J]. Acta Astronautica, 2017, 130: 180-186.

[111] SOLTANI M, KESHMIRI M, MISRA A K. Dynamic analysis and trajectory tracking of a tethered space robot[J]. Acta Astronautica, 2016, 128: 335-342.

[112] QUADRELLI M B. Modeling and dynamics analysis of tethered formations for space interferometry[J]. Advances in the Astronautical Sciences, 2001, 108: 1259-1277.

[113] KUMAR K D, YASAKA T. Rotation formation flying of three satellites using tethers[J]. Journal of Spacecraft and Rockets, 2004, 41(6): 973-985.

[114] PIZARRO-CHONG A, MISRA A. Dynamics of a multi-tethered satellite formation[C]. AIAA/AAS Astrodynamics Specialist Conference and Exhibit, Providence, 2004: 1-6.

[115] CHUNG S J, KONG E, MILLER D. Dynamics and control of tethered formation flight spacecraft using the spheres testbed[C]. AIAA Guidance, Navigation, and Control Conference and Exhibit, San Francisco, 2005: 1-6.

[116] GUERMAN A D, SMIRNOV G, PAGLIONE P, et al. Stationary configurations of a tetrahedral tethered satellite, formation[J]. Journal of Guidance Control and Dynamics, 2008, 31(2): 424-428.

[117] ZHAO J, CAI Z. Nonlinear dynamics and simulation of multi-tethered satellite formations in Halo orbits[J]. Acta Astronautica, 2008, 63(5-6): 673-681.

[118] PIZARRO-CHONG A, MISRA A K. Dynamics of multi-tethered satellite formations containing a parent body[J]. Acta Astronautica, 2008, 63(11-12): 1188-1202.

[119] ZHAO J, CAI Z, QI Z. Dynamics of variable-length tethered formations near libration points[J]. Journal of Guidance Control and Dynamics, 2010, 33(4): 1172-1183.

[120] TANG J L, REN G X, ZHU W D, et al. Dynamics of variable-length tethers with application to tethered satellite deployment[J]. Communications in Nonlinear Science and Numerical Simulation, 2011, 16(8): 3411-3424.

[121] AVANZINI G, FEDI M. Refined dynamical analysis of multi-tethered satellite formations[J]. Acta Astronautica, 2013, 84: 36-48.

[122] 蔡志勤, 周红, 李学府. 旋转三角形绳系卫星编队系统动态稳定性分析[J]. 计算力学学报, 2013, 30(S1): 62-67.

[123] LIU G, HUANG J, MA G, et al. Nonlinear dynamics and station-keeping control of a rotating tethered satellite system in halo orbits[J]. Chinese Journal of Aeronautics, 2013, 26(5): 1227-1237.

[124] CAI Z, LI X, WU Z. Deployment and retrieval of a rotating triangular tethered satellite formation near libration points[J]. Acta Astronautica, 2014, 98: 37-49.

[125] CAI Z, LI X, ZHOU H. Nonlinear dynamics of a rotating triangular tethered satellite formation near libration points[J]. Aerospace Science and Technology, 2015, 42: 384-391.

[126] DIAKOV P A, MALASHIN A A, SMIRNOV N N, et al. Peculiarities of wave dynamics in the tether of a space tethered system[J]. Acta Astronautica, 2022, 194: 425-433.

[127] JIA C, MENG Z, WANG B. Deployment of three-body chain-type tethered satellites in low-eccentricity orbits using only tether[J]. Space: Science & Technology, 2023, 3: 1-9.
[128] 卢俊杰. 空间绳系编队系统姿态机动控制研究[D]. 西安: 西北工业大学, 2020.
[129] 毛睿. 空间多绳系系统构型保持与稳定展开控制研究[D]. 西安: 西北工业大学, 2021.
[130] 李政远. 非对称空间绳系编队系统变构型控制技术研究[D]. 西安: 西北工业大学, 2022.
[131] 毛睿. 分布式 InSAR 绳系卫星编队控制[D]. 西安: 西北工业大学, 2024.
[132] YU B S, DAI P B, JIN D P. Modeling and dynamics of a bare tape-shaped tethered satellite system[J]. Aerospace Science and Technology, 2018, 79: 288-296.
[133] YU B S, DAI P B. Deployment dynamics of a tape-shaped tethered satellite[J]. Journal of Aerospace Engineering, 2022, 35(4): 04022044.
[134] MAKIHARA K, KONDO S. Structural evaluation for electrodynamic tape tethers against hypervelocity space debris impacts[J]. Journal of Spacecraft and Rockets, 2018, 55(2): 462-472.
[135] VALMORBIDA A, BRUNELLO A, OLIVIERI L, et al. Laser vibrometry-based precise measurement of tape-shaped tethers damping ratio toward space applications[J]. IEEE Transactions on Instrumentation and Measurement, 2023, 72: 1004411.
[136] WANG B, LI H, ZHANG J. Experimental investigations on nonlinear mechanical behaviors of Kevlar tether[J]. Journal of Engineered Fibers and Fabrics, 2023, 18: 1-10.
[137] 吴姜. 系绳张力非接触式测量方案设计[D]. 西安: 西北工业大学, 2018.
[138] 沈立桥. 绳系拖曳系统的张力控制器设计[D]. 西安: 西北工业大学, 2019.
[139] MENG Z, WANG B, HUANG P. GEO debris towing removal using reel control of tethered space robots[C]. 2017 IEEE International Conference on Robotics and Biomimetics, Macau, 2017: 2231-2236.
[140] WANG B, MENG Z, JIA C, et al. Reel-based tension control of tethered space robots[J]. IEEE Transactions on Aerospace and Electronic Systems, 2020, 56(4): 3028-3043.
[141] MENG Z, WANG B, HUANG P. A space tethered towing method using tension and platform thrusts[J]. Advances in Space Research, 2017, 59(2): 656-669.
[142] MENG Z, BAI Y, HUANG P. Underactuated control of swing in orbit debris towing removal via tether space robots[C]. 2017 IEEE International Conference on Robotics and Biomimetics, Macau, 2017: 1781-1786.
[143] SUN L, ZHAO G, HUANG H, et al. Optimal control scheme of the tethered system for orbital transfer under a constant thrust[J]. International Journal of Aerospace Engineering, 2018, 2018: 1572726.
[144] ZHAO G, SUN L, HUANG H. Thrust control of tethered satellite with a short constant tether in orbital maneuvering[J]. Proceedings of the Institution of Mechanical Engineers Part G-Journal of Aerospace Engineering, 2014, 228(14): 2569-2586.
[145] CHO S, MCCLAMROCH N H. Optimal orbit transfer of a spacecraft with fixed length tether[J]. Journal of the Astronautical Sciences, 2003, 51(2): 195-204.
[146] 刘海涛, 杨乐平, 张青斌, 等. 地球静止轨道废弃卫星绳系拖曳离轨研究[J]. 中国科学: 技术科学, 2012, 42(7): 780-787.
[147] LIU H, YANG L, ZHANG Q, et al. An investigation on tether-tugging de-orbit of defunct geostationary satellites[J]. Science China-Technological Sciences, 2012, 55(7): 2019-2027.
[148] 钟睿, 徐世杰. 基于直接配点法的绳系卫星系统变轨控制[J]. 航空学报, 2010, 31(3): 572-578.
[149] 刘新建, 郑杰匀. 绳系拖曳离轨模型及脉冲喷气控制策略的可行性[J]. 宇航总体技术, 2017(1): 25-32.
[150] JASPER L, SCHAUB H. Tethered towing using open-loop input-shaping and discrete thrust levels[J]. Acta Astronautica, 2014, 105(1): 373-384.

[151] JASPER L, SCHAUB H. Input shaped large thrust maneuver with a tethered debris object[J]. Acta Astronautica, 2014, 96: 128-137.

[152] JASPER L E Z, SEUBERT C R, SCHAUB H, et al. Tethered tug for large low earth orbit debris removal[J]. Advances in the Astronautical Sciences, 2012, 143: 2223-2242.

[153] BENVENUTO R, SALVI S, LAVAGNA M. Dynamics analysis and GNC design of flexible systems for space debris active removal[J]. Acta Astronautica, 2015, 110: 247-265.

[154] LINSKENS H T K, MOOIJ E. Tether dynamics analysis and guidance and control design for active space-debris removal[J]. Journal of Guidance Control and Dynamics, 2016, 39(6): 1232-1243.

[155] LINSKENS H T K. Tether dynamics analysis and guidance and control design for active space-debris removal[D]. Delft: Delft University of Technology, 2015.

[156] BENVENUTO R, LAVAGNA M, SALVI S. Multibody dynamics driving GNC and system design in tethered nets for active debris removal[J]. Advances in Space Research, 2016, 58(1): 45-63.

[157] CLEARY S, O'CONNOR W J. Control of space debris using an elastic tether and wave-based control[J]. Journal of Guidance Control and Dynamics, 2016, 39(6): 1392-1406.

[158] VAN DER HEIDE E J, KRUIJFF M. Tethers and debris mitigation[J]. Acta Astronautica, 2001, 48(5-12): 503-516.

[159] CHEN Y, HUANG R, REN X, et al. History of the tether concept and tether missions: A review[J]. ISRN Astronomy and Astrophysics, 2013, 2013: 1-7.

[160] 贾程. 失效卫星绳系拖曳轨道设计与跟踪方法研究[D]. 西安: 西北工业大学, 2020.

[161] TRUSHLYAKOV V, YUDINTSEV V. Dynamics of rotating tethered system for active debris removal[J]. Acta Astronautica, 2022, 195: 405-415.

[162] WILLIAMS P, BLANKSBY C, TRIVAILO P. Tethered planetary capture maneuvers[J]. Journal of Spacecraft and Rockets, 2004, 41(4): 603-613.

[163] MASHAYEKHI M J, MISRA A K. Optimization of tether-assisted asteroid deflection[J]. Journal of Guidance Control and Dynamics, 2014, 37(3): 898-906.

[164] YAMASAKI T, BANDO M, HOKAMOTO S. Tether cutting maneuver in swing-by trajectory[J]. Acta Astronautica, 2018, 142: 212-220.

[165] BERGAMASCHI S, BONON F. Coupling of tether lateral vibration and subsatellite attitude motion[J]. Journal of Guidance Control and Dynamics, 1992, 15(5): 1284-1287.

[166] KUMAR K, KUMAR K D. Open-loop satellite librational control in elliptic orbits through tether[J]. Acta Astronautica, 1997, 41(1): 15-21.

[167] BÉDA P B. On requirements for attitude dynamics and stability control for tethered satellite systems[J]. JSME International Journal Series C-Mechanical Systems Machine Elements and Manufacturing, 2000, 43(3): 678-683.

[168] DIGNATH F, SCHIEHLEN W. Control of the vibrations of a tethered satellite system[J]. PMM Journal of Applied Mathematics and Mechanics, 2000, 64(5): 715-722.

[169] NAKAYA K, MATUNAGA S. On attitude maneuver of spinning tethered formation flying based on virtual structure method[C]. AIAA Guidance, Navigation, and Control Conference and Exhibit, San Francisco, 2005: 1-6.

[170] MORI O, MATUNAGA S. Formation and attitude control for rotational tethered satellite clusters[J]. Journal of Spacecraft and Rockets, 2007, 44(1): 211-220.

[171] MENON C, BOMBARDELLI C. Self-stabilising attitude control for spinning tethered formations[J]. Acta Astronautica, 2007, 60(10-11): 828-833.

[172] ZABOLOTNOV Y M, VOEVODIN P S, HONGSHI L. A two-stage method for the formation of a rotating electrodynamic space tether system[J]. Mechanics of Solids, 2022, 57(3): 462-475.

[173] 孙亮，赵国伟，黄海，等. 面内轨道转移过程中的绳系系统摆振特性研究[J]. 航空学报，2012，33(7): 1245-1254.

[174] SUN L, ZHAO G W, HUANG H. Stability and control of tethered satellite with chemical propulsion in orbital plane[J]. Nonlinear Dynamics, 2013, 74(4): 1113-1131.

[175] DAVIS W, BANERJEE A. Libration damping of a tethered satellite by Yo-Yo control with angle measurement[J]. Journal of Guidance Control and Dynamics, 1990, 13(2): 370-374.

[176] 王班，易琳，郭吉丰，等. 一种基于摆长反复小幅改变的面内摆动抑制方法[J]. 四川大学学报：工程科学版，2014(6): 191-197.

[177] 刘海涛，张青斌，杨乐平，等. 绳系拖曳离轨过程中的摆动抑制策略[J]. 国防科技大学学报，2014，36(6): 164-170.

[178] WANG B H, MENG Z J, HUANG P F. A towing orbit transfer method of tethered space robots[C]. 2015 IEEE International Conference on Robotics and Biomimetics, Zhuhai, 2015: 964-969.

[179] 王秉亨，孟中杰，黄攀峰. 利用受限张力的拖曳变轨欠驱动姿态稳定策略[J]. 航空学报，2016，37(12): 3783-3792.

[180] LIU H, HE Y, YAN H, et al. Tether tension control law design during orbital transfer via small-gain theorem[J]. Aerospace Science and Technology, 2017, 63: 191-202.

[181] WEN H, ZHU Z H, JIN D, et al. Constrained tension control of a tethered space-tug system with only length measurement[J]. Acta Astronautica, 2016, 119: 110-117.

[182] LU Y, HUANG P, ZHANG F, et al. An energy-based saturated controller for the underactuated tethered system[J]. IEEE Transactions on Systems Man Cybernetics-Systems, 2022, 52(12): 7537-7548.

[183] 郭新程，孟中杰，鲁迎波. 考虑状态约束的绳系组合体欠驱动控制[J]. 空间控制技术与应用，2022，48(2): 47-53.

[184] YOUSEFIAN P, SALARIEH H. Anti-sway control of tethered satellite systems using attitude control of the main satellite[J]. Acta Astronautica, 2015, 111: 300-307.

[185] YOUSEFIAN P, SALARIEH H. Nonlinear control of sway in a tethered satellite system via attitude control of the main satellite[J]. Aerospace Science and Technology, 2017, 63: 317-327.

[186] MENG Z, WANG B, HUANG P. MPC-based anti-sway control of tethered space robots[J]. Acta Astronautica, 2018, 152: 146-162.

[187] 贾程，孟中杰. 利用姿态机动的绳系卫星编队系统轨道协同控制[J]. 宇航学报, 2022, 43(10): 1361-1367.

[188] SUN L, HUO W. Robust adaptive backstepping control for autonomous spacecraft proximity maneuvers[J]. International Journal of Control Automation and Systems, 2016, 14(3): 753-762.

[189] PUKDEBOON C. Output feedback second order sliding mode control for spacecraft attitude and translation motion[J]. International Journal of Control Automation and Systems, 2016, 14(2): 411-424.

[190] SONG Z, LI H, SUN K. Finite-time control for nonlinear spacecraft attitude based on terminal sliding mode technique[J]. Isa Transactions, 2014, 53(1): 117-124.

[191] PUKDEBOON C, SIRICHARUANUN P. Nonsingular terminal sliding mode based finite-time control for spacecraft attitude tracking[J]. International Journal of Control Automation and Systems, 2014, 12(3): 530-540.

[192] JIN Y, LIU X, QIU W, et al. Time-varying sliding mode controls in rigid spacecraft attitude tracking[J]. Chinese Journal of Aeronautics, 2008, 21(4): 352-360.

[193] 王翔宇，丁世宏，李世华，等. 基于反步法的挠性航天器姿态镇定[J]. 航空学报, 2011, 32(8): 1512-1523.

[194] 刘旺魁. 挠性航天器的姿态机动与跟踪控制研究[D]. 哈尔滨: 哈尔滨工业大学, 2014.

[195] CUI H, CHENG X. Anti-unwinding attitude maneuver control of spacecraft considering bounded disturbance and input saturation[J]. Science China-Technological Sciences, 2012, 55(9): 2518-2529.

[196] BOSKOVIC J D, LI S M, MEHRA R K. Robust tracking control design for spacecraft under control input saturation[J]. Journal of Guidance Control and Dynamics, 2004, 27(4): 627-633.

[197] LIANG H, WANG J, SUN Z. Robust decentralized coordinated attitude control of spacecraft formation[J]. Acta Astronautica, 2011, 69(5-6): 280-288.

[198] HU Q, LI B, ZHANG A. Robust finite-time control allocation in spacecraft attitude stabilization under actuator misalignment[J]. Nonlinear Dynamics, 2013, 73(1-2): 53-71.

[199] SHEN Q, WANG D, ZHU S, et al. Robust control allocation for spacecraft attitude tracking under actuator faults[J]. IEEE Transactions on Control Systems Technology, 2017, 25(3): 1068-1075.

[200] LI B, HU Q, QI J. Null-space-based optimal control reallocation for spacecraft stabilization under input saturation[J]. International Journal of Adaptive Control and Signal Processing, 2015, 29(6): 705-724.

[201] TIAN H, LI A, WANG Y, et al. Underactuated attitude tracking control of tethered spacecraft for deployment and spin-up[J]. Advances in Space Research, 2023, 71(11): 4829-4842.

[202] QI R, ZHANG Y, KUMAR K D D. Design and robustness analysis of a wave-based controller for tethered towing of defunct satellites[J]. IEEE-CAA Journal of Automatica Sinica, 2023, 10(1): 278-280.

[203] SATOKO A, GERD H. On-line parameter adaptation for a momentum control in the post-grasping of a tumbling target with model uncertainty[C]. IEEE/RSJ International Conference on Intelligent Robots and Systems, San Diego, 2007: 1-6.

[204] ZHANG T, YUE X, NING X, et al. Stabilization and parameter identification of tumbling space debris with bounded torque in postcapture[J]. Acta Astronautica, 2016, 123: 301-309.

[205] HUANG P, LU Y, WANG M, et al. Postcapture attitude takeover control of a partially failed spacecraft with parametric uncertainties[J]. IEEE Transactions on Automation Science and Engineering, 2019, 16(2): 919-930.

[206] LU Y, HUANG P, MENG Z. Adaptive anti-windup control of post-capture combination via tethered space robot[J]. Advances in Space Research, 2019, 64(4): 847-860.

[207] LU Y, HUANG P, MENG Z. Adaptive neural network dynamic surface control of the post-capture tethered spacecraft[J]. IEEE Transactions on Aerospace and Electronic Systems, 2020, 56(2): 1406-1419.

[208] LU Y, HUANG P, MENG Z. Adaptive prescribed performance control for the post-capture tethered combination via dynamic surface technique[J]. Aerospace Science and Technology, 2019, 94: 105366.

[209] LUO J, WEI C, DAI H, et al. Robust inertia-free attitude takeover control of postcapture combined spacecraft with guaranteed prescribed performance[J]. ISA Transactions, 2018, 74: 28-44.

[210] WEI C, LUO J, DAI H, et al. Learning-based adaptive prescribed performance control of postcapture space robot-target combination without inertia identifications[J]. ACTA Astronautica, 2018, 146: 228-242.

[211] ZHANG B, LIANG B, WANG Z, et al. Coordinated stabilization for space robot after capturing a noncooperative target with large inertia[J]. Acta Astronautica, 2017, 134: 75-84.

[212] LU Y, HUANG P, MENG Z, et al. Finite time attitude takeover control for combination via tethered space robot[J]. Acta Astronautica, 2017, 136: 9-21.

[213] HUANG P, WANG M, MENG Z, et al. Reconfigurable spacecraft attitude takeover control in post-capture of target by space manipulators[J]. Journal of the Franklin Institute-Engineering and Applied Mathematics, 2016, 353(9): 1985-2008.

[214] JIA C, MENG Z, ZHANG Z, et al. Adaptive attitude takeover control for noncooperative targets using robust allocation[C]. 33rd Youth Academic Annual Conference of Chinese Association of Automation, Nanjing, 2018: 299-304.

[215] JIA C, MENG Z, HUANG P. Attitude control for tethered towing debris under actuators and dynamics uncertainty[J]. Advances in Space Research, 2019, 64(6): 1286-1297.

[216] LI Q, MENG Z. Optimal attitude takeover control of failed spacecraft with model uncertainties[C]. 2022 IEEE 17th Conference on Industrial Electronics and Applications, Chengdu, 2022: 213-218.

[217] MENG Z, LI Q. Optimal attitude takeover control for failed spacecraft based on multi-nanosatellites[J]. Journal of the Franklin Institute, 2023, 360(7): 4947-4972.

[218] HUANG P, WANG D, MENG Z, et al. Adaptive postcapture backstepping control for tumbling tethered space robot-target combination[J]. Journal of Guidance Control and Dynamics, 2016, 39(1): 150-155.

[219] WANG D, HUANG P, MENG Z. Coordinated stabilization of tumbling targets using tethered space manipulators[J]. IEEE Transactions on Aerospace and Electronic Systems, 2015, 51(3): 2420-2432.

[220] QI R, MISRA A K, ZUO Z. Active debris removal using double-tethered space-tug system[J]. Journal of Guidance Control and Dynamics, 2017, 40(3): 720-728.

[221] HOVELL K, ULRICH S. Postcapture dynamics and experimental validation of subtethered space debris[J]. Journal of Guidance Control and Dynamics, 2018, 41(2): 516-522.

[222] HOVELL K, ULRICH S. Attitude stabilization of an uncooperative spacecraft in an orbital environment using visco-elastic tethers[C]. AIAA Guidance, Navigation, & Control Conference, San Diego, 2016: 1-6.

[223] MISRA A K. Dynamics and control of tethered satellite systems[J]. Acta Astronautica, 2008, 63(11-12): 1169-1177.

[224] PRADHAN S, MODI V J, MISRA A K. Control of tethered satellite systems using thruster and offset strategies[J]. International Journal of Control, 1996, 64(2): 175-193.

[225] NOHMI M. Attitude control of a tethered space robot by link motion under microgravity[C]. Proceedings of the 2004 IEEE International Conference on Control Applications, Taipei, 2004: 424-429.

[226] GODARD, KUMAR K D, TAN B. Fault-tolerant stabilization of a tethered satellite system using offset control[J]. Journal of Spacecraft and Rockets, 2008, 45(5): 1070-1084.

[227] WANG D, HUANG P, CAI J, et al. Coordinated control of tethered space robot using mobile tether attachment point in approaching phase[J]. Advances in Space Research, 2014, 54(6): 1077-1091.

[228] WANG D, HUANG P, CAI J. Detumbling a tethered space robot-target combination using optimal control[C]. 4th IEEE International Conference on Information Science and Technology, New York, 2014: 453-456.

[229] HUANG P, WANG D, MENG Z, et al. Post-capture attitude control for a tethered space robot-target combination system[J]. Robotica, 2015, 33(4): 898-919.

[230] HUANG P, HU Z, MENG Z. Coupling dynamics modelling and optimal coordinated control of tethered space robot[J]. Aerospace Science and Technology, 2015, 41: 36-46.

[231] ZHANG F, SHARF I, MISRA A, et al. On-line estimation of inertia parameters of space debris for its tether-assisted removal[J]. Acta Astronautica, 2015, 107: 150-162.

[232] ZHANG J, YANG K, QI R. Dynamics and offset control of tethered space-tug system[J]. Acta Astronautica, 2018, 142: 232-252.

[233] MENG Z, WANG B, HUANG P. Super-twisting-based detumbling control for space towing removal using 3-DOF tether link[C]. 2017 12th IEEE Conference on Industrial Electronics and Applications, Siem Reap, 2017: 403-408.

[234] WANG B, MENG Z, HUANG P. Attitude control of towed space debris using only tether[J]. Acta Astronautica, 2017, 138: 152-167.

[235] WANG B, MENG Z, HUANG P. Nonlinear MPC based coordinated control of towed debris using tethered space robot[C]. International Conference on Intelligent Robotics and Applications, Wuhan, 2017: 698-706.

[236] WANG B, MENG Z, JIA C, et al. Anti-tangle control of tethered space robots using linear motion of tether offset[J]. Aerospace Science and Technology, 2019, 89: 163-174.

[237] 王秉亨. 废弃卫星绳系拖曳移除研究[D]. 西安: 西北工业大学, 2018.

[238] JAWORSKI P, LAPPAS V, TSOURDOS A, et al. Debris rotation analysis during tethered towing for active debris removal[J]. Journal of Guidance Control and Dynamics, 2017, 40(7): 1769-1778.

[239] LIMON D, ALVARADO I, ALAMO T, et al. On the design of Robust tube-based MPC for tracking[C]. IFAC Proceedings Volumes, Seoul, 2008: 15333-15338.

[240] SUN Z, DAI L, LIU K, et al. Robust MPC for tracking constrained unicycle robots with additive disturbances[J]. Automatica, 2018, 90: 172-184.

[241] ROSET B J P, LAZAR M, NIJMEIJER H, et al. Stabilizing output feedback nonlinear model predictive control: An extended observer approach[C]. Symposium on Mathematical Theory for Networks & Systems, Kyoto, 2006: 1-11.

[242] LUENBERGER D G, YE Y. Linear and Nonlinear Programming[M]. 4th ed. New York: Springer, 2016.

[243] WANG W, LIU X D, YI J Q. Structure design of two types of sliding-mode controllers for a class of under-actuated mechanical systems[J]. IET Control Theory & Applications, 2007, 1(1): 163-172.

[244] SHTESSEL Y, EDWARDS C, FRIDMAN L, et al. Sliding Mode Control and Observation[M]. New York: Springer, 2014.

[245] CHOUDHURY P, LYNCH K M. Controllability of single input rolling manipulation[C]. 2000 ICRA IEEE International Conference on Robotics and Automation, San Francisco, 2000: 354-360.

# 附　录

式（3-6）～式（3-11）中 $E_r$、$E_\alpha$、$E_{\theta1}$、$E_d$、$E_\beta$、$E_{\theta2}$ 的定义如下：

$$\begin{cases} E_r = \dfrac{m_1}{m_1+m_2}\left(-2\dot{d}\cos\beta(\dot{\alpha}_1-\dot{\beta}) - d\sin\beta(\dot{\alpha}_1-\dot{\beta})^2 - \dfrac{3\mu d^2}{r_1^4}\right. \\ \qquad \left. + \dfrac{9\mu d^2\cos^2\beta}{2r_1^4} - \dfrac{2\mu d\sin\beta}{r_1^3}\right) \\ E_\alpha = \dfrac{1}{I_\alpha}\left(-2r_1\dot{\alpha}_1\dot{r}_1(m_1+m_2) - m_2 d(r_1\cos\beta\dot{\beta}^2 - 2r_1\cos\beta\dot{\alpha}_1\dot{\beta} - 2\sin\beta\dot{\alpha}_1\dot{r}_1)\right. \\ \qquad \left. - 2m_2 d\dot{d}(\dot{\alpha}_1-\dot{\beta}) - 2m_2 r_1\dot{d}\sin\beta(\dot{\beta}-\dot{\alpha}_1)\right) \\ E_{\theta1} = \lambda EA(y_{s2}x_{s3} - x_{s2}y_{s3})(E_1+E) \\ E_d = -r_1\sin\beta\dot{\alpha}_1^2 + 2r_1\cos\beta\dot{\alpha}_1 + d(\dot{\alpha}_1-\dot{\beta})^2 + \dfrac{\mu}{r_1^2}\sin\beta - \dfrac{\mu d(3\cos^2\beta-2)}{r_1^3} \\ \qquad + \dfrac{\lambda EAx_{s3}(E_1+E)}{m_2} \\ E_\beta = -2m_2 d\sin\beta\dot{\alpha}_1\dot{r}_1 + m_2 d\left(2\dot{d}(\dot{\alpha}_1-\dot{\beta}) - r_1\cos\beta\dot{\alpha}_1^2\right) + \dfrac{\mu m_2 d\cos\beta}{r_1^2} \\ \qquad + \dfrac{3\mu m_2 d^2\sin 2\beta}{2r_1^3} + \lambda EA(y_{s2}x_{s3} - x_{s2}y_{s3})(E_1+E) \\ E_{\theta2} = \lambda EA(x_{s1}y_{s3} - y_{s1}x_{s3})(E_1-E) \end{cases}$$

式　中　，
$$\begin{cases} E_1 = \dfrac{1}{l_t} - \dfrac{1}{l_{rt}} \\ E = c_t\dfrac{l_t\dot{l}_{rt} - x_{s3}\left(\dot{d} + y_{s2}(\dot{\beta}+\dot{\theta}_1) - y_{s1}\dot{\theta}_2\right) + y_{s3}\left(x_{s2}(\dot{\beta}+\dot{\theta}_1) - x_{s1}\dot{\theta}_2\right)}{l_{rt}l_t^2} \end{cases}$$
，

$$\begin{cases} x_{s1} = x_p\sin\theta_2 + y_p\cos\theta_2 \\ y_{s1} = x_p\cos\theta_2 - y_p\sin\theta_2 \\ x_{s2} = x_d\sin(\beta+\theta_1) + y_d\cos(\beta+\theta_1) \\ y_{s2} = x_d\cos(\beta+\theta_1) - y_d\sin(\beta+\theta_1) \\ x_{s3} = d + x_d\sin(\beta+\theta_1) + y_d\cos(\beta+\theta_1) - y_p\cos\theta_2 - x_p\sin\theta_2 \\ y_{s3} = x_d\cos(\beta+\theta_1) - y_d\sin(\beta+\theta_1) - x_p\cos\theta_2 + y_p\sin\theta_2 \end{cases}$$
。

式（7-16）中 $\boldsymbol{C}(\boldsymbol{q},\dot{\boldsymbol{q}})$、$\boldsymbol{G}(\boldsymbol{q})$ 各元素的定义如下：

$$C_{11}=2\lambda_1\mu_1(\mu_2+\mu_3)\lambda_1',$$

$$C_{12}=\lambda_1\mu_1\mu_3\left(\lambda_2\sin(\nu_1-\nu_2)\left(2(\alpha'+1)\cos\beta+\nu_2'\right)+2\lambda_2'\cos(\nu_1-\nu_2)\right),$$

$$C_{13}=2\lambda_1\mu_1(\mu_2+\mu_3)(\alpha'+1)\cos\beta,$$

$$C_{14}=2\lambda_1\mu_1\mu_3\alpha'\cos\beta\cos(\nu_1-\nu_2)+2\lambda_1\mu_1\mu_3\cos\beta\cos(\nu_1-\nu_2),$$

$$C_{15}=\frac{1}{2}\lambda_1\mu_1\left(\begin{array}{l}(\alpha'+2)\left(\begin{array}{l}\lambda_1(\mu_2+\mu_3)\sin^2\beta(-\sin(2\nu_1))\\-2\lambda_2\mu_3(\sin\nu_2\cos\nu_1-\cos^2\beta\sin\nu_1\cos\nu_2)\end{array}\right)\\-4\beta'\sin\beta\cos\nu_1(\lambda_2\mu_3\cos\nu_2+\lambda_1(\mu_2+\mu_3)\cos\nu_1)\end{array}\right),$$

$$C_{16}=\lambda_1\mu_1(\lambda_2\mu_3\cos\nu_2+\lambda_1(\mu_2+\mu_3)\cos\nu_1)(\beta'\sin\nu_1-2\sin\beta\cos\nu_1),$$

$$C_{21}=-\lambda_2\mu_1\mu_3\left(\lambda_1\sin(\nu_1-\nu_2)\left(2(\alpha'+1)\cos\beta+\nu_1'\right)-2\lambda_1'\cos(\nu_1-\nu_2)\right),$$

$$C_{22}=2\lambda_2(\mu_1+\mu_2)\mu_3\lambda_2',$$

$$C_{23}=2\lambda_2\mu_1\mu_3(\alpha'+1)\cos\beta\cos(\nu_1-\nu_2),$$

$$C_{24}=2\lambda_2(\mu_1+\mu_2)\mu_3(\alpha'+1)\cos\beta,$$

$$C_{25}=\frac{1}{2}\lambda_2\mu_3\left(\begin{array}{l}(\alpha'+2)\left(\begin{array}{l}\lambda_2(\mu_1+\mu_2)\sin^2\beta(-\sin(2\nu_2))\\-2\lambda_1\mu_1(\sin\nu_1\cos\nu_2-\cos^2\beta\sin\nu_2\cos\nu_1)\end{array}\right)\\-4\beta'\sin\beta\cos\nu_2(\lambda_1\mu_1\cos\nu_1+\lambda_2(\mu_1+\mu_2)\cos\nu_2)\end{array}\right),$$

$$C_{26}=-\lambda_2\mu_3(\lambda_1\mu_1\cos\nu_1+\lambda_2(\mu_1+\mu_2)\cos\nu_2)(2\sin\beta\cos\nu_2-\beta'\sin\nu_2),$$

$$C_{31}=-\lambda_1\mu_1(\mu_2+\mu_3)\left(2(\alpha'+1)\cos\beta+\nu_1'\right),$$

$$C_{32}=-\mu_1\mu_3\left(\lambda_2\cos(\nu_1-\nu_2)\left(2(\alpha'+1)\cos\beta+\nu_2'\right)-2\lambda_2'\sin(\nu_1-\nu_2)\right),$$

$$C_{33}=0,$$

$$C_{34}=2\mu_1\mu_3(\alpha'+1)\cos\beta\sin(\nu_1-\nu_2),$$

$$C_{35}=\mu_1\left(\begin{array}{l}(\alpha'+2)\left(\begin{array}{l}\lambda_1(\mu_2+\mu_3)(-\sin^2\beta\sin^2\nu_1-\cos^2\beta)\\+\lambda_2\mu_3(\cos^2\beta(-\cos\nu_1)\cos\nu_2-\sin\nu_1\sin\nu_2)\end{array}\right)\\-2\beta'\sin\beta\sin\nu_1(\lambda_2\mu_3\cos\nu_2+\lambda_1(\mu_2+\mu_3)\cos\nu_1)\end{array}\right),$$

$$C_{36}=-\mu_1(\lambda_2\mu_3\cos\nu_2+\lambda_1(\mu_2+\mu_3)\cos\nu_1)(\beta'\cos\nu_1+2\sin\beta\sin\nu_1),$$

$$C_{41}=-\mu_1\mu_3\left(\lambda_1\cos(\nu_1-\nu_2)\left(2(\alpha'+1)\cos\beta+\nu_1'\right)+2\lambda_1'\sin(\nu_1-\nu_2)\right),$$

$$C_{42}=\lambda_2(-\mu_1-\mu_2)\mu_3\left(2(\alpha'+1)\cos\beta+\nu_2'\right),$$

$$C_{43}=-2\mu_1\mu_3(\alpha'+1)\cos\beta\sin(\nu_1-\nu_2),$$

$$C_{44}=0,$$

$$C_{45}=\mu_3\begin{pmatrix}(\alpha'+2)\begin{pmatrix}\lambda_1\mu_1\left(\cos^2\beta(-\cos\nu_1)\cos\nu_2-\sin\nu_1\sin\nu_2\right)\\-\lambda_2(\mu_1+\mu_2)\left(\sin^2\beta\sin^2\nu_2+\cos^2\beta\right)\end{pmatrix}\\-2\beta'\sin\beta\sin\nu_2\left(\lambda_1\mu_1\cos\nu_1+\lambda_2(\mu_1+\mu_2)\cos\nu_2\right)\end{pmatrix},$$

$$C_{46}=\mu_3\left(\lambda_1\mu_1(-\cos\nu_1)-\lambda_2(\mu_1+\mu_2)\cos\nu_2\right)\left(\beta'\cos\nu_2+2\sin\beta\sin\nu_2\right),$$

$$C_{51}=\mu_1\begin{pmatrix}\lambda_1\alpha'\begin{pmatrix}\lambda_1(\mu_2+\mu_3)\sin^2\beta\sin(2\nu_1)\\+2\lambda_2\mu_3\left(\sin\nu_2\cos\nu_1-\cos^2\beta\sin\nu_1\cos\nu_2\right)\end{pmatrix}\\+2\lambda_1\beta'\sin\beta\sin\nu_1\left(\lambda_2\mu_3(-\sin\nu_2)-\lambda_1(\mu_2+\mu_3)\sin\nu_1\right)\\+2\cos\beta\lambda_1'\left(\lambda_2\mu_3\cos(\nu_1-\nu_2)+\lambda_1(\mu_2+\mu_3)\right)\\-\lambda_1\lambda_2\mu_3\cos\beta\nu_1'\sin(\nu_1-\nu_2)\\+\lambda_1\begin{pmatrix}\lambda_1(\mu_2+\mu_3)\sin^2\beta\sin(2\nu_1)\\+2\lambda_2\mu_3\left(\sin\nu_2\cos\nu_1-\cos^2\beta\sin\nu_1\cos\nu_2\right)\end{pmatrix}\end{pmatrix},$$

$$C_{52}=\mu_3\begin{pmatrix}\lambda_2\alpha'\begin{pmatrix}\lambda_2(\mu_1+\mu_2)\sin^2\beta\sin(2\nu_2)\\+2\lambda_1\mu_1\left(\sin\nu_1\cos\nu_2-\cos^2\beta\sin\nu_2\cos\nu_1\right)\end{pmatrix}\\+2\lambda_2\beta'\sin\beta\sin\nu_2\left(\lambda_1\mu_1(-\sin\nu_1)-\lambda_2(\mu_1+\mu_2)\sin\nu_2\right)\\+2\cos\beta\lambda_2'\left(\lambda_1\mu_1\cos(\nu_1-\nu_2)+\lambda_2(\mu_1+\mu_2)\right)\\+\lambda_1\lambda_2\mu_1\cos\beta\nu_2'\sin(\nu_1-\nu_2)\\+\lambda_2\begin{pmatrix}\lambda_2(\mu_1+\mu_2)\sin^2\beta\sin(2\nu_2)\\+2\lambda_1\mu_1\left(\sin\nu_1\cos\nu_2-\cos^2\beta\sin\nu_2\cos\nu_1\right)\end{pmatrix}\end{pmatrix},$$

$$C_{53}=2\mu_1\begin{pmatrix}(\alpha'+1)\begin{pmatrix}\lambda_1(\mu_2+\mu_3)\left(\sin^2\beta\sin^2\nu_1+\cos^2\beta\right)\\+\lambda_2\mu_3\left(\cos^2\beta\cos\nu_1\cos\nu_2+\sin\nu_1\sin\nu_2\right)\end{pmatrix}\\+\beta'\sin\beta\cos\nu_1\left(\lambda_2\mu_3\sin\nu_2+\lambda_1(\mu_2+\mu_3)\sin\nu_1\right)\end{pmatrix},$$

$$C_{54}=2\mu_3\begin{pmatrix}(\alpha'+1)\begin{pmatrix}\lambda_2(\mu_1+\mu_2)\left(\sin^2\beta\sin^2\nu_2+\cos^2\beta\right)\\+\lambda_1\mu_1\left(\cos^2\beta\cos\nu_1\cos\nu_2+\sin\nu_1\sin\nu_2\right)\end{pmatrix}\\+\beta'\sin\beta\cos\nu_2\left(\lambda_1\mu_1\sin\nu_1+\lambda_2(\mu_1+\mu_2)\sin\nu_2\right)\end{pmatrix},$$

$$C_{55}=\beta'\sin(2\beta)\begin{pmatrix}\lambda_2^2\mu_2\mu_3(-\cos^2\nu_2)\\-\mu_1\left(\lambda_1^2\mu_2\cos^2\nu_1+\mu_3(\lambda_1\cos\nu_1+\lambda_2\cos\nu_2)^2\right)\end{pmatrix},$$

$$C_{56}=\begin{pmatrix}\frac{1}{2}\beta'\cos\beta\begin{pmatrix}\lambda_1^2\mu_1(\mu_2+\mu_3)\sin(2\nu_1)+2\lambda_2\lambda_1\mu_1\mu_3\sin(\nu_1+\nu_2)\\+\lambda_2^2(\mu_1+\mu_2)\mu_3\sin(2\nu_2)\end{pmatrix}\\+\sin(2\beta)\begin{pmatrix}\lambda_2^2\mu_2\mu_3(-\cos^2\nu_2)\\-\mu_1\left(\lambda_1^2\mu_2\cos^2\nu_1+\mu_3(\lambda_1\cos\nu_1+\lambda_2\cos\nu_2)^2\right)\end{pmatrix}\end{pmatrix},$$

$$C_{61}=2\lambda_1\mu_1(\alpha'+1)\sin\beta\cos\nu_1\left(\lambda_2\mu_3\cos\nu_2+\lambda_1(\mu_2+\mu_3)\cos\nu_1\right),$$

$$C_{62}=2\lambda_2\mu_3(\alpha'+1)\sin\beta\cos\nu_2\left(\lambda_1\mu_1\cos\nu_1+\lambda_2(\mu_1+\mu_2)\cos\nu_2\right),$$

$$C_{63}=2\mu_1(\alpha'+1)\sin\beta\sin\nu_1\left(\lambda_2\mu_3\cos\nu_2+\lambda_1(\mu_2+\mu_3)\cos\nu_1\right),$$

$$C_{64}=2\mu_3(\alpha'+1)\sin\beta\sin\nu_2\left(\lambda_1\mu_1\cos\nu_1+\lambda_2(\mu_1+\mu_2)\cos\nu_2\right),$$

$$C_{65}=(\alpha'+2)\sin\beta\cos\beta\begin{pmatrix}\lambda_2^2\mu_2\mu_3\cos^2\nu_2\\+\mu_1\left(\lambda_1^2\mu_2\cos^2\nu_1+\mu_3(\lambda_1\cos\nu_1+\lambda_2\cos\nu_2)^2\right)\end{pmatrix},$$

$$C_{66}=\begin{pmatrix}\lambda_2\mu_2\mu_3\left(2\lambda_2'\cos^2\nu_2-\lambda_2\nu_2'\sin(2\nu_2)\right)\\+2\mu_1\begin{pmatrix}\lambda_1\mu_2\cos\nu_1(\lambda_1'\cos\nu_1-\lambda_1\nu_1'\sin\nu_1)\\+\mu_3(\lambda_1\cos\nu_1+\lambda_2\cos\nu_2)\begin{pmatrix}-\lambda_1\nu_1'\sin\nu_1\\-\lambda_2\nu_2'\sin\nu_2+\lambda_1'\cos\nu_1\\+\lambda_2'\cos\nu_2\end{pmatrix}\end{pmatrix}\end{pmatrix},$$

$$G_1=3\lambda_1\mu_1\begin{pmatrix}\begin{pmatrix}\cos\nu_1\sin\alpha\\+\cos\alpha\cos\beta\sin\nu_1\end{pmatrix}\begin{pmatrix}\begin{pmatrix}\cos\alpha\cos\beta\cos\nu_2\\-\sin\alpha\sin\nu_2\end{pmatrix}\lambda_2\mu_3\\+\begin{pmatrix}\cos\alpha\cos\beta\cos\nu_1\\-\sin\alpha\sin\nu_1\end{pmatrix}\lambda_1(\mu_2+\mu_3)\end{pmatrix}\\-\sin^2\beta\sin\nu_1\left(\cos\nu_2\lambda_2\mu_3+\cos\nu_1\lambda_1(\mu_2+\mu_3)\right)\end{pmatrix}$$

$$+\frac{EA\sin(\nu_1-\nu_2)e_3\lambda_1\lambda_2(\lambda_{30}-\lambda_3)}{ml_0\lambda_3\lambda_{30}\omega_0^2},$$

$$G_2=\lambda_2\mu_3 3\begin{pmatrix}\begin{pmatrix}\cos\nu_2\sin\alpha\\+\cos\alpha\cos\beta\sin\nu_2\end{pmatrix}\begin{pmatrix}\begin{pmatrix}\cos\alpha\cos\beta\cos\nu_1\\-\sin\alpha\sin\nu_1\end{pmatrix}\lambda_1\mu_1\\+\begin{pmatrix}\cos\alpha\cos\beta\cos\nu_2\\-\sin\alpha\sin\nu_2\end{pmatrix}\lambda_2(\mu_1+\mu_2)\end{pmatrix}\\-\sin^2\beta\sin\nu_2\left(\cos\nu_1\lambda_1\mu_1+\cos\nu_2\lambda_2(\mu_1+\mu_2)\right)\end{pmatrix}+\frac{EA\sin(\nu_1-\nu_2)e_3\lambda_1\lambda_2(\lambda_{30}-\lambda_3)}{ml_0\lambda_3\lambda_{30}\omega_0^2},$$

$$G_3=\begin{pmatrix}\cos\nu_1\left(\cos\nu_2\lambda_2\mu_3+\cos\nu_1\lambda_1(\mu_2+\mu_3)\right)\sin^2\beta\\+3\begin{pmatrix}\cos\alpha\cos\beta\cos\nu_1\\-\sin\alpha\sin\nu_1\end{pmatrix}\begin{pmatrix}\begin{pmatrix}\sin\alpha\sin\nu_2\\-\cos\alpha\cos\beta\cos\nu_2\end{pmatrix}\lambda_2\mu_3\\+\begin{pmatrix}\sin\alpha\sin\nu_1\\-\cos\alpha\cos\beta\cos\nu_1\end{pmatrix}\lambda_1(\mu_2+\mu_3)\end{pmatrix}\end{pmatrix}+\frac{EAe_1\left(\dfrac{\lambda_1}{\lambda_{10}}-1\right)+\dfrac{EAe_3\left(\lambda_1+\cos(\nu_1-\nu_2)\lambda_2\right)(\lambda_3-\lambda_{30})}{\lambda_3\lambda_{30}}}{ml_0\omega_0^2},$$

$$G_4=\begin{pmatrix}\cos\nu_2\left(\cos\nu_1\lambda_1\mu_1+\cos\nu_2\lambda_2(\mu_1+\mu_2)\right)\sin^2\beta\\+3\begin{pmatrix}\cos\alpha\cos\beta\cos\nu_2\\-\sin\alpha\sin\nu_2\end{pmatrix}\begin{pmatrix}(\sin\alpha\sin\nu_1-\cos\alpha\cos\beta\cos\nu_1)\lambda_1\mu_1\\-(\cos\alpha\cos\beta\cos\nu_2-\sin\alpha\sin\nu_2)\lambda_2(\mu_1+\mu_2)\end{pmatrix}\end{pmatrix}+\frac{EAe_2\left(\dfrac{\lambda_2}{\lambda_{20}}-1\right)+\dfrac{EAe_3\left(\cos(\nu_1-\nu_2)\lambda_1+\lambda_2\right)(\lambda_3-\lambda_{30})}{\lambda_3\lambda_{30}}}{ml_0\omega_0^2},$$

$$
G_5=\frac{3}{2}\begin{pmatrix}\begin{pmatrix}\sin(2\alpha)\left(\cos^2\beta\cos^2\nu_1-\sin^2\nu_1\right)\\+\cos(2\alpha)\cos\beta\sin(2\nu_1)\end{pmatrix}\mu_1(\mu_2+\mu_3)\lambda_1^2\\+2\lambda_2\mu_1\mu_3\lambda_1\begin{pmatrix}\sin(2\alpha)\left(\cos^2\beta\cos\nu_1\cos\nu_2-\sin\nu_1\sin\nu_2\right)\\+\cos(2\alpha)\cos\beta\sin(\nu_1+\nu_2)\end{pmatrix}\\+\begin{pmatrix}\sin(2\alpha)\left(\cos^2\beta\cos^2\nu_2-\sin^2\nu_2\right)\\+\cos(2\alpha)\cos\beta\sin(2\nu_2)\end{pmatrix}\lambda_2^2(\mu_1+\mu_2)\mu_3\end{pmatrix},
$$

$$
G_6=\begin{pmatrix}\cos\nu_1\sin\beta\begin{pmatrix}\left(3\cos(2\alpha)+5\right)\cos\beta\cos\nu_1\\-3\sin(2\alpha)\sin\nu_1\end{pmatrix}\mu_1(\mu_2+\mu_3)\lambda_1^2\\+2\cos\nu_1\cos\nu_2\sin(2\beta)\lambda_2\mu_1\mu_3\lambda_1\\+3\sin\beta\lambda_2\mu_1\mu_3\lambda_1\begin{pmatrix}4\cos^2\alpha\cos\beta\cos\nu_1\cos\nu_2\\-\sin(2\alpha)\sin(\nu_1+\nu_2)\end{pmatrix}\\+\cos\nu_2\sin\beta\begin{pmatrix}\left(3\cos(2\alpha)+5\right)\cos\beta\cos\nu_2\\-3\sin(2\alpha)\sin\nu_2\end{pmatrix}\lambda_2^2(\mu_1+\mu_2)\mu_3\end{pmatrix}。
$$